普通高等教育"十二五"规划教材

有机化学学习指导

主编　崔　玉　杨小凤　郑鲁沂

科学出版社
北　京

内 容 简 介

  本书为普通高等教育"十二五"规划教材《有机化学》的配套教材。全书共十八章，除绪论外，主要内容包括烃、烃的衍生物、天然有机化合物、立体异构、有机波谱分析、周环反应及有机合成路线设计。每章（第一章除外）分 3 个栏目：知识要点、例题解析、部分习题与解答。知识要点将各章需要掌握的重点内容进行详细归纳总结；例题解析选取与重点内容相关的例题作解析，使读者能够掌握解题的基本思路；部分习题与解答按照与《有机化学》相同的顺序，给出各章主要习题的答案，以便读者查阅与核对。本书以基础知识为主，重在强化对有机化学基本理论和基本反应的理解与应用。

  本书可作为高等学校化学、应用化学、化学工程与工艺、材料科学、制药工程、环境工程、生物工程等相关专业的教学参考书，也可作为备考相关专业研究生的复习资料。

图书在版编目（CIP）数据

有机化学学习指导/崔玉，杨小凤，郑鲁沂主编. —北京：科学出版社，2015.6

普通高等教育"十二五"规划教材

ISBN 978-7-03-044645-9

I. ①有… II. ①崔… ②杨… ③郑… III. ①有机化学–高等学校–教学参考资料 IV. ①O62

中国版本图书馆 CIP 数据核字（2015）第 124553 号

责任编辑：郭慧玲 / 责任校对：赵桂芬
责任印制：赵 博 / 封面设计：迷底书装

科学出版社 出版

北京东黄城根北街 16 号
邮政编码：100717
http://www.sciencep.com

北京富资园科技发展有限公司印刷
科学出版社发行 各地新华书店经销

*

2015 年 6 月第 一 版 开本：787×1092 1/16
2025 年 1 月第七次印刷 印张：14 3/4
字数：365 000

定价：46.00 元
（如有印装质量问题，我社负责调换）

前　言

有机化学是化学、应用化学、化学工程与工艺、材料科学、制药工程、环境工程、生物工程等相关专业的一门重要课程。有机化学课程内容繁杂、化学反应错综复杂，难于"理清"，不易"学透"。帮助学生掌握基本概念和原理，抓住结构与性质的对应关系，是学好有机化学的基础和先决条件。

本书设有 3 个栏目：知识要点、例题解析、部分习题与解答。通过知识要点，帮助学生对众多的知识点分类归纳总结，抓住结构与性质相对应这条主线，结合有机化合物的结构分析不同类型的化合物的性质；通过例题解析，把教学中的基本要求、重点和难点内容对学生进行针对性训练；通过部分习题与解答，帮助学生深化教学内容，提高运用所学知识解决问题的能力，同时查漏补缺。

参加本书编写工作的主要有崔玉（第一至七章）、杨小凤（第八至十三章）、郑鲁沂（第十四至十八章），全书由崔玉、杨小凤统稿、定稿。

尽管在编写过程中，编者力求避免疏漏，但由于教学水平和能力有限，书中难免有不当之处，恳请各位同仁和读者不吝赐教。

编　者
2014 年 12 月

目　　录

第一章 绪 论

Ⅰ. 知 识 要 点

1. 有机化合物和有机化学：有机化合物指碳氢化合物及其衍生物；有机化学是研究有机化合物的来源、制备、结构、性能、应用以及有关理论和方法学的科学。

2. 有机化合物的特征：可燃性；熔点低；难溶于水，易溶于有机溶剂；反应速率慢；反应产物复杂，常有副反应发生，产率低；异构现象普遍存在。

3. 共价键：两个原子共用一对电子，这样的化学键称为共价键。

4. 共价键的断裂一般有两种方式：

　　（1）均裂：生成自由基活性中间体，进行自由基型反应。

　　（2）异裂：生成碳正离子或碳负离子，进行离子型反应。其中碳正离子发生亲电反应，碳负离子发生亲核反应。

5. 杂化规律

　　在教材中讨论了碳原子轨道的 sp^3、sp^2 和 sp 杂化，它们有许多相同之处，但也有不同之处，现将杂化的一般规律简要叙述如下：

　　（1）杂化是单一原子的轨道进行混合再均分的过程。

　　（2）只有能量相近的轨道进行杂化，才能形成有效的杂化轨道。例如，碳原子的 $2s$ 轨道和 $2p$ 轨道能量很相近，可以进行杂化。

　　（3）参加杂化的轨道数目与形成的杂化轨道数目相等。

　　（4）多数杂化轨道的形状相似，但不完全相同。

　　（5）在空间具有确定方向的轨道（如 p_x、p_y、p_z 等轨道）决定杂化轨道的方向性。而无方向性的 s 轨道，只是使杂化轨道更加"丰满"，对杂化轨道的方向无影响。

　　（6）不同杂化轨道在空间的取向不同。其在空间的取向取决于参与杂化的轨道数目，即形成的杂化轨道数目。例如，sp^3 杂化形成四面体（键角 109.5°）构型，sp^2 杂化形成平面三角形（键角 120°）构型，而 sp 杂化形成直线形（键角 180°）构型。

6. 有机反应的类型

　　（1）根据化学键的断裂和生成方式分类，可分为以下三种类型：

　　（ⅰ）离子型反应：有机化合物分子中的键发生异裂，通常生成离子中间体。

　　（ⅱ）自由基型反应：有机化合物分子中的键发生均裂，通常生成自由基中间体。

　　（ⅲ）协同反应：有机化合物分子中旧键的断裂和新键的生成同时进行，无活性中间体生成。

　　（2）根据反应物和产物的结构关系分类，可分为多种类型，如取代反应、加成反应、消除反应、氧化还原反应、重排反应、聚合反应、缩合反应等。

7. 分子间作用力：包括偶极-偶极相互作用、范德华力和氢键。其吸引力的大小顺序为：氢键

≫偶极-偶极相互作用≫范德华力。

8. 官能团是指分子中比较活泼而容易发生反应的原子或基团，它通常决定化合物的主要性质，反映化合物的主要特征。

Ⅱ. 部分习题与解答

1. 典型有机化合物和典型无机化合物性质有什么不同?

答 物理性质方面：典型有机化合物的熔点及沸点低；许多有机化合物难溶于水而易溶于有机溶剂。化学性质方面：有机化合物对热的稳定性差，往往受热燃烧而分解；有机化合物的反应速率较慢，一般需要光照、催化剂或加热等方法加速反应的进行；有机化合物的反应产物通常是复杂的混合物，需要进一步分离和纯化。

2. 用 δ^+/δ^- 符号对下列化合物的极性作出判断。

（1）$H_3C—Br$　　　　　（2）$H_3C—NH_2$　　　　　（3）$H_3C—Li$

（4）$H_2N—H$　　　　　（5）$H_3C—OH$　　　　　（6）$H_3C—MgBr$

答　（1）$\overset{\delta^+}{H_3C}—\overset{\delta^-}{Br}$　　　（2）$\overset{\delta^+}{H_3C}—\overset{\delta^-}{NH_2}$　　　（3）$\overset{\delta^-}{H_3C}—\overset{\delta^+}{Li}$

　　（4）$\overset{\delta^-}{H_2N}—\overset{\delta^+}{H}$　　　（5）$\overset{\delta^+}{H_3C}—\overset{\delta^-}{OH}$　　　（6）$\overset{\delta^-}{H_3C}—\overset{\delta^+}{MgBr}$

4. 指出下列各化合物所包含官能团的名称。

（1）$CH_3CH=CHCH_2CH_3$　　　　　（2）$HC≡CCH_2CH_3$

（3）苯基—CH_3　　　　　（4）CH_3CH_2Cl

（5）CH_3CH_2OH　　　　　（6）苯酚 OH

（7）$CH_3CH_2OCH_2CH_3$　　　　　（8）CH_3CHO

（9）$H_3C\underset{\quad}{\overset{O}{C}}CH_3$　　　　　（10）CH_3CH_2COOH

（11）$CH_3CH_2COOCH_2CH_3$　　　　　（12）苯 NO_2

（13）苯 NH_2

答　（1）碳碳双键　　（2）碳碳叁键　　（3）苯基　　（4）卤基（氯）　　（5）醇羟基
　　（6）酚羟基　　（7）醚键　　（8）醛基　　（9）酮羰基　　（10）羧基
　　（11）酯基　　（12）硝基　　（13）（苯）氨基

第二章 烷 烃

Ⅰ. 知 识 要 点

一、通式和构造异构

（1）烃、烷烃：只含有碳和氢两种元素的有机化合物统称烃；烃分子中碳原子以单键相连，碳骨架为开链结构的称为烷烃。

（2）通式：烷烃的通式为 C_nH_{2n+2}。

（3）同系列和同系物：具有同一通式，组成上相差 CH_2 及其整数倍的一系列化合物称为同系列。同系列中的各化合物互为同系物。

（4）构造异构：分子中原子的连接顺序不同形成的异构体称为构造异构，如丁烷和异丁烷。

二、命名

系统命名法：

（1）选主链。在分子中选择一条最长的直链作为主链，根据主链的碳原子总数为某烷，将主链以外的其他烷基看作主链上的取代基。烷基是由烷烃分子除去一个或几个氢原子剩下的部分，通常用R—表示。

（2）编号。从靠近取代基的一端开始编号，使取代基编号位次最小[取代基尽可能多，小取代基位次尽可能小，取代基大小依照基团优先顺序规则（本书第9页）]。

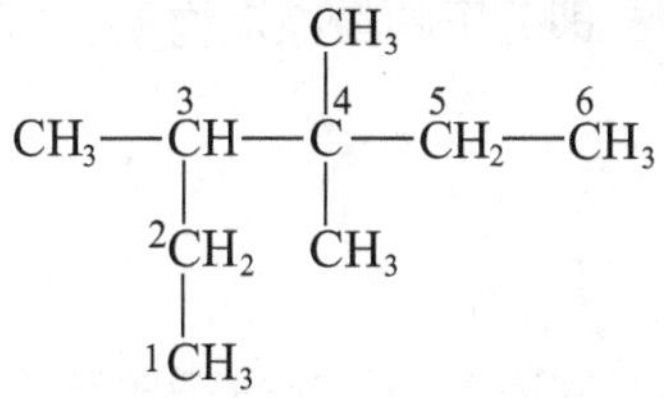

$$
\begin{array}{cccc}
 & \overset{\displaystyle CH_3}{|} & & \\
\overset{3}{CH_3}-\overset{}{CH}-\overset{4}{C}-\overset{5}{CH_2}-\overset{6}{CH_3} & & \\
\quad\ \ |\qquad | & & \\
\ \ \overset{2}{CH_2}\ \ CH_3 & & \\
\quad\ \ | & & \\
\ \ \overset{1}{CH_3} & &
\end{array}
$$

取代基编号为 3,4,4 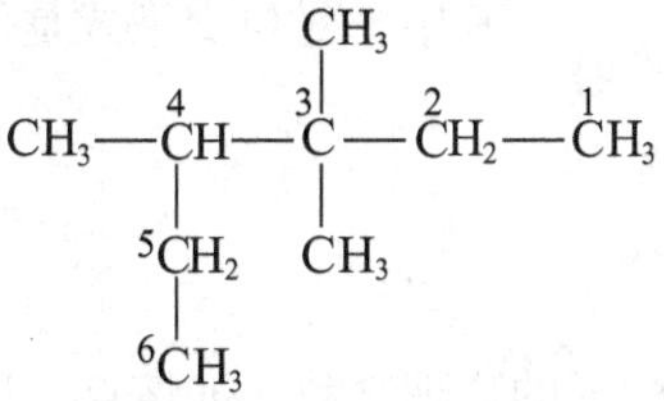 　　　　　　　取代基编号为 3,3,4

后者的取代基编号比前者小，故前者错误，后者正确。

（3）取代基的排列次序。用阿拉伯数字表示取代基位置，用汉字（一、二、三……）表示相同取代基个数，写在取代基名称前面。例如，上例中化合物名称为3,3,4-三甲基己烷。若含有不同的取代基，则优先级别低的写在前面，优先级别高的写在后面。

三、构型

（1）构型：指具有一定构造的分子中原子在空间的排列状况。

（2）甲烷的构型：正四面体构型。

（3）烷烃分子中碳原子的杂化状态：sp^3 杂化。

（4）σ键的形成及其特征。

原子轨道沿键轴相互重叠，形成对键轴呈圆柱形对称的轨道称为 σ 轨道。σ 轨道上的电子称为 σ 电子。σ 轨道构成的共价键称为 σ 键。

σ 键的键能较大，可极化性较小，可以沿键轴自由旋转而不易被破坏。化学性质稳定，常温下不与强酸、强碱、强氧化剂、强还原剂反应。

四、构象

由于碳碳单键（σ 键）可以"自由"旋转，分子中原子或基团在空间产生不同的排列，这种特定的排列形式称为构象（conformation）。由单键旋转而产生的异构体称为构象异构体（conformer）。构象式一般用透视式和纽曼投影式表示。

乙烷分子可以有无数种构象，但从能量的观点看只有两种极限式构象：交叉式构象和重叠式构象。交叉式构象中两个碳原子上的氢原子距离最远，相互间斥力最小，因而能量最低，稳定性也最大，这种构象称为优势构象。在重叠式构象中，两个碳原子上的氢原子两两相对，相互间斥力最大，能量最高，也最不稳定。其他构象能量介于二者之间。

丁烷绕 C_2—C_3 σ 键旋转时，将产生无数构象式，将重叠式与交叉式构象称为极限构象式，它们分别为部分重叠式、全重叠式、邻位交叉式和对位交叉式。其中，对位交叉式是优势构象，即分子的最稳定构象。

五、物理性质

（1）直链烷烃的物理常数（如熔点、沸点、相对密度）随相对分子质量的增加而有规律地增加。

（2）碳原子数相同的烷烃支链越多，沸点越低。

（3）碳原子数相同的烷烃对称性越好，熔点越高。

（4）烷烃不溶于水，而溶于非极性的有机溶剂（如 CCl_4 和 CS_2）中。

六、化学性质

（1）氧化反应：在常温下，烷烃一般不与氧化剂（如高锰酸钾水溶液、臭氧等）反应，与空气中的氧气也不起反应。但在空气（氧气）中可以燃烧，燃烧时如果氧气充分则完全氧化生成二氧化碳和水，同时放出大量热能。

（2）裂化反应：烷烃可发生裂化反应，但反应很复杂。

（3）卤代反应：自由基机理。

自由基反应：反应中间体为自由基的机理称为自由基反应。一般机理包括链引发、链增长和链终止。

烷烃分子中的氢原子均可被卤原子取代，不同氢原子的相对活性都是 3°>2°>1°。氯代反应活性：1°H：2°H：3°H=1：4：5；溴代反应活性：1°H：2°H：3°H=1：82：1600。例如：

$$(CH_3)_3CH \xrightarrow[hv,127℃]{Br_2} (CH_3)_3CBr + (CH_3)_2CHCH_2Br$$
$$> 99\% \qquad\qquad < 1\%$$

自由基：带单电子的原子或基团。烷基自由基的 C—H σ 键（超共轭效应）越多越稳定。例如：

$$CH_2=CH-\overset{\cdot}{C}H_2$$
$$\overset{\cdot}{C}H_2 > R_3\overset{\cdot}{C} > R_2\overset{\cdot}{C}H > R\overset{\cdot}{C}H_2 > \overset{\cdot}{C}H_3$$

Ⅱ. 例 题 解 析

【例 2-1】 用系统命名法命名下列化合物。

（1）
$$\underset{\underset{CH_3}{|}}{\overset{\overset{CH_3}{|}}{CH_3-C}}-CH_2-\underset{\underset{CH_3}{|}}{\overset{\overset{CH_3}{|}}{C}}-CH_2CH_3$$

（2）
$$CH_3CH_2CHCHCH_2CH_3$$
$$\overset{CH_3}{|}\quad\overset{|}{CH_2CH_3}$$

（3）
$$CH_3CHCHCHCHCH_3$$
$$\overset{CH_3}{|}\ \overset{CH_3}{|}\quad\overset{|}{CH_3}\ \overset{|}{CH_2CH_3}$$

答 （1）母体为己烷，从靠近取代基的一端开始编号，名称为 2,2,4,4-四甲基己烷。

（2）母体为己烷，从靠近小取代基的一端开始编号，名称为 3-甲基-4-乙基己烷。

（3）母体为己烷，从靠近取代基的一端开始编号，使小取代基位次尽可能小，名称为 2,3,5-三甲基-4-乙基己烷。

【例 2-2】 下列烷烃沸点最低的是

（A）　　　　　（B）　　　　　（C）　　　　　（D）

分析：烷烃的沸点随相对分子质量增加而明显提高。此外同碳数的各种烷烃异构体中，直链烷烃的沸点最高，支链烷烃的沸点比直链的低，且支链越多，沸点越低。所以四个选项沸点次序为（C）＞（A）＞（B）＞（D）。

答 （D）。

【例 2-3】 比较下列化合物的氢原子（粗体）自由基型氯代反应的活性。

（A）　　　　　　　　　　　（B）

（C）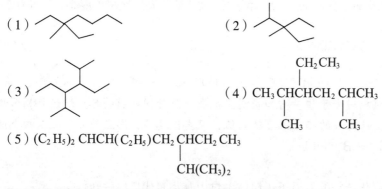——CH₃　　　　　（D）⬡——H　　　　　（E）CH₃CH₃

分析：碳自由基的稳定性：$CH_2=CH-\overset{\centerdot}{C}H_2$

⬡——$\overset{\centerdot}{C}H_2$　> $R_3\overset{\centerdot}{C}$ > $R_2\overset{\centerdot}{C}H$ > $R\overset{\centerdot}{C}H_2$ > $\overset{\centerdot}{C}H_3$。

答　氯代反应活性：（A）>（C）>（B）>（D）>（E）。

【例 2-4】　写出 2,2,4-三甲基戊烷进行氯代反应可能得到的一氯代物的结构式。

答　2,2,4-三甲基戊烷的结构式为

$$CH_3-\overset{\overset{\displaystyle CH_3}{|}}{\underset{\underset{\displaystyle CH_3}{|}}{C}}-CH_2-\overset{\overset{\displaystyle CH_3}{|}}{CH}-CH_3$$

有 4 种不同类型的 H，所以可能得到的一氯代产物有 4 种，分别为

$$CH_3-\overset{\overset{\displaystyle CH_3}{|}}{\underset{\underset{\displaystyle CH_2Cl}{|}}{C}}-CH_2-\overset{\overset{\displaystyle CH_3}{|}}{CH}-CH_3 \qquad CH_3-\overset{\overset{\displaystyle CH_3}{|}}{\underset{\underset{\displaystyle CH_3}{|}}{C}}-\overset{\overset{\displaystyle CH_3}{|}}{\underset{\underset{\displaystyle Cl}{|}}{C}}H-\overset{\overset{\displaystyle CH_3}{|}}{CH}-CH_3$$

$$CH_3-\overset{\overset{\displaystyle CH_3}{|}}{\underset{\underset{\displaystyle CH_3}{|}}{C}}-CH_2-\overset{\overset{\displaystyle CH_3}{|}}{\underset{\underset{\displaystyle Cl}{|}}{C}}-CH_3 \qquad CH_3-\overset{\overset{\displaystyle CH_3}{|}}{\underset{\underset{\displaystyle CH_3}{|}}{C}}-CH_2-\overset{\overset{\displaystyle CH_3}{|}}{CH}-CH_2Cl$$

Ⅲ. 部分习题与解答

2. 用系统命名法命名下列各化合物。

（1）

（2）

（3）

（4）CH₃CHCHCH₂CHCH₃ 带有 CH₂CH₃（上）、CH₃（下）、CH₃（下）取代

（5）(C₂H₅)₂CHCH(C₂H₅)CH₂CHCH₂CH₃
　　　　　　　　　　　　　　|
　　　　　　　　　　　　CH(CH₃)₂

（6）CH₃CH(CH₂CH₃)CH₂C(CH₃)₂CH(CH₂CH₃)CH₃

答　（1）3-甲基-3-乙基庚烷　　　　　　　　　（2）2,3-二甲基-3-乙基戊烷

（3）2,5-二甲基-3,4-二乙基己烷（取代基尽可能多）　（4）2,5-二甲基-3-乙基己烷

（5）2-甲基-3,5,6-三乙基辛烷　　　　　　　　　（6）3,4,4,6-四甲基辛烷

3. 用纽曼投影式写出 1,2-二溴乙烷最稳定及最不稳定的构象，并写出该构象的名称。

答

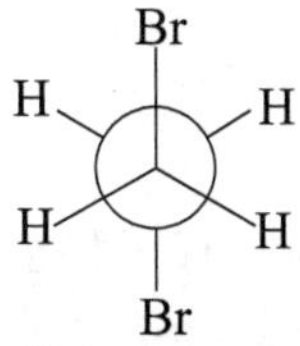

对位交叉式　最稳定 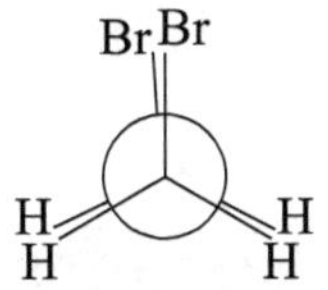　　　　　　　完全重叠式　最不稳定

4. 将下列投影式改为透视式，透视式改为投影式。

（1） 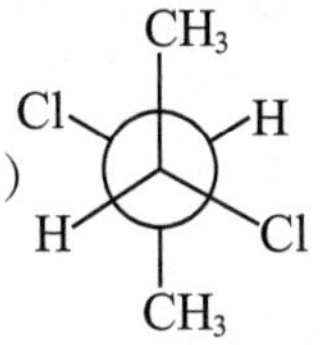　　　（2） 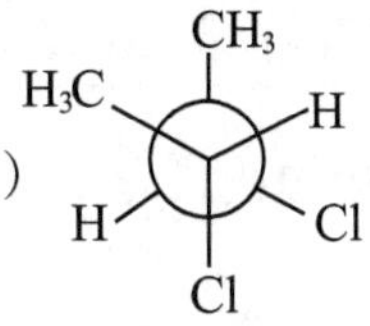　　　（3） 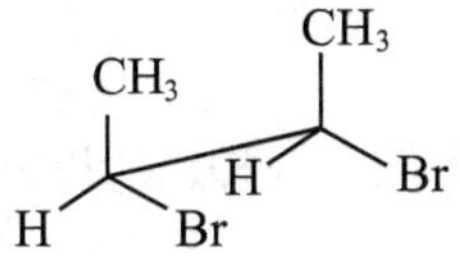　　　（4）

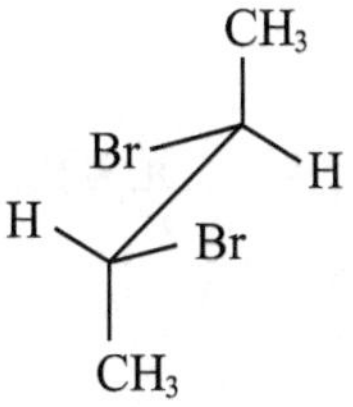

答　（1）

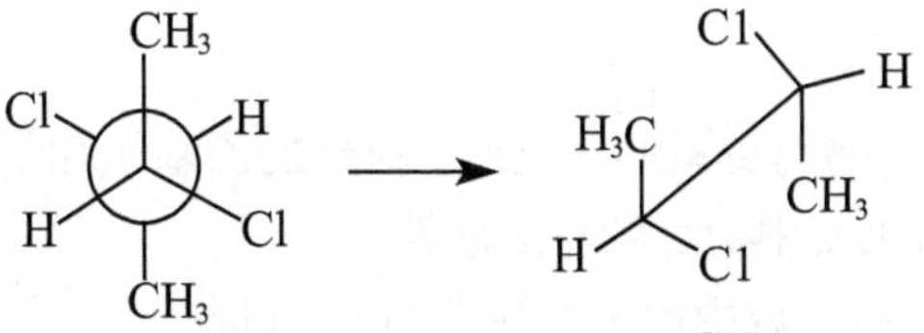

（2）

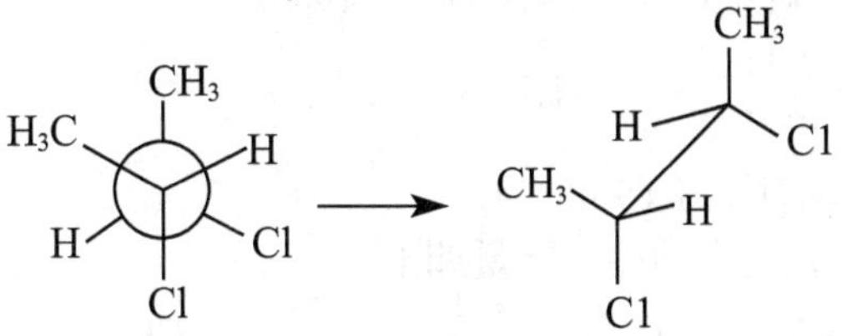

（3）

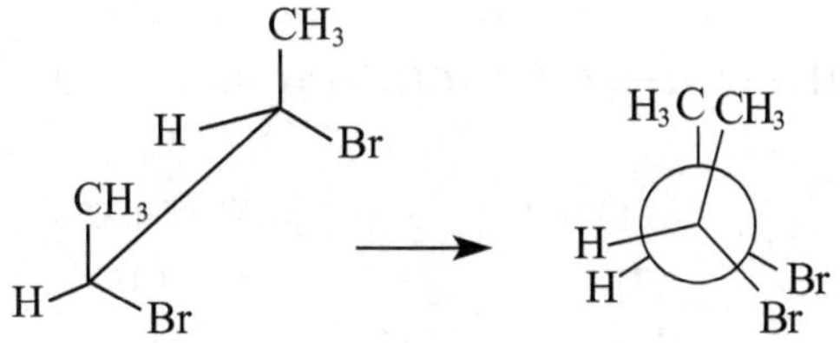

（4）

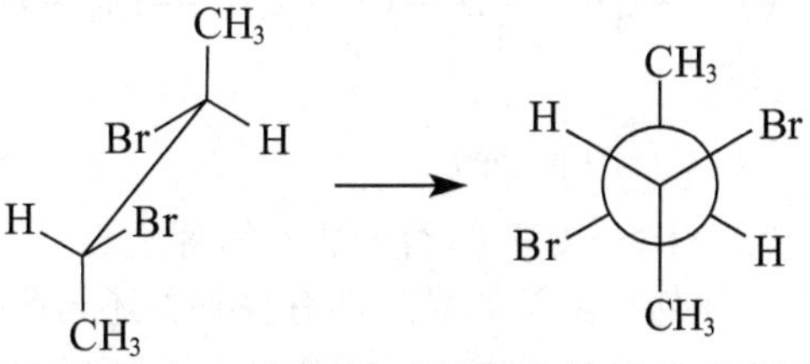

6. 不参阅物理常数表，试推测下列化合物沸点高低的一般顺序。

（1）2,3-二甲基戊烷　　（2）正庚烷　　（3）2-甲基庚烷　　（4）正戊烷　　（5）2-甲基己烷

答　沸点由高到低的顺序是（3）>（2）>（5）>（1）>（4）。

7. 已知烷烃的相对分子质量为72，根据氯代反应产物的不同，试推测各烷烃的构造，并写出其构造式。

（1）一元氯代产物只能有一种　　　　　（2）一元氯代产物可以有三种

（3）一元氯代产物可以有四种　　　　　（4）二元氯代产物只可能有两种

答　（1）一元氯代产物只有一种，说明原烷烃结构中只有一种氢原子，所以其构造式为

$$
\begin{array}{c}
\qquad\qquad CH_3 \\
\qquad\qquad | \\
CH_3\!-\!C\!-\!CH_3 \\
\qquad\qquad | \\
\qquad\qquad CH_3
\end{array}
$$

（2）一元氯代产物可以有三种，说明原烷烃结构中有三种氢原子，所以其构造式为 $CH_3CH_2CH_2CH_2CH_3$。

（3）一元氯代产物可以有四种，说明原烷烃结构中有四种氢原子，所以其构造式为

$$
\begin{array}{c}
CH_3\,CHCH_2\,CH_3 \\
| \\
CH_3
\end{array}
$$

（4）二元氯代产物只可能有两种，所以其烷烃的构造式为

$$
\begin{array}{c}
\qquad\qquad CH_3 \\
\qquad\qquad | \\
CH_3\!-\!C\!-\!CH_3 \\
\qquad\qquad | \\
\qquad\qquad CH_3
\end{array}
$$

8. 等物质的量的乙烷和新戊烷的混合物与少量的氯反应，得到的乙基氯和新戊基氯的物质的量比是 1∶2.3。试比较乙烷和新戊烷中伯氢的相对活性。

答 设乙烷中伯氢的活性为 1，新戊烷中伯氢的活性为 x，则有

$$
\frac{1}{6}=\frac{2.3}{12x} \quad , \qquad x=1.15
$$

所以新戊烷中伯氢的活性是乙烷中伯氢活性的 1.15 倍。

9. 异戊烷氯代时产生四种可能的异构体，它们的相对含量如下：

上述的反应结果与碳自由基的稳定性为 3°>2°>1°>·CH_3 是否矛盾？解释之。

答 不矛盾。在高温下各产物的多少，除与自由基的稳定性有关外，还与产生某种自由基的概率有关，即与不同位置上可取代氢的数目有关。可产生产物（Ⅰ）的氢有 6 个，每个的相对产量为 5.8%；生成（Ⅱ）的氢只有 1 个，相对产量为 22%；生成（Ⅲ）的氢有 2 个，每个的相对产量为 14%；生成（Ⅳ）的氢有 3 个，每个的相对产量为 5.3%。从上述不同单个自由基所生成的产物来看，仍符合碳自由基的稳定性为 3°>2°>1°>·CH_3 的规律。

11. 将下列自由基按稳定性大小排列成序。

$$
(1)\,\overset{\bullet}{C}H_3 \quad (2)\,CH_3CHCH_2\overset{\bullet}{C}H_2 \quad (3)\,CH_3\overset{\bullet}{C}CH_2CH_3 \quad (4)\,CH_3CH\overset{\bullet}{C}HCH_3
$$
$$
\qquad\qquad\qquad\quad | \qquad\qquad\qquad\quad\; | \qquad\qquad\qquad\quad\; |
$$
$$
\qquad\qquad\qquad\quad CH_3 \qquad\qquad\qquad CH_3 \qquad\qquad\qquad CH_3
$$

答 自由基的稳定性顺序为（3）＞（4）＞（2）＞（1）。

第三章 烯 烃

Ⅰ. 知 识 要 点

一、结构

（1）只含有一个碳碳双键者称为单烯烃，碳碳双键（ $\diagdown C=C \diagup$ ）是烯烃的官能团。

（2）双键碳为 sp^2 杂化，$C=C$ 中 π 键电子云暴露，易受亲电试剂的进攻，因此烯烃易发生亲电加成反应和氧化反应。当双键碳上连有给电子基团时，双键电子云密度增加，亲电加成活性增大。

（3）π 键的特征。

π 键是由两个 p 轨道侧面重叠而成的，重叠的程度比 σ 键要小得多，所以 π 键不如 σ 键牢固，不稳定而容易断裂。π 键不能自由旋转。

（4）构型异构与几何异构。

构型异构：分子中原子在空间的排列称为构型，分子由于构型不同而产生的异构体称为构型异构体，它是立体异构体的一种。

几何异构：双键上原子或基团排列次序不同而产生的异构现象，它属于构型异构。

几何异构标记和顺序规则：几何异构可用顺、反标记法，也可用 Z、E 标记法。当相同基团在双键的同一侧时称为顺式结构，相同基团在双键的两侧时称为反式结构。若两个优先级别高的基团在双键同侧时为 Z，在异侧时为 E。

基团的优先顺序规则：①比较与双键直接相连的原子，原子序数大的较为优先；②如果与双键直接相连的原子相同，再比较与该原子相连的原子的原子序数，如仍相同，再依次外推比较，直至比较出较优的基团为止；③碳碳双键和碳碳叁键可看作分别与两个碳和三个碳相连；④同位素重者优于轻者。

二、命名

烯烃一般采用系统命名法，其原则与烷烃相似。选含双键的最长碳链为主链，从靠近双键的一端对主链编号。双键的几何异构用顺、反或 Z、E 表示。

三、化学性质

（1）亲电试剂与亲电加成：缺电子的试剂称为亲电试剂（electrophile），如正离子、易被极化的双原子分子（如卤素）和路易斯酸等。烯烃与亲电试剂所进行的加成反应称为亲电加成反应（electrophilic addition reaction）。亲电加成是烯烃的特征反应。

（2）马氏规则：卤化氢等极性试剂与不对称烯烃的亲电加成反应，酸中的氢原子总是加到含氢较多的双键碳原子上，卤素或其他原子及基团加到含氢较少的双键碳原子上。马氏规则的本质是碳正离子稳定性问题，实质是反应中正性基团加到能生成更加稳定碳正离子的双键碳上。一般氢加到含氢较多的双键碳上能生成更加稳定的碳正离子，因此遵循马氏规则。

（3）碳正离子的稳定性：碳正离子的碳为 sp^2 杂化，平面结构，p 轨道为空轨道。超共轭效应越多，碳正离子越稳定。给电子基团越多，给电子能力越强，碳正离子越稳定。一般顺序为

$$CH_2{=}CH{-}\overset{+}{C}H_2$$

$$\underset{\overset{+}{C}H_2}{\bigcirc} > R_3\overset{+}{C} > R_2\overset{+}{C}H > R\overset{+}{C}H_2 > \overset{+}{C}H_3$$

（4）过氧化物效应：在过氧化物存在下，溴化氢与不对称烯烃的加成是反马氏规则，这种由于过氧化物的存在而引起的烯烃加成取向的改变称为过氧化物效应。

（5）顺式加成和反式加成：烯烃与硼烷的加成，B 与 H 从双键的同侧加到两个双键碳原子上，称为顺式加成；烯烃与卤素的加成，两个卤原子分别从双键两侧加到双键碳原子上，称为反式加成。

（6）化学性质：

（i）亲电加成

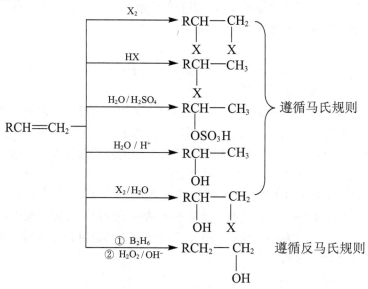

（ii）聚合

$$RCH{=}CH_2 \begin{cases} \xrightarrow[\text{二聚}]{H^+} \underset{CH_3}{RCH{-}CH}{=}CHR + \underset{CH_3}{RC{=}CHCH_2R} \\ \xrightarrow[\text{聚合}]{\text{引发剂}} {-}\!\!\Big(\!\underset{R}{CH}{-}CH_2\!\Big)\!\!{}_n \end{cases}$$

（iii）自由基加成

$$RCH\!=\!CH_2 \xrightarrow[\text{ROOR}]{\text{HBr}} RCH_2\!-\!\underset{\underset{Br}{|}}{CH_2} \quad \text{反应遵循反马氏规则}$$

（iv）α-H 卤代

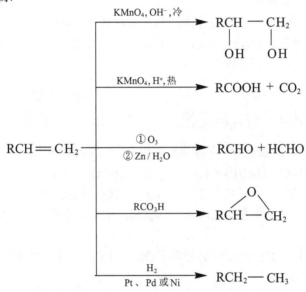

（v）氧化还原

四、制备

（1）醇脱水：生成取代基多的烯烃。

$$-\underset{\underset{H}{|}}{C}-\underset{\underset{OH}{|}}{C}- \xrightarrow[\triangle]{H^+} \underset{/}{\overset{\backslash}{C}}\!=\!\underset{\backslash}{\overset{/}{C}} + H_2O$$

（2）卤代烷脱卤化氢：生成取代基多的烯烃。

$$-\underset{\underset{H}{|}}{C}-\underset{\underset{X}{|}}{C}- \xrightarrow[OH^-]{ROH} \underset{/}{\overset{\backslash}{C}}\!=\!\underset{\backslash}{\overset{/}{C}} + X^- + H_2O$$

（3）邻二卤代烷脱卤：

$$-\underset{\underset{X}{|}}{C}-\underset{\underset{X}{|}}{C}- \xrightarrow{Zn} \underset{/}{\overset{\backslash}{C}}\!=\!\underset{\backslash}{\overset{/}{C}} + ZnX_2$$

Ⅱ. 例 题 解 析

【例 3-1】 命名下列化合物或写出结构式。

（1）（Z）-3-甲基-4-异丙基-3-庚烯

（2）
$$\begin{array}{c} H \\ \diagdown \\ H_3C \end{array} C = C \begin{array}{c} CH_2CH_3 \\ \diagup \\ C(CH_3)_3 \end{array}$$

分析：（1）母体为 3-庚烯，其中一个双键碳上连有乙基和甲基，乙基为优先基团；另一个双键碳上连有异丙基和正丙基，异丙基为优先基团；由于双键为 Z 构型，因此乙基和异丙基处于碳碳双键所在轴线同侧。

（2）烯烃的系统命名原则与烷烃相似。选含双键的最长碳链为主链，从靠近双键的一端开始对主链编号。题中化合物母体为 4,4-二甲基-3-乙基-2-戊烯，几何异构为 Z。

答 （1）
$$\begin{array}{c} H_3CH_2C \\ \diagdown \\ H_3C \end{array} C = C \begin{array}{c} CH(CH_3)_2 \\ \diagup \\ CH_2CH_2CH_3 \end{array}$$

（2）（Z）-4,4-二甲基-3-乙基-2-戊烯

【例 3-2】 下列各组化合物分别与溴进行加成反应，指出每组中哪一个反应较快。为什么？

（1）$CF_3CH{=}CH_2$ 和 $CH_3CH{=}CH_2$　　（2）$CH_3CH{=}CH_2$ 和 $(CH_3)_3N^+CH{=}CH_2$

（3）$CH_2{=}CHCl$ 和 $CH_2{=}CH_2$　　　　（4）$CHCl{=}CHCl$ 和 $CH_2{=}CHCl$

分析：烯烃与溴反应是亲电加成反应，双键碳原子上连有供电子基对反应有利，连吸电子基对反应不利。

答 （1）$CF_3CH{=}CH_2$ 中 CF_3 是吸电子基，$CH_3CH{=}CH_2$ 中 CH_3 是供电子基，所以 $CH_3CH{=}CH_2$ 反应较快。

（2）$CH_3CH{=}CH_2$ 中 CH_3 是供电子基，$(CH_3)_3N^+CH{=}CH_2$ 中 $(CH_3)_3N^+$ 是吸电子基，所以 $CH_3CH{=}CH_2$ 反应较快。

（3）$CH_2{=}CHCl$ 中 Cl 是吸电子基，所以 $CH_2{=}CH_2$ 反应较快。

（4）$CHCl{=}CHCl$ 和 $CH_2{=}CHCl$，双键碳原子上连接的吸电子基越多，对反应越不利，所以 $CH_2{=}CHCl$ 反应较快。

【例 3-3】 完成下列反应式。

（1）$CH_3CH_2CH{=}CH_2 \xrightarrow{H_2SO_4}$

（2）$(CH_3)_2C{=}CHCH_3 \xrightarrow{HBr}$

（3）$CH_3CH_2CH{=}CH_2 \xrightarrow{?} CH_3CH_2CH_2CH_2OH$

（4）$CH_3CH_2CH{=}CH_2 \xrightarrow{?} CH_3CH_2\underset{\underset{OH}{|}}{C}HCH_3$

（5）$(CH_3)_2C{=}CHCH_2CH_3 \xrightarrow[\text{② Zn粉, } H_2O]{\text{① } O_3}$

（6）$CH_2{=}CHCH_2OH \xrightarrow{Cl_2/H_2O}$

（7）$(CH_3)_2C = CHCH_3 \xrightarrow[\text{过氧化物}]{HBr}$

（8）$\underset{\underset{|}{C_2H_5\overset{CH_3}{\overset{|}{C}}}}{} = CH_2 \xrightarrow[\text{② } H_2O_2/OH^-]{\text{① } B_2H_6}$

答　（1）$CH_3CH_2CH = CH_2 \xrightarrow{H_2SO_4} CH_3CH_2\underset{\underset{OSO_2OH}{|}}{CH} - CH_3$

（2）$(CH_3)_2C = CHCH_3 \xrightarrow{HBr} (CH_3)_2\underset{\underset{Br}{|}}{C} - CH_2CH_3$

（3）$CH_3CH_2CH = CH_2 \xrightarrow[\text{② } H_2O_2,\ OH^-]{\text{① } B_2H_6} CH_3CH_2CH_2CH_2OH$

（4）$CH_3CH_2CH = CH_2 \xrightarrow{H_2O/H^+} CH_3CH_2\underset{\underset{OH}{|}}{CH}CH_3$

（5）$(CH_3)_2C = CHCH_2CH_3 \xrightarrow[\text{② Zn粉, } H_2O]{\text{① } O_3} CH_3COCH_3 + CH_3CH_2CHO$

（6）$CH_2 = CHCH_2OH \xrightarrow{Cl_2/H_2O} \underset{\underset{OH}{|}}{ClCH_2CH}CH_2OH$

（7）$(CH_3)_2C = CHCH_3 \xrightarrow[\text{过氧化物}]{HBr} (CH_3)_2CHCHBrCH_3$

（8）$\underset{\underset{|}{C_2H_5\overset{CH_3}{\overset{|}{C}}}}{} = CH_2 \xrightarrow[\text{② } H_2O_2/OH^-]{\text{① } B_2H_6} C_2H_5CH(CH_3)CH_2OH$

【例 3-4】　下列碳正离子最稳定的是（　　）。

（A）$CH_3\overset{+}{C}HC(CH_3)_3$　　　　　　　（B）$(CH_3)_2CH\overset{+}{C}(CH_3)_2$

（C）$\overset{+}{C}H_2CH_2C(CH_3)_3$　　　　　　　（D）$CH_3CH = CH\overset{+}{C}H_2$

分析：碳正离子的稳定性次序为 $\underset{\overset{|}{\overset{+}{C}H_2}}{\text{[苯环]}} > R_3\overset{+}{C} > R_2\overset{+}{C}H > R\overset{+}{C}H_2 > \overset{+}{C}H_3$。

其中前者为 $CH_2 = CH - \overset{+}{C}H_2$ 与苯甲基 $\overset{+}{C}H_2$。

答　（D）。

【例 3-5】　完成下列反应。

分析：由烯烃制备醇的方法：末端烯烃在酸性介质催化下与水发生亲电加成可合成醇，中间体碳正离子可发生重排，[碳正离子] 重排为 [碳正离子]。末端烯烃发生硼氢化-氧化反应可合成伯醇，不发生重排。

答

$$\text{（烯烃）} \xrightarrow{\text{H}_2\text{SO}_4/\text{H}_2\text{O}} \text{HO-C(CH}_3)_2\text{CH}_2\text{CH}_3$$

$$\xrightarrow[\text{②H}_2\text{O}_2/\text{OH}^-]{\text{①B}_2\text{H}_6} \text{（CH}_3)_2\text{CHCH}_2\text{CH}_2\text{OH}$$

【例 3-6】 完成下列反应。

$$\text{（甲基亚甲基环戊烷）} \xrightarrow[\text{500℃}]{\text{Cl}_2} \xrightarrow[\text{ROOR}]{\text{HBr}} (\qquad)$$

分析：第一步烯烃在加热条件下与氯气进行的是 α-H 的自由基取代反应，生成的中间体

自由基稳定性次序为 $\text{CH}_2\text{=CH—}\overset{\centerdot}{\text{CH}}_2$ ，（苄基自由基） $> \text{R}_3\overset{\centerdot}{\text{C}} > \text{R}_2\overset{\centerdot}{\text{CH}} > \text{R}\overset{\centerdot}{\text{CH}}_2 > \overset{\centerdot}{\text{CH}}_3$，所以第一步生

成的是 $\text{（1-氯-1-甲基-2-亚甲基环戊烷）}$；第二步是烯烃与溴化氢在过氧化物条件下进行的自由基加成反应，反

应遵循反马氏规律，所以第二步生成的是 $\text{（Cl, CH}_3, \text{CH}_2\text{Br 取代环戊烷）}$。

答 $\text{（Cl, CH}_3, \text{CH}_2\text{Br 取代环戊烷）}$。

【例 3-7】 按要求合成下列化合物。

（1）以乙烯为主要原料，其他必要的有机、无机原料任选合成 $\overset{\text{H}_3\text{CH}_2\text{C}}{\underset{\text{H}}{}}\text{C=C}\overset{\text{CH}_3}{\underset{\text{H}}{}}$ 。

（2）以乙烯为主要原料合成正丁醇。

（3）以丙烯为主要原料合成甘油。

答 （1）合成路线如下：

$$\text{CH}_2\text{=CH}_2 \xrightarrow{\text{HBr}} \text{CH}_3\text{CH}_2\text{Br}$$

$$\text{CH}_2\text{=CH}_2 \xrightarrow{\text{Br}_2} \text{CH}_2\text{BrCH}_2\text{Br} \xrightarrow{\text{KOH/C}_2\text{H}_5\text{OH}} \text{HC≡CH} \xrightarrow{\text{NaNH}_2} \text{HC≡CNa}$$

$$\xrightarrow{\text{CH}_3\text{CH}_2\text{Br}} \text{HC≡CCH}_2\text{CH}_3 \xrightarrow{\text{NaNH}_2} \text{NaC≡CCH}_2\text{CH}_3 \xrightarrow{\text{CH}_3\text{Br}}$$

$$\text{H}_3\text{CC≡CCH}_2\text{CH}_3 \xrightarrow[\text{Lindlar}]{\text{H}_2} \overset{\text{H}_3\text{CH}_2\text{C}}{\underset{\text{H}}{}}\text{C=C}\overset{\text{CH}_3}{\underset{\text{H}}{}}$$

（2）合成路线如下：

$$CH_2{=\!\!=}CH_2 \xrightarrow{\text{HBr}} CH_3CH_2Br$$

$$CH_2{=\!\!=}CH_2 \xrightarrow{\text{Br}_2} CH_2BrCH_2Br \xrightarrow{\text{KOH/C}_2\text{H}_5\text{OH}} HC{\equiv}CH$$

$$HC{\equiv}CH \xrightarrow{\text{NaNH}_2} HC{\equiv}CNa \xrightarrow{\text{CH}_3\text{CH}_2\text{Br}} HC{\equiv}CCH_2CH_3$$

$$HC{\equiv}CCH_2CH_3 \xrightarrow[\text{Lindlar}]{\text{H}_2} CH_2{=\!\!=}CHCH_2CH_3 \xrightarrow[\text{② H}_2\text{O}_2/\text{OH}^-]{\text{① B}_2\text{H}_6} CH_3CH_2CH_2CH_2OH$$

（3）合成路线如下：

方法一：

$$CH_3CH{=\!\!=}CH_2 \xrightarrow[500℃]{\text{Cl}_2} CH_2ClCH{=\!\!=}CH_2 \xrightarrow[\text{OH}^-]{\text{稀 KMnO}_4} CH_2OHCHOHCH_2OH$$

方法二：

$$CH_3CH{=\!\!=}CH_2 \xrightarrow[500℃]{\text{Cl}_2} CH_2ClCH{=\!\!=}CH_2 \xrightarrow{\text{HOCl}} CH_2ClCHOHCH_2Cl$$

$$\xrightarrow[80\sim90℃]{\text{Ca(OH)}_2 \text{ 或 NaOH}} \underset{\underset{O}{\diagup\diagdown}}{CH_2{-}CH}{-}CH_2Cl \xrightarrow{\text{Na}_2\text{CO}_3} CH_2OHCHOHCH_2OH$$

Ⅲ. 部分习题与解答

1. 用系统命名法命名下列化合物，对顺反异构体用 Z、E 命名。

（1）$CH_3{-}CH_2{-}CH_2{-}\underset{\underset{CH_3}{|}}{CH}{-}CH{=\!\!=}CH_2$

（2）$\underset{\underset{CH_3}{\diagup}}{\overset{\overset{CH_3CH_2CH_2}{\diagdown}}{C}}{=\!\!=}\underset{\underset{CH_2CH_3}{\diagdown}}{\overset{\overset{CH_3}{\diagup}}{C}}$

（3）$\underset{\underset{(CH_3)_2CH}{\diagup}}{\overset{\overset{CH_3CH_2CH_2}{\diagdown}}{C}}{=\!\!=}\underset{\underset{CH_2CH_3}{\diagdown}}{\overset{\overset{CH_3}{\diagup}}{C}}$

（4）$\underset{\underset{H}{\diagup}}{\overset{\overset{CH_3}{\diagdown}}{C}}{=\!\!=}\overset{\overset{H}{\diagup}}{C}{-}CH_2{-}\underset{\underset{CH_3}{|}}{CH}{-}CH_3$

（5）$CH_3CH_2\underset{\underset{CH{=\!\!=}CH_2}{|}}{CH}CH_2CH_3$

（6）$CH_2{=\!\!=}\underset{\underset{CH_2CH_3}{|}}{\overset{\overset{CH_2CH_3}{|}}{C}}{-}CH_2\underset{\underset{CH_2CH_3}{|}}{CH}CH_3$

答 （1）3-甲基-1-己烯

（2）（E）-3,4-二甲基-3-庚烯

（3）（Z）-3-甲基-4-异丙基-3-庚烯

（4）（E）-5-甲基-2-己烯

（5）3-乙基-1-戊烯

（6）4-甲基-2-乙基-1-己烯

3. 完成下列反应。

（1）$CH_3CH_2\underset{\underset{CH_3}{|}}{\overset{\overset{CH_3}{|}}{C}}{=\!\!=}CH_2 + HCl \longrightarrow$

（2）$CF_3CH{=\!\!=}CH_2 + HCl \longrightarrow$

（3）$(CH_3)_2C{=\!\!=}CH_2 + Br_2 \xrightarrow[\text{水溶液}]{\text{NaCl}}$

（4）环戊烯${-}CH_3 + Cl_2 + H_2O \longrightarrow$

（5） $\xrightarrow[\text{② H}_2\text{O}_2,\text{OH}^-]{\text{① 1/2 B}_2\text{H}_6}$

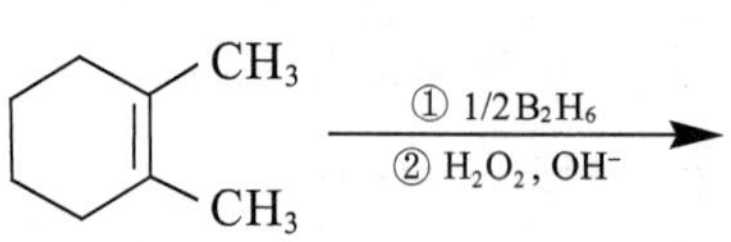

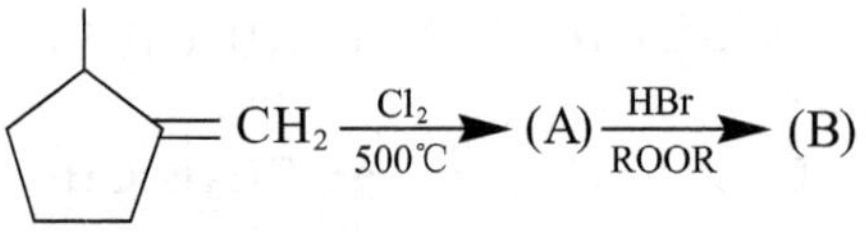

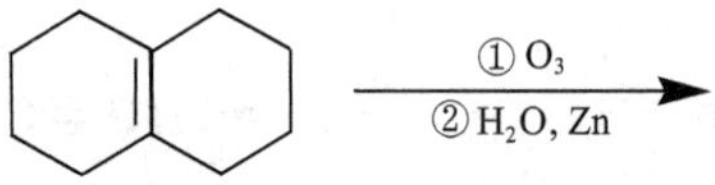

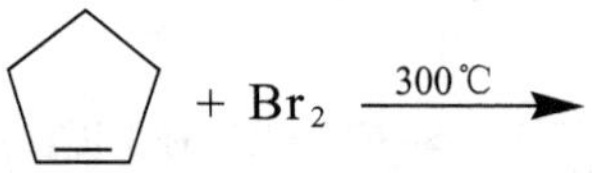

（6） $\xrightarrow{\text{Cl}_2 \atop 500℃}$ (A) $\xrightarrow{\text{HBr} \atop \text{ROOR}}$ (B)

（7）—CH=CHCH$_3$ $\xrightarrow[\triangle]{\text{KMnO}_4,\text{H}^+}$

（8） $\xrightarrow[\text{② H}_2\text{O},\text{Zn}]{\text{① O}_3}$

（9） + Br$_2$ $\xrightarrow{300℃}$

（10） $\xrightarrow{\text{CH}_3\text{CO}_3\text{H}}$

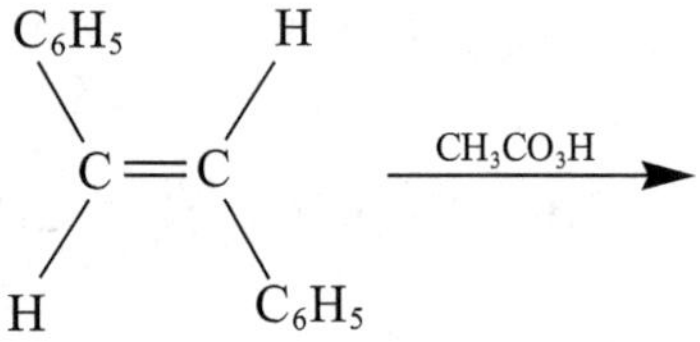

答 括号中为各小题所要求填充的内容。

（1）

（2）$CF_3\overset{\delta^-}{C}H=\overset{\delta^+}{C}H_2$ + HCl $\longrightarrow$ $\left(CF_3CH_2—CH_2Cl \right)$

（3）$(CH_3)_2C=CH_2$ + Br$_2$ $\xrightarrow[\text{水溶液}]{\text{NaCl}}$

$$\left((CH_3)_2\underset{\overset{|}{Br}}{C}—CH_2Br + (CH_3)_2\underset{\overset{|}{Br}}{C}—CH_2Cl + (CH_3)_2\underset{\overset{|}{Br}}{C}—CH_2OH \right)$$

（4）—CH$_3$ + Cl$_2$ + H$_2$O $\longrightarrow$

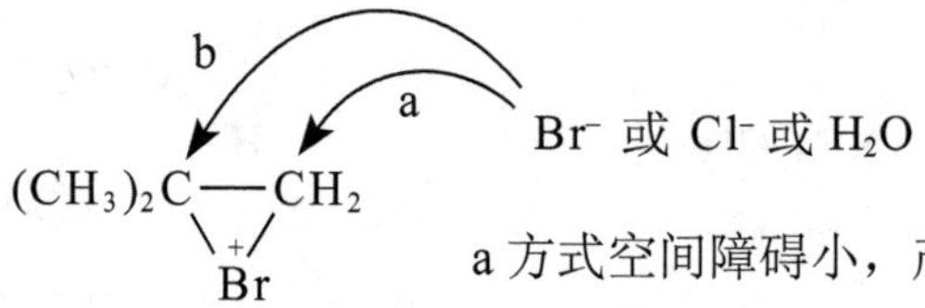

（5） $\xrightarrow[\text{② H}_2\text{O}_2,\text{OH}^-]{\text{① 1/2 B}_2\text{H}_6}$

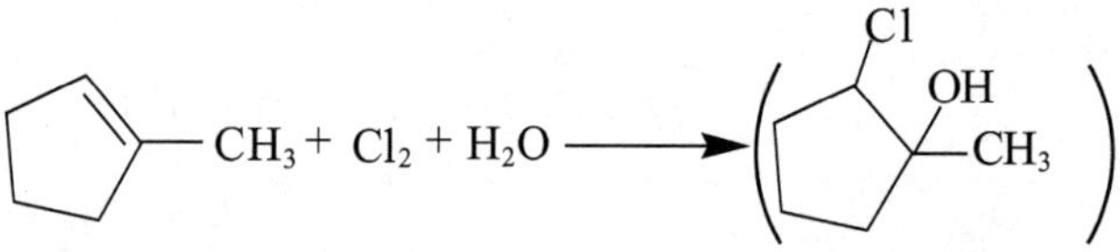

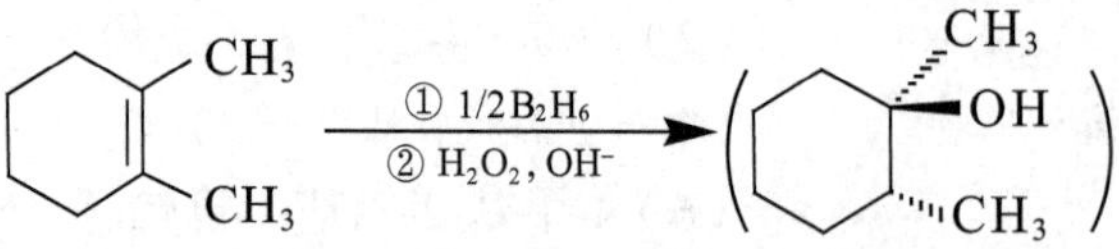

（硼氢化反应的特点：顺式加成，产物反马氏规则、不重排）

（6）

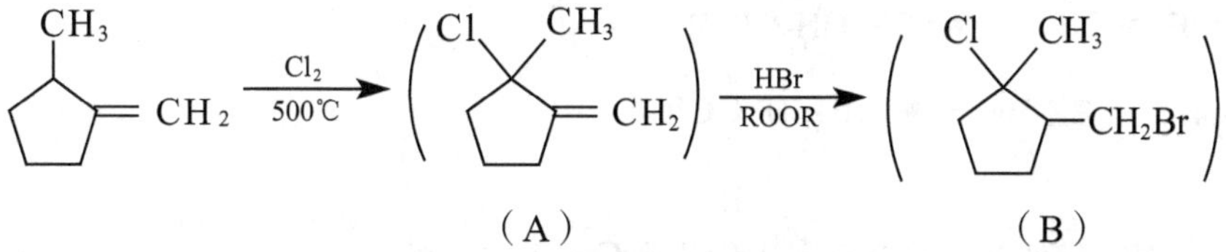

（7）

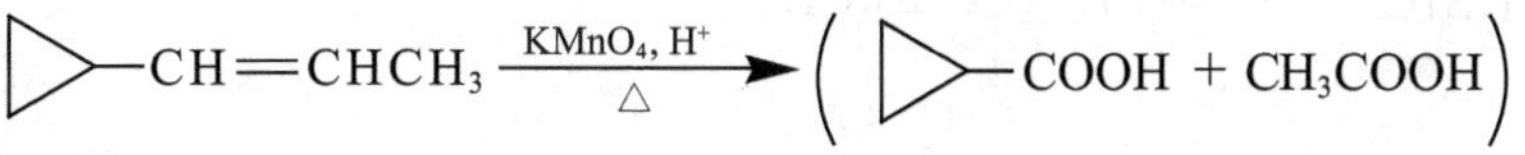

（8）

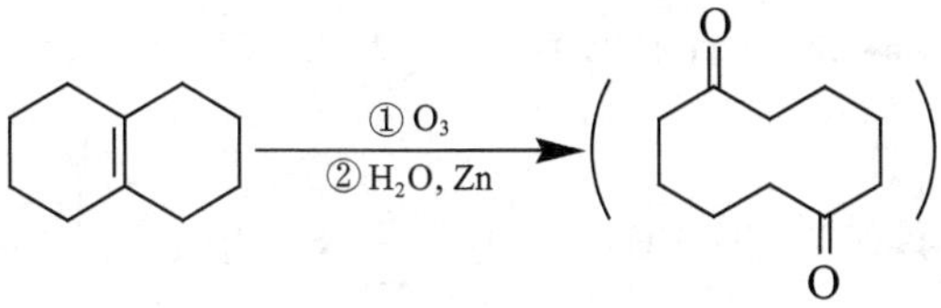

（9）

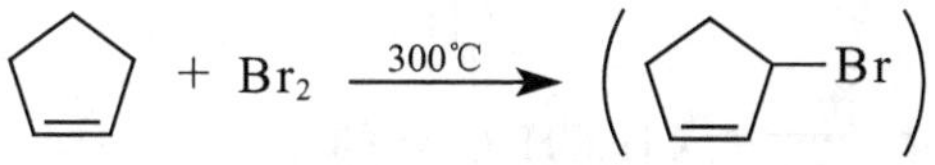

（10）

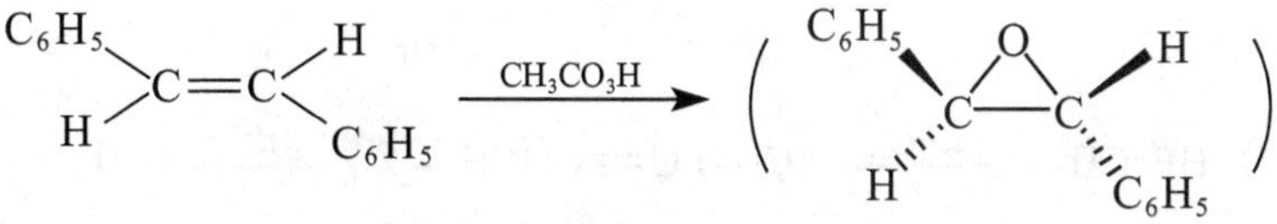

5. 分析下列数据，说明了什么问题，怎样解释?

烯烃及其衍生物	烯烃加溴的速率比
$(CH_3)_2C{=}C(CH_3)_2$	14
$(CH_3)_2C{=}CH{-}CH_3$	10.4
$(CH_3)_2C{=}CH_2$	5.53
$CH_3CH{=}CH_2$	2.03
$CH_2{=}CH_2$	1.00
$CH_2{=}CH{-}Br$	0.04

　　答　实验数据说明：①甲基连于 C=C 时为供电子基团，使烯烃发生亲电加成反应速率加快，双键上甲基越多，反应速率越快；②溴连于 C=C 时为吸电子基团，反应速率降低。

10. 裂化汽油中含有烯烃，用什么方法能除去烯烃?

　　答　裂化汽油的主要成分是相对分子质量不一的饱和烷烃，除去少量烯烃的方法有：用催化加氢方法或用 $KMnO_4$ 洗涤或用浓 H_2SO_4 洗涤。

11. 试举出区别烷烃和烯烃的两种化学方法。

　　答　方法一：用酸性 $KMnO_4$ 溶液，烷烃不使之褪色，烯烃能使之褪色。

　　方法二：用溴的 CCl_4 溶液，烯烃能使之褪色，而烷烃不能。

12. 用指定的原料制备下列化合物，试剂可以任选。

（1）$CH_3CH{=\!=}CH_2 \longrightarrow CH_3CH_2CH_2Br$

（2）$CH_3CH_2CH_2CH_2Br \longrightarrow CH_3CH_2\underset{\underset{Br}{|}}{C}ClCH_3$

（3）$(CH_3)_2CHCHBrCH_3 \longrightarrow (CH_3)_2\underset{\underset{OH}{|}}{C}CHBrCH_3$

答　（1）$CH_3CH{=\!=}CH_2 \xrightarrow[H_2O_2]{HBr} CH_3CH_2CH_2Br$

（2）$CH_3CH_2CH_2CH_2Br \xrightarrow[C_2H_5OH]{NaOH} CH_3CH_2CH{=\!=}CH_2 \xrightarrow[CCl_4]{Br_2} CH_3CH_2\overset{\overset{Br}{|}}{C}H{-}CH_2Br$

$\xrightarrow[C_2H_5OH]{NaOH} CH_3CH_2\underset{\underset{Br}{|}}{C}{=\!=}CH_2 \xrightarrow{HCl} CH_3CH_2\overset{\overset{Cl}{|}}{\underset{\underset{Br}{|}}{C}}{-}CH_3$

（3）$(CH_3)_2CHCHBrCH_3 \xrightarrow[C_2H_5OH]{NaOH} (CH_3)_2C{=\!=}CHCH_3 \xrightarrow{Br_2+H_2O} (CH_3)_2\underset{\underset{OH}{|}}{C}CHBrCH_3$

13. 某烯烃 A 经催化加氢得到 2-甲基丁烷。加 HCl 可得 2-甲基-2-氯丁烷。如经臭氧化并在锌粉存在下水解，可得丙酮和乙醛。写出该烯烃的构造式以及各步反应式。

答

所以该化合物 A 的结构式为 $CH_3{-}\overset{\overset{CH_3}{|}}{C}{=\!=}CHCH_3$。

14. 试用生成碳正离子的难易解释下列反应。

$$H_3C-CH=\underset{\underset{CH_3}{|}}{C}-CH_3 \xrightarrow{HCl}$$

$$\rightarrow H_3C-CH_2-\underset{\underset{+}{\underset{CH_3}{|}}}{C}-CH_3 \xrightarrow{Cl^-} H_3C-CH_2-\underset{\underset{Cl}{|}}{\overset{\overset{CH_3}{|}}{C}}-CH_3$$

(3°)　　　　　　主要产物

$$\rightarrow H_3C-\underset{\underset{+}{}}{CH}-\underset{\underset{H}{|}}{\overset{\overset{CH_3}{|}}{C}}-CH_3 \xrightarrow{Cl^-} H_3C-\underset{\underset{Cl}{|}}{CH}-\underset{\underset{H}{|}}{\overset{\overset{CH_3}{|}}{C}}-CH_3$$

(2°)

答 H^+ 与烯烃 C=C 键加成后，可以得到两个不同的碳正离子，此题中分别生成了一个三级碳正离子和一个二级碳正离子，由于三级碳正离子比二级碳正离子更稳定，因此反应优先按形成三级碳正离子的方向进行，随后再与反应体系中的 Cl^- 结合形成预期的符合马氏规则的主要产物。

15. 某化合物（A）的分子式为 C_7H_{14}，经酸性高锰酸钾溶液氧化后生成两个化合物（B）和（C）。（A）经臭氧氧化而后还原水解也得相同产物（B）和（C）。试写出（A）的构造式。

答 化合物（A）的分子式为 C_7H_{14}，不饱和度为 1，说明为烯烃或环烷烃。它能被酸性高锰酸钾溶液氧化和臭氧氧化-还原水解，说明其不是环烷烃而是烯烃。且两种氧化产物相同，则化合物（A）的结构为

$$(CH_3)_2C=\underset{\underset{CH_3}{|}}{C}CH_2CH_3$$

反应式为

$$(CH_3)_2C=\underset{\underset{CH_3}{|}}{C}CH_2CH_3 \xrightarrow[H^+]{KMnO_4} CH_3\overset{\overset{O}{||}}{C}CH_3 + CH_3\overset{\overset{O}{||}}{C}CH_2CH_3$$

(A)

$$\xrightarrow[\text{② } H_2O,\ Zn]{\text{① } O_3} CH_3\overset{\overset{O}{||}}{C}CH_3 + CH_3\overset{\overset{O}{||}}{C}CH_2CH_3$$

第四章　炔烃、二烯烃

Ⅰ. 知 识 要 点

一、炔烃的结构与命名

（1）含有一个碳碳叁键者称为炔烃，碳碳叁键（—C≡C—）是炔烃的官能团；分子中同时含有碳碳双键和碳碳叁键者称为烯炔。组成碳碳叁键的碳原子为 sp 杂化，能发生亲电加成反应，但 sp 杂化的碳原子对 π 电子云有较强的束缚，故炔烃的亲电加成活性不如烯烃，但炔烃还可进行亲核加成反应。

（2）炔烃的命名：选含叁键最长的链为主链，编号从叁键最小处开始。

（3）烯炔的命名：分子中同时含有碳碳双键和叁键的化合物称为烯炔。选择含有双键和叁键在内的最长链作为主链，称为“某烯炔”，碳链的编号遵循“最低系统”原则，使双键、叁键具有尽可能低的位次，其他与烯烃和炔烃命名法相似。若编号时双键、叁键处于相同的位次，优先给双键以最低编号。

二、化学性质

（1）炔氢的反应

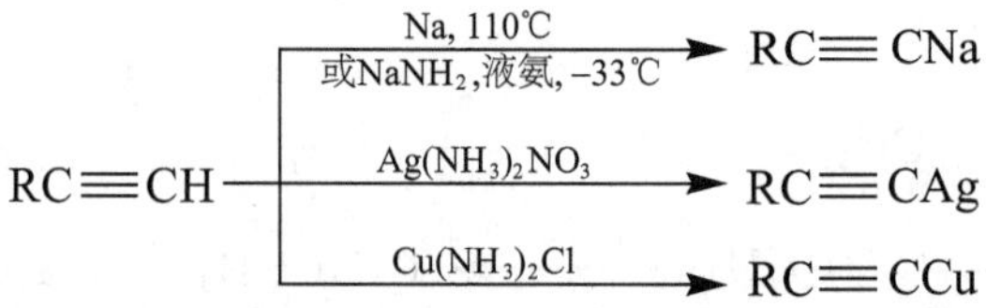
Na, 110℃
或NaNH₂,液氨, −33℃
RC≡CNa
RC≡CH
Ag(NH₃)₂NO₃
RC≡CAg
Cu(NH₃)₂Cl
RC≡CCu

（2）亲电加成

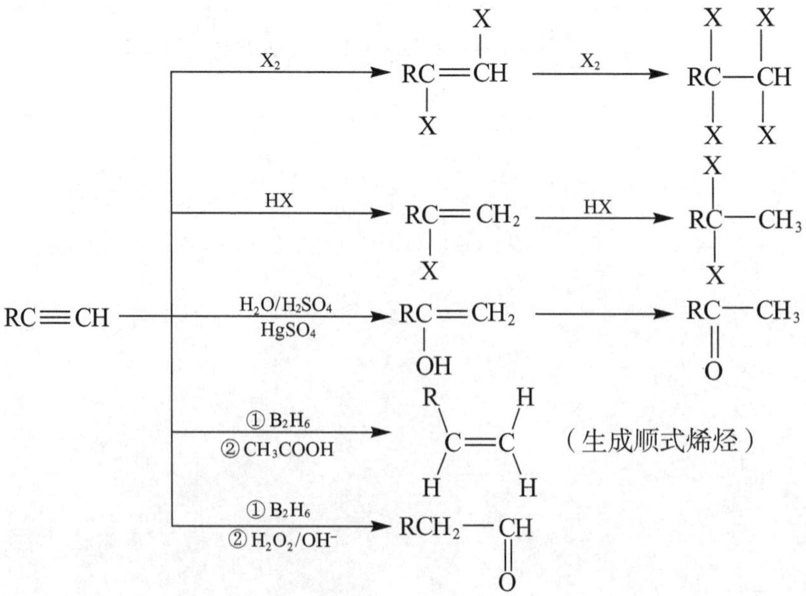
RC≡CH
X₂
HX
H₂O/H₂SO₄
HgSO₄
① B₂H₆
② CH₃COOH
① B₂H₆
② H₂O₂/OH⁻
RC=CH₂
RC—CH₃
OH
O
RCH₂—CH
（生成顺式烯烃）

（3）亲核加成

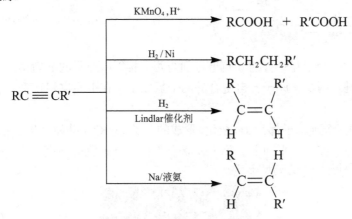

（4）氧化还原

三、炔烃的制备

（1）二卤代烷脱卤化氢

$$R-\overset{\overset{\displaystyle H}{|}}{\underset{\underset{\displaystyle X}{|}}{C}}-\overset{\overset{\displaystyle H}{|}}{\underset{\underset{\displaystyle X}{|}}{C}}-R' \xrightarrow{\text{NaNH}_2} RC{\equiv}CR'$$

（2）端位炔烃的烷基化

$$RC{\equiv}CH \xrightarrow{\text{NaNH}_2} RC{\equiv}CNa \xrightarrow{R'X} RC{\equiv}CR'$$

式中 R'X 为伯卤代烷

四、二烯烃的分类、命名

1. 二烯烃的分类

根据二烯烃分子中两个双键相对位置的不同，可将二烯烃分为三种类型：孤立二烯烃、共轭二烯烃和累积二烯烃。

（1）孤立二烯烃：两个 C=C 间隔两个或两个以上单键，—CH=CH—$(CH_2)_n$—CH=CH—（$n \geqslant 2$）。

（2）共轭二烯烃：两个 C=C 间隔一个单键，即单双键交替，—CH=CH—CH=CH—。

（3）累积二烯烃（聚集二烯烃）：两个 C=C 连在同一个碳原子上，—CH=C=CH—。

2. 二烯烃的命名

二烯烃的命名与烯烃相似，不同之处在于：分子中含有两个双键称为二烯，主链必须包括两个双键在内，同时必须标明两个双键的位次。

五、二烯烃的结构

1. 丙二烯

丙二烯的三个不饱和碳原子在一条直线上，中间的碳原子为 sp 杂化，两端的碳原子为 sp^2 杂化。

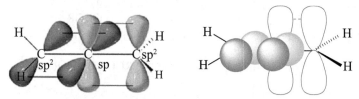

中间碳原子的两个相互垂直的 p 轨道分别与两个相邻碳原子的 p 轨道互相重叠，形成相互垂直的两个 π 键。两端碳原子各自键合的两个氢原子所在平面也相互垂直。

2. 1,3-丁二烯

1,3-丁二烯的四个碳原子都为 sp^2 杂化，形成的三条 C—C σ 键和六条 C—H σ 键在同一平面上，即所有的原子在同一平面上。每个碳原子还有一个 p 轨道垂直于这个平面，对称轴相互平行从侧面重叠形成 π_4^4 的离域 π 键。

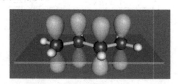

二烯烃的稳定性为共轭二烯烃>孤立二烯烃>累积二烯烃。

对 1,3-丁二烯氢化热理论预计应为 125.5×2=251kJ·mol^{-1}，实测值为 226kJ·mol^{-1}，两者差值为 25kJ·mol^{-1}，说明 1,3-丁二烯具有较低的能量，稳定性比非共轭二烯烃大。氢化热理论值与实测值的差值称为共轭能。

3. 共轭二烯烃的构象

共轭二烯烃：两个双键被一个单键隔开的二烯烃称为共轭二烯烃。两个双键在单键的同侧为 s-顺式构象，在异侧为 s-反式构象。

$$\underset{\text{s-顺-1,3-丁二烯}}{\begin{array}{c}H_2C\\ \diagdown\\ H\end{array}\!C\!=\!C\!\begin{array}{c}CH_2\\ \diagup\\ H\end{array}}\ \rightleftharpoons\ \underset{\text{s-反-1,3-丁二烯}}{\begin{array}{c}H_2C\\ \diagdown\\ H\end{array}\!C\!=\!C\!\begin{array}{c}H\\ \diagup\\ CH_2\end{array}}$$

s 表示单键（single），s-顺式表示两个双键在 C_2—C_3 键的同一侧，s-反式表示两个双键在 C_2—C_3 键的两侧。反式构象能量较低，相对于顺式构象稳定，室温下二者迅速转换，形成动态平衡。

六、共轭二烯烃的化学性质

共轭二烯烃具有与单烯烃类似的反应，但由于共轭作用，共轭二烯烃又具有其特有的反应如共轭加成、第尔斯–阿尔德反应等。

1. 共轭加成（1,4-加成）反应

$$\overset{1}{CH_2}=\overset{2}{CH}-\overset{3}{CH}=\overset{4}{CH_2} \xrightarrow{HBr} CH_3-CH=CH-CH_2Br + CH_3-CH-CH=CH_2$$

$$\underset{Br}{|}$$

	1,4-加成	1,2-加成
(–80℃)	20%	80%
(40℃)	80%	20%

亲电试剂加到 C_1 和 C_2 上，称为 1,2-加成；亲电试剂加到 C_1 和 C_4 上（共轭体系的两端），双键移至 C_2 和 C_3 间，称为 1,4-加成，又称共轭加成。

得到两种产物是因为共轭二烯烃中的一个双键先与亲电试剂反应得到稳定的烯丙基碳正离子，如：

$$\overset{4}{CH_2}=\overset{3}{CH}-\overset{2}{CH}=\overset{1}{CH_2} \xrightarrow{H^+} \underset{4}{CH_2}=\underset{3}{CH}-\overset{+}{\underset{2}{CH}}-\underset{1}{CH_2}$$

$$\underset{H}{|}$$

由于共轭体系内极性交替的存在，正电荷主要集中在 C_2 和 C_4 上，负离子加到 C_2 上得 1,2-加成产物，负离子加到 C_4 上得 1,4-加成产物，如：

$$\overset{\delta^+}{\underset{4}{CH_2}}\!=\!\!=\!\!=\!\overset{}{\underset{3}{CH}}\!-\!\overset{\delta^+}{\underset{2}{CH}}\!-\!CH_2 \xrightarrow{Br^-}$$

$$CH_2=CH-CH-CH_2$$
$$\underset{Br}{|}\quad\underset{H}{|}$$

$$H_2C-CH=CH-CH_2$$
$$\underset{Br}{|}\qquad\qquad\underset{H}{|}$$

1,2-加成和 1,4-加成是同时进行的，两种产物的比例主要取决于反应物的性质、溶剂的性质、反应温度和产物的稳定性等因素。

低温时 1,2-加成反应速率快，1,2-加成产物产率高。但 1,4-加成产物比 1,2-加成产物稳定，随着温度的升高，1,2-加成产物生成速率加快，但解离速率也加快，而 1,4-加成产物虽然生成速率较慢，但解离速率更慢，一旦生成就会保存下来，所以 1,4-加成产物就占优势了。反应在极性溶剂中主要发生 1,4-加成反应，在非极性溶剂中主要发生 1,2-加成反应。

2. 第尔斯–阿尔德反应

第尔斯–阿尔德（Diels-Alder）反应是指共轭二烯烃（双烯体）与含有双键或叁键的化合物（亲双烯体）作用生成六元环状化合物的反应。

双烯体　　　亲双烯体

第尔斯–阿尔德反应是一个非常重要的合成六元环的有机反应，该反应特点见第十六章。

七、共轭效应

1. 共轭体系和共轭效应

共轭体系（conjugated system）指单双健交替的体系。共轭效应（conjugated effect，用 C

表示）指在共轭体系中由于 π 电子或 p 电子的分布发生变化而处于离域状态的一种电子效应。

共轭效应产生的必要条件是：①共轭体系中各个 σ 键在同一平面内；②参加共轭的 p 轨道互相平行。如果共平面性受到破坏，p 轨道的相互平行就会发生偏离，减少了它们之间的重叠，共轭效应就随之减弱，或者消失。

共轭效应的存在会使共轭体系的键长平均化，体系能量降低，折射率比非共轭体系高。

2. 共轭体系的类型

（1）π,π-共轭：这种体系的结构特征是单键、重键（双键或叁键）交替存在。例如：

$$CH_2=CH-CH=CH_2 \qquad CH_2=CH-CH=O \qquad CH_2=CH-C\equiv N$$

　　　　1,3-丁二烯 　　　　　　　　　　　丙烯醛 　　　　　　　　　　丙烯腈

（2）p,π-共轭：一个 π 键和与之平行的 p 轨道直接相连组成的共轭称为 p,π-共轭。p 轨道含有孤对电子、单电子或空轨道。例如，下面的体系均为 p, π-共轭体系。

$$CH_2=CH-\ddot{C}l \qquad CH_2=CH-\dot{C}H_3 \qquad CH_2=CH-\overset{+}{C}H_2$$

（3）超共轭：C—H σ 键轨道与 C=C π 键轨道重叠形成的共轭体系称为 σ, π-共轭或超共轭。另外，σ, p-共轭也是超共轭体系，存在超共轭效应。

Ⅱ. 例 题 解 析

【例 4-1】 命名下列化合物或写出结构式。

（1）$CH_2=CH-C\equiv C-CH_2CH_3$ 　　　　（2）$=\!\!/\!\!\backslash\!\!/\!\!=$

答 （1）双键和叁键在内的最长链作为主链，称为"某烯炔"，碳链的编号遵循"最低系统"原则，使双键、叁键具有尽可能低的位次号，其他与烯烃和炔烃命名法相似。若编号时双键、叁键处于相同的位次，优先给双键以最低编号。题中化合物为 1-己烯-3-炔。

（2）$\overset{1}{=}\overset{2}{\diagup}\overset{3}{\diagdown}\overset{5}{\diagup}\overset{6}{\diagdown}\overset{7}{=}$ ，1-庚烯-6-炔。

【例 4-2】 写出 1-丁炔与下列试剂作用的反应式：

（1）热 $KMnO_4$ 溶液 　（2）H_2/Pt 　　　　　（3）过量 Br_2/CCl_4，低温

（4）$AgNO_3$ 氨溶液 　（5）Cu_2Cl_2 氨溶液 　（6）H_2SO_4，H_2O，Hg^{2+}

答 （1）$CH_3CH_2C\equiv CH \xrightarrow{\text{热 }KMnO_4\text{溶液}} CH_3CH_2COOH + CO_2$

（2）$CH_3CH_2C\equiv CH \xrightarrow{H_2/Pt} CH_3CH_2CH_2CH_3$

（3）$CH_3CH_2C\equiv CH \xrightarrow{Br_2/CCl_4} CH_2CH_3CBr_2CHBr_2$

（4）$CH_3CH_2C\equiv CH \xrightarrow[\text{氨溶液}]{AgNO_3} CH_3CH_2C\equiv CAg$

（5）$CH_3CH_2C\equiv CH \xrightarrow[\text{氨溶液}]{Cu_2Cl_2} CH_3CH_2C\equiv CCu$

（6）$CH_3CH_2C\equiv CH \xrightarrow[H_2SO_4,\ HgSO_4]{H_2O} CH_3CH_2\underset{\underset{O}{\|}}{C}CH_3$

【例 4-3】　用化学方法区别下列各组化合物。

（1）乙烷、乙烯和乙炔　　（2）$CH_3CH_2C \equiv CCH_3$ 和 $CH_3CH_2CH_2C \equiv CH$

答　（1）乙烷 $\Big\}$

乙烯 $\xrightarrow[CCl_4]{Br_2}$ 褪色 $\Big\}$ $\xrightarrow[或 Cu(NH_3)_2Cl]{Ag(NH_3)_2NO_3}$ $\Big\{$ × 白色沉淀或砖红色沉淀

乙炔 褪色

（2）$CH_3CH_2C \equiv CCH_3$

$CH_3CH_2CH_2C \equiv CH$ $\xrightarrow[或 Cu(NH_3)_2Cl]{Ag(NH_3)_2NO_3}$ $\Big\{$ × 白色沉淀或砖红色沉淀

【例 4-4】　有 4 种化合物 A、B、C、D，分子式均为 C_5H_8，它们都能使溴的 CCl_4 溶液褪色。A 能与 $AgNO_3$ 的氨溶液作用生成沉淀，B、C、D 不能。当用热的酸性 $KMnO_4$ 溶液氧化时，A 得到 CO_2 和丁酸；B 得到乙酸和丙酸；C 得到戊二酸；D 得到丙二酸和 CO_2。推测 A、B、C、D 的结构式。

答　分子式为 C_5H_8，则不饱和度为 2。

A 能与 $AgNO_3$ 的氨溶液作用生成沉淀，说明它为末端炔烃，可能的结构为 $CH_3CH_2CH_2C \equiv CH$ 或 $(CH_3)_2CHC \equiv CH$。当用热的酸性 $KMnO_4$ 溶液氧化时，A 得到 CO_2 和丁酸，说明 A 的结构式为 $CH_3CH_2CH_2C \equiv CH$。

当用热的酸性 $KMnO_4$ 溶液氧化时，B 得到乙酸和丙酸，说明 B 的结构式为 $CH_3C \equiv CCH_2CH_3$。

当用热的酸性 $KMnO_4$ 溶液氧化时，C 得到戊二酸，说明 C 应为单环烯烃，所以其结构式为 ⬠。

当用热的酸性 $KMnO_4$ 溶液氧化时，D 得到丙二酸和 CO_2，说明 D 应含 $=CHCH_2CH=$ 和 $CH_2=$ 结构，所以其结构式为 $CH_2=CHCH_2CH=CH_2$。

【例 4-5】　以乙炔为原料合成 ⬡—CN 。

分析：要合成的产物为六元环，可通过第尔斯–阿尔德反应合成，先通过乙炔合成一个共轭双烯，再用乙炔通过亲核加成合成一个烯烃。

答　具体合成过程如下：

$$CH \equiv CH + HCN \xrightarrow{\text{碱}} CH_2 = CHCN$$

$$2CH \equiv CH \xrightarrow{CuCl/NH_4Cl} CH \equiv C - CH = CH_2 \xrightarrow[\text{Lindlar}]{H_2} CH_2 = CH - CH = CH_2$$

$$CH_2 = CH - CH = CH_2 + CH_2 = CHCN \xrightarrow{\triangle} \text{⬡—CN}$$

【例 4-6】　命名下列化合物或写出结构式。

（1）　　　　　　　　　　　　（2）(2E,4E)-己二烯

答　（1）(2E,4Z)-3-叔丁基-2,4-己二烯（注意构型的对应问题）

（2）

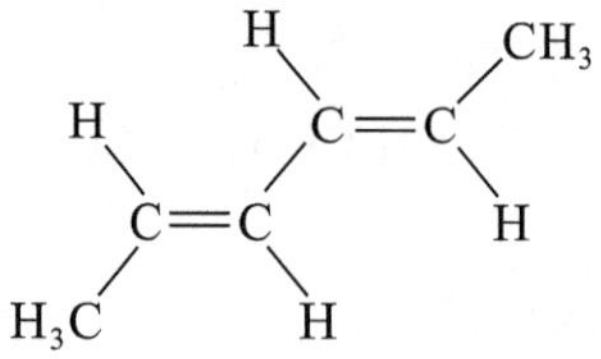

【**例 4-7**】　以乙炔、乙烯或丙烯为原料，合成$(CH_3)_2C$=$CHCH$=$C(CH_3)_2$（无机试剂任选）。

分析：分析产物结构特点，发现产物是对称分子，毫无疑问要利用乙炔中两个活泼氢与丙酮反应产生炔醇，再将炔醇中的羟基溴化，然后将其中的碳碳叁键还原为单键，最后通过分子内脱去两分子 HBr 即得产物。

答　合成路线如下：

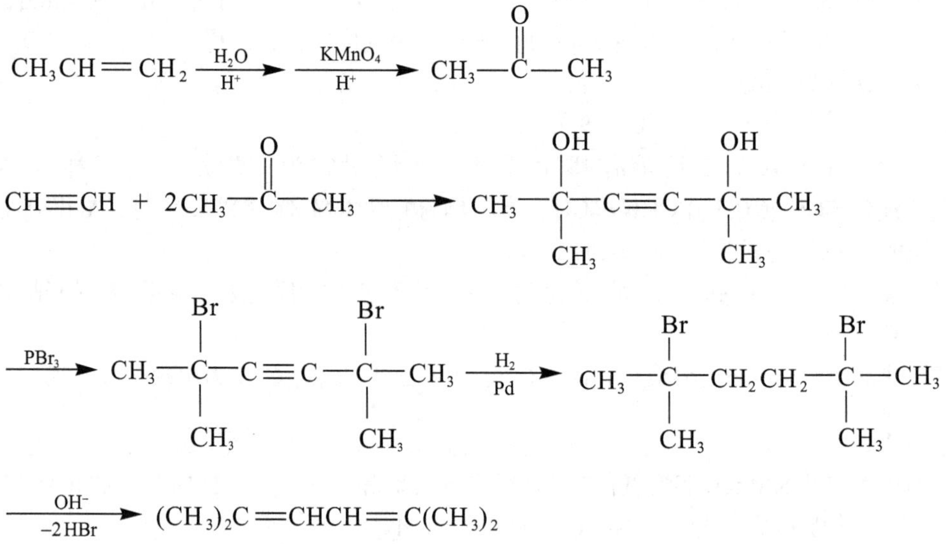

Ⅲ. 部分习题与解答

1. 用系统命名法命名下列化合物。

　　（1）$(CH_3)_3C$—C≡C—CH_2CH_3　　　　　（2）CH≡CCH_2Br

　　（3）CH_2=CH—C≡CH　　　　　（4）CH_2=$CHCH_2CH_2C$≡CH

　　（5）CH_3—$\underset{\underset{Cl}{|}}{CH}$—$C$≡$CCH_2CH_3$　　　　　（6）CH_3C≡C—$\underset{\underset{CH=CH_2}{|}}{C}$=$CHCH_2CH_3$

　　答　（1）2,2-二甲基-3-己炔（或乙基叔丁基乙炔）　　（2）3-溴丙炔

　　（3）1-丁烯-3-炔（或乙烯基乙炔）　　　　　　　　　（4）1-己烯-5-炔

　　（5）2-氯-3-己炔　　　　　　　　　　　　　　　　（6）4-乙烯基-4-庚烯-2-炔

2. 用简便的化学方法鉴别：

　　（1）2-甲基丁烷，3-甲基-1-丁烯，3-甲基-1-丁炔。

　　（2）1-戊炔，2-戊炔。

　　答　（1）通入 $Ag(NH_3)_2^+$ 溶液，产生白色沉淀者为 3-甲基-1-丁炔，然后加入 Br_2/CCl_4 溶

液或 $KMnO_4$ 溶液，褪色者为 3-甲基-1-丁烯，余者为 2-甲基丁烷。

（2）通入 $Ag(NH_3)_2^+$ 溶液，产生白色沉淀者为 1-戊炔，余者为 2-戊炔。

4. 完成下列反应。

（1）H_3C⌣⌣CH + HBr（过量）⟶

（2）H_3C⌣⌣CH_3 + H_2O $\xrightarrow{HgSO_4/H_2SO_4}$

（3）H_3C⌣CH + $Ag(NH_3)_2^+$ ⟶

（4）H_3C⌣⌣CH_3 $\xrightarrow{Br_2}$? $\xrightarrow{NaNH_2}$? $\xrightarrow{H_2/Lindlar}$?

（5）⌣⌣ + Br_2（等量）⟶ ?

答 （1）炔烃的亲电加成反应，两步反应都符合马氏规则。

H_3C⌣⌣CH + HBr（过量）⟶ H_3C⌣$\overset{Br}{\underset{Br}{C}}CH_3$

（2）H_3C⌣⌣CH_3 + H_2O $\xrightarrow{HgSO_4/H_2SO_4}$ H_3C⌣$\overset{}{\underset{O}{C}}$⌣$CH_3$

（3）H_3C⌣CH + $Ag(NH_3)_2^+$ ⟶ H_3C⌣CAg↓

（4）H_3C⌣⌣CH_3 $\xrightarrow{Br_2}$ H_3C⌣$\overset{Br}{\underset{Br}{CH-CH}}$⌣$CH_3$

$\xrightarrow{NaNH_2}$ H_3C⌣⌣CH_3 $\xrightarrow{H_2/Lindlar}$ 顺-2-己烯

（5）发生亲电加成反应，烯烃比炔烃更活泼。

⌣⌣ + Br_2（等量）⟶ $\overset{Br}{\underset{Br}{CH-CH_2}}$⌣⌣

7. 用乙炔或丙炔为主要原料，合成下列化合物。

（1）$CH_3CHBrCH_3$ 　　　（2）$CH_3CBr_2CH_3$

（3）$CH_3\overset{}{\underset{O}{C}}CH_3$ 　　　（4）$CH_2=CH-\overset{}{\underset{O}{C}}-CH_3$

（5）己烷 　　　（6）$CH_3CH_2CH_2\underset{H}{\overset{}{C}}=\underset{CH_3}{\overset{H}{C}}$

（7）$CH_3CH_2\underset{H}{\overset{}{C}}=\underset{H}{\overset{CH_2CH_3}{C}}$

答 （1）$CH_3C\equiv CH$ + H_2 $\xrightarrow[\text{喹啉}]{Pd-BaSO_4}$ $CH_3CH=CH_2$ $\xrightarrow{HBr}$ $CH_3CHBrCH_3$

（2）$CH_3C\equiv CH \xrightarrow{2HBr} CH_3CBr_2CH_3$

（3）$CH_3C\equiv CH + H_2O \xrightarrow{HgSO_4/H_2SO_4} CH_3\overset{\displaystyle \underset{\parallel}{}}{C}CH_3$（$\overset{}{\underset{O}{}}$）

$CH_3C\equiv CH + H_2O \xrightarrow{HgSO_4/H_2SO_4} CH_3\underset{\underset{O}{\parallel}}{C}CH_3$

（4）$2CH\equiv CH \xrightarrow[NH_4Cl]{CuCl} CH_2=CHC\equiv CH \xrightarrow[HgSO_4/H_2SO_4]{H_2O} CH_2=CH-\underset{\underset{O}{\parallel}}{C}-CH_3$

（5）$CH_3C\equiv CH + H_2 \xrightarrow[\text{喹啉}]{Pd\text{-}BaSO_4} CH_3CH=CH_2 \xrightarrow[ROOR]{HBr} CH_3CH_2CH_2Br$

$CH_3C\equiv CH + NaNH_2 \xrightarrow{\text{液氨}} CH_3C\equiv CNa \xrightarrow{CH_3CH_2CH_2Br}$

$CH_3C\equiv C-CH_2CH_2CH_3 \xrightarrow{H_2,\ Pt} CH_3CH_2CH_2CH_2CH_3$

（6）$CH_3C\equiv CH + H_2 \xrightarrow[\text{喹啉}]{Pd\text{-}BaSO_4} CH_3CH=CH_2 \xrightarrow[ROOR]{HBr} CH_3CH_2CH_2Br$

$CH_3C\equiv CH + NaNH_2 \xrightarrow{\text{液氨}} CH_3C\equiv CNa \xrightarrow{CH_3CH_2CH_2Br}$

$CH_3C\equiv C-CH_2CH_2CH_3 \xrightarrow[\text{液氨}]{Na} \underset{H}{\overset{CH_3CH_2CH_2}{C}}=\underset{CH_3}{\overset{H}{C}}$

（7）$CH\equiv CH + H_2 \xrightarrow[\text{喹啉}]{Pd\text{-}BaSO_4} CH_2=CH_2 \xrightarrow[ROOR]{HBr} CH_3CH_2Br$

$CH\equiv CH \xrightarrow[\text{液氨}]{2NaNH_2} \xrightarrow{2CH_3CH_2Br} CH_3CH_2C\equiv CCH_2CH_3$

$CH_3CH_2C\equiv CCH_2CH_3 + H_2 \xrightarrow[\text{喹啉}]{Pd\text{-}BaSO_4} \underset{H}{\overset{CH_3CH_2}{C}}=\underset{H}{\overset{CH_2CH_3}{C}}$

9. 有（A）和（B）两个化合物，它们互为构造异构体，都能使溴的四氯化碳溶液褪色。（A）与 $Ag(NH_3)_2NO_3$ 反应生成白色沉淀，用 $KMnO_4$ 溶液氧化生成丙酸（CH_3CH_2COOH）和二氧化碳；（B）不与 $Ag(NH_3)_2NO_3$ 反应，而用 $KMnO_4$ 溶液氧化只生成一种羧酸。试写出（A）和（B）的构造式及各步反应式。

答　（A）$CH_3CH_2C\equiv CH$　　　　　（B）$CH_3C\equiv CCH_3$

各步反应式：

$$CH_3CH_2C\equiv CH + Br_2 \xrightarrow{CCl_4} CH_3CH_2CBr_2CHBr_2$$

（A）　　　　　　棕红色　　　　　　　　　无色

$$CH_3CH_2C\equiv CH \xrightarrow{Ag(NH_3)_2NO_3} CH_3CH_2C\equiv CAg\downarrow$$

灰白色

$$CH_3CH_2C \equiv CH \xrightarrow{KMnO_4} CH_3CH_2COOH + CO_2$$

$$CH_3C \equiv CCH_3 + Br_2 \xrightarrow{CCl_4} CH_3CBr_2CBr_2CH_3$$

（B）　　　　棕红色　　　　　　　　无色

$$CH_3C \equiv CCH_3 \xrightarrow{Ag(NH_3)_2NO_3} \times$$

$$CH_3C \equiv CCH_3 \xrightarrow{KMnO_4} 2CH_3COOH$$

10. 某化合物的分子式为 C_6H_{10}，能与两分子溴加成而不能与氧化亚铜的氨溶液起反应。在汞盐的硫酸溶液存在下，能与水反应得到 4-甲基-2-戊酮和 2-甲基-3-戊酮的混合物。试写出 C_6H_{10} 的构造式。

　　答　化合物的分子式为 C_6H_{10}。能与两分子溴加成而不能与氧化亚铜的氨溶液起反应，说明该化合物为非末端炔烃。在汞盐的硫酸溶液存在下，能与水反应得到 4-甲基-2-戊酮 $CH_3CCH_2CHCH_3$（⋯ O　CH₃）和 2-甲基-3-戊酮（$CH_3CH_2CCHCH_3$　O CH₃）的混合物，说明叁键在 C_2—C_3 之间。

所以化合物的结构为 $\overset{CH_3}{\underset{}{CH_3CHC}} \equiv CCH_3$。

11. 某化合物（A），分子式为 C_5H_8，在液氨中与金属钠作用后，再与 1-溴丙烷作用，生成分子式为 C_8H_{14} 的化合物（B）。用高锰酸钾氧化（B）得到分子式 $C_4H_8O_2$ 为两种不同的羧酸（C）和（D）。（A）在硫酸汞存在下与稀硫酸作用，可得到分子式为 $C_5H_{10}O$ 的酮（E）。试写出（A）～（E）的构造式及各步反应式。

　　答

（A）$\overset{CH_3}{\underset{}{CH_3CHC}} \equiv CH$　　　　　（B）$\overset{CH_3}{\underset{}{CH_3CHC}} \equiv CCH_2CH_2CH_3$

（C）$\overset{CH_3}{\underset{}{CH_3CHCOOH}}$　　　　　（D）$CH_3CH_2CH_2COOH$

（E）$CH_3\overset{CH_3}{\underset{}{CH}} - \overset{O}{\overset{\|}{C}} - CH_3$

各步反应式：

$$\overset{CH_3}{\underset{(A)}{CH_3CHC}} \equiv CH \xrightarrow[NH_3(l)]{Na} \overset{CH_3}{\underset{}{CH_3CHC}} \equiv CNa \xrightarrow{CH_3CH_2CH_2Br} \overset{CH_3}{\underset{(B)}{CH_3CHC}} \equiv CCH_2CH_2CH_3$$

$$\overset{CH_3}{\underset{(B)}{CH_3CHC}} \equiv CCH_2CH_2CH_3 \xrightarrow{KMnO_4} \overset{CH_3}{\underset{(C)}{CH_3CHCOOH}} + \underset{(D)}{CH_3CH_2CH_2COOH}$$

$$\overset{CH_3}{\underset{(A)}{CH_3CHC}} \equiv CH \xrightarrow[HgSO_4]{H_2SO_4+H_2O} CH_3\overset{CH_3}{\underset{}{CH}} - \overset{O}{\overset{\|}{C}} - CH_3 \quad (E)$$

12. 下列各组化合物分别与 HBr 进行亲电加成反应，哪个更容易？试按反应活性大小排列顺序。

（1）$CH_3CH=CHCH_3$，$CH_2=CH-CH=CH_2$，$CH_3CH=CH-CH=CH_2$，

$$\begin{array}{cc} CH_3 & CH_3 \\ | & | \\ \end{array}$$
$$CH_2=C-C=CH_2$$

（2）1,3-丁二烯，2-丁烯，2-丁炔

答 （1）反应活性顺序：

$$\begin{array}{cc} CH_3 & CH_3 \\ | & | \\ \end{array}$$
$$CH_2=C-C=CH_2 > CH_3CH=CH-CH=CH_2 > CH_2=CH-CH=CH_2 >$$
$$CH_3CH=CHCH_3$$

（2）反应活性顺序为 1,3-丁二烯>2-丁烯>2-丁炔。

14. 将下列碳正离子按稳定性由大到小排列成序。

（1）

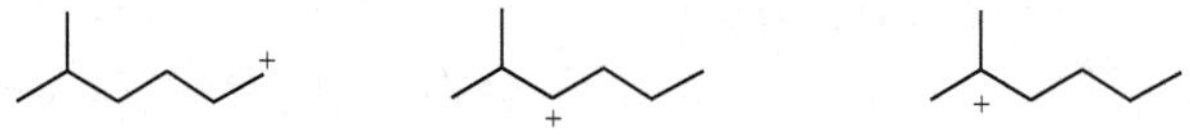

（2）

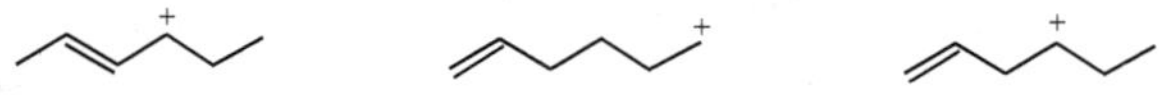

（3）

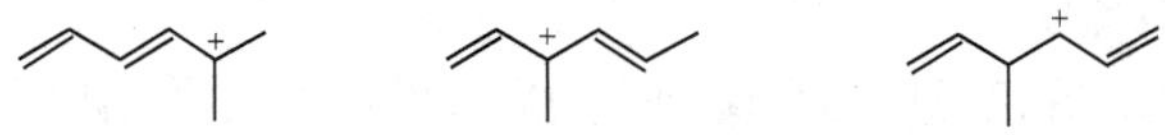

答 （1）

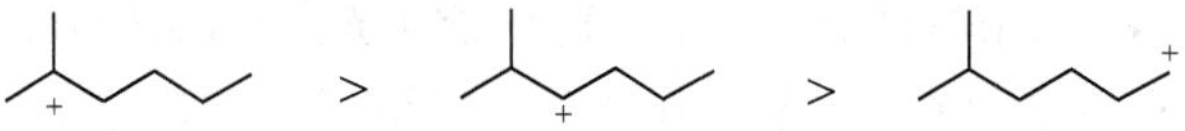

（2）

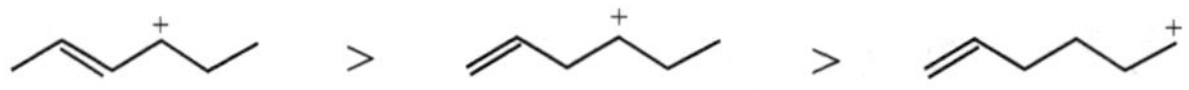

（3）

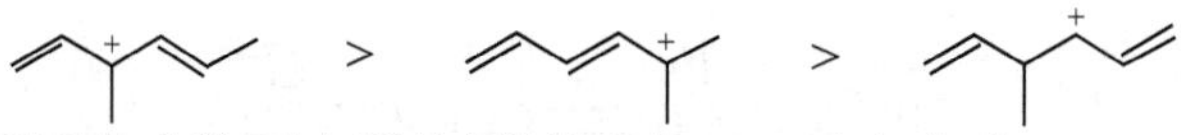

17. 指出下列化合物可由哪些原料通过 D-A 反应合成：

（1） 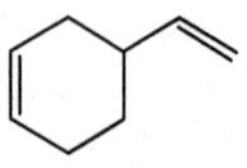   （2） 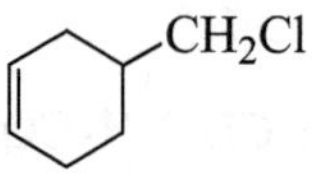 CH_2Cl （3） 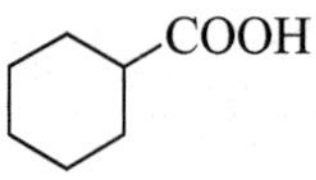 $COOH$ （4）

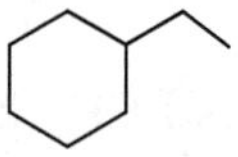

答 （1）

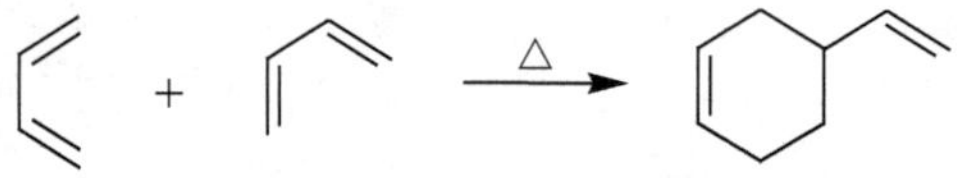

（2）

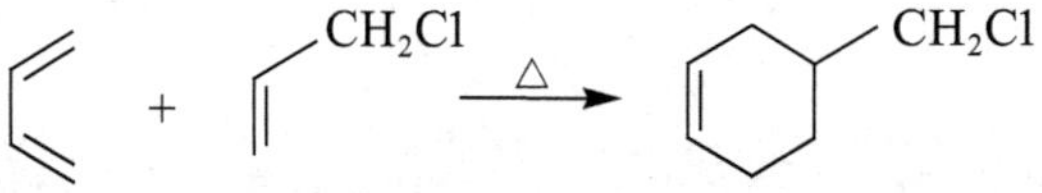

（3）

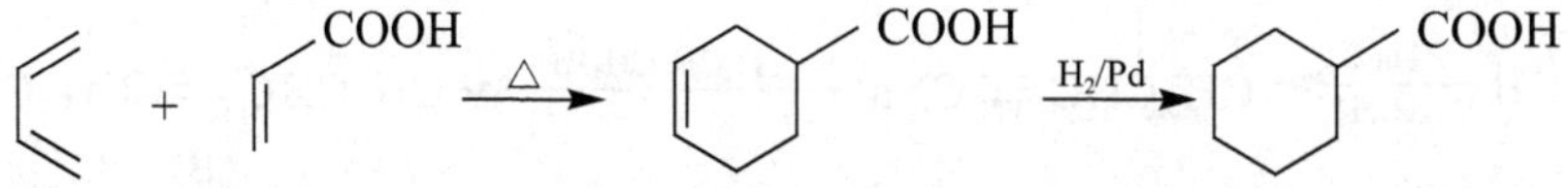

（4）

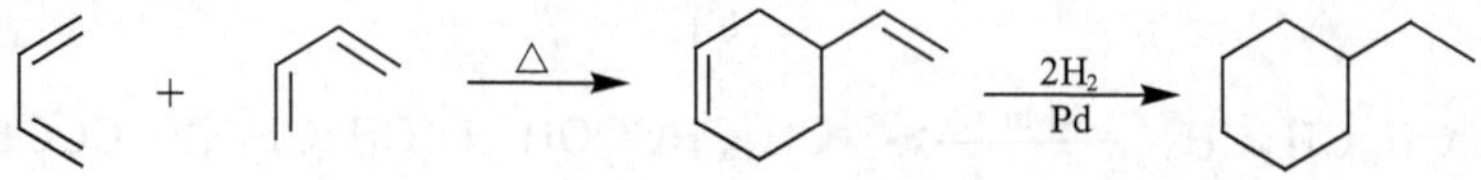

第五章 脂 环 烃

Ⅰ. 知 识 要 点

一、命名

（1）单环环烷烃：在相应的烷烃名称之前加"环"字，称为"环某烷"。将环上的支链作为取代基。

（2）桥环烷烃：按成环碳原子的总数称为某烷。两环连接处的碳原子作为桥头碳原子。各桥的碳原子数由大到小分别用数字表示，并用下角圆点分开，放在方括号中，在此方括号前面加"二环"，后面加"某烷"。环上编号从一个桥头开始，沿最长的桥到另一个桥头，再沿次长桥编回到开始的桥头，最短桥上的碳原子最后编号。

（3）螺环烷烃：按成环碳原子总数称为螺[ ]某烷，方括号中用阿拉伯数字标明两个碳环除螺原子外所包含的碳原子数，顺序由小环到大环，数字之间用下角圆点分开。环上编号顺序是从小环相邻螺原子的碳原子开始，沿小环编，通过螺原子到大环。

二、化学性质

1. 取代反应

环烷烃分子中的氢原子均可被卤原子取代，不同氢原子的相对活性都是 $3° > 2° > 1°$，且反应均按自由基机理进行。反应的活性和环的大小无关。例如：

$$\text{环戊烷} + Br_2 \xrightarrow{300℃} \text{环戊基-Br} + HBr$$

2. 氧化反应

在常温下，环烷烃一般不与氧化剂（如高锰酸钾水溶液、臭氧等）反应，与空气中的氧气也不起反应。

环丙烷与烯烃既类似又有区别，它有抗氧化能力，不使高锰酸钾水溶液褪色，可由此区别环丙烷和不饱和烃。

3. 加成反应

小环环烷烃（环丙烷和环丁烷），尤其是环丙烷与烷烃不同，能与 H_2、X_2、HX 等发生开环加成反应。例如：

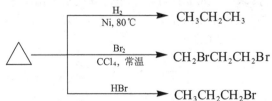

不对称环丙烷加 HX 的规律：

（1）开环位置：在含氢最多与含氢最少的两个碳之间。

（2）氢加在含氢较多的碳原子上。

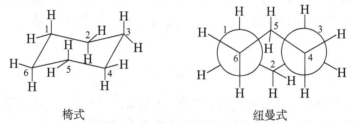

加成反应的活性和环的大小有关，反应活性为三元环>四元环。

三、环的张力和环烷烃的构象

1. 环的张力

环中碳碳键键角的变形会产生张力。键角变形的程度越大，张力越大。张力使环的稳定性降低，张力越大，环的反应活性也越大。此外，键长的变化，扭转角的变化也会产生张力。

2. 环烷烃的稳定构象（以环己烷为例分析）

（1）环己烷的构象。

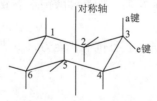

椅式　　　　　　　　　　　　纽曼式

环己烷的椅式构象无角张力，无扭转张力，无氢原子间排斥力，是一无张力环，非常稳定。

椅式构象中，C—H 键可以分为两组：一组的六个 C—H 键与对称轴平行，称为直立键或 a（axial）键，三个朝上，三个朝下，相邻则一上一下；另一组的六个 C—H 键指向环外，与直立键（a 键）形成 109°28′的夹角，称为平伏键或 e（equatorial）键。

（2）取代环己烷的构象。

（i）一取代环乙烷的构象。一元取代环己烷中，取代基占据 e 键的构象更稳定。随取代基团的增大，在 e 键上的构象比例也增加。

C(CH₃)₃

<0.1%　　　　　　　>99.9%

（ⅱ）二取代环己烷的构象。顺-1,2-二甲基环己烷的两个甲基分别处于 a 键和 e 键，转环后，仍位于 e 键和 a 键，为 ae 到 ea 的转换，两构象相同。

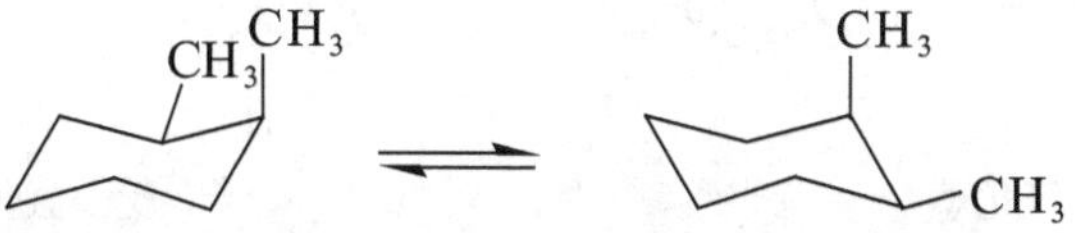

反-1,2-二甲基环己烷的两个甲基或都处于 a 键，或都处于 e 键，为 aa 到 ee 的转换，甲基都处于 e 键时的构象为稳定构象。

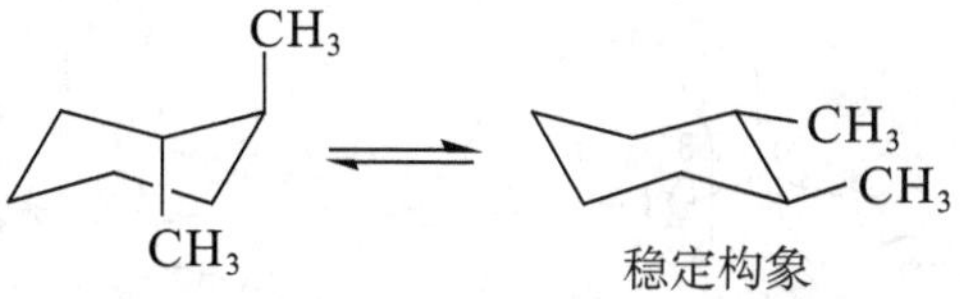

稳定构象

1,2-二取代环己烷的两个取代基不同时，以 1-甲基-2-叔丁基环己烷为例。顺-1-甲基-2-叔丁基环己烷中叔丁基处于 e 键时的构象为稳定构象。反-1-甲基-2-叔丁基环己烷中甲基和叔丁基都处于 e 键时的构象为稳定构象。

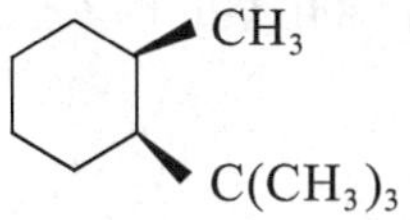

顺-1-甲基-2-叔丁基环己烷 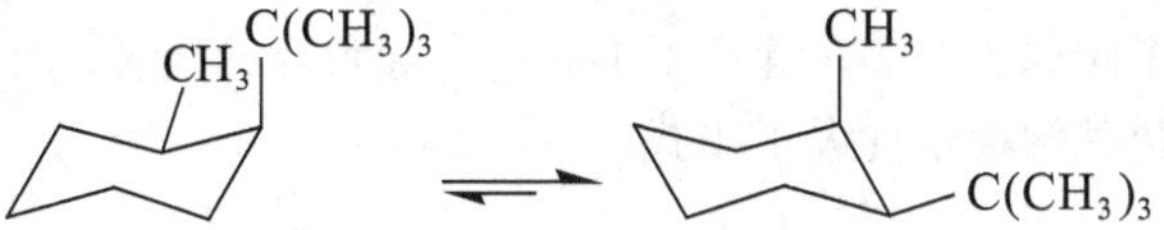　　　　　　　　　　稳定构象

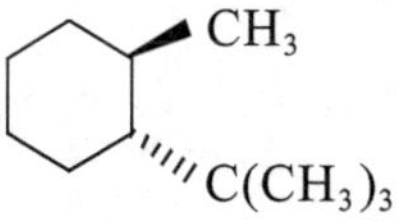

反-1-甲基-2-叔丁基环己烷 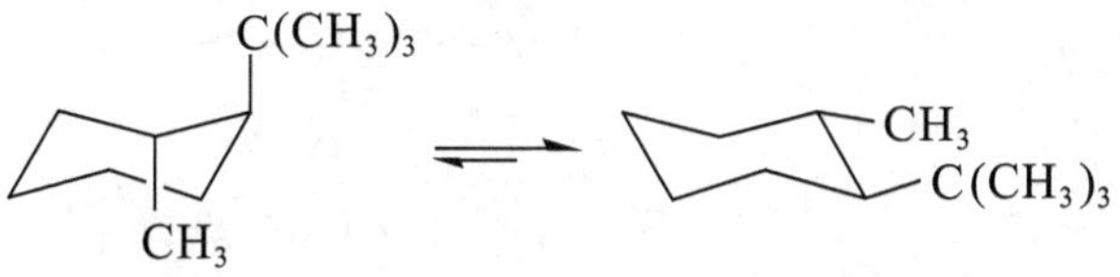　　　　　　　　　　稳定构象

总结：稳定的构象是 e 键上取代基最多的构象，若取代基不同时，大的取代基在 e 键上的构象最稳定。

（ⅲ）1,3-二取代环己烷。

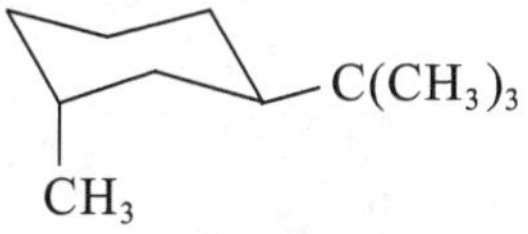

顺-1,3-二取代环己烷的稳定构象 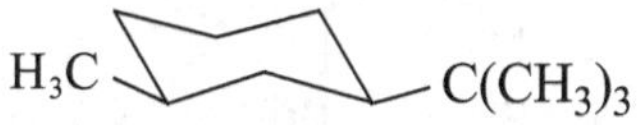　　　　反-1,3-二取代环己烷的稳定构象

（ⅳ）1,4-二取代环己烷。

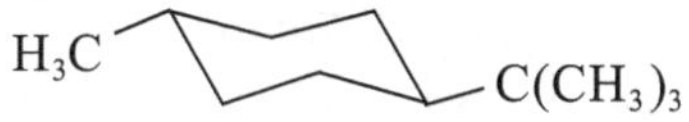

反-1,3-二取代环己烷的稳定构象 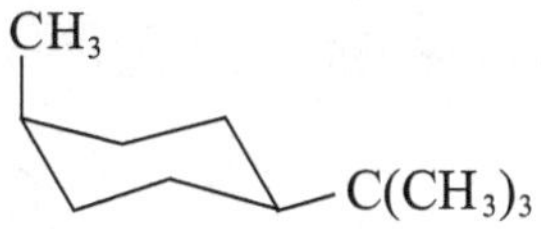　　　　顺-1,3-二取代环己烷的稳定构象

四、多环烃

十氢化萘的结构：

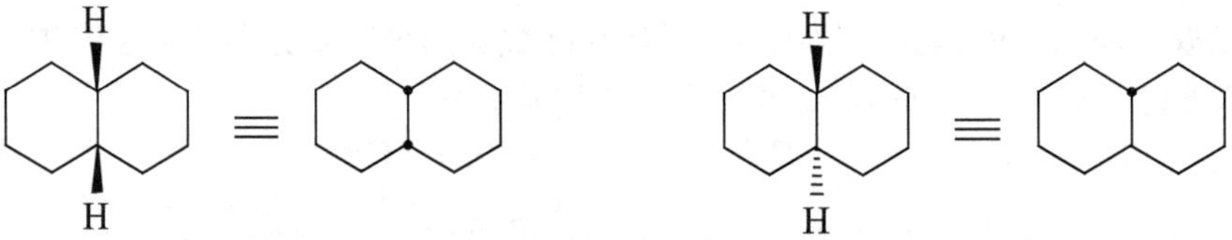

顺十氢化萘　　　　　　　　　　　　　反十氢化萘

　　顺十氢化萘的两个六元环都以椅式存在，两个桥头氢分别位于 a 键和 e 键，其构象存在类似环己烷的转环作用。

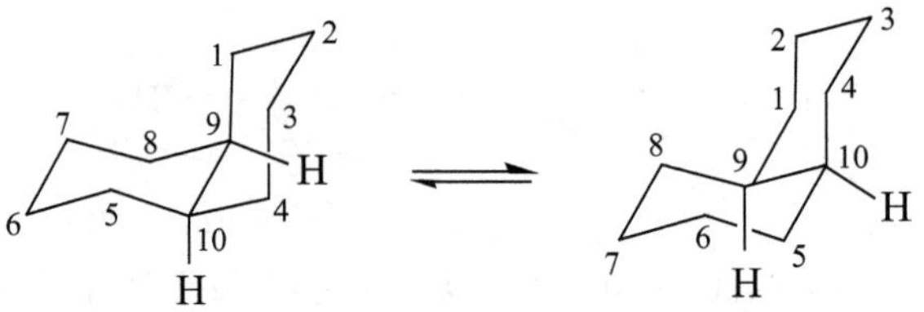

顺十氢化萘

　　反十氢化萘的两个六元环也都以椅式存在，但两个桥头氢都位于 a 键，若发生转环作用，则相邻两个碳原子上的 a 键处于 180°，会导致环的破裂，所以反十氢化萘的构象稳定。同样，反式十氢化萘的稳定性大于顺式。

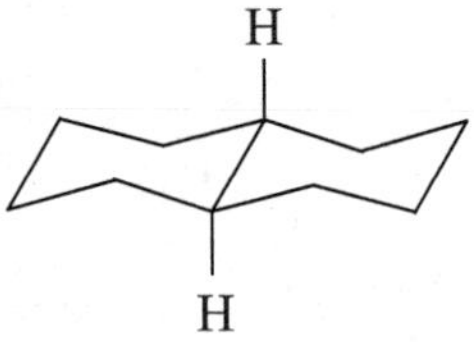

反十氢化萘

五、制备

　　（1）分子内偶联反应：用于合成小环化合物。

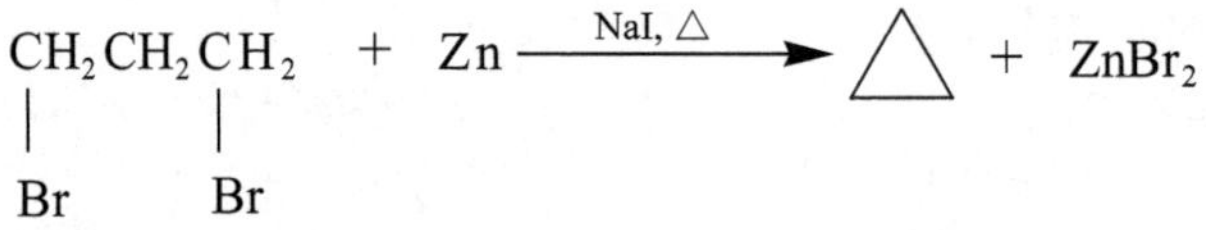

　　（2）碳烯（卡宾）和烯键的加成反应。

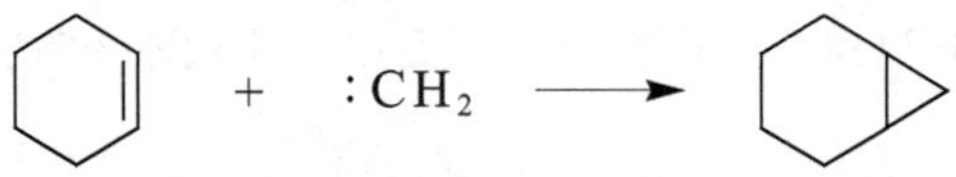

　　（3）Diels-Alder 反应：用于合成六元环。

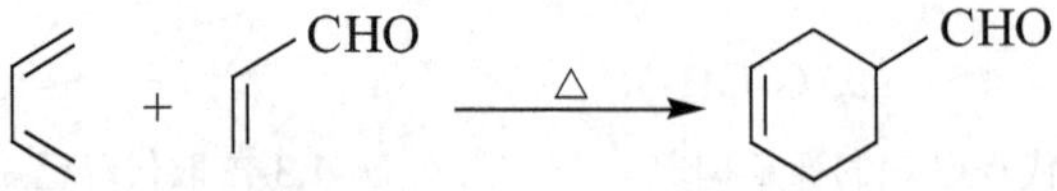

Ⅱ. 例 题 解 析

　　【例 5-1】　用系统命名法命名下列化合物。

（1） 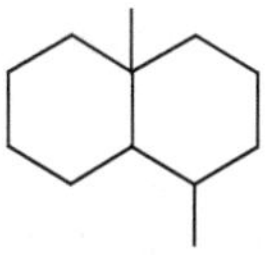 （2）H₃C CH₃ （3） 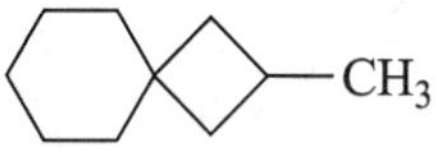 CH₃

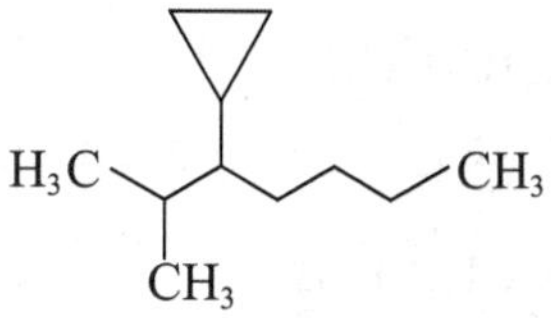

（4） 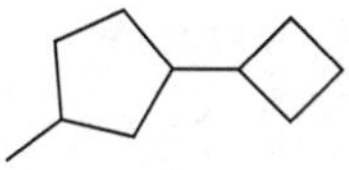 （5） 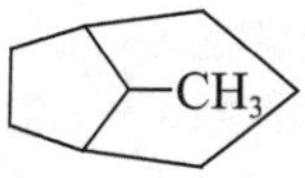 CH₃ （6）C₂H₅ H₃C

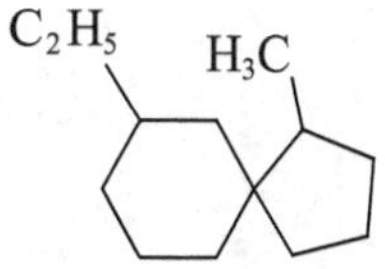

答 （1）母体为二环[4.4.0]癸烷，环上编号从一个桥头开始，沿最长的桥到另一个桥头，再沿次长桥编回到开始的桥头，最短桥上的碳原子最后编号，名称为 1,5-二甲基二环[4.4.0]癸烷。

（2）环较小，而烃基较长，环作为取代基，名称为 2-甲基 3-环丙基庚烷。

（3）母体为螺[3.5]壬烷，环上编号顺序是从小环相邻螺原子的碳原子开始，沿小环编，通过螺原子到大环，名称为 2-甲基螺[3.5]壬烷。

（4），1-甲基-3-环丁基环戊烷。

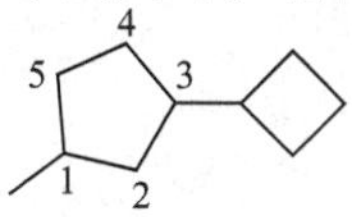

（5），8-甲基二环[3.2.1]辛烷。

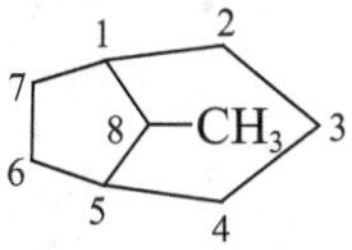

（6），1-甲基-7-乙基螺[4.5]癸烷。

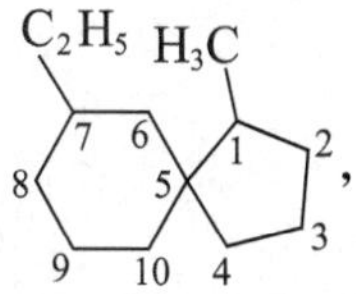

【例 5-2】 写出顺-1-甲基-4-异丙基环己烷的稳定构象式。

分析：环己烷分子的最稳定构象是椅式构象。对于一取代环己烷分子，一般是取代基处于平伏键（e 键）的构象最稳定。对于多取代环己烷分子，通常是取代基（尤其是较大的取代基）处于 e 键的越多越稳定。

答

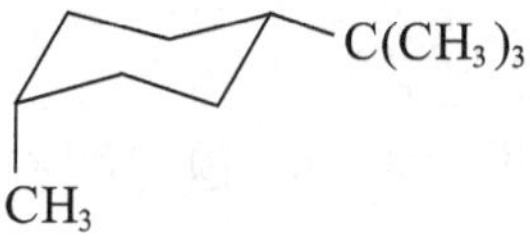

【例 5-3】 完成下列各反应式：

（1）—CH₃ $\xrightarrow{HI}$ （2）—CH₃ $\xrightarrow{H_2SO_4}$

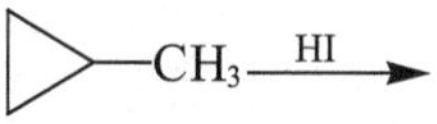

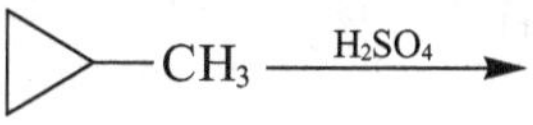

（3） $\xrightarrow{Br_2}$ （4） $\xrightarrow[-60℃]{Br_2}$

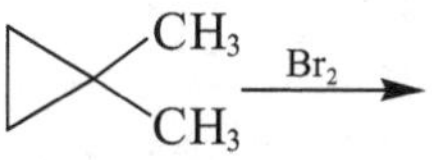

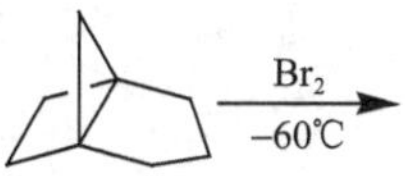

分析：环丙烷能与 H₂、X₂、HX 等发生开环加成反应。

答 （1）—CH₃ $\xrightarrow{HI}$ CH₃CHCH₂CH₃
$\qquad\qquad\qquad\qquad\qquad\qquad$ |
$\qquad\qquad\qquad\qquad\qquad\qquad$ I

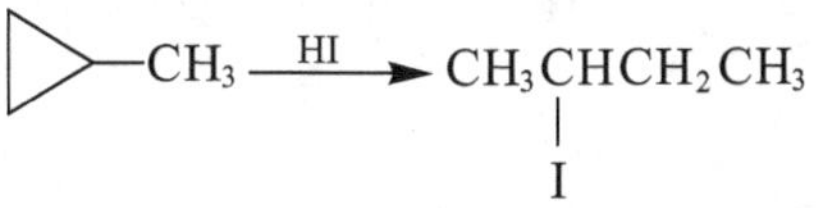

（2）⊿—CH₃ $\xrightarrow{\text{H}_2\text{SO}_4}$ CH₃CHCH₂CH₃
　　　　　　　　　　　　　　　　|
　　　　　　　　　　　　　　OSO₃H

（3）⊿＜CH₃／CH₃ $\xrightarrow{\text{Br}_2}$ (CH₃)₂CCH₂CH₂Br
　　　　　　　　　　　　　　　|
　　　　　　　　　　　　　　Br

（4） $\xrightarrow[-60℃]{\text{Br}_2}$

【例 5-4】　化合物（A）分子式为 C₄H₈，它能使溴溶液褪色，但不能使稀的 KMnO₄ 溶液褪色。1mol（A）与 1mol HBr 作用生成（B），（B）也可以从（A）的同分异构体（C）与 HBr 作用得到。化合物（C）分子式也是 C₄H₈，能使溴溶液褪色，也能使稀的 KMnO₄ 溶液褪色。试推测化合物的构造式，并写出各步反应式。

答　由题意知，（A）不是烯烃，而是与烯烃同分异构体的环烷烃。

（A）△　　　（B） Br上接的结构　　（C） 或

反应式：

　　　　　 或 　 $\xrightarrow{\text{HBr}}$

　　　　 $\xrightarrow{\text{KMnO}_4}$ CH₃CH₂COOH ＋ CO₂ ＋ H₂O

　　　　 $\xrightarrow{\text{KMnO}_4}$ 2CH₃COOH

　　　　 $\xrightarrow{\text{Br}_2}$

　　　　 $\xrightarrow{\text{Br}_2}$

Ⅲ. 部分习题与解答

2. 用系统命名法命名下列各化合物。

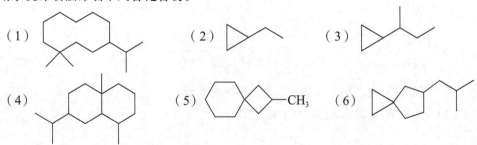

答 （1），名称为 1,1-二甲基-4-异丙基环癸烷。

（2）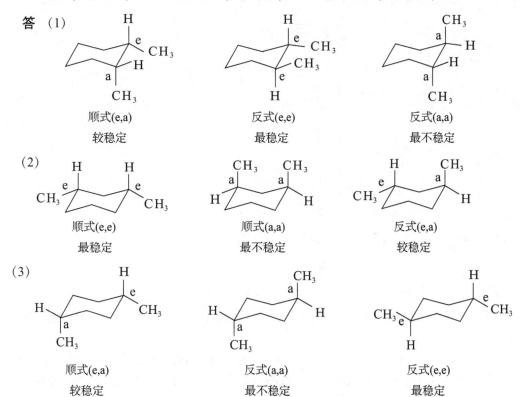，名称为乙基环丙烷。

（3）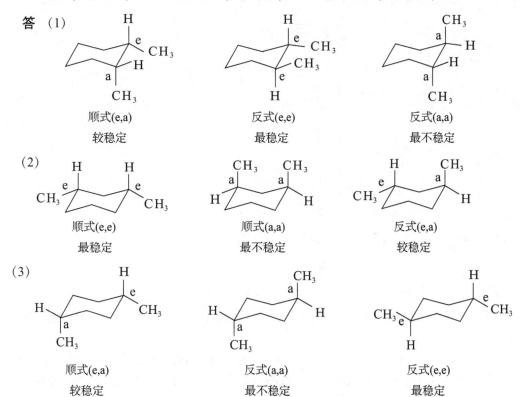，名称为 2-环丙基丁烷。

（4）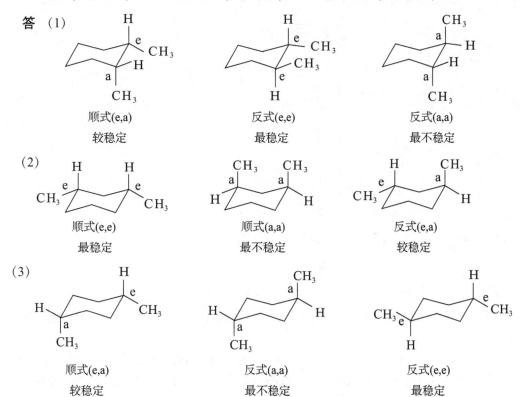，名称为 1,5-二甲基-8-异丙基双环[4.4.0]癸烷。

（5）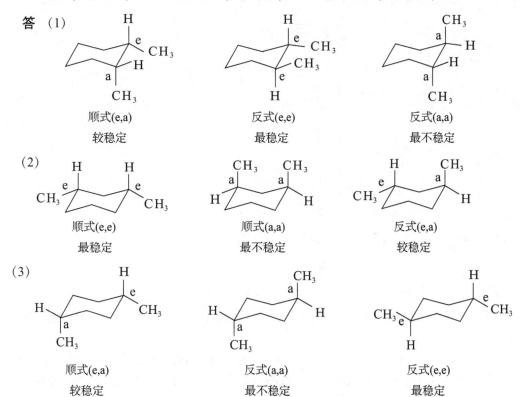—CH$_3$，名称为 2-甲基螺[3.5]壬烷。

（6）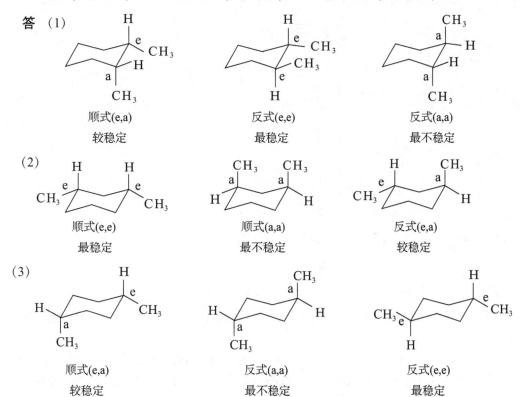，名称为 5-异丁基螺[2.4]庚烷。

3. 写出下列各对二甲基环己烷的可能的椅式构象，并比较各异构体的稳定性，说明原因。

（1）顺-1,2-，反-1,2-　　（2）顺-1,3-，反-1,3-　　（3）顺-1,4-，反-1,4-

答 （1）

顺式(e,a)	反式(e,e)	反式(a,a)
较稳定	最稳定	最不稳定

（2）

顺式(e,e)	顺式(a,a)	反式(e,a)
最稳定	最不稳定	较稳定

（3）

顺式(e,a)	反式(a,a)	反式(e,e)
较稳定	最不稳定	最稳定

5. 不参阅物理常数表，试推测下列化合物沸点高低的一般顺序。

（1）（A）丙烷，（B）环丙烷，（C）正丁烷，（D）环丁烷，（E）环戊烷，（F）环己烷，（G）正己烷，（H）正戊烷。

（2）（A）甲基环戊烷，（B）甲基环己烷，（C）环己烷，（D）环庚烷。

答 （1）沸点由高到低的顺序是（F）>（G）>（E）>（H）>（D）>（C）>（B）>（A）。

（2）沸点由高到低的顺序是：（D）>（B）>（C）>（A）。

6. 完成下列反应式。

（1） 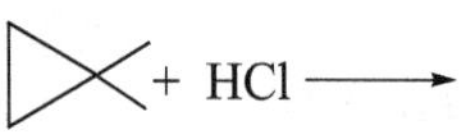 + HCl ⟶

（2）? 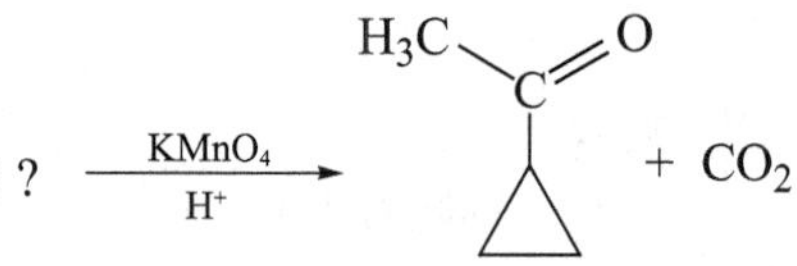 $\xrightarrow[H^+]{KMnO_4}$ + CO₂

（3） 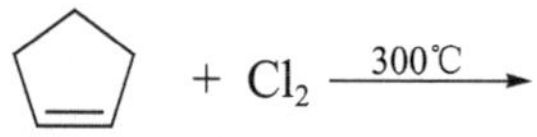 + Cl₂ $\xrightarrow{300℃}$

（4） 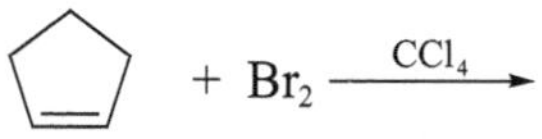 + Br₂ $\xrightarrow{CCl_4}$

（5） 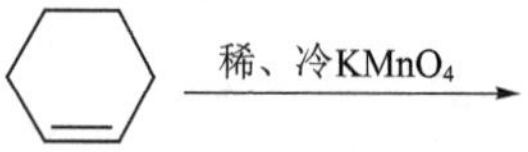 $\xrightarrow{稀、冷KMnO_4}$

（6） $\xrightarrow[② H_2O/Zn]{① O_3}$

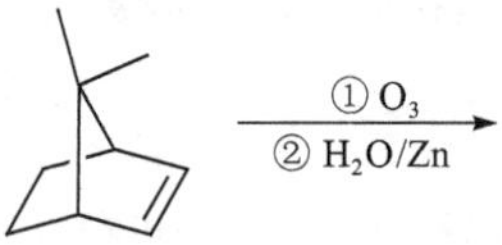

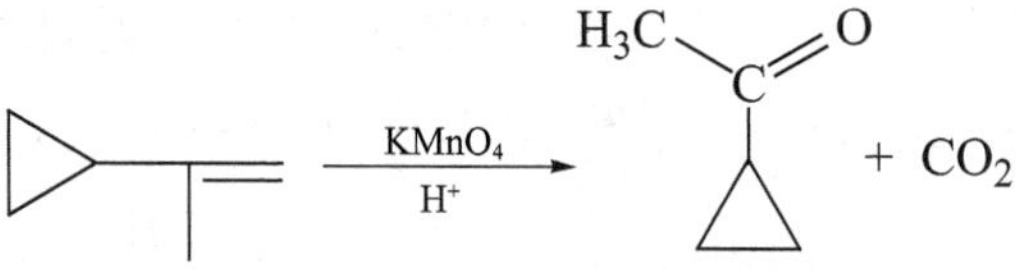

答 （1） 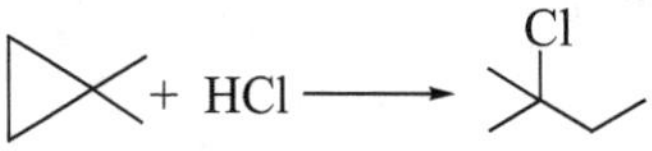 + HCl ⟶

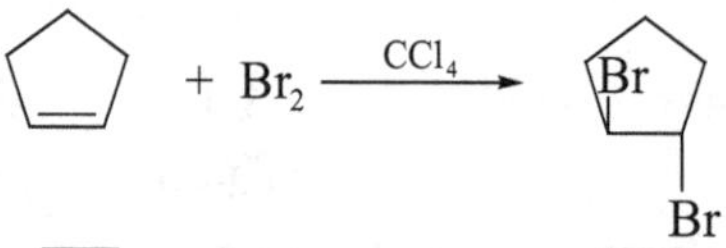

（2） $\xrightarrow[H^+]{KMnO_4}$ + CO₂

（3） 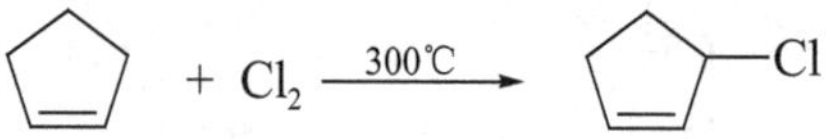 + Cl₂ $\xrightarrow{300℃}$

（4） + Br₂ $\xrightarrow{CCl_4}$

（5） 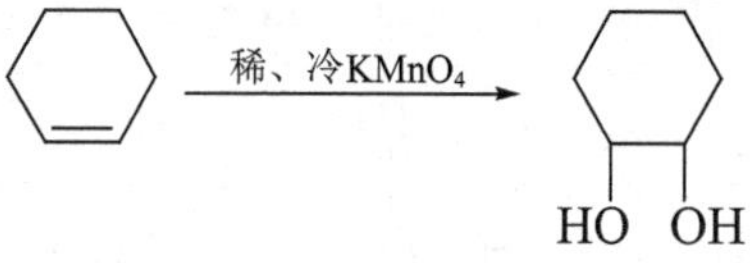 $\xrightarrow{稀、冷KMnO_4}$

（6） $\xrightarrow[② H_2O/Zn]{① O_3}$

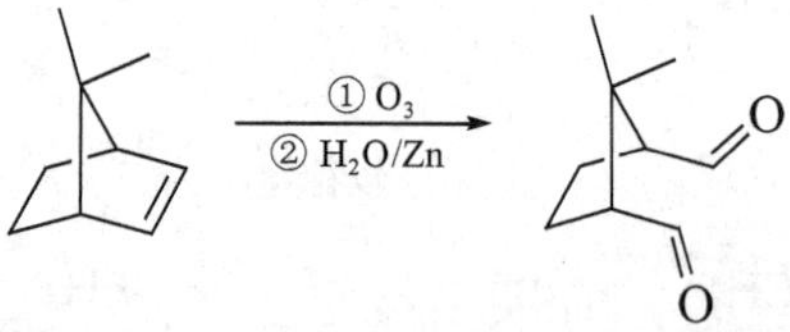

9. 分子式为 C_4H_6 的三个异构体 A、B、C，能发生以下反应：

（1）三个异构体都能与溴反应，对于等物质的量的样品而言，与 B 和 C 反应的溴是 A 的两倍。

（2）三者都能与 HCl 反应，而 B 和 C 在汞盐催化下和 HCl 作用得到的是同一种产物。

（3）B 和 C 能迅速地和含硫酸汞的硫酸溶液作用，得到分子式为 C_4H_8O 的化合物。

（4）B 能和硝酸银氨溶液作用生成白色沉淀。

试推测化合物 A、B 和 C 的结构，并写出有关反应式。

答 A、B 和 C 的结构式为

A: □│ B: $CH_3CH_2C \equiv CH$ C: $CH_3C \equiv CCH_3$

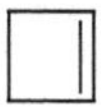

反应式为

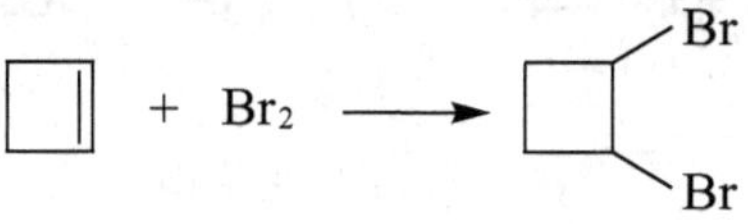

□│ + Br_2 ⟶ 结构（带 Br, Br）

$CH_3CH_2C \equiv CH + 2Br_2 \longrightarrow CH_3CH_2CBr_2CHBr_2$

$CH_3C \equiv CCH_3 + 2Br_2 \longrightarrow CH_3CBr_2CBr_2CH_3$

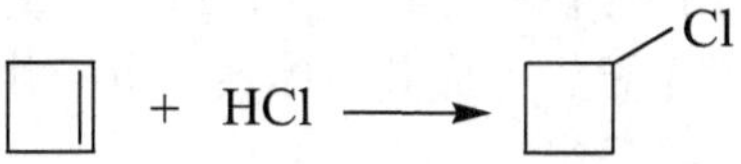

□│ + HCl ⟶ 结构（带 Cl）

$CH_3CH_2C \equiv CH + 2HCl \longrightarrow CH_3CH_2CCl_2CH_3$

$CH_3C \equiv CCH_3 + 2HCl \longrightarrow CH_3CH_2CCl_2CH_3$

$$CH_3CH_2C \equiv CH + H_2O \xrightarrow{HgSO_4,\ H_2SO_4} CH_3CH_2 \overset{\underset{\displaystyle O}{\|}}{C} CH_3$$

$$CH_3C \equiv CCH_3 + H_2O \xrightarrow{HgSO_4,\ H_2SO_4} CH_3CH_2 \overset{\underset{\displaystyle O}{\|}}{C} CH_3$$

$CH_3CH_2C \equiv CH + Ag(NH_3)_2^+ \longrightarrow CH_3CH_2C \equiv CAg \downarrow$

第六章 芳 香 烃

Ⅰ. 知 识 要 点

一、苯的结构及稳定性

苯环中各碳为 sp^2 杂化，六个碳中未杂化的 p 轨道平行重叠，形成一个闭合的 π 体系。从共振论角度来看，苯环单双键重叠，形成共轭体系，由于共轭，苯环很稳定。

二、共振论

1. 共振论的基本观点

当一个分子、离子或自由基不能用一个经典结构式表示时，可用几个经典结构式的叠加来描述。叠加又称共振，这种可能的经典结构称为极限结构或共振结构或正规结构，经典结构的叠加或共振称为共振杂化体。任何一个极限结构都不能完全正确地代表真实分子，只有共振杂化体才能更确切地反映一个分子、离子或自由基的真实结构。

2. 极限结构式书写规则

极限结构式中原子的排列完全相同，不同的仅是电子的排布；极限结构式中成对及未成对的电子数应是相等的；极限结构式若发生电荷分离，则负电荷应在电负性大的原子上。

3. 共振杂化体的稳定性

共振杂化体的稳定性与极限结构式有关，具有相同稳定性的极限结构式，共振杂化体往往特别稳定；极限结构式越多，共振杂化体越稳定；没有电荷分离的极限结构式比发生电荷分离的极限结构式稳定；满足八隅体的极限结构式比较稳定。

三、命名

1. 一元取代苯

当苯环上连的是烷基（—R）、—NO_2、—X 等基团时，则以苯环为母体。例如：

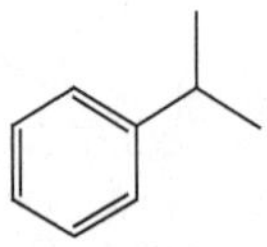

异丙苯 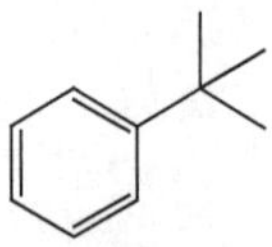　　　　　叔丁基苯 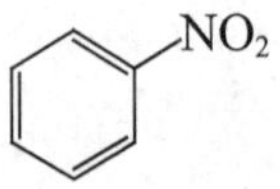　　　　　硝基苯 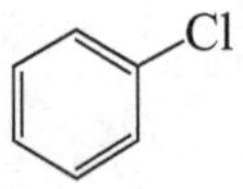　　　　　氯苯

当苯环上连有—COOH、—SO_3H、—NH_2、—OH、—CHO、—CH=CH_2，或 R 较复杂时，则把苯环作为取代基。例如：

苯甲酸　　　　苯磺酸　　　　苯甲醛　　　　苯胺

苯酚　　　　　3,3-二甲基-4-苯基己烷

2. 二元取代苯

取代基的位置用邻、间、对或 1,2-、1,3-、1,4-或 *o*-、*m*-、*p*-表示。例如：

邻二甲苯　　　　　　间二甲苯　　　　　　对二甲苯

（1,2-二甲苯）　　　（1,3-二甲苯）　　　（1,4-二甲苯）

（*o*-二甲苯）　　　（*m*-二甲苯）　　　（*p*-二甲苯）

母体选择原则：排在后面的为母体，排在前面的作为取代基。

—NO_2、—X、—OR、—R、—NH_2、—OH、—COR、—CHO、—CN、—$CONH_2$、—COX、—COOR、—SO_3H、—COOH 等。例如：

对氯苯酚　　　　对氨基苯磺酸　　　间硝基苯甲酸

3. 多元取代苯

选择母体连的苯环碳原子编号为 1 位。例如：

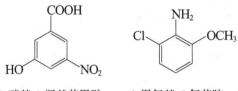

3-硝基-5-羟基苯甲酸　　　2-甲氧基-6-氯苯胺

四、化学性质

1. 亲电取代反应

苯的亲电取代反应：苯经 X₂/Fe 生成卤代苯（X），经混酸/△生成硝基苯（NO₂），经 H₂SO₄ 生成苯磺酸（SO₃H），经 RCl/AlCl₃ 生成烷基苯（R），经 RCOCl/AlCl₃ 生成芳酮（COR）。

甲苯的亲电取代反应：经 X₂/Fe 生成邻位和对位取代产物，经混酸/△生成邻硝基甲苯和对硝基甲苯，经 H₂SO₄ 生成对甲苯磺酸，经 RCl/AlCl₃ 和 RCOCl/AlCl₃ 生成相应的邻对位产物。

硝基苯的亲电取代反应：经 X₂/Fe、混酸/△、H₂SO₄ 均生成间位取代产物。

2. 侧链反应

3. 其他反应

五、苯环上亲电取代反应的定位规律

1. 两类定位基

（1）第一类定位基——邻对位定位基：新进入的取代基主要进入它的邻位和对位，同时一般使苯环活化（卤素等例外）。例如，—O⁻、—NR₂、—NHR、—NH₂、—OH、—OR、—NHCOR、—OCOR、—R、—Cl、—Br、—I、—Ar 等。

（2）第二类定位基——间位定位基：新进入的取代基主要进入它的间位，同时使苯环钝化。例如，—N⁺R₃、—S⁺R₂、—NO₂、—CF₃、—CCl₃、—CN、—SO₃H、—CHO、—COOH、—COOR、—CONH₂ 等。

2. 苯环上多取代基的定位效应

两个基团作用一致时，定位作用加强；两个基团作用不一致时，活化基团作用超过钝化基团，强活化基团作用大于弱活化基团，强钝化基团作用大于弱钝化基团。

六、萘的化学性质

1. 亲电取代

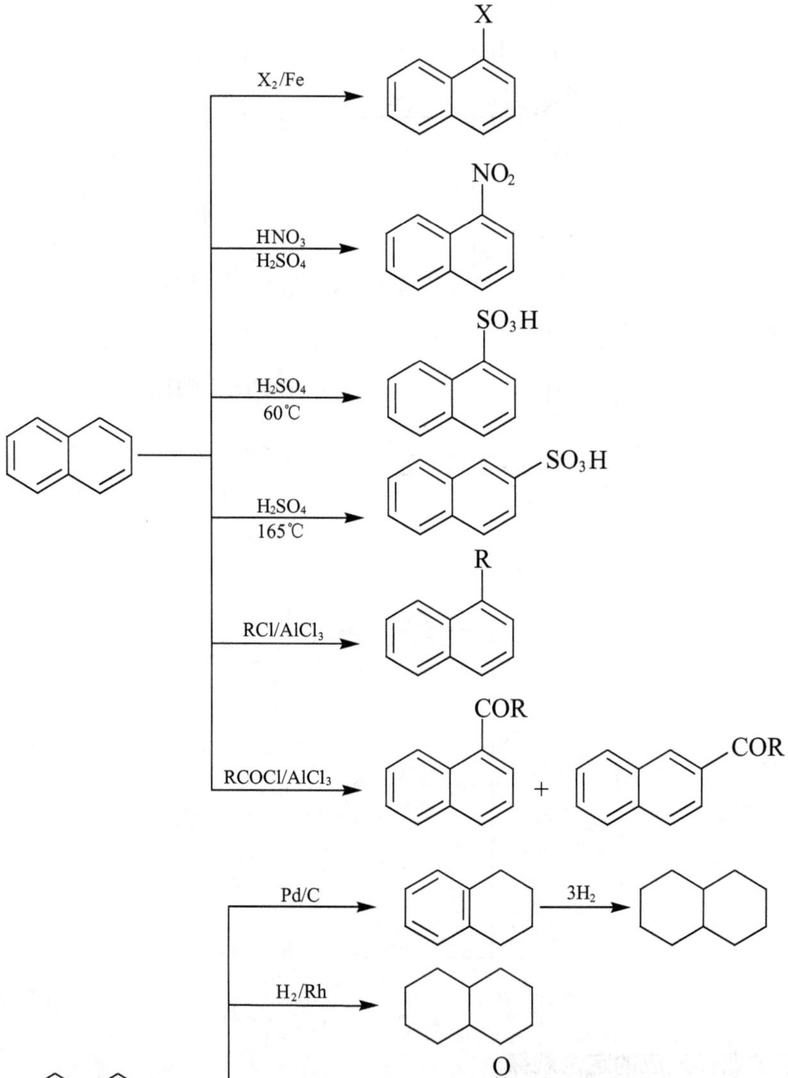

2. 氧化还原

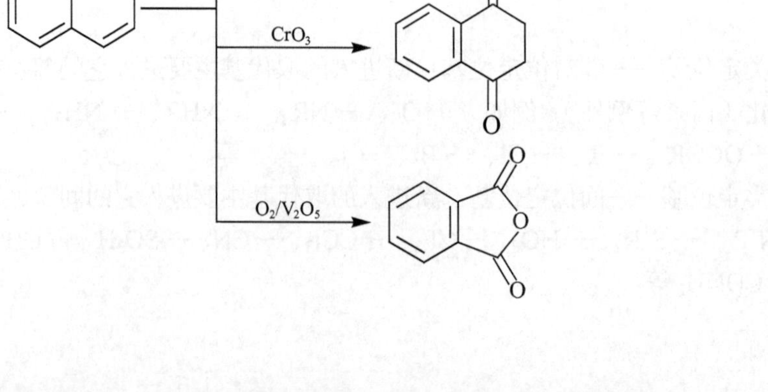

七、芳香性

1. 分子具有芳香性特性的标志

（1）这类化合物虽有不饱和键，但不易进行加成反应，而与苯相似，容易进行亲电取代反应。

（2）通过氢化热或燃烧对离域能的热化学测量标明，这类具有芳香性的环状分子比相应的非环体系具有低的氢化热和低的燃烧热，而显示特殊的稳定性。

（3）用物理方法如核磁共振谱进行测定，这类化合物的质子与苯及其衍生物的质子一样，显示类似的化学位移。这种方法对有机离子同样有用。

2. 判断芳香性的依据——休克尔（Hückel）规则

休克尔于1931年通过分子轨道理论计算指出：

（1）共轭体系由闭合 π 电子环流构成。

（2）参与共轭的原子共平面或接近平面。

（3）π 电子数目为 $4n+2$。

3. 非苯芳香烃

（1）具有芳香性的离子。

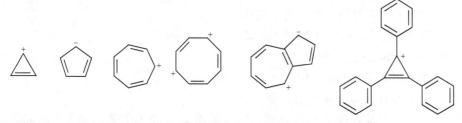

（2）轮烯：单双键交替的环多烯烃通称轮烯。轮烯的分子式为 $(CH)_n$，$n \geqslant 10$，命名是将碳原子数放在方括号中，称为某轮烯。例如，$n=10$ 的为[10]轮烯。

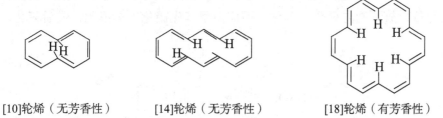

[10]轮烯（无芳香性）　　[14]轮烯（无芳香性）　　[18]轮烯（有芳香性）

轮烯有否具有芳香性取决于下列条件：π 电子数符合 $4n+2$ 规则；碳环共平面；轮内氢原子间没有或很少有空间排斥作用。

Ⅱ. 例 题 解 析

【例 6-1】　命名下列化合物。

（1）　　　（2）　　　（3）　　　（4）

分析：这四种化合物均为多官能团化合物，因此它们的命名应按照多官能团化合物的命名原则进行。—NO$_2$、—X、—OR、—R、—NH$_2$、—OH、—COR、—CHO、—CN、—CONH$_2$、—COX、—COOR、—SO$_3$H、—COOH 等，排在后面的为母体，排在前面的作为取代基。

答　（1）对溴硝基苯　　　　　（2）对羟基苯甲酸

（3）2,4,6-三硝基甲苯　　　　（4）3,5-二硝基苯磺酸

【例 6-2】　试将下列各组化合物按环上硝化反应的活性由高到低次序排列：

（1）苯，甲苯，间二甲苯，对二甲苯。

（2）苯，溴苯，硝基苯，甲苯。

（3）对苯二甲酸，甲苯，对甲苯甲酸，对二甲苯。

（4）氯苯，对氯硝基苯，2,4-二硝基氯苯。

分析：邻对位定位基（除卤素外）使苯环活化，亲电取代反应活性比苯高，常见的活化基团由强到弱的有—NR$_2$、—NHR、—NH$_2$、—OH > —OR、—NHCOR、—OCOR > —R、—Ar；间位定位基使苯环钝化，亲电取代反应活性比苯低，常见的钝化基团由强到弱的有—N$^+$R$_3$、—S$^+$R$_2$、—NO$_2$、—CF$_3$、CCl$_3$ > —CN、—SO$_3$H、—CHO > —COOH、—COOR、—CONH$_2$。卤原子对苯环钝化能力弱于间位定位基。

答　（1）间二甲苯>对二甲苯>甲苯>苯。

（2）甲苯>苯>溴苯>硝基苯。

（3）对二甲苯>甲苯>对甲苯甲酸>对苯二甲酸。

（4）氯苯>对氯硝基苯>2,4-二硝基氯苯。

【例 6-3】　由甲苯合成下列化合物：（1）4-硝基-2-溴苯甲酸；（2）3-硝基-4-溴苯甲酸。

答　（1）羧基不能直接引入，它可由甲基氧化得到。硝基是间位定位基；而溴位于羧基的邻位，故不能先氧化后硝化，而应由甲苯先硝化，再溴化，最后氧化。合成路线如下：

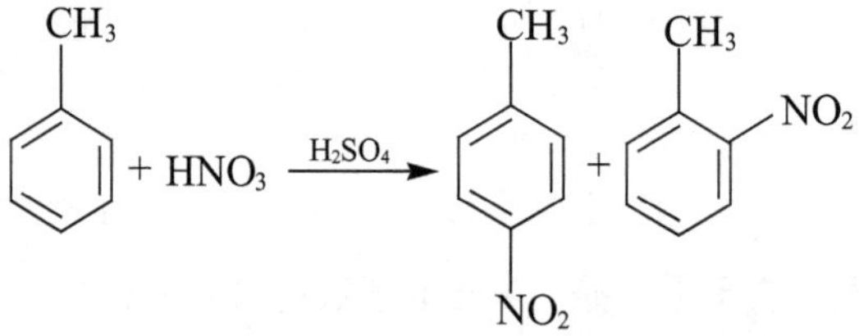

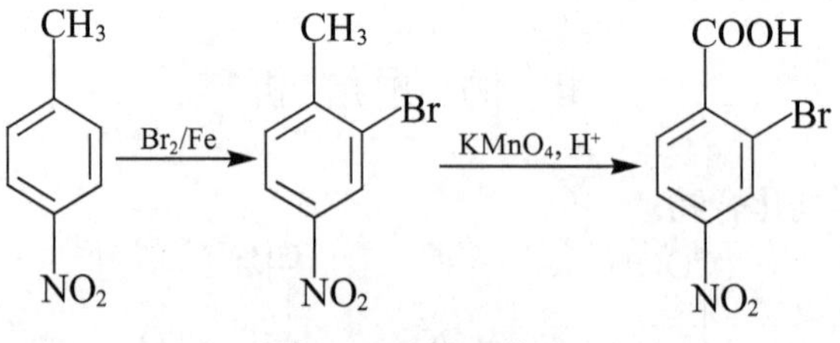

分离出对硝基甲苯

（2）羧基可由甲基氧化得到，是间位定位基，硝基恰好处于它的间位，故先氧化再硝化。合成路线如下：

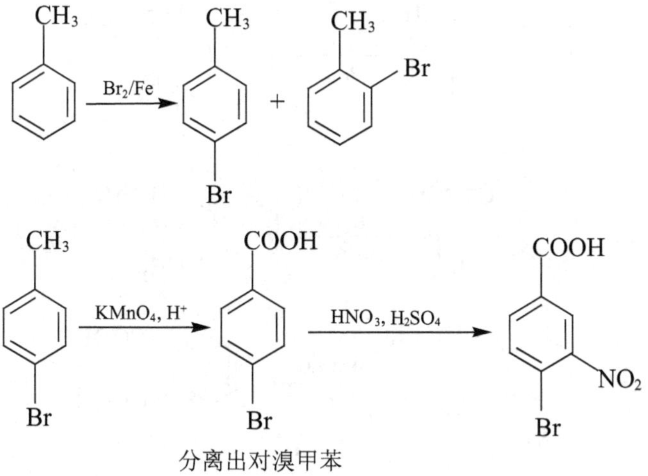

分离出对溴甲苯

【例 6-4】　下列结构哪些具有芳香性？

（1） 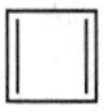　　（2） 　　（3） 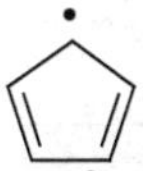　　（4）

分析：带有电荷或单电子的碳原子均为 sp^2 杂化，都有一个 p 轨道。带正电荷时，p 轨道内是空的。带一个负电荷时，p 轨道内有一对电子，带单电子时，p 轨道内有一个电子。计算闭合共轭 π 键电子数时应注意这一点。

答　（2）和（4）均是闭合共轭体系，共平面 π 电子数为 2、6，符合休克尔规则，具有芳香性。

【例 6-5】　某不饱和烃（A）的分子式为 C_9H_8，（A）能和氯化亚铜氨溶液反应生成红色沉淀。（A）催化加氢得到化合物 C_9H_{12}（B），将（B）用酸性重铬酸钾氧化得到酸性化合物 $C_8H_6O_4$（C），（C）加热得到化合物 $C_8H_4O_3$（D）。若将（A）和 1,3-丁二烯作用，则得到另一个不饱和化合物（E），（E）催化脱氢得到 2-甲基联苯。试写出（A）～（E）的构造式及各步反应式。

分析：由（A）与氯化亚铜氨溶液反应生成红色沉淀，且分子式为 C_9H_8，可知（A）为末端炔烃且有一个苯环，又由（B）氧化得二元酸且加热生成酸酐可知此芳香烃侧链在邻位。

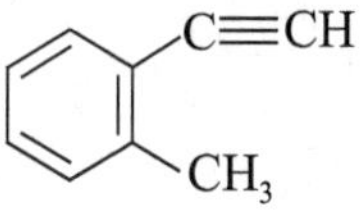

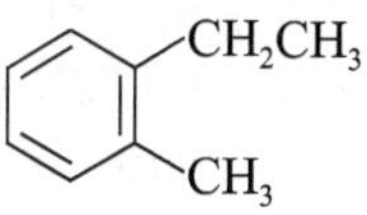

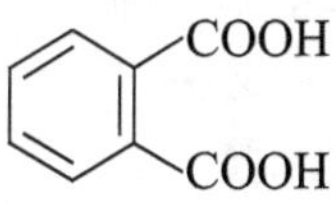

答

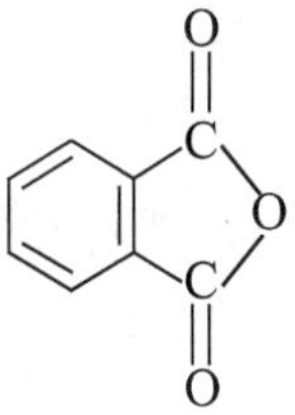

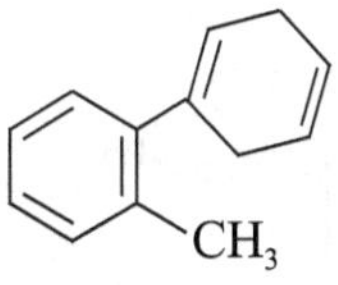

各步反应式如下：

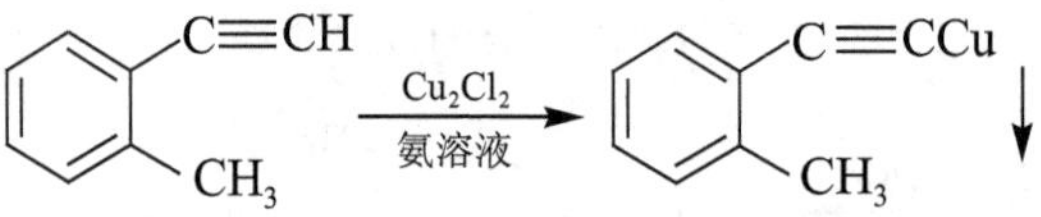

（A）

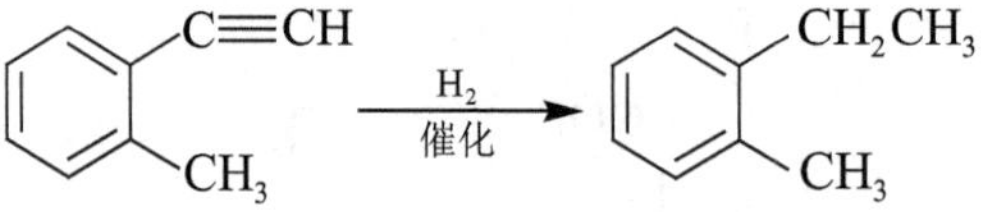

（A）　　　　　　　　（B）

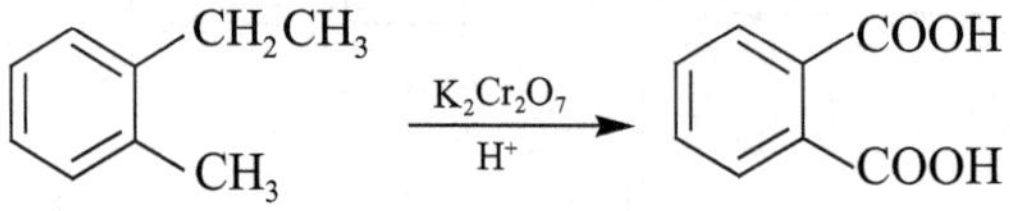

（B）　　　　　　　　（C）

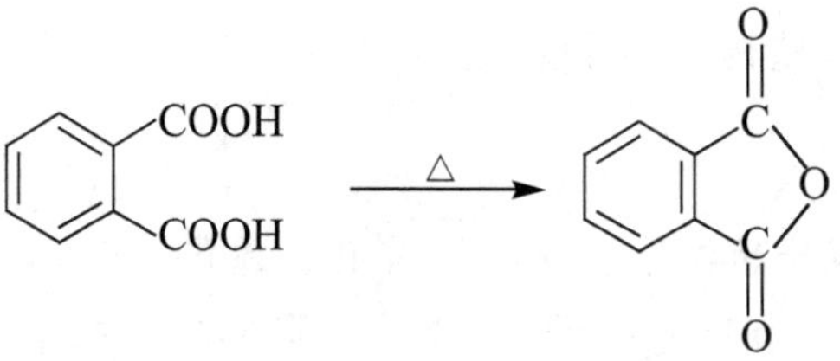

（C）　　　　　　　　（D）

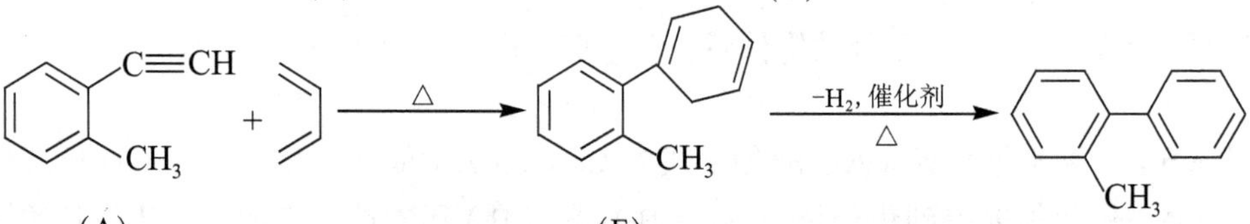

（A）　　　　　　　　（E）

Ⅲ. 部分习题与解答

2. 写出下列化合物的构造式。

　　（1）3,5-二溴-2-硝基甲苯　　　　　　（2）2,6-二硝基-3-甲氧基甲苯

　　（3）2-硝基对甲苯磺酸　　　　　　　（4）三苯甲烷

　　（5）反二苯基乙烯　　　　　　　　　（6）环己基苯

　　（7）3-苯基戊烷　　　　　　　　　　（8）间溴苯乙烯

　　（9）对溴苯胺　　　　　　　　　　　（10）p-氨基苯甲酸

　　（11）8-氯-α-氯甲酸　　　　　　　　（12）(E)-1-苯基-2-丁烯

　　答

（1） 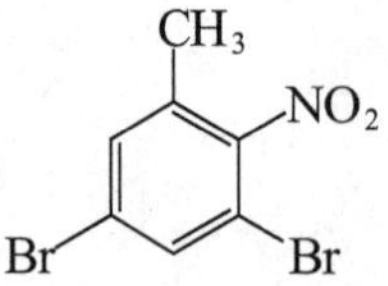　　（2） 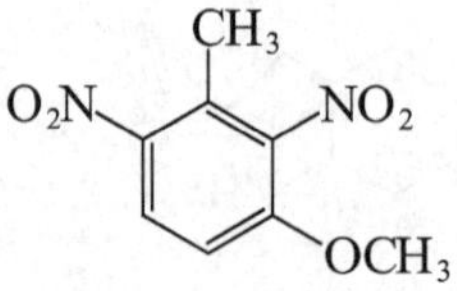　　（3）

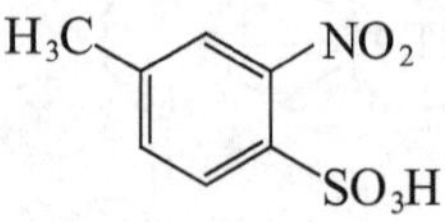

(4) 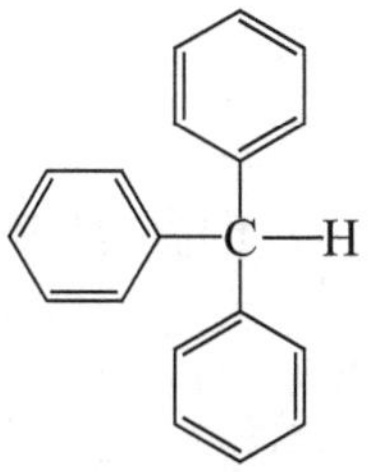
C—H

(5) 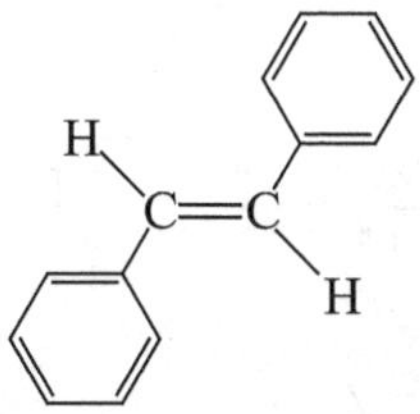
H
C═C
H

(6) 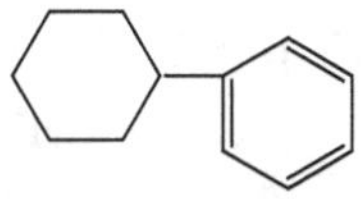

(7) 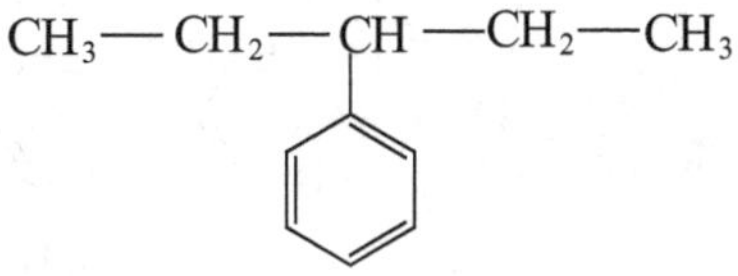
CH3—CH2—CH—CH2—CH3

(8) 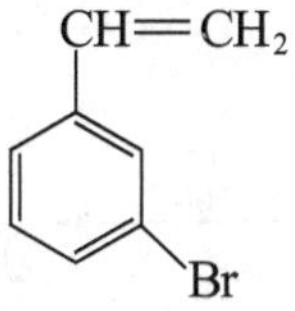
CH═CH2
Br

(9) 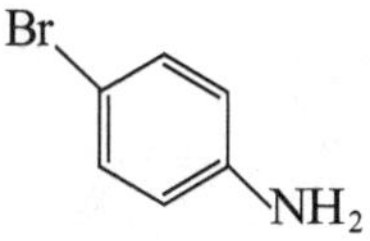
Br
NH2

(10) 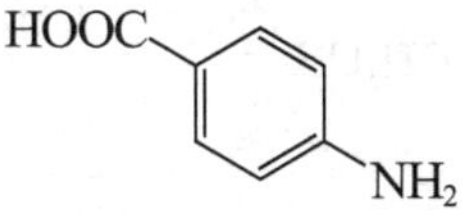
HOOC
NH2

(11) 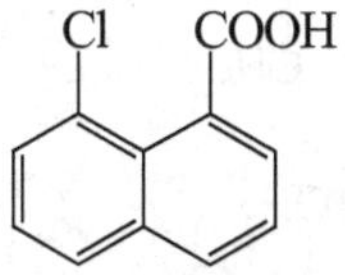
Cl
COOH

(12) 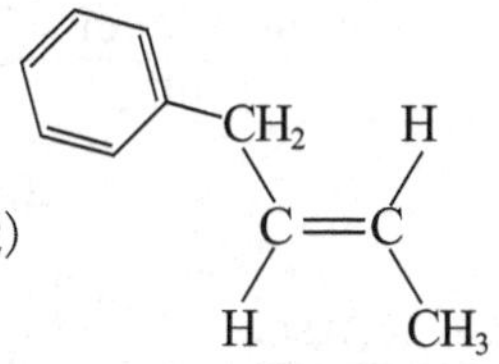
CH2
H
C═C
H
CH3

4. 完成下列各反应式。

（1） 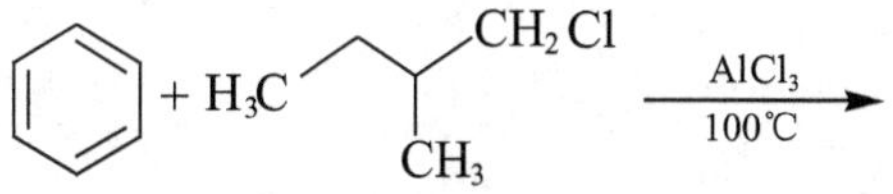
+ H3C
CH2 Cl
CH3
AlCl3
100℃

（2） 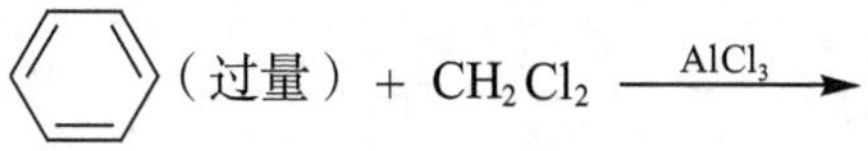
（过量）+ CH2 Cl2
AlCl3

（3） 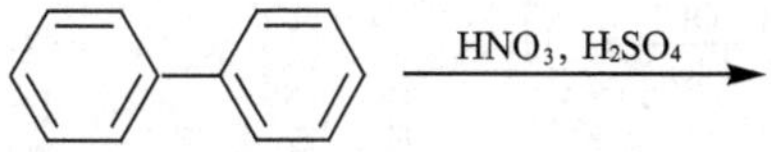
HNO3, H2SO4

（4） 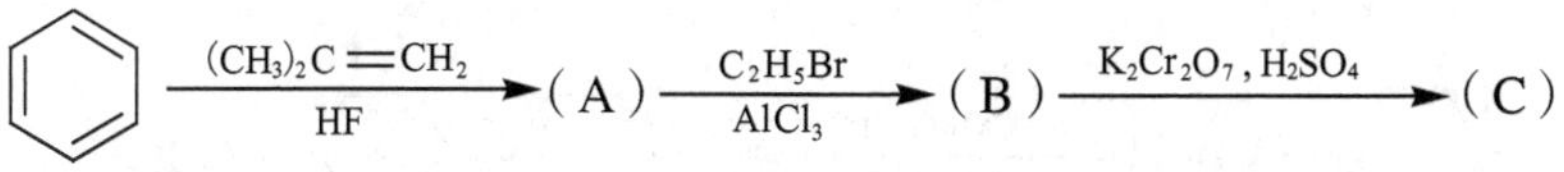
(CH3)2C ═CH2
HF
（A）
C2H5Br
AlCl3
（B）
K2Cr2O7 , H2SO4
（C）

（5） 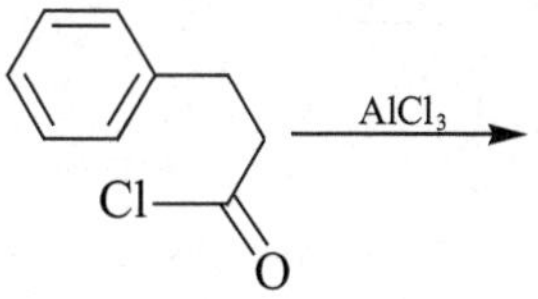
Cl
O
AlCl3

（6） 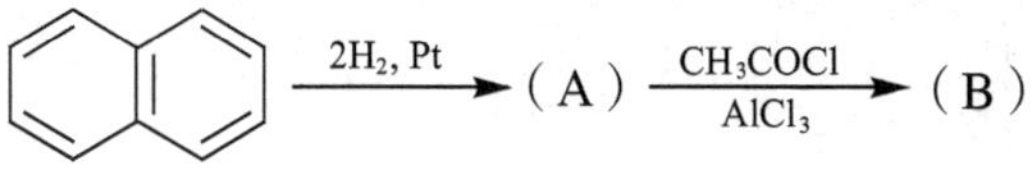
2H2, Pt
（A）
CH3COCl
AlCl3
（B）

（7） 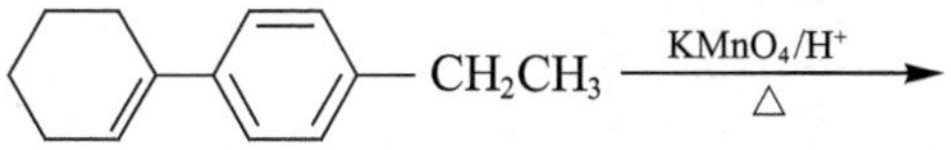
CH2CH3
KMnO4/H+
△

（8） 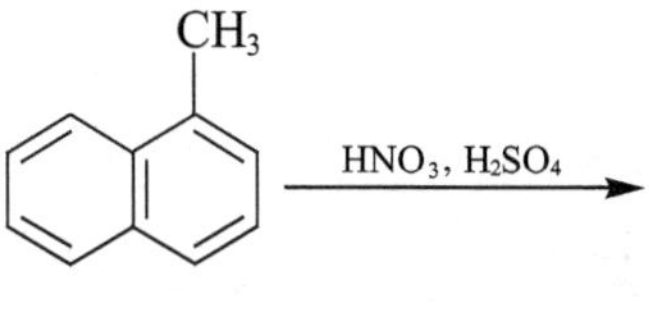
CH3
HNO3, H2SO4

答

（1）

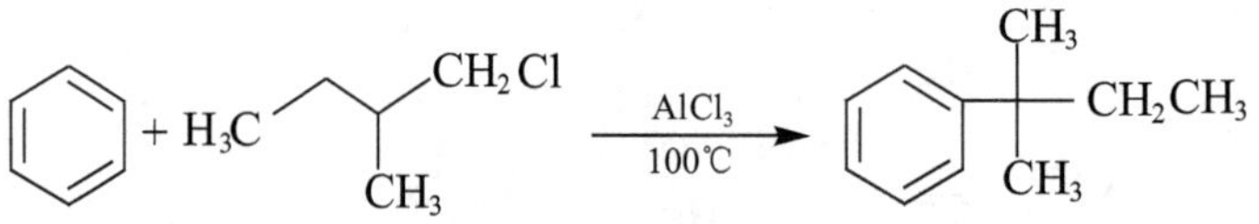

$$\bigcirc + H_3C-\overset{\underset{\displaystyle CH_3}{|}}{CH}-CH_2Cl \xrightarrow[100℃]{AlCl_3} \bigcirc-\overset{\underset{\displaystyle CH_3}{|}}{\overset{\overset{\displaystyle CH_3}{|}}{C}}-CH_2CH_3 \quad （重排的结果）$$

（2）$2\bigcirc + CH_2Cl_2 \xrightarrow{AlCl_3} \bigcirc-CH_2-\bigcirc$

（3）$\bigcirc\!-\!\bigcirc \xrightarrow{HNO_3,\ H_2SO_4} \overset{NO_2}{\bigcirc}\!-\!\bigcirc + O_2N-\bigcirc\!-\!\bigcirc$

（4）$\bigcirc \xrightarrow[HF]{(CH_3)_2C=CH_2} \bigcirc-\overset{\underset{\displaystyle CH_3}{|}}{\overset{\overset{\displaystyle CH_3}{|}}{C}}-CH_3 \xrightarrow[AlCl_3]{C_2H_5Br} CH_3CH_2-\bigcirc-\overset{\underset{\displaystyle CH_3}{|}}{\overset{\overset{\displaystyle CH_3}{|}}{C}}-CH_3$

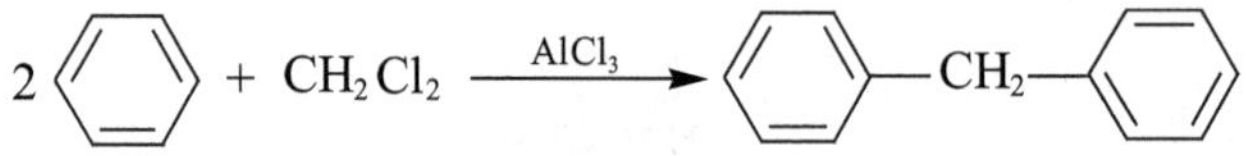

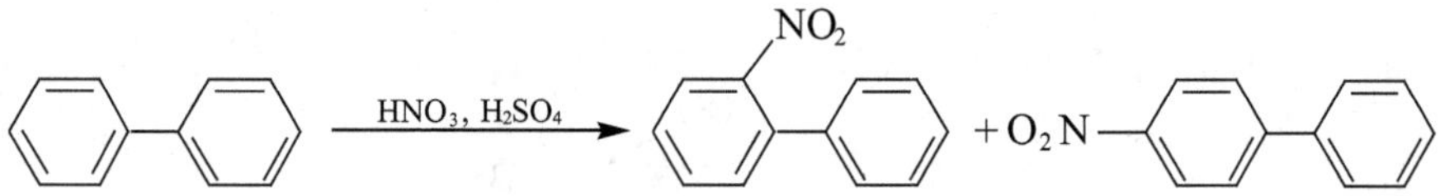

$\xrightarrow{K_2Cr_2O_7,\ H_2SO_4} HOOC-\bigcirc-\overset{\underset{\displaystyle CH_3}{|}}{\overset{\overset{\displaystyle CH_3}{|}}{C}}-CH_3$

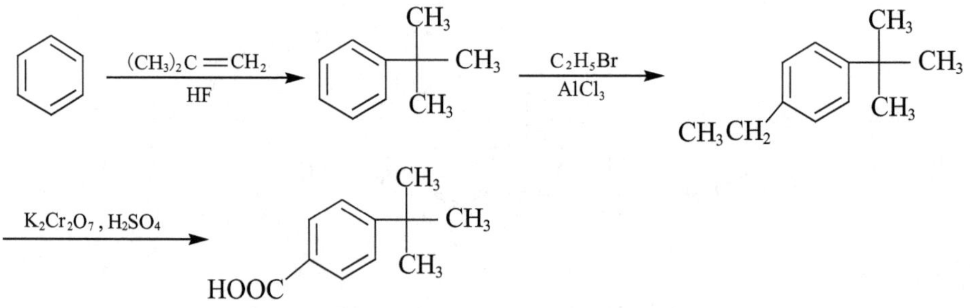

（5）

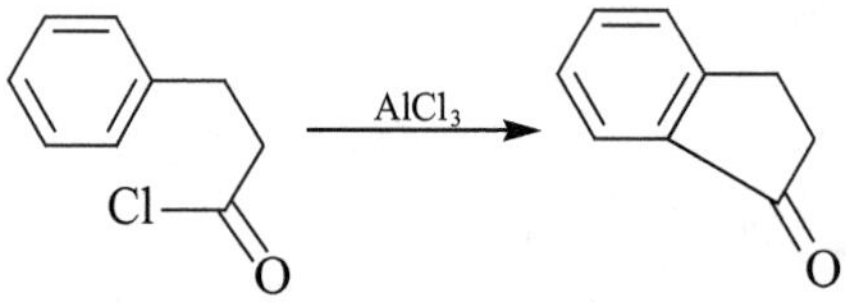

（6）

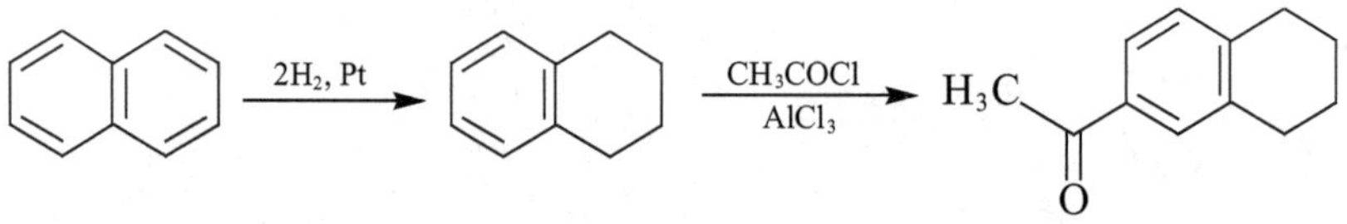

（7）

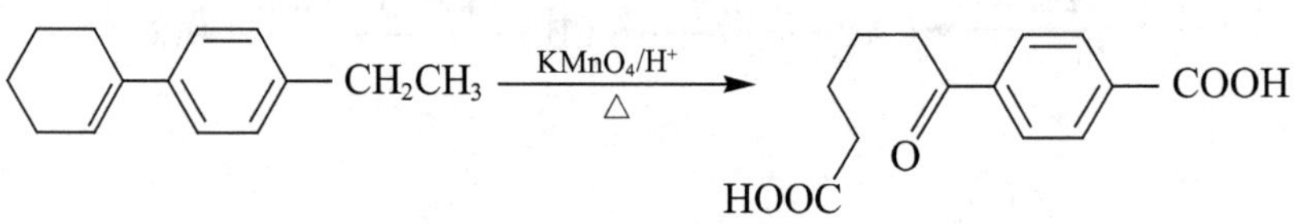

（8）

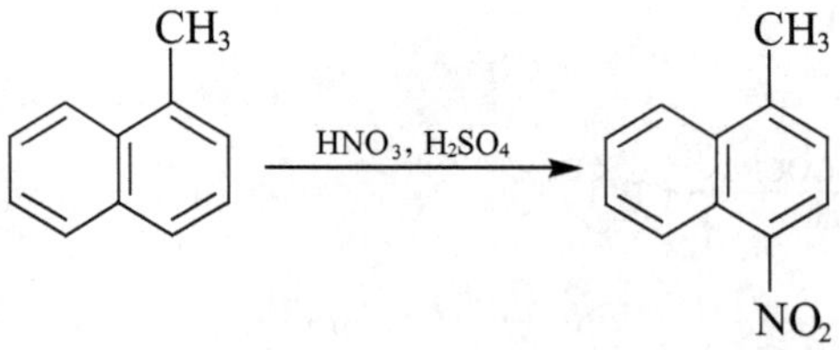

5. 写出下列反应物的构造式。

（1）C_8H_{10} $\xrightarrow[\triangle]{KMnO_4溶液}$ ⬡—COOH

（2）C_9H_{12} $\xrightarrow[\triangle]{KMnO_4溶液}$ ⬡—COOH

（3）C_8H_{10} $\xrightarrow[\triangle]{KMnO_4溶液}$ HOOC—⬡—COOH

（4）C_9H_{12} $\xrightarrow[\triangle]{KMnO_4溶液}$ 间苯二甲酸

答 （1）⬡—C_2H_5 （2）⬡—$CH(CH_3)_2$ 或 ⬡—$CH_2CH_2CH_3$

（3）H_3C—⬡—CH_3 （4）含 CH_3 和 CH_2CH_3 的苯环

6. 用化学方法区别下列各组化合物。

（1）环己烷、环己烯和苯 （2）苯和 1,3,5-己三烯

答 （1）第一步能使溴的四氯化碳溶液褪色的是环己烯；第二步与 $Br_2(Fe)$ 作用，溴褪色的是苯。

$$\left.\begin{array}{l}环己烯\\环己烷\\苯\end{array}\right\}\xrightarrow[CCl_4]{Br_2}\left\{\begin{array}{l}褪色\\\times\\\times\end{array}\right.\xrightarrow[\triangle]{Br_2/Fe}\left\{\begin{array}{l}\times\\褪色\end{array}\right.$$

（2）能使高锰酸钾溶液褪色的是 1,3,5-己三烯。

$$\left.\begin{array}{l}苯\\1,3,5\text{-}己三烯\end{array}\right\}\xrightarrow{KMnO_4}\left\{\begin{array}{l}\times\\褪色\end{array}\right.$$

7. 写出下列各反应的机理。

（1）$C_6H_6 + C_6H_5CH_2OH + H_2SO_4 \longrightarrow (C_6H_5)_2CH_2 + H_3O^+ + HSO_4^-$

（2）$\underset{CH_3}{\overset{C_6H_5}{\diagup}}C{=}CH_2 \xrightarrow{H_2SO_4}$

答

（1）$C_6H_5CH_2OH \xrightarrow{H^+} C_6H_5CH_2\overset{+}{O}H_2 \xrightarrow{-H_2O} C_6H_5\overset{+}{C}H_2 \xrightarrow{C_6H_6}$

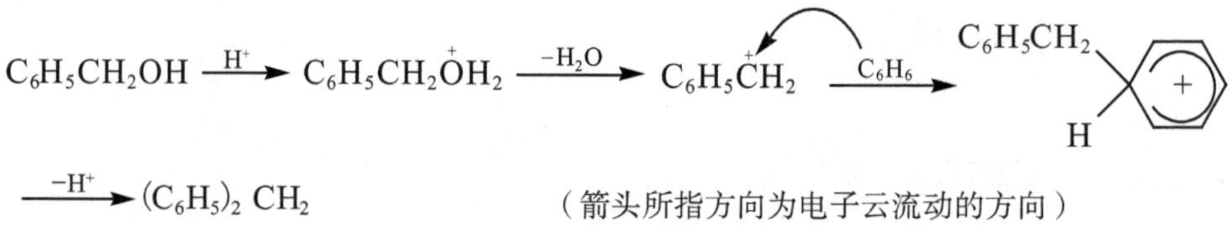

（箭头所指方向为电子云流动的方向）

$\xrightarrow{-H^+} (C_6H_5)_2CH_2$

（2）

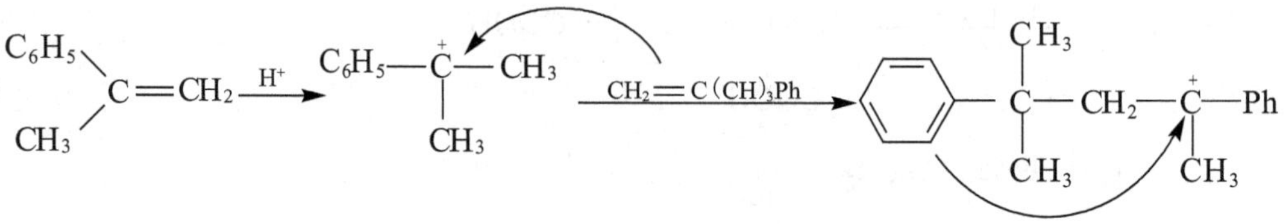

（箭头所指方向为电子云流动的方向）

$\xrightarrow{-H^+}$

8. 将下列化合物进行一次硝化，试用箭头表示硝基进入的位置（指主要产物）。

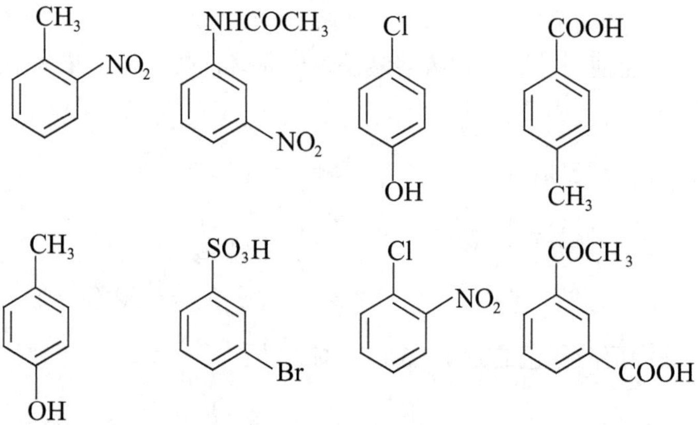

答

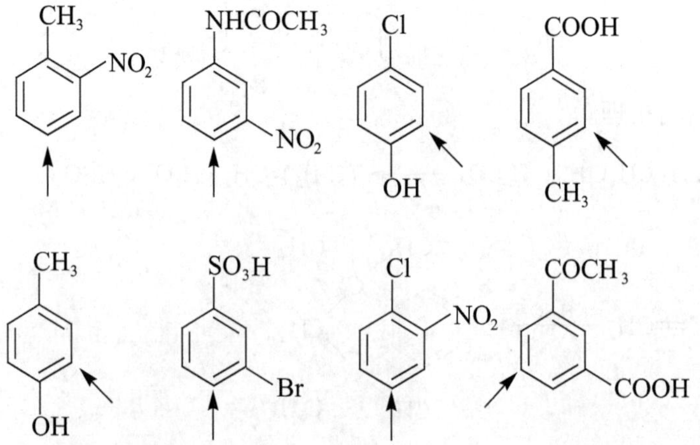

9. 以苯、甲苯或萘等有机化合物为主要原料合成下列各化合物。

（1）

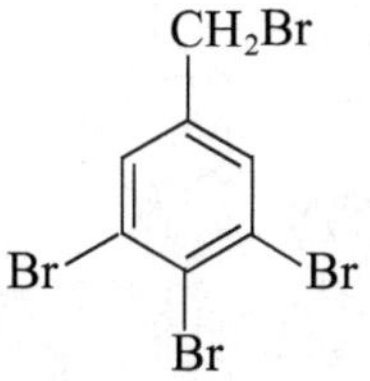

（2）

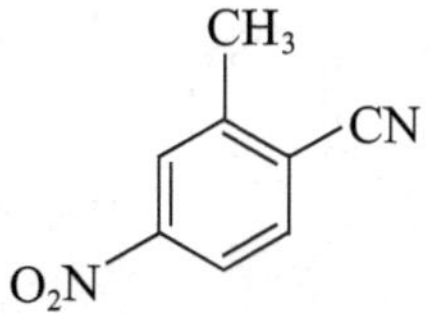

（3）

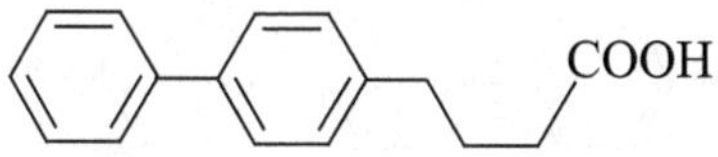

（4）

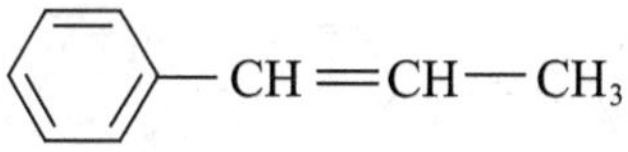

（5）

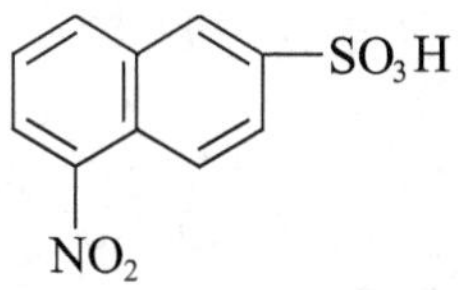

（6）

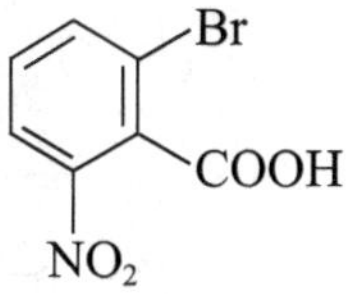

（7）

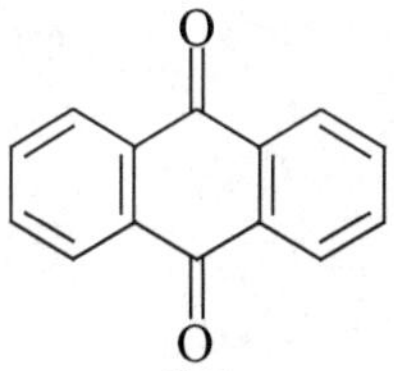

（8）H_3C

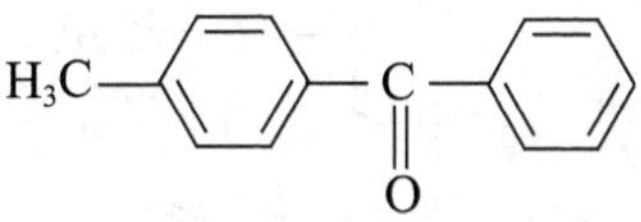

答 （1）

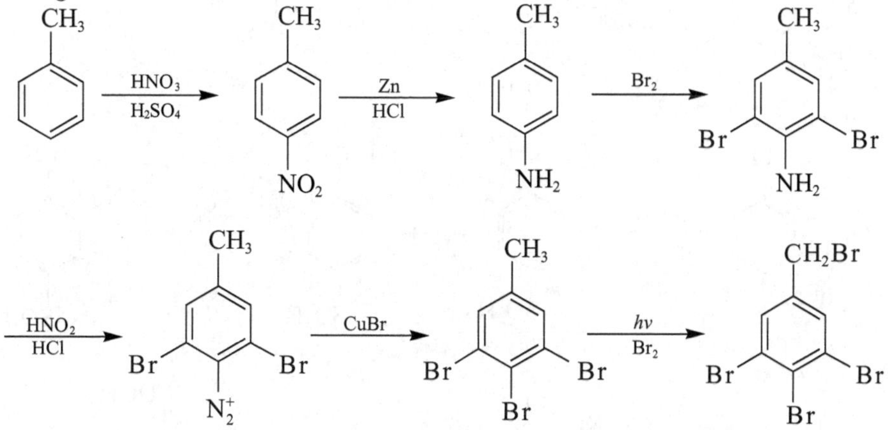

$$\xrightarrow[\text{H}_2\text{SO}_4]{\text{HNO}_3} \quad \xrightarrow[\text{HCl}]{\text{Zn}} \quad \xrightarrow{\text{Br}_2}$$

$$\xrightarrow[\text{HCl}]{\text{HNO}_2} \quad \xrightarrow{\text{CuBr}} \quad \xrightarrow[\text{Br}_2]{hv}$$

（2）

$$\xrightarrow{\text{浓 H}_2\text{SO}_4} \quad \xrightarrow[\text{H}_2\text{SO}_4]{\text{HNO}_3} \quad \xrightarrow[\text{HCl}]{\text{Zn}} \quad \xrightarrow[\triangle]{\text{H}_3\text{O}^+}$$

$$\xrightarrow{(\text{CH}_3\text{CO})_2\text{O}} \quad \xrightarrow[\text{H}_2\text{SO}_4]{\text{HNO}_3}$$

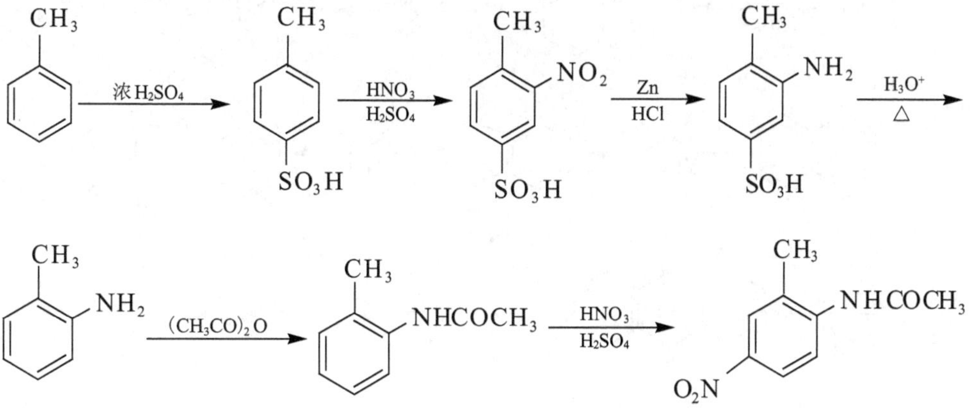

（3）2 苯 $\xrightarrow{\triangle}$ 联苯 $\xrightarrow[\text{AlCl}_3]{\text{丁二酸酐}}$

$\xrightarrow[\text{HCl}]{\text{Zn-Hg}}$

（4）苯 $\xrightarrow[\text{AlCl}_3]{\text{CH}_2=\text{CHCH}_2\text{Cl}}$ —CH$_2$CH=CH$_2$ $\xrightarrow{\text{HCl}}$ —CH$_2$CHCH$_3$（Cl）

$\xrightarrow[\text{C}_2\text{H}_5\text{OH}]{\text{NaOH}}$ —CH=CHCH$_3$

（5）萘 $\xrightarrow[\text{H}_2\text{SO}_4]{\text{HNO}_3}$ —NO$_2$ $\xrightarrow[\text{160℃}]{\text{H}_2\text{SO}_4}$ —SO$_3$H, NO$_2$

（6）甲苯 $\xrightarrow{\text{浓H}_2\text{SO}_4}$ CH$_3$—SO$_3$H $\xrightarrow[\text{Fe}]{\text{Br}_2}$ CH$_3$,Br—SO$_3$H $\xrightarrow[\triangle]{\text{混酸}}$ O$_2$N,CH$_3$,Br—SO$_3$H

$\xrightarrow[\text{180℃}]{\text{H}_2\text{O/H}^+}$ O$_2$N,CH$_3$,Br $\xrightarrow{\text{KMnO}_4}$ O$_2$N,COOH,Br

（7）萘 $\xrightarrow[\text{V}_2\text{O}_5,\triangle]{\text{O}_2}$ 邻苯二甲酸酐 $\xrightarrow[\text{AlCl}_3]{\text{苯}}$

$\xrightarrow[\triangle\ (-\text{H}_2\text{O})]{\text{H}_2\text{SO}_4}$ 蒽醌

（8）

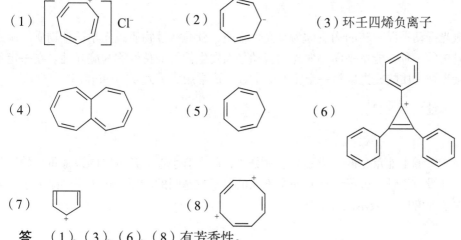

12. 比较下列各组化合物进行一元溴化反应的相对速率，按由大到小排列。
   （1）甲苯、苯甲酸、苯、溴苯、硝基苯。
   （2）对二甲苯、对苯二甲酸、甲苯、对甲基苯甲酸、间二甲苯。
   答 （1）甲苯>苯>溴苯>苯甲酸>硝基苯
   （2）间二甲苯>对二甲苯>甲苯>对甲基苯甲酸>对苯二甲酸

15. 某芳香烃分子式为 C_9H_{12}，用重铬酸钾氧化后，可得一种二元酸。将原来的芳香烃进行硝化，所得一元硝基化合物有两种。写出该芳香烃的构造式和各步反应式。

   答 C_9H_{12} 的构造式为 C_2H_5—⟨苯⟩—CH_3。

   各步反应式：

16. 按照休克尔规则，判断下列各化合物或离子是否具有芳香性。
   （1）［环庚三烯正离子］Cl^- （2）⟨环庚三烯负离子⟩$^-$ （3）环壬四烯负离子

   （4）   （5）   （6）

   （7）   （8）

   答 （1）、（3）、（6）、（8）有芳香性。
   （1）、（3）、（8）中的 π 电子数分别为 6、10、6，符合休克尔规则，有芳香性。
   （6）分子中的 3 个苯环（π 电子数为 6）及环丙烯正离子（π 电子数为 2）都有芳香性，所以整个分子有芳香性。
   （2）、（4）、（7）中的 π 电子数分别为 8、12、4，不符合休克尔规则，没有芳香性。
   （5）分子中有一个 C 是 sp^3 杂化，整个分子不是环状的离域体系，也没有芳香性。

第七章 对 映 异 构

Ⅰ. 知 识 要 点

一、同分异构的分类

同分异构包括构造异构和立体异构。构造异构：分子中原子相互连接次序和方式不同而产生的异构；立体异构：分子空间排列的方式不同而产生的异构。

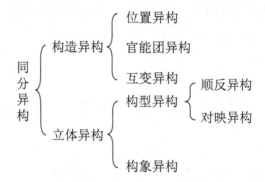

二、旋光性

能使偏振光振动平面旋转的物质称为旋光性物质、旋光活性物质或光学活性物质。旋光异构是构型异构的一种，能使平面偏振光的振动平面发生偏转的特性称为旋光性。在一定条件下，不同旋光性物质的旋光度是一个特有的常数，通常用比旋光度$[\alpha]$来表示。

三、手性和对称性

1. 手性

凡与自身的镜像不能重合的分子称为手性分子，即具有手性。凡可以同镜像重合的称为非手性分子，即没有手性。分子中连有四个不同的原子或基团的碳原子称为手性碳原子，或称不对称碳原子，常用 C*表示。

2. 对映体

若两种构型不同的化合物不能重合，但互为镜像，则通常称为对映体。凡手性分子都存在对映体。对映体是对映异构体的简称，有时也称旋光异构体。这种现象称为对映异构。对映异构体的物理性质除旋光性不同外，其他都相同，化学性质一般也相同。

3. 对称因素和手性分子判据

具有对称面的分子没有手性；具有对称中心的分子也没有手性；具有对称轴的分子不一定没有手性，如果分子中只有对称轴而没有其他对称因素（如对称面、对称中心等），则该分子具有手性。

四、具有一个手性中心的对映异构

1. 外消旋体

一对对映异构体以 1:1 混合,得到的混合物不能使平面偏振光发生偏转,称为外消旋体,用(±)表示。外消旋体可拆分为有旋光性的物质。外消旋体的物理性质与组成它的任意一个异构体不同。

2. 构型的表示方法

表示分子的构型(分子的立体形象)最常用的方法有模型、透视式和费歇尔投影式。

例如,右旋乳酸的立体结构式可表示如下:

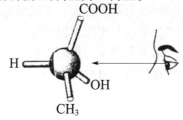

透视式   费歇尔投影式

3. 构型的标记法

构型的标记法也称构型的命名法。构型的标记法通常用两种方法:D, L-标记法和 R, S-标记法。

1)D, L-标记法

它以甘油醛为参照物,与 D-甘油醛相关的物质为 D-构型,与 L-甘油醛相关的物质为 L-构型。这种表示方法具有很大的局限性。

2)R, S-标记法

这是绝对构型标记法。首先将与手性中心相连的四个原子或基团按优先级别排列,将最小的原子或基团放到距观察者最远的位置,其他三个基团由大到小若为顺时针,则为 R 构型;逆时针则为 S 构型。例如,右旋乳酸的构型为 S 构型。

$$COOH$$

$$H \quad OH$$

$$CH_3$$

五、具有两个手性中心的对映异构

(1)含两个不相同手性碳原子的化合物,即每个手性碳原子连接的四个原子(团)不完全相同。例如,下面的化合物

$$\begin{array}{c} COOH \\ | \\ CHOH \\ | \\ CHCH_3 \\ | \\ COOH \end{array}$$ 2-甲基-3羟基丁二酸

有四种立体异构体分别如下:

COOH	COOH	COOH	COOH
H—OH	HO—H	H—OH	HO—H
H—CH₃	CH₃—H	CH₃—H	H—CH₃
COOH	COOH	COOH	COOH
Ⅰ	Ⅱ	Ⅲ	Ⅳ

四种异构体中，Ⅰ和Ⅱ、Ⅲ和Ⅳ分别为对映体。Ⅰ、Ⅱ和Ⅲ、Ⅳ为非对映体的关系，其中等物质的量的Ⅰ和Ⅱ、Ⅲ和Ⅳ可以混合得到外消旋体。也就是说含有两个不同手性碳原子的化合物具有两对对映体，可形成两种外消旋体。

分子中有两个或两个以上手性中心时，就会产生非对映异构现象，非对映体的物理及光学性质不同，化学性质相似。

（2）含两个相同手性碳原子的化合物，即每个手性碳原子连接的四个原子（团）完全相同。例如，下面的化合物

$$HOOC—\overset{*}{C}H—\overset{*}{C}H—COOH \qquad CH_3—\overset{*}{C}H—\overset{*}{C}H—CH_3$$

其中第一个结构两个CH下方各连OH，第二个结构两个CH下方各连Cl。

酒石酸	2,3-二氯丁烷

以酒石酸为例，其立体异构体有以下三种：

COOH	COOH	COOH
H—OH	HO—H	H—OH
HO—H	H—HO	H—OH
COOH	COOH	COOH
Ⅰ	Ⅱ	Ⅲ

三种异构体中，Ⅰ和Ⅱ为对映体。Ⅲ有对称面，所以没有手性，像这样虽然有手性碳原子但由于分子内存在对称因素导致分子没有手性的现象称为内消旋，内消旋体为单一化合物。Ⅰ和Ⅲ、Ⅱ和Ⅲ为非对映体关系，其中等物质的量的Ⅰ和Ⅱ可以混合得到外消旋体。也就是说含有两个相同手性碳原子的化合物具有一对对映体和一个内消旋体。

六、环状化合物的立体异构

1. 顺反异构

在脂环化合物中，由于环的存在限制了σ键的自由旋转，环上连接的原子或基团，如同连接在 C=C 双键上一样，当环上有两个或两个以上碳原子各连接不同的原子或基团时，与烯烃相似，也产生顺反异构。例如：

顺-1,3-二甲基环丁烷	反-1,3-二甲基环丁烷

2. 对映异构

某些脂环化合物不仅存在顺反异构现象，当分子具有手性时，也存在对映异构现象，有对映异构体。1, 2-二甲基环丙烷这样的环状化合物中，既存在对映异构体，也存在顺反异构体（非对映异构体）。

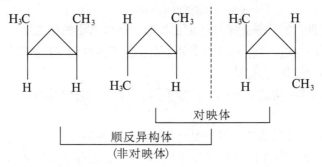

七、不含手性中心化合物的对映异构

某些化合物分子中并没有手性中心，但可以存在不能重合的对映体。

（1）累积双键的二烯烃和多烯烃，当两端的双键碳原子各连有不同的原子或基团时，含有偶数累积双键者有对映异构体，而含有奇数累积双键者则有顺反异构体（非对映异构体）。例如：

（2）有些螺环化合物由于有手性轴，也存在一对对映异构体。例如：

（3）某些联苯型化合物也存在对映异构体。例如：

Ⅱ. 例 题 解 析

【**例 7-1**】　解释下列名词。

（1）旋光性　　　　　（2）对映异构体　　　　　（3）非对映异构体

（4）外消旋体　　　　（5）内消旋体

答　（1）旋光性：能使偏光振动平面的性质，称为物质的旋光性。

（2）对映异构体：构造式相同的两个分子由于原子在空间的排列不同，彼此互为镜像，不能重合的分子，互称对映异构体。

（3）非对映异构体：构造式相同，构型不同，但不是实物与镜像关系的化合物互称非对映异构体。

（4）外消旋体：一对对映体的等量混合物称为外消旋体。

（5）内消旋体：分子内含有构造相同的手性碳原子，但存在对称面的分子称为内消旋体，用 *meso* 表示。

【**例 7-2**】　回答下列问题。

（1）对映异构现象产生的必要条件是什么？

（2）含手性碳原子的化合物是否都有旋光性？举例说明。

（3）有旋光活性的化合物是否必须含手性碳原子？举例说明。

答　（1）分子有手性。

（2）否。例如，内消旋酒石酸含有手性碳原子，但无旋光活性。

（3）否。例如，丙二烯衍生物，当丙二烯的 C_1 和 C_3 带有不同的取代基时则为手性分子，有旋光活性。

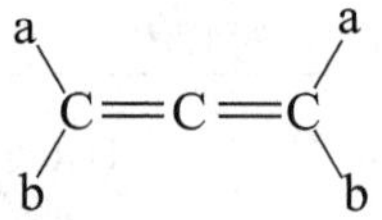

$$
\underset{b}{\overset{a}{C}} = C = \underset{b}{\overset{a}{C}}
$$

【**例 7-3**】　用系统命名法命名下列化合物。

（1） 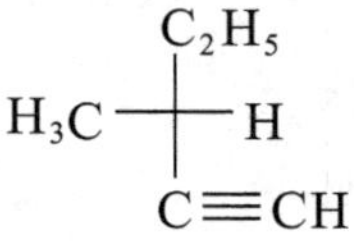　（2） 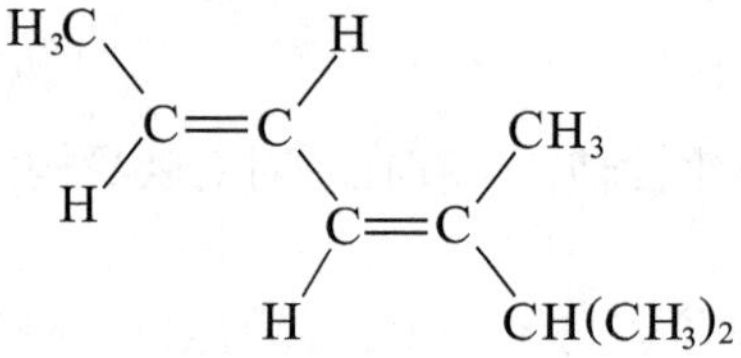　（3）

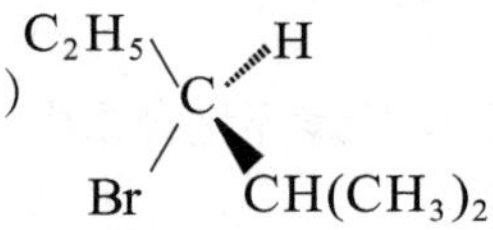

（4） 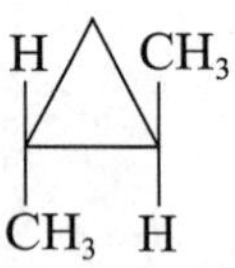　（5） 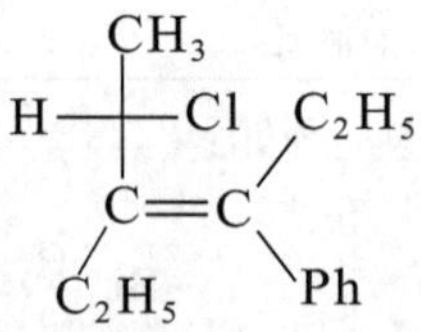　（6）

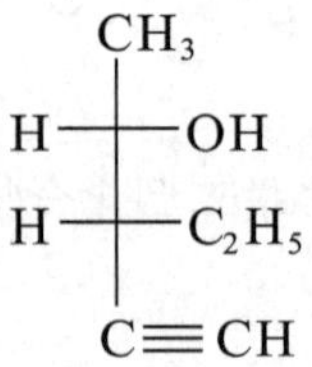

答　（1） 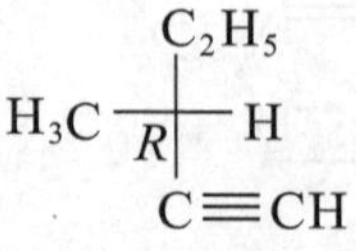　　（3R)-3-甲基-1-戊炔

（2）

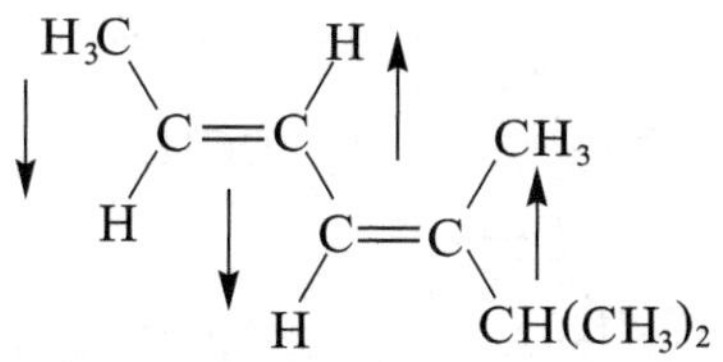

$$(2E, 4E)\text{-}5,6\text{-}二甲基-2,4\text{-}庚二烯$$

（3）

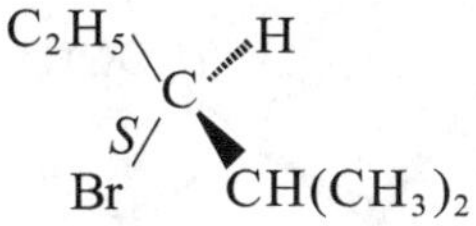

（3S）-2-甲基-3-溴戊烷

（4）

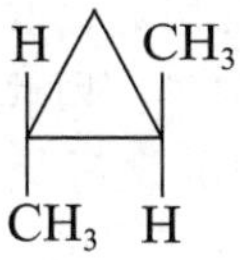

反-1,2-二甲基环丙烷

（5）

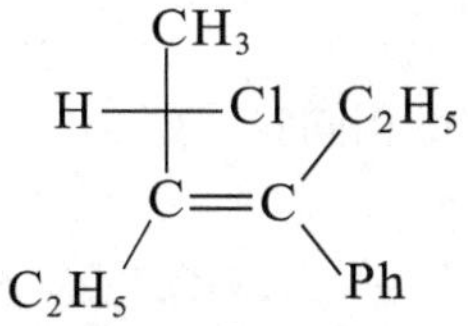

（2S, 3E）-3-乙基-4-苯基-2-氯-3-己烯

（6）

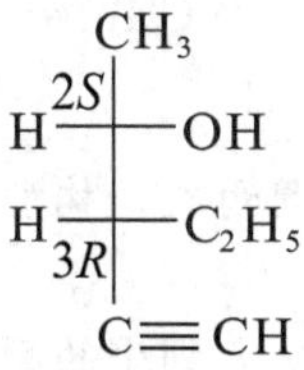

（2S, 3R）-3-乙基-4-戊炔-2-醇

【例 7-4】 用适当的立体式表示下列化合物的结构，并指出其中哪些是内消旋体。

（1）（R）-2-戊醇 （2）（2R, 3R, 4S）-4-氯-2, 3-二溴己烷

（3）（S）-CH₂OH—CHOH—CH₂NH₂ （4）（2S, 3R）-1, 2, 3, 4-四羟基丁烷

（5）（S）-α-溴代乙苯 （6）（R）-甲基仲丁基醚

分析：内消旋体的概念：具有两个手性中心的分子，同时分子具有对称面，两手性中心沿对称面互为镜像，这种分子称为内消旋体。弄清楚 R、S 表示的含义。

答 （1） 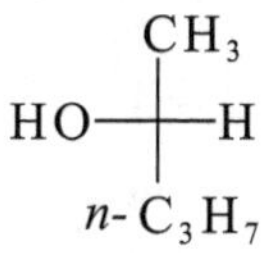 （2） 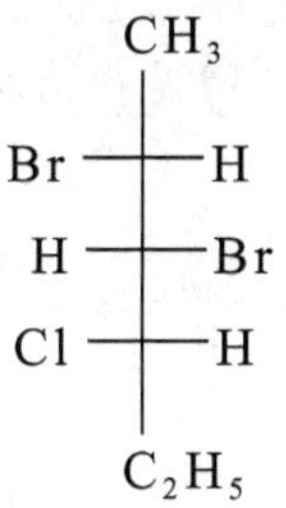 （3）

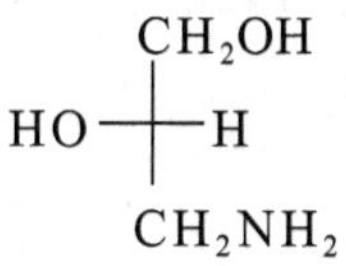

（4） 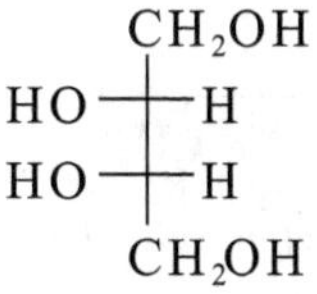 （5） 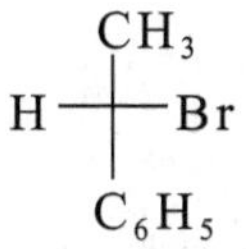 （6）

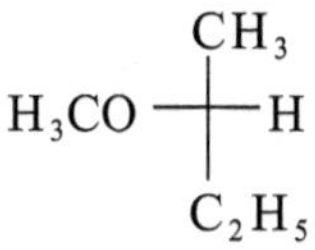

其中（4）分子内含有一个对称面，所以是内消旋体。

【例 7-5】 指出下列哪一种化合物不具有旋光性。

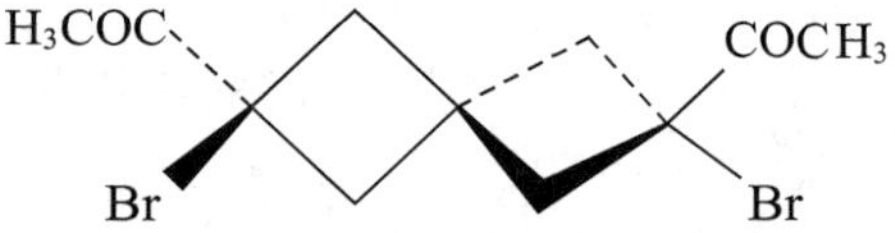

分析： 累积双键的二烯烃，当两端的双键碳原子各连有不同的原子或基团时，含有偶数累积双键者有对映异构体；螺环化合物由于有手性轴，也存在一对对映异构体。因此，（1）、（3）、（4）具有旋光性；（2）中两个 OCH_3 是一样的，分子有对称面，所以其没有旋光性。

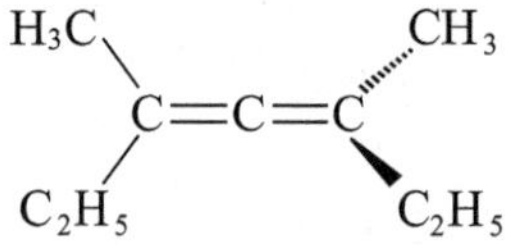

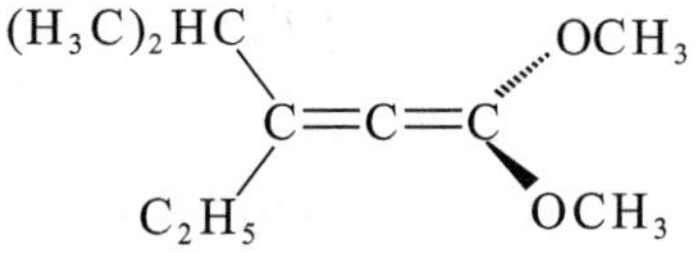

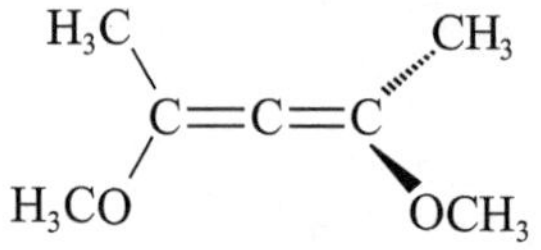

答 （2）

【例 7-6】 下列费歇尔投影式中，哪个与乳酸 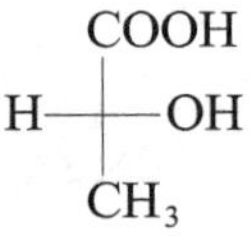 构型相同？

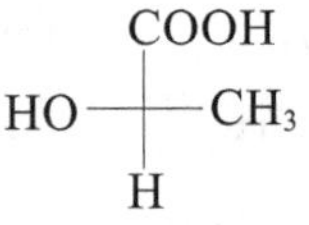

分析：（i）在费歇尔投影式中，任意两个基团对调，构型改变，对调两次，构型复原；任意三个基团轮换，构型不变。

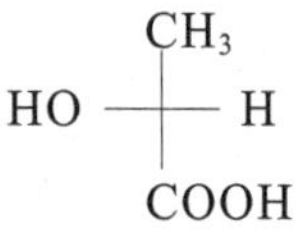

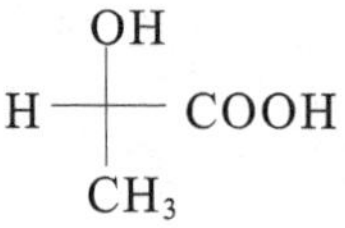

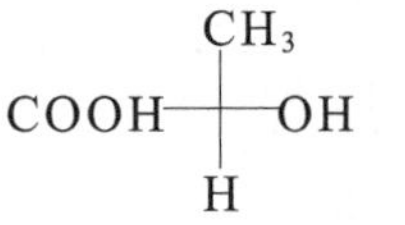

（ii）在费歇尔投影式中，如果最小的基团在竖键上，其余三个基团从大到小的顺序为顺时针时，手性碳的构型为 R-型，反之，为 S-型；如果最小的基团在横键上，其余三个基团从大到小的顺序为顺时针时，手性碳的构型为 S-型，反之，为 R-型。

答 （1）、（3）、（4）和题中所给的乳酸相同，均为 R-型；（2）为 S-型。

【例 7-7】 用高锰酸钾处理顺-2-丁烯，生成一个熔点为 32℃ 的邻二醇，处理反-2-丁烯，生成熔点为 19℃ 的邻二醇。它们都无旋光性，但 19℃ 的邻二醇可拆分为两个旋光度相等、方向相反的邻二醇。试写出它们的结构式、标出构型以及相应的反应式。

分析： 高锰酸钾处理烯烃是顺式的，与顺-2-丁烯反应得到内消旋体；与反-2-丁烯反应得到外消旋体。所以熔点为 32℃ 的邻二醇是内消旋体；熔点为 19℃ 的邻二醇为外消旋体。

答

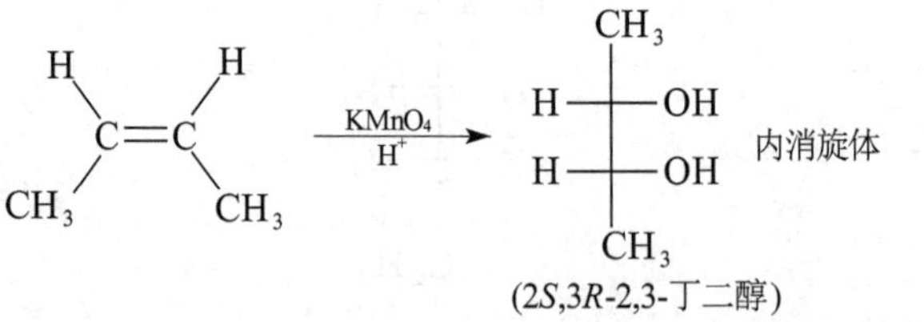

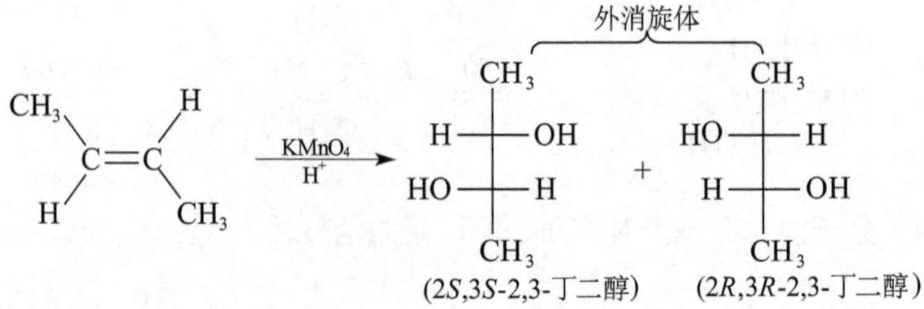

Ⅲ. 部分习题与解答

4. 下列各组化合物哪些属于对映体、非对映体、顺反异构体、构造异构体或同一化合物?

（1）

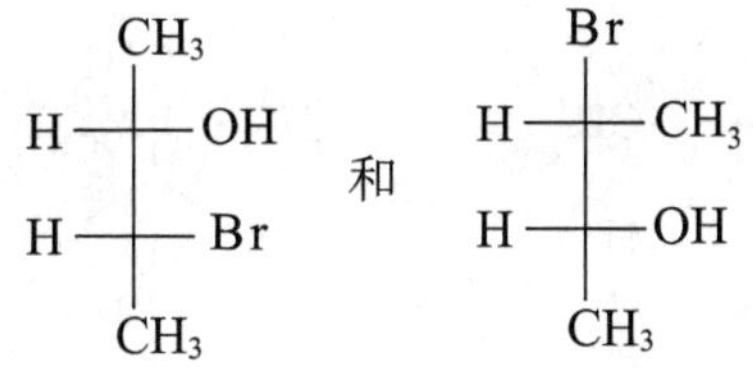

和

（2）

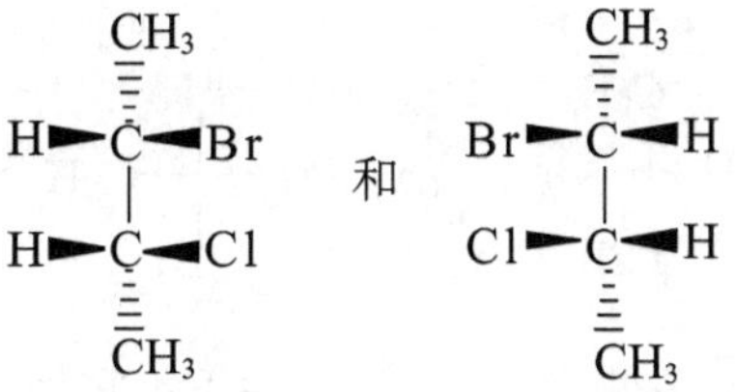

和

（3）

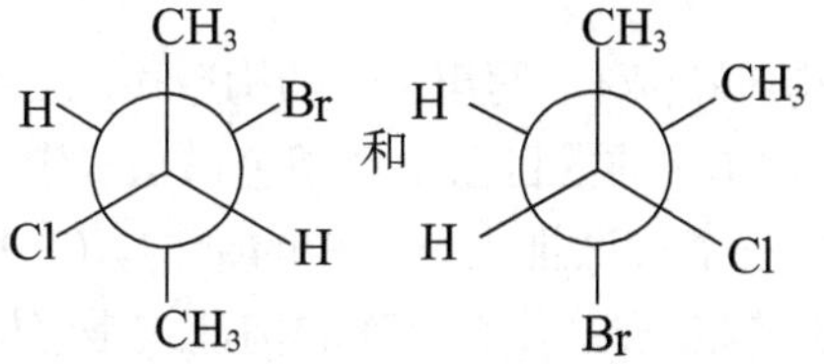

和

（4）

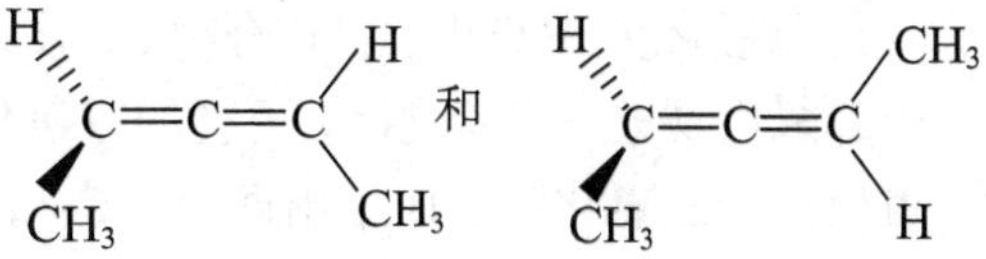

和

（5）

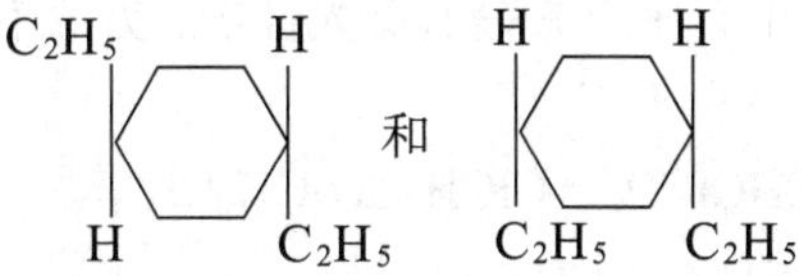

和

（6）

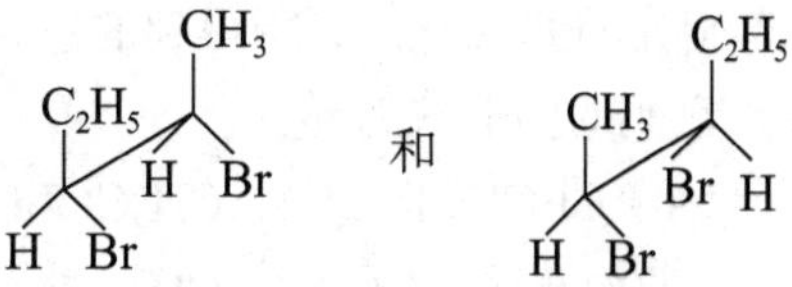

和

（7）

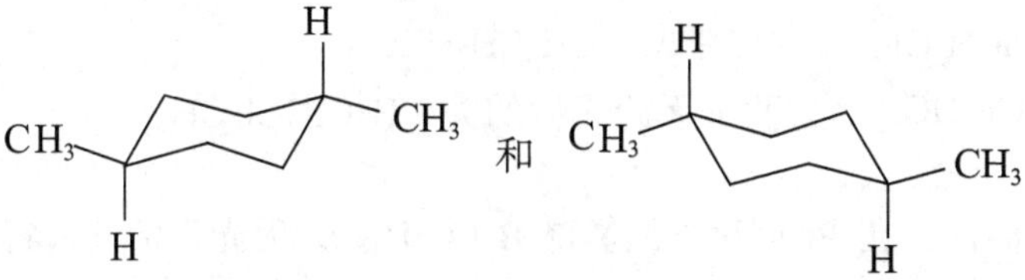

和

（8） 
和

答 （1）非对映体 （2）对映体 （3）对映体 （4）对映体

（5）顺反异构体 （6）非对映体 （7）同一化合物（有对称面） （8）构造异构体

5. 各写出一个能满足下列条件的开链化合物。

（1）具有手性碳原子的炔烃 C_6H_{10}。

（2）具有手性碳原子的羧酸 $C_5H_{10}O_2$（羧酸的通式是 $C_nH_{2n+1}COOH$）。

答 （1）$CH_3CH_2\overset{*}{C}HC\equiv CH$
$\quad\quad\quad\quad\ \ \ |$
$\quad\quad\quad\quad\ \ CH_3$

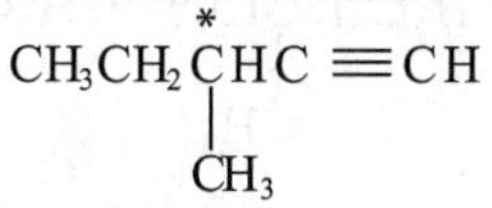

（2）$CH_3CH_2\overset{*}{C}HCOOH$
$\quad\quad\quad\quad\quad\ |$
$\quad\quad\quad\quad\quad CH_3$

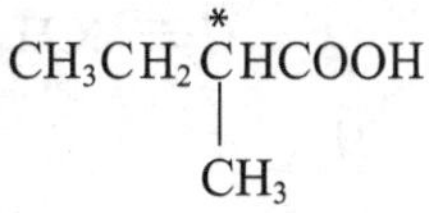

7. 画出下列化合物的构型。

（1）CHClBrF (*R*-构型)

（2）$CH_3CH_2—CH—CH=CH_2$(*S*-构型)

（3）Ph—CH(OH)—CH_3(*R*-构型)

（4）$C_2H_5—CH—CH—CH_3$(2*R*,3*S*-构型)
$\quad\quad\quad\quad\quad\quad |\quad\ \ |$
$\quad\quad\quad\quad\quad Br\ \ Br$

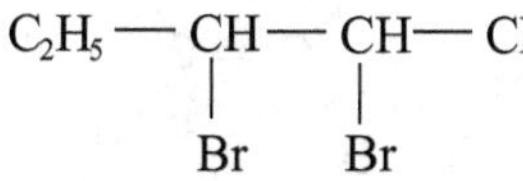

答 （1）

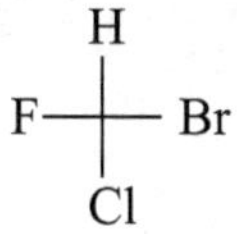

（2）

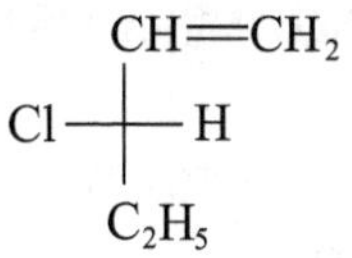

（3）

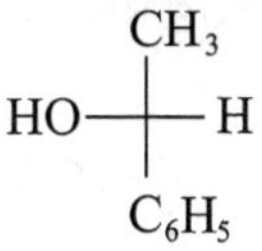

（4）

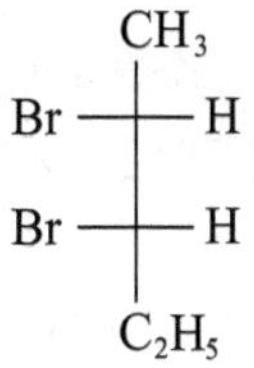

8. 费歇尔投影式
$$\begin{array}{c} CH_3 \\ H \underline{\quad\quad} Br \\ CH_2CH_3 \end{array}$$
 是 R-型还是 S-型？下列各结构式，哪些同上面这个投影式是同一化合物？

（1）
$$\begin{array}{c} C_2H_5 \\ H \underline{\quad\quad} Br \\ CH_3 \end{array}$$
　（2）
$$\begin{array}{c} H \\ CH_3 \underline{\quad\quad} C_2H_5 \\ Br \end{array}$$
　（3）　（4）

　　答　S-型。（2）、（3）、（4）和它是同一化合物。

9. （1）丙烷氯化已分离出二氯化合物 $C_3H_6Cl_2$ 的四种构造异构体，写出它们的构造式。（2）从各个二氯化物进一步氯化后，可得的三氯化物（$C_3H_5Cl_3$）的数目已由气相色谱法确定。从 A 得出一个三氯化物，B 给出两个，C 和 D 各给出三个，试推出 A、B 的结构。（3）通过另一合成方法得到有旋光性的化合物 C，那么 C 的构造式是什么？D 的构造式是怎样的？（4）有旋光的 C 氯化时，所得到的三氯丙烷化合物中有一个 E 是有旋光性的，另两个无旋光性，它们的构造式怎样？

　　答　（1）$Cl_2CHCH_2CH_3$、$CH_3CCl_2CH_3$、$ClCH_2CHClCH_3$、$ClCH_2CH_2CH_2Cl$。

　　（2）A 的构造式：$CH_3CCl_2CH_3$，B 的构造式：$ClCH_2CH_2CH_2Cl$。

　　（3）C 的构造式：$CH_3\overset{*}{C}HClCH_2Cl$，D 的构造式：$CH_3CH_2CHCl_2$。

　　（4）E 的构造式：$CH_3\overset{*}{C}HClCHCl_2$。另两个无旋光性的为 $CH_2ClCCl_2CH_3$
$ClCH_2ClCHCH_2Cl$。

10. 化合物 A（C_8H_{12}）有光学活性，在 Pt 催化下加氢得 B（C_8H_{18}），无光学活性，将 A 在 Lindlar 催化下小心加氢得 C（C_8H_{14}），有光学活性，若将 A 在 Na-NH$_3$（液）小心还原得 D（C_8H_{14}），但无光学活性。试推测 A、B、C、D 的结构。

　　答

12. C_6H_{12} 是一个具有旋光性的不饱和烃，加氢后生成相应的饱和烃。C_6H_{12} 不饱和烃是什么？生成的饱和烃有无旋光性？

　　答　C_6H_{12} 不饱和烃是
$$\begin{array}{c} CH_2CH_3 \\ CH_3 \underline{\quad\quad} H \\ CH=CH_2 \end{array}$$
 或
$$\begin{array}{c} CH_2CH_3 \\ H \underline{\quad\quad} CH_3 \\ CH=CH_2 \end{array}$$
，生成的饱和烃无旋光性。

13. 把 3-甲基戊烷进行氯化，写出所有可能得到的一氯代物。哪些是对映体？哪些是非对映体？哪些异构体不是手性分子？

答 3-甲基戊烷进行氯化，可以得到四种一氯代物。其中：3-甲基-3-氯戊烷和 3-氯甲基戊烷是非手性分子。

3-甲基-1-氯戊烷有一对对映体：

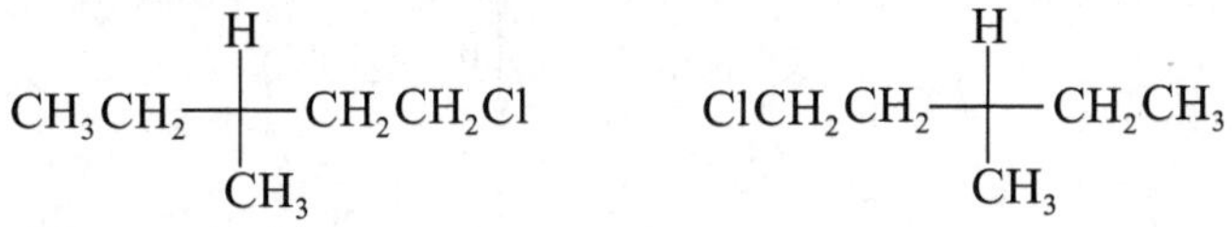

$$CH_3CH_2 - \overset{\overset{H}{|}}{\underset{\underset{CH_3}{|}}{C}} - CH_2CH_2Cl \qquad\qquad ClCH_2CH_2 - \overset{\overset{H}{|}}{\underset{\underset{CH_3}{|}}{C}} - CH_2CH_3$$

3-甲基-2-氯戊烷有两对对映体：

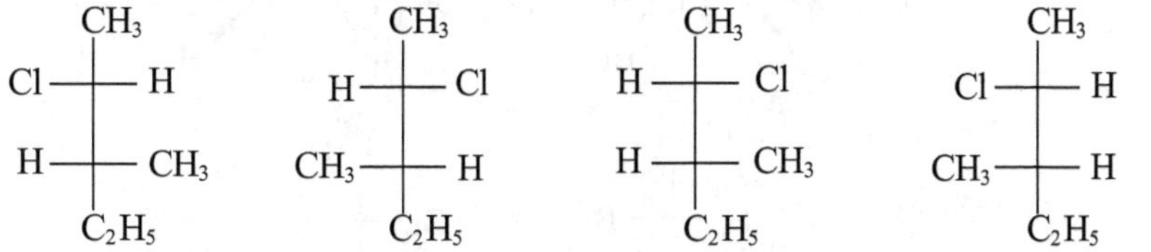

CH_3	CH_3	CH_3	CH_3
Cl —— H	H —— Cl	H —— Cl	Cl —— H
H —— CH_3	CH_3 —— H	H —— CH_3	CH_3 —— H
C_2H_5	C_2H_5	C_2H_5	C_2H_5
（1）	（2）	（3）	（4）

（1）和（2）是对映体，（3）和（4）是对映体。

（1）和（3）、（2）和（3）、（1）和（4）、（2）和（4）都是非对映体。

15. 环戊烯与溴进行加成反应，预期将得到什么产物？

答

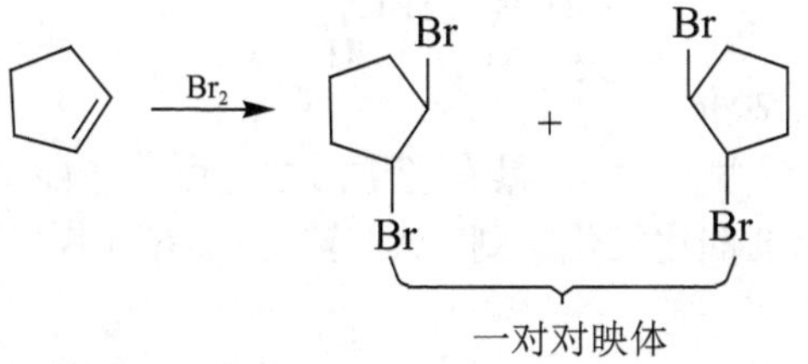

16. 完成下列反应式，产物以构型式表示。

（1）

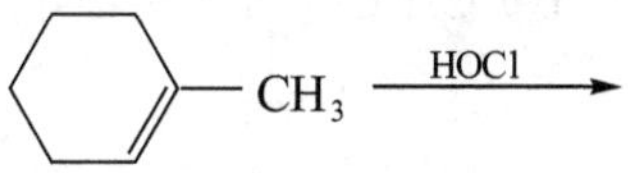

（2） $H_3C - C \equiv C - CH_3 \xrightarrow{HCl} ? \xrightarrow{Br_2}$

（3）

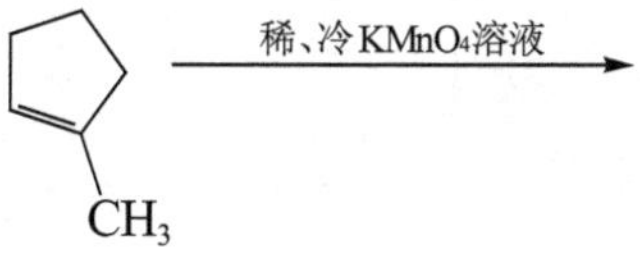

答 （1）

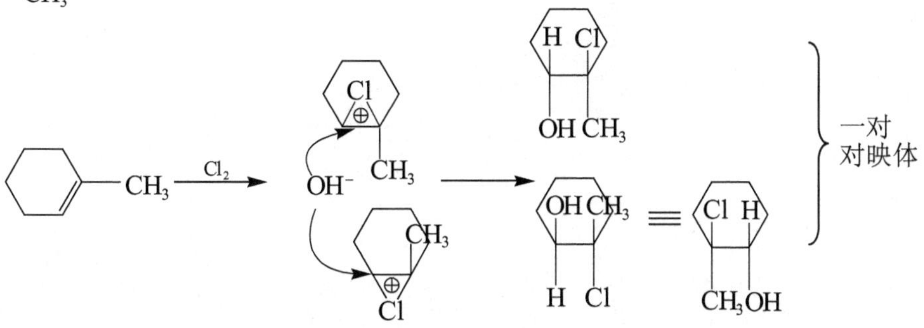

反式亲电加成，形成一对对映体。

（2）$CH_3—C\equiv C—CH_3$ $\xrightarrow{HCl}$

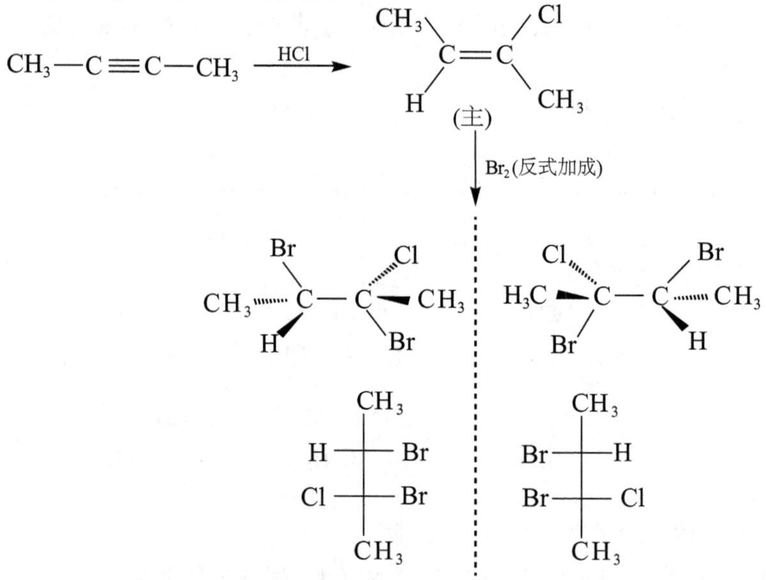

（主）

$\downarrow Br_2(反式加成)$

（3）—CH_3 $\xrightarrow{稀、冷KMnO_4}$

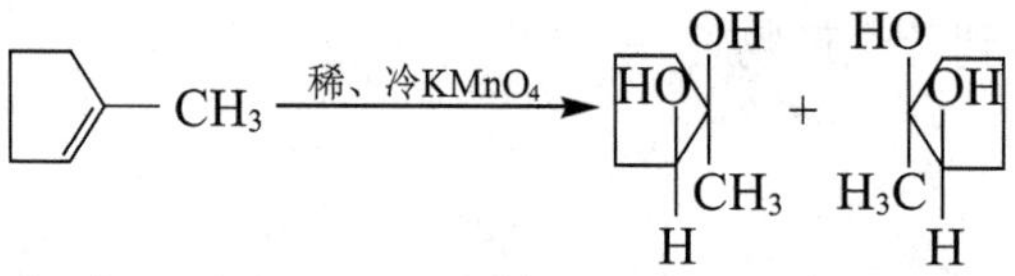

顺式加成，形成一对对映体。

17. 某化合物（A）的分子式为 C_6H_{10}，具有光学活性。可与碱性硝酸银的氨溶液反应生成白色沉淀。若以 Pt 为催化剂催化氢化，则（A）转变 C_6H_{14}（B），（B）无光学活性。试推测（A）和（B）的结构式。

答　（A）
　　　　（B）

第八章 有机波谱分析

Ⅰ. 知 识 要 点

一、紫外光谱

分子中价电子从基态跃迁到激发态时，产生的吸收光谱称为紫外光谱（UV）。

电子跃迁类型一般有 $\sigma \rightarrow \sigma^*$ 跃迁、$n \rightarrow \sigma^*$ 跃迁、$\pi \rightarrow \pi^*$ 跃迁、$n \rightarrow \pi^*$ 跃迁。其中 $\pi \rightarrow \pi^*$ 跃迁可用于鉴定化合物共轭体系大小，共轭体系越大，$\pi \rightarrow \pi^*$ 跃迁增强，光谱发生红移。$n \rightarrow \pi^*$ 跃迁比 $\pi \rightarrow \pi^*$ 跃迁弱，用于鉴定含杂原子形成的不饱和键的化合物，如羰基。

一般紫外光谱是指 $200 \sim 400nm$ 的近紫外区，只有 $\pi \rightarrow \pi^*$ 及 $n \rightarrow \pi^*$ 跃迁才有实际意义，即紫外光谱适用于分子中具有不饱和结构，特别是共轭结构的化合物。

（1）孤立重键的 $n \rightarrow \pi^*$ 跃迁发生在远紫外区。例如：

$$>C=C< \qquad \lambda_{max} = 162 \qquad \varepsilon_{max} = 15\,000$$

$$>C=O \qquad \lambda_{max} = 190 \qquad \varepsilon_{max} = 1860$$

（2）形成共轭结构或共轭链增长时，吸收向长波方向移动（红移）。

化合物	λ_{max}/nm	ε_{max}
乙烯	162	15 000
1,3-丁二烯	217	20 900
己三烯	258	35 000
辛四烯	296	52 000

（3）在 π 键上引入助色基（能与 π 键形成 p-π 共轭体系，使化合物颜色加深的基团）后，吸收带向长波方向移动。

化合物	λ_{max}/nm	ε_{max}
苯	255	215
苯酚	270	1 450
硝基苯	280	1 000

（4）当烷基引入共轭体系时，烷基中的 C—H 键超共轭效应使吸收向长波长移动；一般反式异构体吸收波长较顺式异构体的吸收波长长，吸收强度也强一些。根据化合物在近紫外区吸收带的位置，大致估计可能存在的官能团结构。

（i）小于 200nm 无吸收，则可能为饱和化合物。

（ii）在 $200 \sim 400nm$ 无吸收峰，大致可判定分子中无共轭双键。

（iii）在 200～400nm 有吸收，则可能有苯环、共轭双键、$\diagdown$C＝O等。

（iv）在 250～300nm 有中强吸收是苯环的特征。

（v）在 260～300nm 有强吸收，表示有 3～5 个共轭双键，如果化合物有颜色，则含 5 个以上的双键。

二、红外光谱

（1）红外光谱（IR）：分子中原子振动和转动能级的跃迁所引起的吸收光谱称为红外光谱。波数为 400～4000cm^{-1}（波长 2.5～25μm），属于中红外频区，其中 1500～4000 cm^{-1} 的区域称为特征频率区，官能团的伸缩振动一般在此区域，用于确定官能团是否存在。400～1500 cm^{-1} 称为指纹区，不同结构的分子的细微变化在这一区域可反映出来。用于鉴别和确定具体化合物。

（2）影响红外吸收的主要因素：分子中两个原子的振动可看成简谐振动，化学键越强，力常数越大，吸收频率越高；原子质量越大，吸收频率越低；弯曲振动吸收频率比伸缩振动吸收频率要低。

（3）常见有机化合物基团的特征频率如下：

烃红外光谱的特征吸收

化合物	C—H 伸缩振动/cm^{-1}	C—H 弯曲振动/cm^{-1}
—CH$_3$		～1 380
—CH$_2$—		～1 460
—CH(CH$_3$)$_2$	2 960～2 850（强）	～1 385，～1 368（两个吸收峰，强度接近）
—C(CH$_3$)$_3$		～1 395（弱峰），～1 368（强峰）
—(CH$_2$)$_n$—（$n \geqslant 4$）		722～724
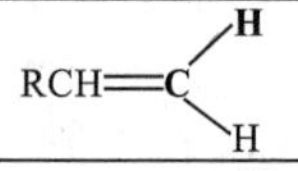 RCH＝C（H，H）		905～910　　985～995
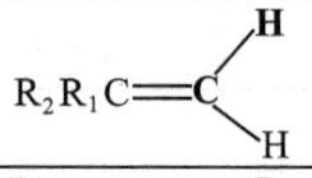 R$_2$R$_1$C＝C（H，H）		885～895（强）
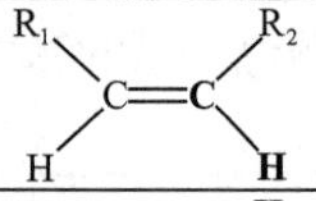 R$_1$R$_2$C＝CH$_2$（顺式）		650～730（弱且宽）
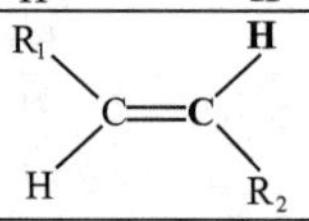 R$_1$H C＝C H R$_2$	3 100	965～980（强）
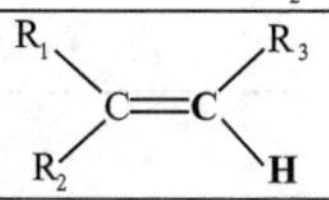 R$_1$R$_3$ C＝C R$_2$H		790～840（强）
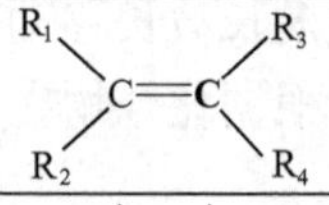 R$_1$R$_3$ C＝C R$_2$R$_4$		无
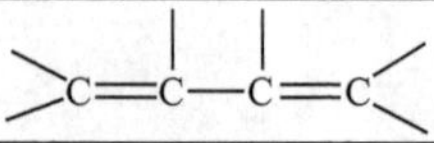 C＝C—C＝C	与单烯烃相同	与单烯烃相同
—C≡C—	3 310	600～700

续表

化合物	C—H 伸缩振动/cm⁻¹	C—H 弯曲振动/cm⁻¹
（苯环-H）	3 110	无取代：670（弱），1 650~2 000（倍频）； 一取代芳烃：770~730，690~710（强）； 邻二取代芳烃：735~770（强）； 间二取代芳烃：750~810，710~690（中）； 对二取代芳烃：810~833（强）

常见官能团的红外特征吸收

化合物	官能团	伸缩振动/cm⁻¹
炔烃	—C≡C—	2 100~2 250（中强~弱，对称炔烃无峰）
芳烃	（苯环-R）	~1 600（中），~1 580（弱） ~1 500（强），~1 450（弱~无）
卤代烃	C—F	1 100 ~1 350
	C—Cl	700~750
	C—Br	500~700
	C—I	610~685
醇、酚、醚	O—H	3 000~3 600（氢键使得吸收峰变宽）
	C—O	酚：1 200~1 300 醇：1 000~1 200 醚：1 020~1 275
胺	N—H	一级胺：游离 3 300~3 500 缔合降低 100 二级胺：游离 3 400~3 500 缔合降低 100
醛、酮		1 680~1 750
羧酸		1 750~1 770
酰卤		~1 800
酸酐	C=O	1 800~1 860，1 750~1 800
酯		~1 735
酰胺		1 650~1 690
腈	C≡N	2 210~2 260

三、核磁共振谱

（1）核磁共振谱（NMR）：是无线电波与处于磁场中的分子内的自旋核相互作用，引起核自旋能级的跃迁而产生的波谱。核磁共振谱主要提供分子中原子数目、类型及键合次序的信息，甚至可以确定分子的立体结构。

（2）屏蔽效应和化学位移：分子中氢核周围存在价电子，在外加磁场作用下产生诱导电子流，从而产生与外加磁场相反的诱导磁场，使氢核受到外加磁场影响的强度减小，这种效应称为屏蔽效应。由于分子中氢核周围电子云密度不同，产生的诱导磁场不同，这样使不同环境的氢核共振位置不同，这个表示不同位置的量称为化学位移。化学位移用相对量表示，以 TMS（四甲基硅烷）为参照物，用字母 δ 表示，δ 越大，屏蔽效应越小，出现在低场。

（3）影响化学位移的因素：诱导效应、电负性越大，屏蔽效应减小，向低场移动，δ 值增大；各向异性，芳烃、烯、炔等在外加磁场作用下，产生诱导环电子流，使处于空间位置不同的质子受到不同的屏蔽作用，有些区域是屏蔽区域，有些区域是去屏蔽区域。处于屏蔽区域的氢 δ 值变小，处于去屏蔽区域的氢 δ 值增大。

（4）自旋偶合与裂分：两个相邻碳上的氢的自旋相互影响，于是发生自旋偶合-裂分，裂分一般遵循 $n+1$ 规律，n 为相邻碳上的氢的个数，$n+1$ 为被裂分的峰数。

（5）常见质子的化学位移大致范围如下

特征质子的化学位移

质子类型	化学位移/ppm	质子类型	化学位移/ppm
RCH_3	0.9	RCH_2Br	3.5～4
R_2CH_2	1.3	RCH_2I	3.2～4
R_3CH	1.5	ROH	0.5～5.5
环丙烷	0.2	$ArOH$	4.5～7.7
$=CH_2$	4.5～5.9	$C=C-OH$	10.5～16,15～19（分子内缔合）
$R_2C=CHR$	5.3	RCH_2OH	3.4～4
$C=C-H_3$	1.7	$R-OCH_3$	3.5～4
$-C=CH$	1.7～3.5	$RCHO$	9～10
$Ar-C-H$	2.2～3	CHR_2COOH	10～12
ArH	6～8.5	$H-\overset{\mid}{\underset{\mid}{C}}-COOR$	2～2.2
RCH_2F	4～4.5	$RCOO-CH_3$	3.7～4
RCH_2Cl	3～4	RNH_2	0.5～5（不尖锐，常呈馒头状）

四、质谱

质谱（MS）：提供物质相对分子质量和结构类型的信息。分子失去一个电子产生的正离子分子称为分子离子，在谱图中相应的峰称为分子离子峰，它对应的质荷比（m/z）为分子的质量。常见的裂分过程有 α-裂分、β-裂分和 Mclafferty 重排。

Ⅱ. 例 题 解 析

【例 8-1】 指出下列化合物能量最低的电子跃迁的类型。

（1）$CH_3CH_2CH=CH_2$　　　（2）$CH_3CH_2CH(OH)CH_3$　　　（3）$CH_3CH_2\underset{\underset{O}{\|}}{C}CH_3$

（4）$CH_3CH_2OCH_2CH_3$　　　（5）$CH_2=CHCH=O$

答　（1）$\pi \to \pi^*$　　（2）$n \to \sigma^*$　　（3）$n \to \pi^*$　　（4）$n \to \sigma^*$　　（5）$n \to \pi^*$

【例 8-2】 下列哪一个化合物的紫外光谱波长最短？

（A） 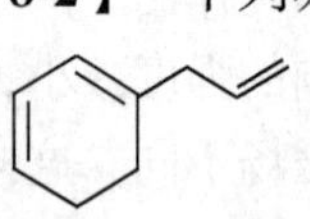　　　　　（B） 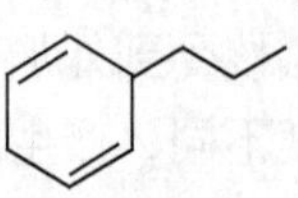　　　　　（C） 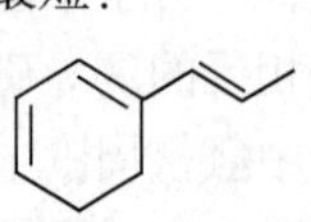　　　　　（D）

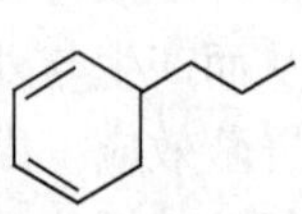

分析：共轭双键越多，紫外光谱波长最长。（A）、（C）、（D）都存在共轭二烯，而（B）为隔离二烯，没有共轭。

答　（B）

【例8-3】　下列化合物中λ_{max}值最小的是哪个?

(A) 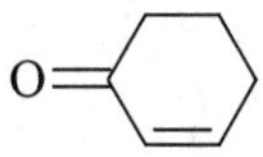 O=⬡　(B) 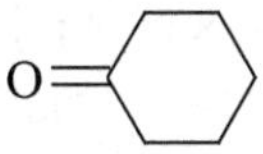 O=⬡　(C) 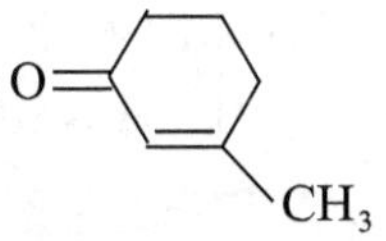 O=⬡CH$_3$　(D) 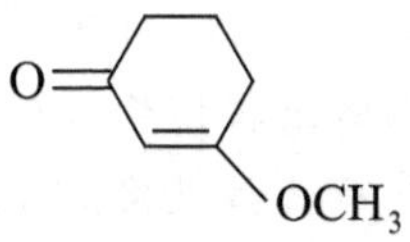 O=⬡OCH$_3$

分析:（A）、（C）、（D）都存在共轭体系，而B没有。

答　（B）

【例8-4】　按紫外吸收波长长短的顺序，排列下列各组化合物。

（1）⬡CH$_3$, ⬡ , ⬡

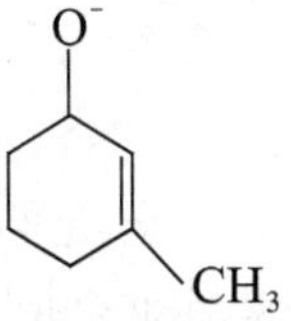

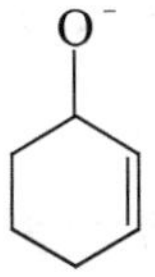

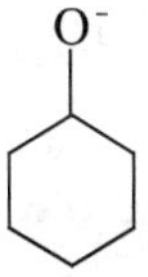

（2）CH$_3$CH=CHCH=CH$_2$, CH$_2$=CHCH=CH$_2$, CH$_2$=CH$_2$

（3）CH$_3$I, CH$_3$Br, CH$_3$Cl

（4）⬡ , ⬡Cl , ⬡NO$_2$

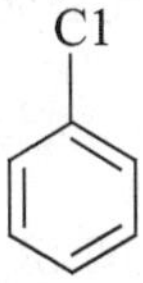

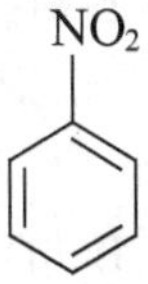

（5）反-1,2-二苯乙烯，顺-1,2-二苯乙烯

分析:(1)以环己酮为基准,添加共轭双键及增加助色基都使紫外吸收产生红移。(2)以乙烯为基准,添加共轭双键及增加助色基都使紫外吸收产生红移。(3)杂原子的原子半径增大,化合物的电离能降低,吸收带波长红移。(4)以苯环为基准,硝基苯增加 π→π* 共轭,氯苯增加 p→π 共轭,紫外吸收红移。(5)反式异构体的共轭程度比顺式异构体更大。

答　（1）⬡CH$_3$ ＞ ⬡ ＞ ⬡

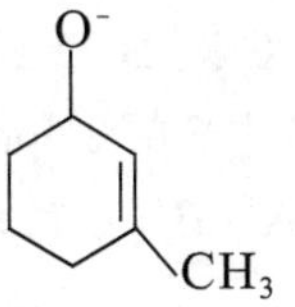

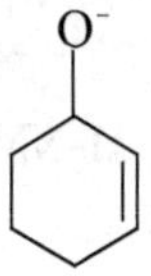

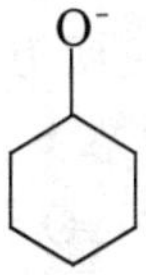

（2）CH$_3$CH=CHCH=CH$_2$>CH$_2$=CHCH=CH$_2$>CH$_2$=CH$_2$

（3）CH$_3$I>CH$_3$Br>CH$_3$Cl

（4）⬡NO$_2$ ＞ ⬡Cl ＞ ⬡

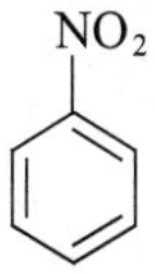

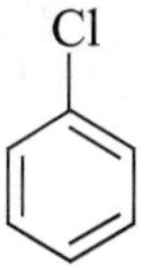

（5）反-1,2-二苯乙烯 ＞ 顺-1,2-二苯乙烯

【例8-5】　下列哪个化合物在 3000～3700cm^{-1} 之间无吸收?

（A）乙炔　　（B）乙烷　　（C）乙醇　　（D）乙苯

分析: 在3000 ～ 3700cm^{-1} 之间,乙炔、乙苯存在 C—H 伸缩振动,乙醇存在 O—H 伸缩振动。

答　（B）

【例8-6】　下列哪个化合物在 ^{1}H-NMR 中只有一种吸收信号?

（A）$BrCH_2CH_2CH_2Br$ 　　　　　　　　　（B）$CH_3CHBrCH_2Br$

（C）$CH_3CBr_2CH_3$ 　　　　　　　　　　（D）$CH_3CH_2CHBr_2$

分析：（A）中有两种 H，^{1}H-NMR 谱中有两种吸收信号；（B）中有四种 H，^{1}H-NMR 谱中有四种吸收信号；（C）中有一种 H，^{1}H-NMR 谱中只有一种信号；（C）中有三种 H，^{1}H-NMR 谱中应有三种吸收信号。

答 （C）

【例 8-7】 下列哪个化合物的 ^{1}H-NMR 谱中具有最大化学位移？

（A）　　　　　　　　（B）　　　　　　　　（C）　　　　　　（D）

分析：在 ^{1}H-NMR 谱中凡可使氢原子核外电子密度减小的一切因素，都会使屏蔽作用减小，化学位移增大。而影响因素主要为诱导效应。此外，磁各向异性的影响也会使氢的化学位移发生很大变化。在四个选项中，均有氯原子在分子中，存在诱导效应，会使氢的化学位移增大；但在（D）项中，氢原子连在苯环上，苯环的磁各向异性会使氢的化学位移增加至 6～8ppm。

答 具有最大化学位移的化合物是（D）。

【例 8-8】 某化合物 A（$C_8H_8Br_2$）用强碱处理得 B，B 的 ^{1}H-NMR 谱：δ=1.9ppm（1H，单峰），δ=7.1ppm（5H，单峰）；用 $HgSO_4$-H_2SO_4 的水溶液处理 B 得 C，C 的 ^{1}H-NMR 谱：δ=2.5ppm（3H，单峰），δ=7.1ppm（5H，单峰），试推测 A、B、C 的结构。

分析：由 A 的分子式可推知其不饱和度为 4，可能存在苯环，由于 A 经反应得到的 B 和 C 的核磁中 δ 在 7.1ppm 有一含有 5H 的单峰，更确定 A 的结构中含有苯环；由于 A 中含有两个 Br，用强碱处理的 B，则可推知 B 中可能含有碳碳叁键或共轭二烯，而从 B 的 ^{1}H-NMR 谱中 δ 在 1.9ppm 有一含有 1H 的单峰，说明 B 中含有碳碳叁键；C 是 B 经 $HgSO_4$-H_2SO_4 的水溶液处理得到的，说明其结构中含有羰基，且 C 的 ^{1}H-NMR 谱中 δ 在 2.5ppm 处有一含有 3H 的单峰，说明含有— CH_3，且与— $C≡O$ 相连。至此可推测 A、B、C 的结构。

答 A. 　　　—$CHBrCH_2Br$ 或 　　　—CBr_2CH_3 或 　　　—CH_2CHBr_2

B. 　　　—$C≡CH$

C. 　　　

【例 8-9】 某化合物 A 的分子式为 C_4H_6O，其光谱性质为如下：UV 谱：在 230nm 附近有吸收峰，$\varepsilon>5000$；^{1}H-NMR 谱：δ=2.03ppm（双峰，3H），δ=6.13ppm（多重峰，1H），δ=6.87ppm（多重峰，1H），δ=9.48ppm（双峰，1H）；IR 谱：在 1720cm^{-1}、2720cm^{-1} 处有强吸收。试推测该化合物的结构式。

分析：先通过分子式判断 A 为烯醛或烯酮，再通过 UV、IR 和 ^{1}H-NMR 谱推测其结构式。

答 由 UV 谱可知，该化合物有一共轭双键。IR 光谱在 1720cm^{-1} 处得吸收峰说明含羰基，2720cm^{-1} 处吸收峰说明含醛基，于是共轭体系为双键和醛基的共轭。由 ^{1}H-NMR 谱进一步确定该化合物结构式为 CH_3—CH=CH—CH=O。

【**例 8-10**】 某化合物（$C_8H_{10}O_2$），其 IR 谱中在 $3030cm^{-1}$、$2900cm^{-1}$、$1600cm^{-1}$、$1050cm^{-1}$、$810\sim830cm^{-1}$ 有吸收，其 ^1H-NMR 谱中 δ = 2.6ppm（3H，单峰），δ = 3.8ppm（2H，单峰），δ = 4.5ppm（1H，单峰），δ = 7.2ppm（4H，四重峰），试推测其结构，并指明 ^1H-NMR 中各质子的归属。

分析：由分子式可推知化合物的不饱和度为 4，可能含有一个苯环。IR 谱中在 $3030cm^{-1}$ 处有吸收说明含有烯烃或芳烃中 C—H 的收缩振动，$2900cm^{-1}$ 处有吸收说明含有烷烃中 C—H 的收缩振动，$1600cm^{-1}$ 处有吸收说明含有 C=C 的收缩振动，$1050cm^{-1}$ 处有吸收说明含有 C—O 的收缩振动，$810\sim830cm^{-1}$ 有吸收说明含有 Ar—H 且是两个相邻氢的面外弯曲振动（说明苯环上有两个取代基且处于对位）。由 ^1H-NMR 谱中可知，δ = 2.6ppm（3H，单峰）说明含有 CH_3—O—，δ = 7.2ppm（4H，四重峰）说明含有苯环且苯环上有 4 个氢。根据分子式和已确定的基团还剩下 CH_3O—，由于核磁谱显示还有两种氢，且分别为 δ = 3.8ppm（2H，单峰）和 δ = 4.5ppm（1H，单峰），因此应为— CH_2— OH。最后由推出的结构与谱中的数据对照，确认无疑。

答 化合物的结构为 CH_3 —O—⟨苯环⟩—CH_2 — OH。

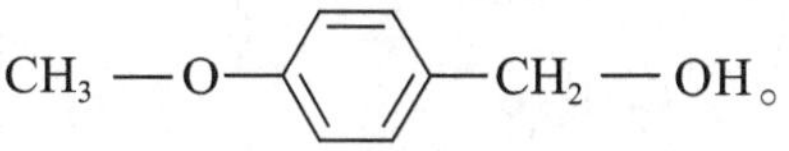

^1H-NMR 谱中各质子的归属：

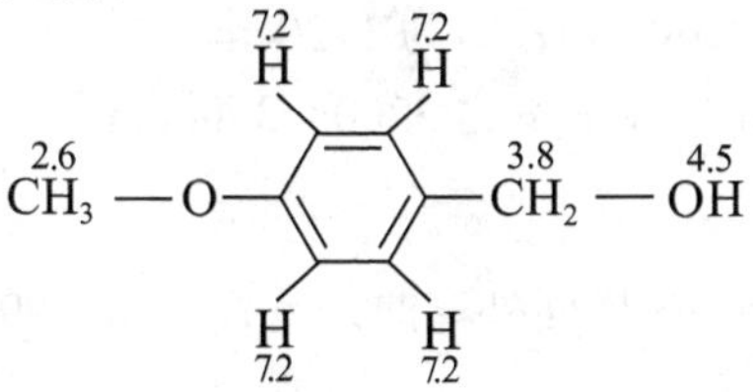

Ⅲ. 部分习题与解答

1. 指出哪些化合物可在近紫外区产生吸收带。

(1) $CH_3CH_2\underset{\underset{CH_3}{|}}{C}HCH_3$

(2) $CH_3CH_2OCH(CH_3)_2$

(3) $CH_3CH_2C\equiv CH$

(4) $CH_3\underset{\underset{O}{\|}}{C}CH_2CH_3$

(5) CH_2=C=O

(6) CH_2=$CHCH$=$CHCH_3$

答 可在近紫外区产生吸收带的化合物是（4）、（5）、（6）。

2. 分子式为 C_2H_4O 的化合物（A）和（B），（A）的紫外光谱在 λ_{max}=290nm （ε =15）处有弱吸收；而（B）在 210nm 以上无吸收峰。试推断两种化合物的结构。

分析：（A）在 290nm 有弱吸收，说明（A）应该为羰基化合物。所以（A）为乙醛，（B）为环氧乙烷。

答 （A）的结构为 CH_3— $\overset{\overset{O}{\|}}{C}$ —H，（B）的结构为 CH_2— CH_2。

3. 指出如何应用红外光谱来区分下列各对称异构体。

（1）　$CH_3CH\!=\!CHCHO$ 和 $CH_3C\!\equiv\!CCH_2OH$

（2） 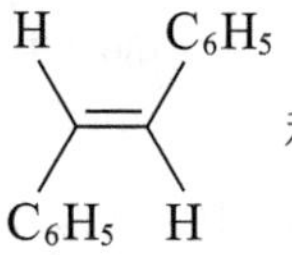 和

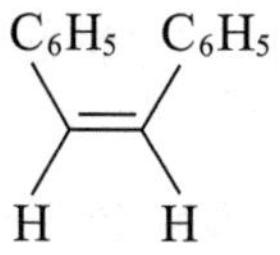

（3） 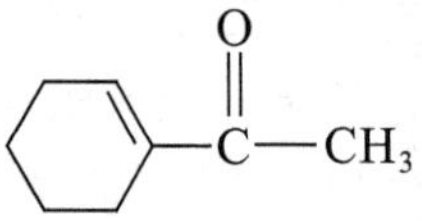 和

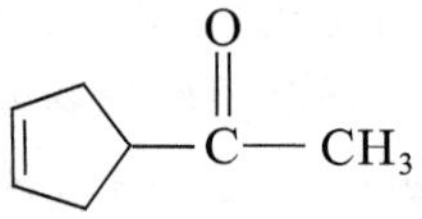

（4） 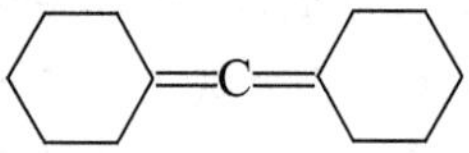 和

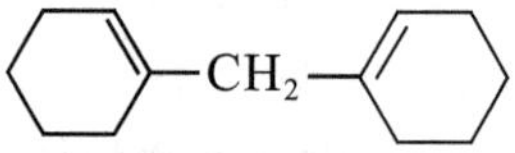

（5） 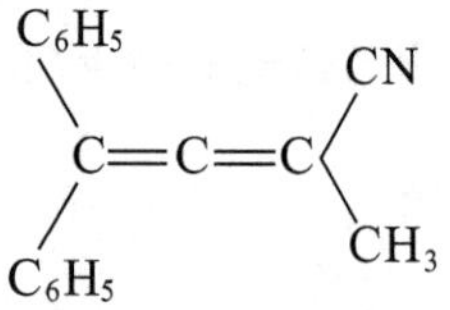 和

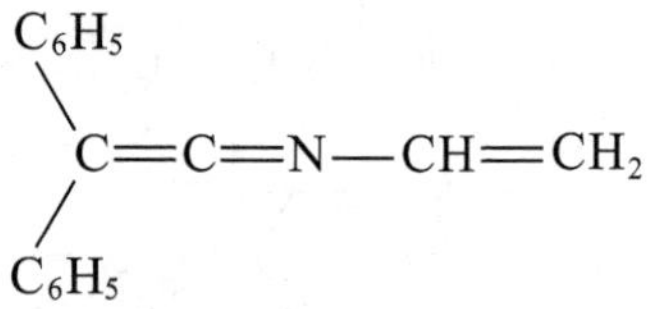

答

（1）前者：$v_{C=C}$ 为 1650cm^{-1}，$v_{C=O}$ 为 1720cm^{-1} 左右；

后者：$v_{C\equiv C}$ 为 2200cm^{-1}，v_{-O-H} 为 3200～3600cm^{-1}。

（2） 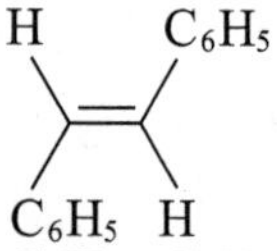 中的 $=\!C\!-\!H$ 面外弯曲，反式，965～980cm^{-1} 强峰；

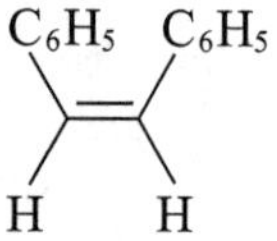

中的 $=\!C\!-\!H$ 面外弯曲，顺式，650～730cm^{-1} 峰形弱而宽。

（3） 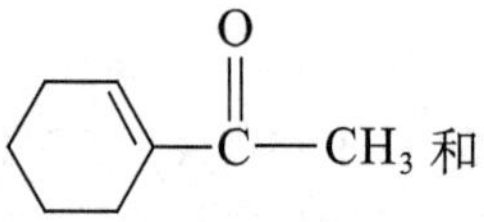 和 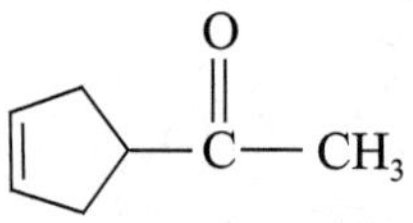 ，前者有共轭体系，其羰基吸收波数低于后者非共轭体系的羰基吸收。

（4） 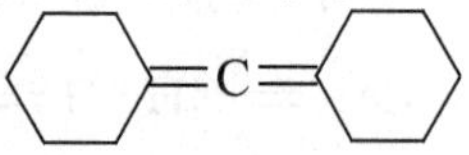 中的 $C\!=\!C\!=\!C$ 伸缩振动为 1980cm^{-1}；

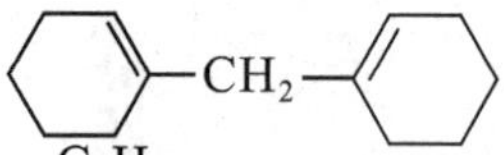

中的 $C\!=\!C$ 伸缩振动为 1650cm^{-1}。

（5） 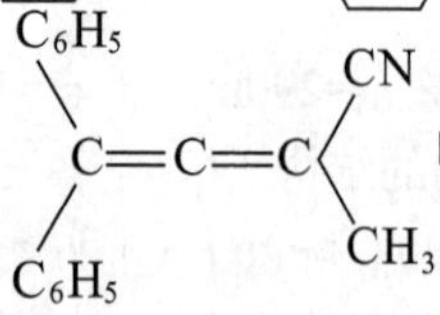 吸收波数 $v_{C\equiv N} > v_{C=C=N}$，$v_{C\equiv N}$ 在 2240～2260cm^{-1} 左右；

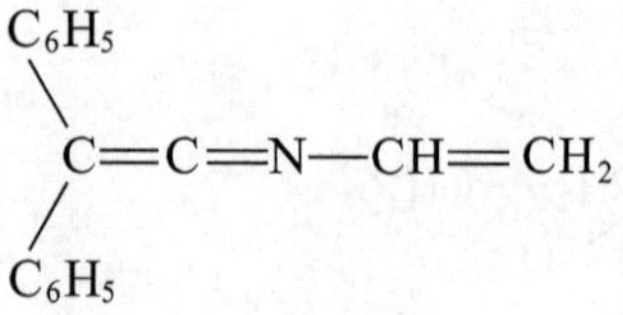

中 $C\!=\!C\!-\!H$ 的面外弯曲振动在 905～910cm^{-1}。

4. 化合物 A 的分子式为 C_8H_6，可使 Br_2 的 CCl_4 溶液褪色，用硝酸银氨溶液处理，有白色沉淀生成；A 的红外光谱如下图所示，推测 A 的结构是什么？

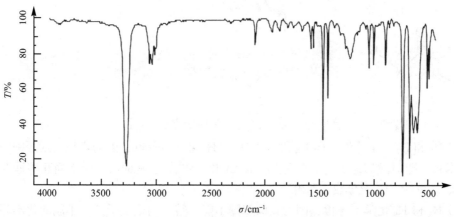

σ/cm^{-1}

答　由图可知，①$3300cm^{-1}$ 是 ≡C—H 的伸缩振动；②$3100cm^{-1}$ 是 Ar—H 的伸缩振动；③$2200cm^{-1}$ 是 C≡C 的伸缩振动；④$1451\sim1600cm^{-1}$ 是苯环的骨架振动；⑤$710cm^{-1}$ 和 $770cm^{-1}$ 表示苯环上单取代，所以化合物 A 的结构是 ⟨苯环⟩—C≡CH。

5. 用 ^1H-NMR 谱鉴别下列化合物。

（1）（A）$(CH_3)_2C{=}C(CH_3)_2$　　　　　（B）$(CH_3CH_2)_2C{=}CH_2$

（2）（A）$ClCH_2OCH_3$　　　　　　　　（B）$ClCH_2CH_2OH$

（3）（A）$BrCH_2CH_2Br$　　　　　　　　（B）CH_3CHBr_2

（4）（A）$CH_3CCl_2CH_2Cl$　　　　　　　（B）$CH_3CHClCHCl_2$

答　（1）（A）一种质子，出一个单峰（12H）；（B）三种质子，出三组峰：$\delta\approx0.9ppm$（3H，三重峰），$\delta\approx2.0ppm$（2H，四重峰），$\delta\approx5.28ppm$（2H）。

（2）（A）两种质子，出两组单峰；（B）三种质子，出两组三重峰和一组单峰。

（3）（A）四个质子完全等价，出一个单峰；（B）两种质子，出一组双重峰（3H）和一组四重峰（1H）。

（4）（A）两种质子，出两组单峰；（B）三种质子，出三组峰。

6. 预计下列每个化合物将有几组核磁共振信号？

（1）$CH_3CH_2CH_2CH_3$　　（2）$\underset{O}{CH_3CH{-}CH_2}$ （环氧）　　（3）$CH_3{-}CH{=}CH_2$

（4）反-2-丁烯　　　　　　（5）1,2-二溴丙烷　　　　（6）CH_2BrCl

（7）$CH_3{-}\overset{O}{\overset{\|}{C}}{-}OCH(CH_3)_2$　　（8）2-氯丁烷

答（1）2组；（2）4组（CH 的 C 是手性碳，CH_2 有两组峰）；（3）4组（有顺反异构）；（4）2组；（5）4组；（6）1组；（7）3组；（8）5组。

7. 下列化合物中 H_a、H_b 和 H_c 是否化学等价，为什么？不等价者请分析它们的自旋-自旋偶合裂分情况。

（A）$H_3C—CH\begin{smallmatrix}H_a\\H_b\end{smallmatrix}$　　（B）$\begin{smallmatrix}Cl\\H_c\end{smallmatrix}C=C=C\begin{smallmatrix}H_a\\H_b\end{smallmatrix}$　　（C）$H_2C=CH—CH=C\begin{smallmatrix}H_a\\H_b\end{smallmatrix}$

（D）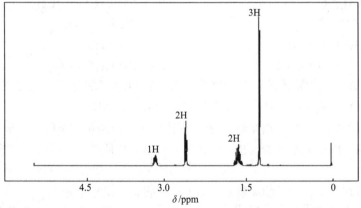

（E）H_c—〔苯环〕—NO_2，H_b、H_a

答　（A）H_a 和 H_b 化学等价，因为它们化学环境完全相同。

（B）H_a 和 H_b 化学等价，而 H_a 和 H_c、H_b 和 H_c 化学不等价，因为累积二烯烃中两个键平面互相垂直，即 H_a 和 H_b 在同一平面内，而 Cl 和 H_c 在另一平面内，两平面互相垂直，H_a 和 H_b 裂分成二重峰，H_c 裂分成三重峰。

（C）H_a 和 H_b 化学不等价，因为碳碳双键不能旋转，两个质子处于不同的化学环境，H_a 和 H_b 都裂分为四重峰。

（D）H_a 和 H_b 化学不等价，因为 C—N 具有某些双键的性质，所以在低温时旋转受阻。H_a 和 H_b 都裂分为二重峰。

（E）H_a、H_b 和 H_c 化学不等价，因为它们所处的化学环境不同。H_a、H_b 和 H_c 都裂分为四重峰。

8. 化合物的分子式为 $C_4H_8Br_2$，其 ^1H-NMR 谱如下，试推断该化合物的结构。

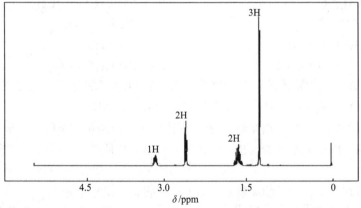

答　该化合物为 1,3-二溴丁烷。

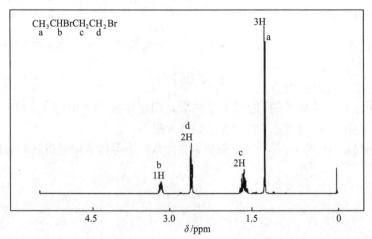

9. 下列化合物的 ^{1}H-NMR 谱中都只有一个单峰，写出它们的结构式。

（1）C_8H_{18}，$\delta=0.9ppm$ （2）C_5H_{10}，$\delta=1.5ppm$

（3）C_8H_8，$\delta=5.8ppm$ （4）$C_{12}H_{18}$，$\delta=2.2ppm$

（5）C_4H_9Br，$\delta=1.8ppm$ （6）$C_2H_4Cl_2$，$\delta=3.7ppm$

（7）$C_2H_3Cl_3$，$\delta=2.7ppm$ （8）$C_5H_8Cl_4$，$\delta=3.7ppm$

答

序号	分子式及波谱数据	结构式
（1）	C_8H_{18}，$\delta=0.9ppm$	$(CH_3)_3C{-}C(CH_3)_3$
（2）	C_5H_{10}，$\delta=1.5ppm$	环戊烷结构
（3）	C_8H_8，$\delta=5.8ppm$	环辛四烯结构
（4）	$C_{12}H_{18}$，$\delta=2.2ppm$	六甲基苯结构
（5）	C_4H_9Br，$\delta=1.8ppm$	$(CH_3)_3C{-}Br$
（6）	$C_2H_4Cl_2$，$\delta=3.7ppm$	$ClCH_2CH_2Cl$
（7）	$C_2H_3Cl_3$，$\delta=2.7ppm$	CH_3CCl_3
（8）	$C_5H_8Cl_4$，$\delta=3.7ppm$	$C(CH_2Cl)_4$

10. 某化合物的分子式为 C_8H_{16}，其 IR 和 ^{1}H-NMR 谱图如下，试推测该化合物的结构。

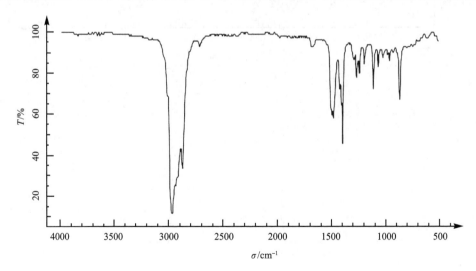

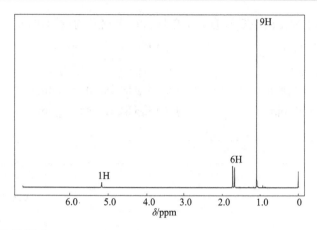

答　该化合物的结构为

$$\text{CH}_3\text{CH}{=}\overset{\overset{\displaystyle \text{CH}_3}{|}}{\text{C}}{-}\text{C}(\text{CH}_3)_3$$

11. 已知化合物 A 的分子式为 C_5H_{10}，其 IR 和 ^{1}H-NMR 谱图如下，试推测 A 的结构。

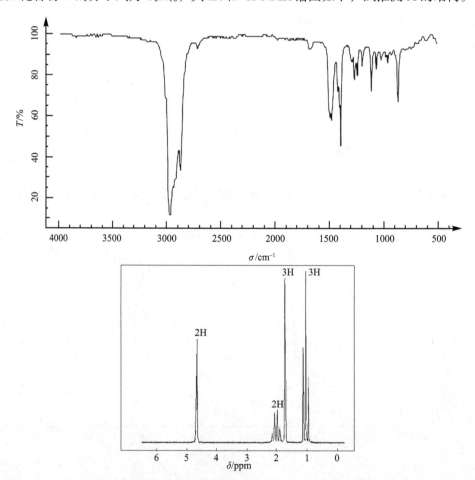

答　从分子式可以判断 A 为烯烃或环烷烃。其 IR 谱在 3087cm^{-1} 处得 ═C—H 伸缩振动吸收峰和 1651cm^{-1} 处的 C═C 伸缩振动吸收峰表明 A 为烯烃，887cm^{-1} 处的 ═C—H 面外弯

曲振动表明 A 为同碳二取代烯烃。结合其 ^{1}H-NMR 谱（$\delta=2.02$ppm，四重峰；$\delta=1.73$ppm，单峰；$\delta=1.03$ppm，三重峰）说明分子中各有一个连接在双键碳原子上的甲基和乙基。综合以上分析，A 应该为 2-甲基-1-丁烯。

12. 从以下数据，推测化合物的结构。实验式为 C_3H_6O。NMR：$\delta=1.2$ppm（6H）单峰，$\delta=2.2$ppm（3H）单峰，$\delta=2.6$ppm（2H）单峰，$\delta=4.0$ppm（1H）单峰。IR：在 1700cm^{-1} 及 3400cm^{-1} 处有吸收带。

　答　这个化合物是

$$CH_3-\overset{\displaystyle O}{\overset{\|}{C}}-CH_2-\underset{\displaystyle OH}{\overset{\displaystyle CH_3}{\underset{|}{\overset{|}{C}}}}-CH_3$$

第九章　卤　代　烃

Ⅰ.知识要点

一、卤代烃的命名

卤代烃可以看成是烃分子中的氢原子被卤素原子所取代而生成的衍生物，其中卤原子是卤代烃的官能团。常见的卤代烃有氯代烃、溴代烃和碘代烃。

命名：卤代烃的命名一般是把卤素作为取代基命名。

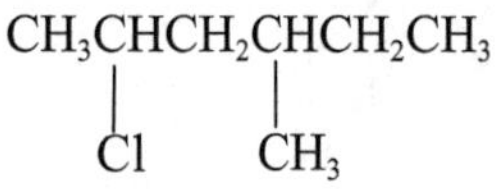

$$CH_3CHCH_2CHCH_2CH_3$$

Cl　　　CH₃

4-甲基-2-氯己烷

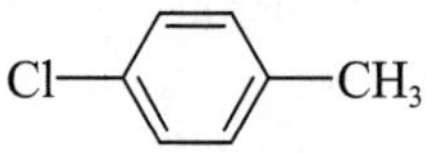

对氯甲苯

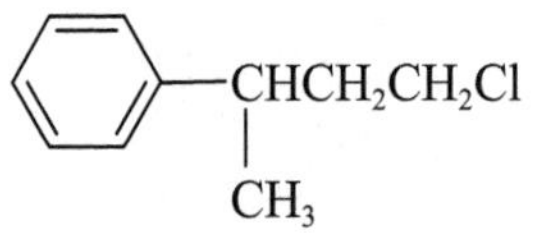

3-苯基-1-氯丁烷

二、卤代烃的化学性质

1. 亲核取代

亲核取代的通式为

$$RX + Nu^-: \longrightarrow R{-}Nu + X^-$$

	OH⁻	R—OH
	R'O⁻	R—OR'
	CN⁻	R—CN
RX	NH₃	R—NH₂
	I⁻	R—I
	⁻ONO₂	R—ONO₂
	R'C≡C⁻	R—C≡CR'

2. 消除

卤代烷烃、烯丙型和苄基型卤代烃在碱醇体系中容易发生消除反应。

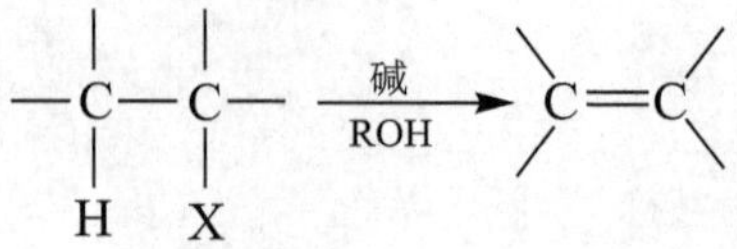

3. 与金属的反应

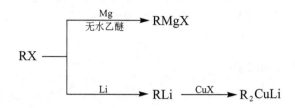

三、亲核取代反应机理

1. 单分子亲核取代（S_N1）

反应原有的旧键断裂后，新的键相继生成，即反应可分两步进行：

$$— \overset{|}{\underset{|}{C}} — L \xrightarrow{\;-L^-\;} — \overset{|}{\underset{|}{C^+}} \xrightarrow{\;Nu^-\;} — \overset{|}{\underset{|}{C}} — Nu$$

动力学研究发现，这类反应是 $v = k_1[R—L]$，即反应速率只与反应物的浓度有关，称为单分子亲核取代反应。

立体化学特征：外消旋化。

由于 S_N1 反应的活性中间体是碳正离子，其中心碳原子为 sp^2 杂化，具有平面构型。当亲核试剂与之反应时，亲核试剂可以从平面的两侧进攻中心碳原子，因此当中心碳原子是手性碳原子、分子具有旋光性时，反应后，中心碳原子虽然仍为手性碳原子，但所得产物是由两个构型相反的化合物组成的外消旋化产物。

2. 双分子亲核取代（S_N2）反应

新键的形成和原有旧键的断裂同时进行，即反应一步完成：

$$Nu^- + — \overset{|}{\underset{|}{C}} — L \longrightarrow \left[Nu— \overset{\diagup}{\underset{\diagup}{C}}--L \right] \longrightarrow Nu— \overset{|}{\underset{|}{C}} — + L^-$$

这类反应是 $v = k_2[R—L][Nu^-]$，即反应速率与反应物的浓度和亲核试剂的浓度均有关，称为双分子亲核取代反应。

立体化学特征：构型翻转。

亲核基团从离去基团另一侧进攻，故产物构型翻转。

3. 邻基效应

同一分子内，一个基团参与并制约和反应中心相连的另一个基团所发生的反应，称为邻基参与。它是分子内基团之间的特殊作用所产生的影响，又称邻基效应。例如：

其特点为：①反应后生成环状化合物；②邻基参与使反应速率加快，这是邻基参与的又一特点，这种由于邻基参与而加快反应速率的现象又称邻助作用；③构型保持是邻基参与的另一个特点。

四、影响亲核取代反应的因素

1. 烷基结构的影响

在 S_N2 反应中，卤代烷的活性次序是：$CH_3X >$ 伯卤代烷 $>$ 仲卤代烷 $>$ 叔卤代烷。

在 S_N1 反应中，卤代烷的活性次序是：叔卤代烷 $>$ 仲卤代烷 $>$ 伯卤代烷 $> CH_3X$。

2. 卤原子（离去基团）的影响

好的离去基团对 S_N1 和 S_N2 反应均有利。

3. 亲核试剂的影响

（1）当亲核试剂的亲核原子相同时，在极性质子溶剂（如水、醇、酸等）中，试剂的碱性越强，其亲核性越强。例如（亲核性由强到弱）：

$$C_2H_5O^- > OH^- > C_6H_5O^- > CH_3COO^- > H_2O$$

$$H_2N^- > H_3N$$

（2）当亲核试剂的亲核原子是元素周期表中的同族原子时，在极性质子溶剂中，试剂的可极化度越大，其亲核性越强。例如（亲核性由强到弱）：

$$I^- > Br^- > Cl^- > F^-$$

$$RS^- > RO^-$$

（3）当亲核试剂的亲核原子是元素周期表中同周期原子时，原子的原子序数越大，其电负性越强，则给电子的能力越弱，即亲核性越强。例如（亲核性由强到弱）：

$$H_2N^- > HO^- > F^-$$

$$H_3N > H_2O$$

$$R_3P > R_2S$$

4. 溶剂的影响

极性质子溶剂有利于 S_N1 反应，极性非质子溶剂更有利于 S_N2 反应。

五、消除反应

与亲核取代反应相似，β-消除反应的机理也有两种：双分子消除反应机理和单分子消除反应机理。

双分子消除反应常用 E2 表示，单分子消除反应常用 E1 表示。两者的区别是：在碱的作用下，若 α-C—X 键和 β-C—H 键同时断裂脱去 HX 生成烯烃，称为双分子消除反应；若 α-C—X 键首先断裂生成活性中间体碳正离子，然后在碱的作用下，β-C—H 键断裂生成烯烃，称为单分子消除反应。

若反应速率与反应物和亲核试剂的浓度都成正比，则称为双分子消除反应机理。

若反应速率取决于卤代烷的浓度，则称为单分子消除反应机理。

叔卤代烷主要按 E1 机理反应，即先异裂生成碳正离子，再脱去质子；伯卤代烷主要按 E2 机理反应，即先生成一个过渡态，再脱去一分子 HX，C—H 键与 C—X 键必须满足共平面要求。消去产物遵循札依采夫规则，即主要生成双键碳原子上取代基多的烯烃。

Ⅱ. 例 题 解 析

【例 9-1】 用方程式表示 $CH_3CH_2CH_2CH_2Br$ 与下列化合物反应的主要产物。

（1）KOH（水） （2）KOH（醇）

（3）（A）Mg，乙醚；（B）（A）的产物+$HC\equiv CH$ （4）NaI/丙酮

（5）NH_3 （6）NaCN

（7）$AgNO_3$（醇） （8）CH_3—$C\equiv CNa$

（9）Na （10）$HN(CH_3)_2$

分析：本题考查卤代烷的亲核取代反应、消除反应、与金属的反应和相转移催化反应。注意反应的条件，如 1-溴丁烷与 KOH（醇溶液）共热，主要发生消除反应生成烯烃；而与 KOH（水溶液）共热，发生亲核取代反应生成醇。

答 （1）$CH_3CH_2CH_2CH_2OH$ （2）$CH_3CH_2CH=CH_2$

（3）$CH_3CH_2CH_2CH_2MgBr$ （4）$CH_3CH_2CH_2CH_2I$

$CH_3CH_2CH_2CH_3$，$HC\equiv CMgBr$

（5）$CH_3CH_2CH_2CH_2NH_2$ （6）$CH_3CH_2CH_2CH_2CN$

（7）$CH_3CH_2CH_2CH_2ONO_2$ （8）CH_3—$C\equiv CCH_2CH_2CH_3$

（9）$CH_3CH_2CH_2CH_2CH_2CH_2CH_3$ （10）$CH_3CH_2CH_2CH_2N(CH_3)_2$

【例 9-2】 将下列各组化合物按照对指定试剂的反应活性从大到小排列成序。

（1）$AgNO_3$-乙醇溶液中反应：（A）1-溴丁烷，（B）1-氯丁烷，（C）1-碘丁烷。

（2）NaI-丙酮溶液中反应：（A）3-溴丙烯，（B）溴乙烯，（C）1-溴乙烷，（D）2-溴丁烷。

（3）KOH-醇溶液中反应：

$$\text{（A）}CH_3-\underset{\underset{CH_2CH_3}{|}}{\overset{\overset{CH_3}{|}}{C}}-Br\ , \quad \text{（B）}CH_3-\overset{\overset{CH_3}{|}}{CH}-\underset{\underset{Br}{|}}{CH}CH_3\ , \quad \text{（C）}CH_3-\overset{\overset{CH_3}{|}}{CH}CH_2CH_2Br\ 。$$

答 （1）离去基团的离去能力：$I^->Cl^->Br^-$，所以（C）>（A）>（B）。

（2）S_N2 反应中，卤代烷的活性次序为：烯丙基卤代烷 > CH_3X > 伯卤代烷 > 仲卤代烷 > 叔卤代烷 > 卤乙烯型。因此，（A）>（C）>（D）>（B）。

（3）E1 消除中，卤代烷的活性次序为：叔卤代烷 > 仲卤代烷 > 伯卤代烷。因此，（A）>（B）>（C）。

【例 9-3】 将以下各组化合物,按照不同要求排列成序：

（1）水解速率：

$$\text{（苯）}-CH_2CH_2Cl\ , \quad \text{（苯）}-\underset{\underset{Cl}{|}}{CH}CH_3\ , \quad Cl-\text{（苯）}-CH_2CH_3\ 。$$

（2）与 $AgNO_3$-乙醇溶液反应难易程度：

$$CHBr\!=\!CHCH_3 \ , \quad CH_3\underset{Br}{CH}CH_3 \ , \quad CH_3CH_2CH_2Br \ , \quad \underset{Br}{\overset{CH_3}{\underset{\displaystyle}{\square\!-\!C\!-\!CH_3}}} \ 。$$

（3）进行 S$_N$2 反应速率：

（ i ）1-溴丁烷，2,2-二甲基-1-溴丁烷，2-甲基-1-溴丁烷，3-甲基-1-溴丁烷。

（ ii ）2-环戊基-2-溴丁烷，1-环戊基-1-溴丙烷，溴甲基环戊烷。

（4）进行 S$_N$1 反应速率：

（ i ）3-甲基-1-溴丁烷，2-甲基-2-溴丁烷，3-甲基-2-溴丁烷。

（ ii ）苄基溴，α-苯基乙基溴，β-苯基乙基溴。

（ iii ）$\bigcirc\!\!-\!CH_2Cl$ ，　　$\bigcirc\!\!-\!CH_3$ ，　　$\bigcirc\!\!-\!CH_3$ 。

答　（1）水解速率：

$$\underset{Cl}{\overset{}{\bigcirc\!\!-\!CHCH_3}} \ > \ \bigcirc\!\!-\!CH_2CH_2Cl \ > \ Cl\!-\!\bigcirc\!\!-\!CH_2CH_3$$

（2）与 AgNO$_3$-乙醇溶液反应的难易程度：

$$\underset{Br}{\overset{CH_3}{\square\!-\!C\!-\!CH_3}} > CH_3\underset{Br}{CH}CH_3 > CH_3CH_2CH_2Br > CHBr\!=\!CHCH_3$$

（3）进行 S$_N$2 反应速率：

（ i ）1-溴丁烷 ＞3-甲基-1-溴丁烷 ＞2-甲基-1-溴丁烷 ＞2,2-二甲基-1-溴丁烷。

（ ii ）溴甲基环戊烷 ＞1-环戊基-1-溴丙烷 ＞2-环戊基-2-溴丁烷。

（4）进行 S$_N$1 反应速率：

（ i ）2-甲基-2-溴丁烷 ＞3-甲基-2-溴丁烷 ＞3-甲基-1-溴丁烷。

（ ii ）α-苄基乙基溴 ＞ 苄基溴 ＞β-苄基乙基溴。

（ iii ）$\bigcirc\!\!-\!CH_2Cl$ ＞ $\bigcirc\!\!-\!CH_3$ ＞ $\bigcirc\!\!-\!CH_3$

【例 9-4】　用化学方法区别下列化合物。

（1）$CH_2\!=\!CHCl$，$CH_3C\!\equiv\!CH$，$CH_3CH_2CH_2Br$

（2）$CH_3\underset{CH_3}{CH}CH\!=\!CHCl$，$CH_3\underset{CH_3}{C}\!=\!CHCH_2Cl$，$CH_3\underset{Cl}{CH}CH_2CH_3$

（3）（A）$\bigcirc\!\!-\!Cl$　　（B）$\bigcirc\!\!-\!CH_2Cl$　　（C）$\bigcirc\!\!-\!Cl$

答

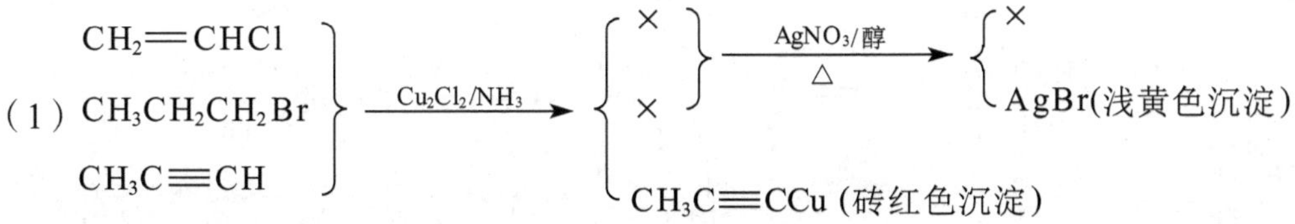
(1)
CH2═CHCl
CH3CH2CH2Br
CH3C≡CH
Cu2Cl2/NH3
×
×
AgNO3/醇
△
×
AgBr(浅黄色沉淀)
CH3C≡CCu (砖红色沉淀)

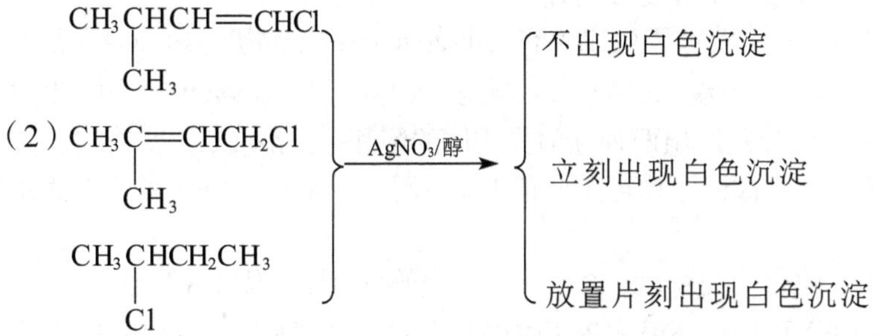
(2)
CH3CHCH═CHCl
CH3
CH3C═CHCH2Cl
CH3
CH3CHCH2CH3
Cl
AgNO3/醇
不出现白色沉淀
立刻出现白色沉淀
放置片刻出现白色沉淀

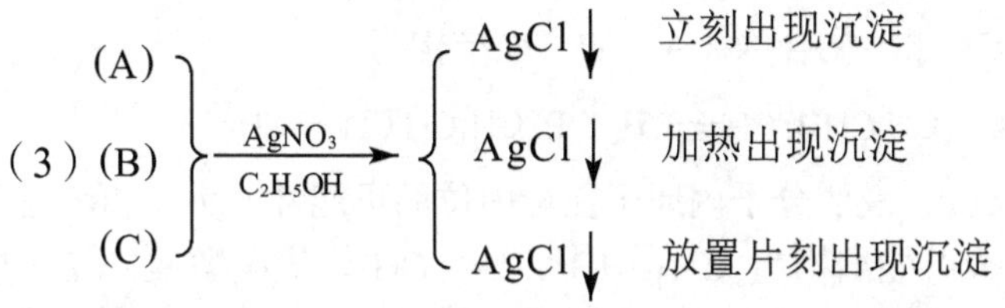
(3)
(A)
(B)
(C)
AgNO3
C2H5OH
AgCl↓
立刻出现沉淀
AgCl↓
加热出现沉淀
AgCl↓
放置片刻出现沉淀

【例 9-5】 1-溴-1,2-二苯基丙烷的两种异构体在碱醇体系中发生 E2 消除，得到两种不同的产物，试解释原因。

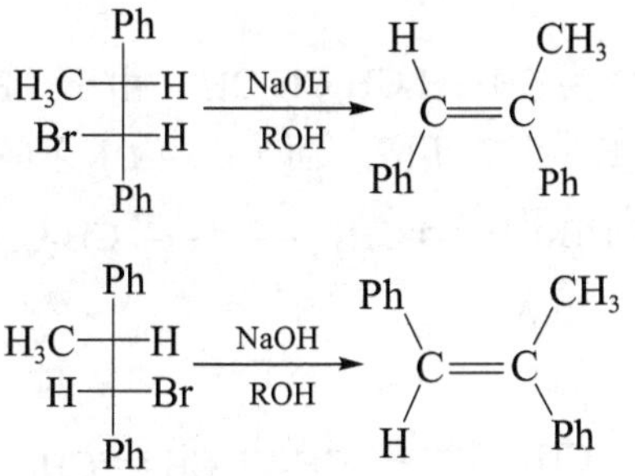
Ph
H3C
H
Br
H
Ph
NaOH
ROH
H
CH3
C═C
Ph
Ph
Ph
H3C
H
H
Br
Ph
NaOH
ROH
Ph
CH3
C═C
H
Ph

分析：考查卤代烃发生 E2 消除的反应机理及其应用。

答 E2 消除的立体化学是反式共平面，因此先将费歇尔投影式转换成锯架式，同时将要消除的两个基团调整至反式共平面位置，碱夺取 β-H 的同时，Br 带一负电荷离去。机理如下：

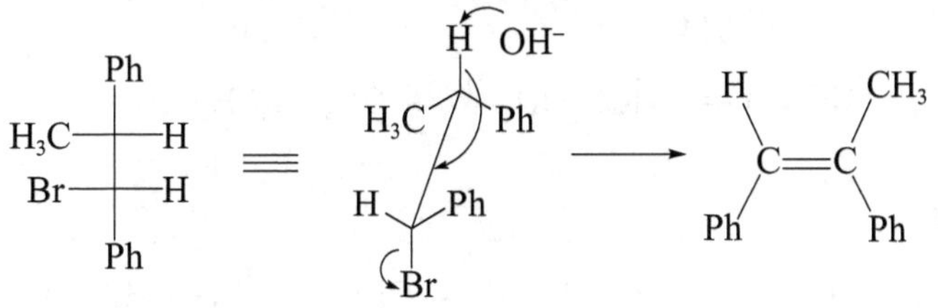
Ph
H3C
H
Br
H
Ph
H
OH⁻
H3C
Ph
H
Ph
Br
H
CH3
C═C
Ph
Ph

前者只能生成顺式烯烃，后者只能生成反式烯烃。

【例 9-6】 某化合物（A）与溴作用生成含有三个卤原子的化合物（B）。（A）能使稀、冷 $KMnO_4$ 溶液褪色，生成含有一个溴原子的 1,2-二醇。（A）很容易与 NaOH 作用，生成（C）和（D），（C）和（D）氢化后分别给出两种互为异构体的饱和一元醇（E）和（F）。（E）比（F）更容易脱水。这些脱水产物被还原均可生成正丁烷。写出（A）～（F）的构造式及各步反应式。

答 由题意可以看出，化合物（A）为含有一个溴原子的烯烃。从（A）至（F）的转化结果，以及最后（E）和（F）可以被还原成正丁烷这些事实，可以看出（A）～（F）皆为含四个碳原子的化合物。因此，可以推测出化合物（A）的可能结构为

$$CH_3CH=CHCH_2Br、CH_3CHBrCH=CH_2、BrCH_2CH_2CH=CH_2$$

因为（A）与 NaOH 易发生反应，说明分子内原子在烯丙位的可能性较大。再考虑到产物为（C）和（D），所以（A）的最可能结构为 $CH_3CHBrCH=CH_2$。依次类推，（B）应为 $CH_3CHBrCHBrCH_2Br$，（C）应为 $CH_3\overset{OH}{\underset{|}{C}HCH=CH_2}$，（D）应为 $CH_3CH=CHCH_2OH$，（E）应为 $CH_3\overset{OH}{\underset{|}{C}HCH_2CH_3}$，（F）应为 $CH_3CH_2CH_2CH_2OH$。由于（E）比（F）易脱水，且脱水产物为顺反异构体，因此断定（E）为 2-丁醇，而（F）为 1-丁醇。各步反应式为

$$\underset{(A)}{CH_3CHBrCH=CH_2} \xrightarrow{Br_2} \underset{(B)}{CH_3CHBrCHBrCH_2Br}$$

$$\underset{(A)}{CH_3CHBrCH=CH_2} \xrightarrow{NaOH} \underset{(C)}{CH_3\overset{OH}{\underset{|}{C}HCH=CH_2}} + \underset{(D)}{CH_3CH=CHCH_2OH}$$

$$\underset{(C)}{CH_3\overset{OH}{\underset{|}{C}HCH=CH_2}} \xrightarrow{H_2} \underset{(E)}{CH_3\overset{OH}{\underset{|}{C}HCH_2CH_3}}$$

$$\underset{(D)}{CH_3CH=CHCH_2OH} \xrightarrow{H_2} \underset{(F)}{CH_3CH_2CH_2CH_2OH}$$

$$\underset{(E)}{CH_3\overset{OH}{\underset{|}{C}HCH_2CH_3}} \xrightarrow{-H_2O} CH_3CH=CHCH_3 \xrightarrow{H_2} CH_3CH_2CH_2CH_3$$

$$CH_3CH_2CH_2CH_2OH \xrightarrow{-H_2O} \begin{matrix} CH_3CH_2CH=CH_2 \\ \text{或} \\ CH_3CH=CHCH_3 \end{matrix} \xrightarrow{H_2} CH_3CH_2CH_2CH_3$$

（F）

【例 9-7】 卤代烃 A 分子式为 $C_6H_{13}Br$，经 KOH-C_2H_5OH 处理后，将得到的主要烯烃用臭氧氧化及还原水解后得到 CH_3CHO 和（CH_3)$_2$CHCHO。试推测卤代烃 A 的结构。

答 由烯烃被臭氧氧化及还原水解后得到 CH_3CHO 和（CH_3)$_2$ CHCHO，可推知此烯烃的结构为 $CH_3CH=CHCHCH_3$。由于卤代烃为饱和卤代烃，卤代烃 A（$C_6H_{13}Br$）经

 CH_3

KOH-C_2H_5OH 处理后得到的烯烃，所以 A 的结构可能为

$$\underset{\underset{CH_3}{|}}{CH_3CHBrCH_2CHCH_3} \qquad \text{或} \qquad \underset{\underset{CH_3}{|}}{CH_3CH_2CHBrCHCH_3}$$

（i） （ii）

但是根据札依采夫规则化合物（ii）经 KOH-C_2H_5OH 处理后得到的主要产物为 $CH_3CH_2CH=CCH_3$ 而不是 $CH_3CH=CHCHCH_3$，所以排除此可能，因此 A 的结构只能是（i）。

 CH_3 CH_3

卤代烃 A 的结构为 $CH_3CHBrCH_2CHCH_3$。

 CH_3

【例 9-8】 由指定的原料（其他有机或无机试剂可任选），合成以下化合物：

（1）由丙烯开始合成 2,3-二溴 1-丙醇 （2）由苯开始合成苄基乙基醚

答 （1）$H_3C-CH=CH_2 \xrightarrow{Cl_2, \text{光照}} ClCH_2-CH=CH_2 \xrightarrow{NaOH} HOCH_2-CH=CH_2$

$$HOCH_2-CH=CH_2 \xrightarrow{Br_2} BrH_2C-\underset{\underset{Br}{|}}{CH}-CH_2OH$$

（2）

Ⅲ. 部分习题与解答

1. 命名下列化合物。

（1）$CH_2ClCH_2CH_2CH_2Cl$ （2）$H_2C=\underset{\underset{CH_3}{|}}{C}-\underset{\underset{Cl}{|}}{C}HCH=CHCH_2Br$ （3）

（4）$CH_3CHBrCH-\underset{\underset{CH_3}{|}}{CHCH_3}$

 $\overset{|}{CH_2CH_3}$

（5）$F_2C=CF_2$ （6）

答 （1）1,4-二氯丁烷 （2）2-甲基-3-氯-6-溴-1,4-己二烯 （3）2-氯-3-己烯

（4）2-甲基-3-乙基-4-溴戊烷　　　（5）四氟乙烯　　　（6）4-甲基-1-溴环己烯

4. 完成下列反应。

（1）$CH_3CH=CH_2 + HBr \longrightarrow$? $\xrightarrow{NaCN}$?

（2）$CH_3CH=CH_2 + HBr \xrightarrow{ROOR}$? $\xrightarrow{H_2O(KOH)}$?

（3）$CH_3CH=CH_2 + Cl_2 \xrightarrow{500℃}$? $\xrightarrow{Cl_2+H_2O}$?

（4） ⬡ $+ Cl_2 \longrightarrow$? $\xrightarrow[醇]{2KOH}$?

（5） ⬠ $\xrightarrow{NBS}$? $\xrightarrow[CH_3COCH_3]{KI}$?

（6）$CH_3CH-CHCH_3 \xrightarrow{PCl_5}$? $\xrightarrow{NH_3}$? （CH_3 / OH）

（7）$CH_3CHCH_3 \xrightarrow{PBr_3}$? $\xrightarrow{AgNO_3/C_2H_5OH}$? （OH）

（8）$C_2H_5MgBr + CH_3CH_2CH_2CH_2C\equiv CH \longrightarrow$?

（9）$ClCH=CHCH_2Cl + CH_3COONa \xrightarrow{CH_3COOH}$?

（10）$CH\equiv CH + 2Cl_2 \longrightarrow$? $\xrightarrow[1mol]{KOH(C_2H_5OH)}$?

（11） Ph-CH_2Cl +
$\xrightarrow{NaCN}$?
$\xrightarrow{NH_3}$?
$\xrightarrow{C_2H_5ONa}$?
$\xrightarrow{NaI/CH_3COCH_3}$?
$\xrightarrow{H_2O,OH^-}$?

答　（1）$CH_3CH=CH_2 + HBr \longrightarrow CH_3CHCH_3 \xrightarrow{NaCN} CH_3CHCH_3$ （Br）（CN）

（2）$CH_3CH=CH_2 + HBr \xrightarrow{ROOR} CH_3CH_2CH_2Br \xrightarrow{H_2O(KOH)} CH_3CH_2CH_2OH$

（3）$CH_3CH=CH_2 + Cl_2 \xrightarrow{500℃} ClCH_2CH=CH_2 \xrightarrow{Cl_2+H_2O} ClCH_2CHCH_2Cl$ （OH）

（4） ⬡ $+ Cl_2 \longrightarrow$ （Cl,Cl环己烷） $\xrightarrow[醇]{2KOH}$ ⬡

（5） ⬠ $\xrightarrow{NBS}$ ⬠Br $\xrightarrow[CH_3COCH_3]{KI}$ ⬠I

（6）
$$CH_3CH-CHCH_3 \xrightarrow{PCl_5} CH_3CH-CHCH_3 \xrightarrow{NH_3} CH_3CH-CHCH_3$$

（式中）OH（在第一个结构下方 CH₃），Cl（在第二个结构下方 CH₃），NH₂ 及 CH₃

（7）
$$CH_3CHCH_3 \xrightarrow{PBr_3} CH_3CHCH_3 \xrightarrow{AgNO_3/C_2H_5OH} CH_3CHCH_3$$
（OH → Br → ONO₂）

（8）$C_2H_5MgBr + CH_3CH_2CH_2CH_2C \equiv CH \longrightarrow CH_3CH_3 + CH_3CH_2CH_2CH_2C \equiv CMgBr$

（9）$ClCH = CHCH_2Cl + CH_3COONa \xrightarrow{CH_3COOH} ClCH = CHCH_2OOCCH_3 + NaCl$

（10）$CH \equiv CH + 2Cl_2 \longrightarrow Cl_2CHCHCl_2 \xrightarrow[\text{lmol}]{KOH(C_2H_5OH)}$

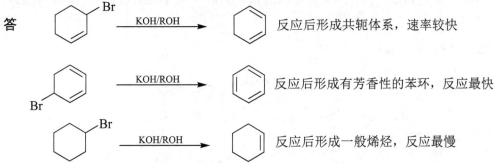

6. 写出下列化合物在浓 KOH 醇溶液中脱卤化氢的反应式，并比较反应速率的快慢。

　　3-溴环己烯, 5-溴-1, 3-环己二烯, 溴代环己烷。

答

（第一行）$\xrightarrow{KOH/ROH}$ 　反应后形成共轭体系，速率较快

（第二行）$\xrightarrow{KOH/ROH}$ 　反应后形成有芳香性的苯环，反应最快

（第三行）$\xrightarrow{KOH/ROH}$ 　反应后形成一般烯烃，反应最慢

7. 卤代烷与氢氧化钠在水与乙醇混合物中进行反应,试判断下列反应情况中哪些属于 S_N2 机理，哪些属于 S_N1 机理?

　　（1）一级卤代烷速率大于三级卤代烷。

　　（2）碱的浓度增加，反应速率无明显变化。

　　（3）两步反应，第一步是决定步骤。

　　（4）增加溶剂的含水量，反应速率明显加快。

　　（5）产物的构型 80%消旋，20%转化。

　　（6）进攻试剂亲核性越强，反应速率越快。

（7）有重排现象。

（8）增加溶剂含醇量，反应速率加快。

答　（1）S_N2　　　　（2）S_N1　　　（3）S_N1　　　（4）S_N1

（5）S_N1 为主　　　　（6）S_N2　　　（7）S_N1　　　（8）S_N2

9. 写出下列亲核取代反应产物的构型式，反应产物有无旋光性？并标明 R 或 S 构型，它们是 S_N1 还是 S_N2 反应？

（1）

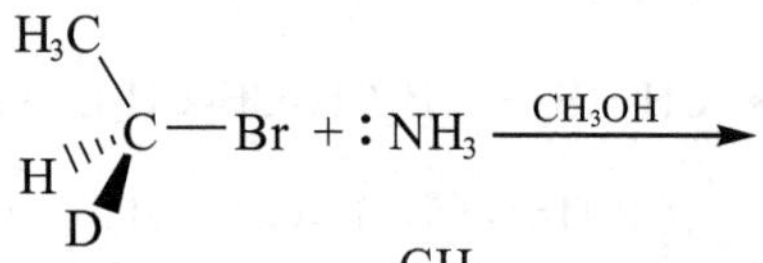

（2）

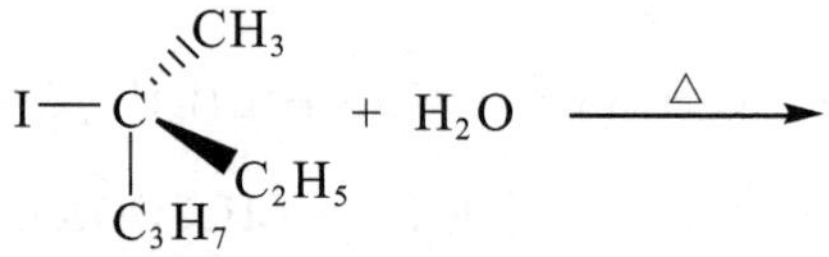

答　（1） 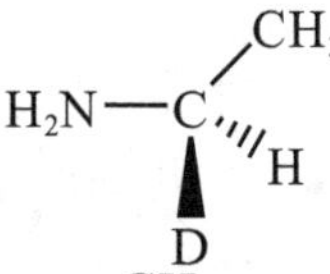
，R 构型，有旋光性，S_N2 反应。

（2） 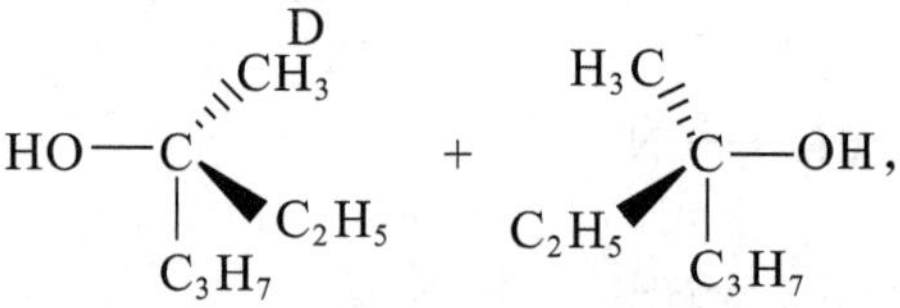
，无旋光性，S_N1 反应。

10. 氯甲烷在 S_N2 水解反应中加入少量 NaI 或 KI 时反应会加快很多，为什么？

答　因为 I^- 无论作为亲核试剂还是作为离去基团都表现出很高的活性，CH_3Cl 在 S_N2 水解反应中加入少量 I^-，作为强亲核试剂，I^- 很快就会取代 Cl^-，而后 I^- 又作为离去基团，很快被 OH^- 所取代，所以加入少量 NaI 或 KI 时反应会加快很多。

12. 由指定的原料（其他有机或无机试剂可任选），合成以下化合物。

（1）由丙烯开始合成：

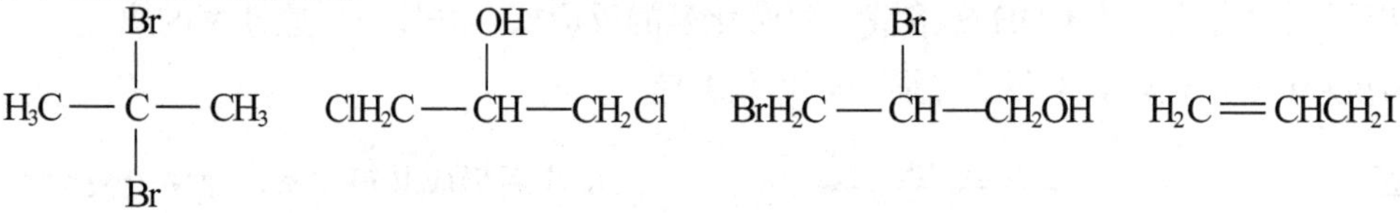

（2）由苯开始合成：

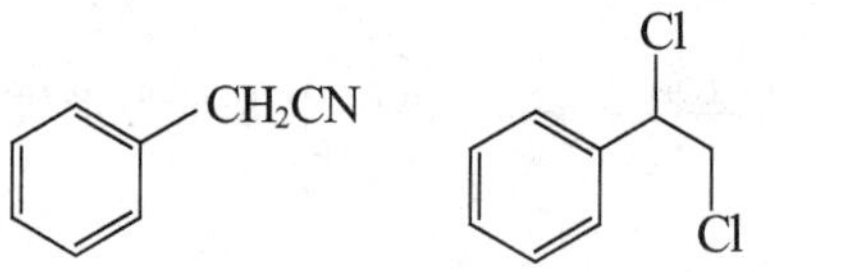

（3）由环己醇开始合成：

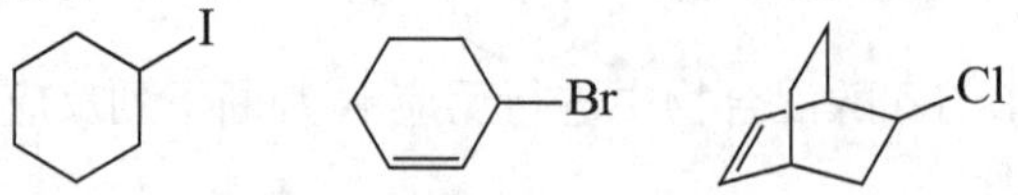

（4）由溴代正丁烷制备：1-丁醇和 2-丁醇

答　（1）

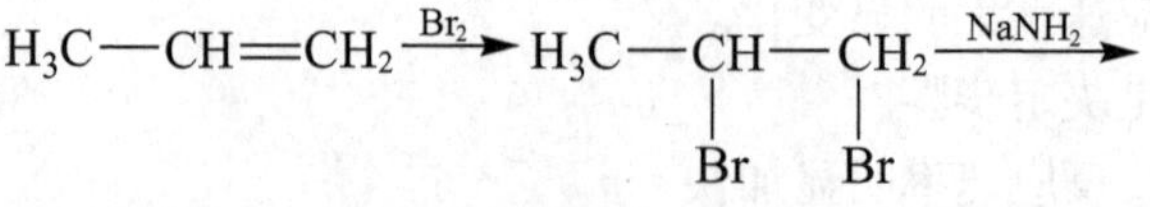

$$H_3C-C\equiv CH \xrightarrow{2HBr} H_3C-\overset{\overset{\displaystyle Br}{|}}{\underset{\underset{\displaystyle Br}{|}}{C}}-CH_3$$

$$H_3C-CH=CH_2 \xrightarrow{Cl_2,\text{光照}} ClCH_2-CH=CH_2 \xrightarrow[\text{或}Cl_2/H_2O]{HOCl} ClH_2C-\overset{\overset{\displaystyle OH}{|}}{CH}-CH_2Cl$$

$$H_3C-CH=CH_2 \xrightarrow{Cl_2,\text{光照}} ClCH_2-CH=CH_2 \xrightarrow{NaOH} HOCH_2-CH=CH_2 \xrightarrow{Br_2}$$

$$BrH_2C-\overset{\overset{\displaystyle Br}{|}}{CH}-CH_2OH$$

$$H_3C-CH=CH_2 \xrightarrow{Cl_2,\text{光照}} ClCH_2-CH=CH_2 \xrightarrow{NaI} H_2C=CHCH_2I$$

（2）

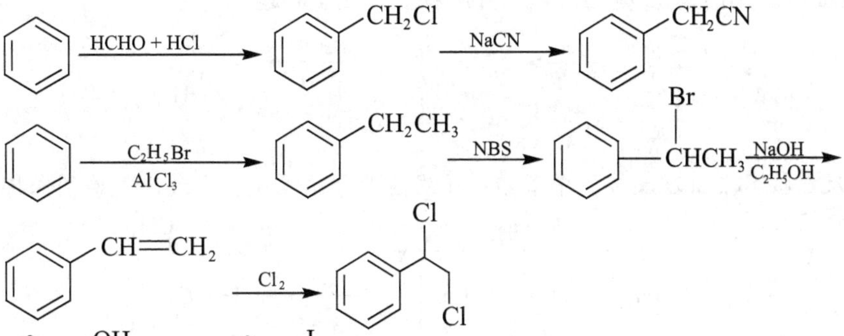

（3）

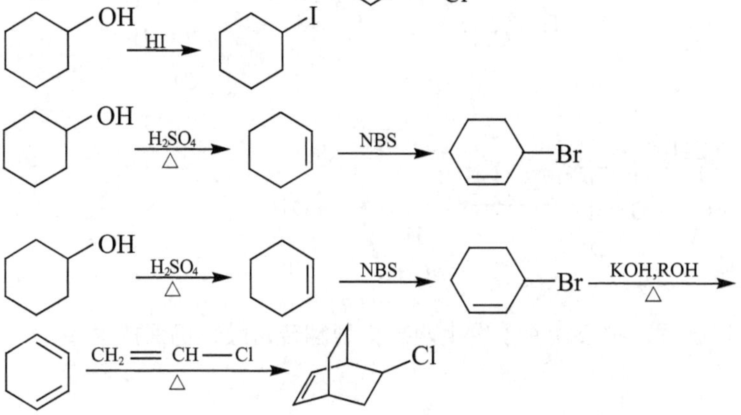

（4）

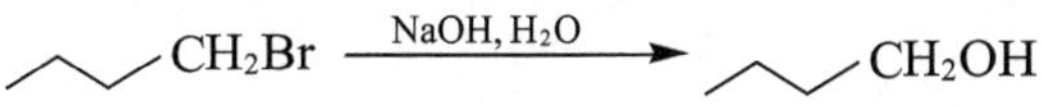

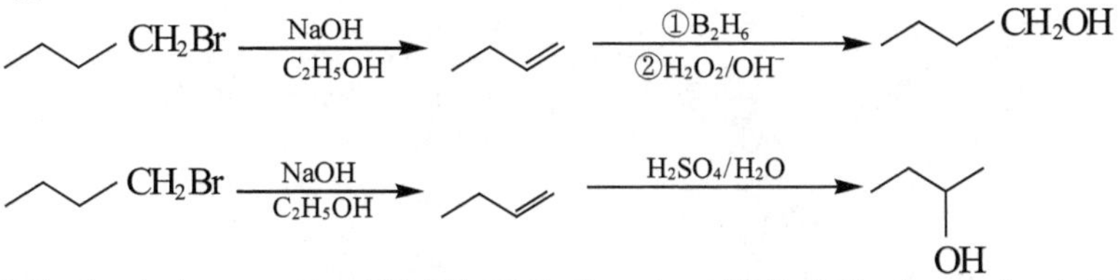

19. 化合物（A）与 Br_2-CCl_4 溶液作用生成一个三溴化合物（B），（A）很容易与 NaOH 水溶液作用，生成两种同分异构的醇（C）和（D），（A）与 KOH-C_2H_5OH 溶液作用，生成一

种共轭二烯烃（E）。将（E）臭氧化、锌粉水解后生成乙二醛（OHC-CHO）和 4-氧代戊醛（OHCCH₂CH₂COCH₃）。试推导（A）～（E）的构造。

分析：本题的突破点在于由（E）水解后生成乙二醛和 4-氧化戊醛可推知（E）的结构式，从而反推出（A）的构造式。

答

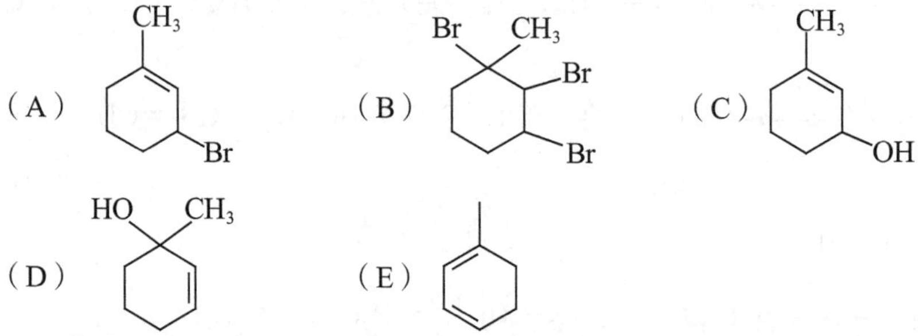

（A）　　　　　　（B）　　　　　　（C）

（D）　　　　　　（E）

21. 用立体表达式写出下列反应的机理，并解释立体化学问题。

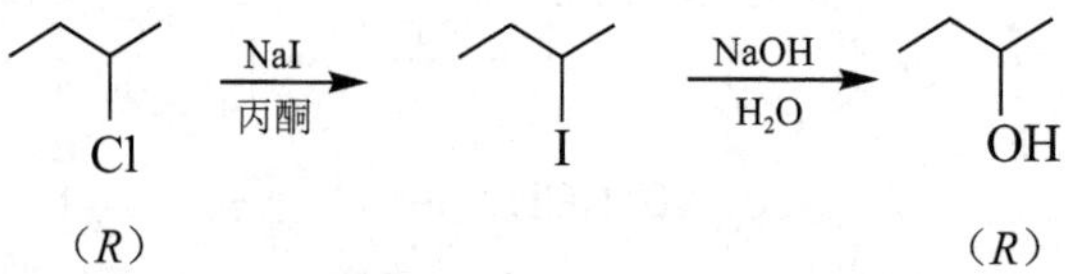

分析：反应按 S$_N$2 机理反应，中心碳原子发生两个构型反转，最终是构型保持。

答

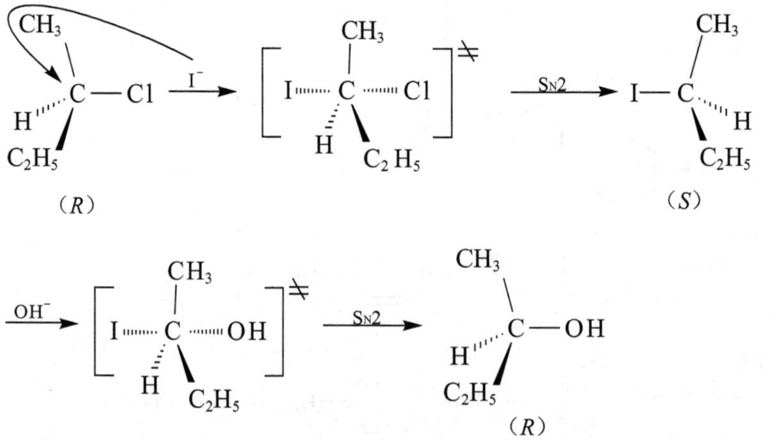

两步反应均按 S$_N$2 机理进行，中心碳原子发生两次构型翻转，最终仍保持 *R*-型。

第十章 醇、酚、醚

Ⅰ.知识要点

一、醇

1. 醇的定义

羟基与饱和碳原子直接相连者称为醇。醇含有羟基，可形成分子间氢键，因此熔点和沸点较高；也可与水形成氢键，在水中溶解度比相同碳数的烷烃大得多。

2. 醇的命名

醇的命名应选择含有羟基的最长碳链为主链，且编号从靠近羟基的一端开始，将取代基的位次、名称以及羟基的位次写在醇名称的前面。

不饱和醇：选择含不饱和键并连有羟基的最长碳链作为主链，编号从离羟基最近的一端开始。例如：

$$\underset{\text{CH}_3}{\overset{\overset{\displaystyle \text{CH}_3}{|}}{\text{CH}_3\text{CHCH}}\!\!=\!\!\text{CHCH}_2\text{CH}_2\text{OH}}$$

5-甲基-3-己烯-1-醇

3. 醇的结构

醇的官能团是羟基（—OH），醇可看成是水分子中的一个氢原子被烃基取代，也可看成是烃分子中的氢原子被羟基取代而成的化合物。醇羟基中的氢氧键可断裂而使醇具有一定的酸性，同时氧原子含有孤对电子而使醇具有一定的碱性和亲核性，另外氧的吸电子作用使与氧原子直接相连的碳原子带部分正电荷而使α-C—H 键也有一定的活性。

4. 醇的物理性质

低级醇的沸点比与它相对分子质量相近的烷烃要高得多，这是因为低级醇分子间能形成氢键。直链饱和一元醇的沸点变化情况与烷烃相似，也是随着碳原子数的增加而有规律地上升；对于碳原子数相同的醇，含支链越多的沸点越低。

5. 醇的化学性质

1）主要反应

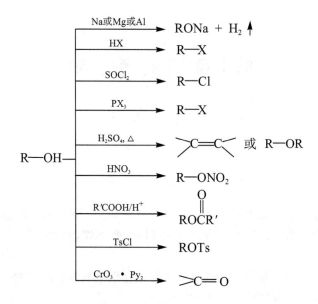

2）重排

醇与卤化氢的取代或酸性条件下脱水，都会产生碳正离子中间体，这时可能会发生重排生成更稳定的碳正离子。当伯醇或仲醇的 β-碳原子上具有两个或三个烷基或芳基时，在酸作用下都能发生分子重排反应，这个重排反应称为瓦格涅尔-麦尔外因（Wagner-Meerwein）重排，是碳正离子的重排反应。

二、酚

1. 酚的定义

羟基与芳环的碳原子直接相连者称为酚。酚和醇一样都含有羟基，可形成分子间氢键，因此熔点和沸点较高；也可与水形成氢键，在水中溶解度比相同碳数的烷烃大得多。

2. 酚的命名

（1）一般是在酚字前面加上芳环的名称作为母体，再加上其他取代基的名称和位次。例如：

　　对甲苯酚　　　　　2,4,6-三硝基苯酚　　　　　5-氯-1萘酚

（2）但是当芳环上某些取代基的次序优先于酚羟基时，则按照取代基的排列次序的先后选择母体。例如：

邻羟基苯甲酸　　　　　　　　　对羟基苯磺酸

3. 酚的分子结构

　　酚是苯环直接与羟基相连的化合物，苯环的共轭作用，使酚羟基显示出比醇羟基更强的酸性，同时羟基的给电子效应使得苯环更易发生亲电取代反应。

4. 酚的化学性质

三、醚

1. 醚的命名

醚结构中与氧相连的两个烃基相同的称为简单醚，两个烃基不同的称为混合醚。

对于简单醚的命名是在烃基名称后面加"醚"字；混合醚命名时，两个烃基的名称都要写出来，较小的放于较大烃基前面，芳香烃基放在脂肪烃基前面。例如：

$$CH_3CH_2OCH_2CH_3$$

（二）乙醚

（二）苯醚

对于结构复杂的醚，一般以烃基作为母体，而将小的烃氧基（RO—）作为取代基。例如：

$$\underset{\underset{OCH_3\ CH_3}{|\quad\quad|}}{CH_3CHCH_2CHCH_3}$$

2-甲基-4-甲氧基戊烷

环状醚一般称为环氧某烃，或者按杂环化合物命名。例如：

$$\underset{O}{CH_3CH—CH_2}$$

环氧丙烷　　四氢呋喃

2. 醚的分子结构

醚可以看成水分子中两个氢原子都被烃基取代的化合物。

3. 醚的化学性质

由于醚分子中的氧原子与两个烃基结合，分子的极性很小。醚是一类很不活泼的化合物（环氧乙烷除外）。它对氧化剂、还原剂和碱都极稳定。例如，常温下与金属钠不反应，所以常用金属钠干燥醚。但是在一定条件下，醚可发生特有的反应。

1）生成锌盐

因醚键上的氧原子有未共用电子对，能接受强酸中的质子，以配位键的形式结合生成盐。

$$R—O—R + HCl \longrightarrow \underset{\underset{H}{|}}{[R—O—R]^+Cl^-}$$

2）醚键的断裂

在较高的温度下，强酸能使醚键断裂，最有效的是氢卤酸，又以氢碘酸为最好，在常温下可以使醚键断裂，生成一分子醇和一分子碘代烃。若有过量的氢碘酸，则生成的醇进一步转变成另一分子的碘代烃。

$$R—O—R + HI \longrightarrow RI + ROH$$

$$ROH + HI \longrightarrow RI + H_2O$$

醚键的断裂有两种方式，通常是含碳原子数较少的烷基形成碘代物。若是酚醚与氢碘酸作用，总是烷氧基断裂，生成酚和碘代烷。

$$CH_3CH_2—O—CH_3 + HI \longrightarrow \underset{\underset{H}{|}}{CH_3CH_2—\overset{+}{O}—CH_3 \cdot I^-}$$

$$\longrightarrow CH_3CH_2OH + CH_3I$$

$$(CH_3)_3\overset{+}{\underset{H}{O}}-CH_3 \longrightarrow (CH_3)_3C^+ + CH_3OH$$

$$(CH_3)_3C^+ \xrightarrow{\ I^-\ } (CH_3)_3C-I$$

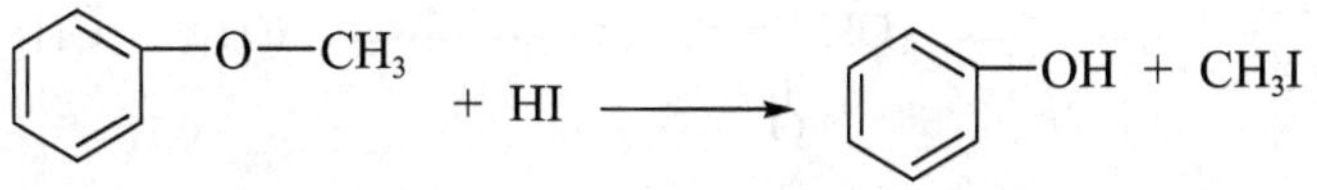

环醚与氢卤酸作用，醚键断裂生成双官能团化合物。例如：

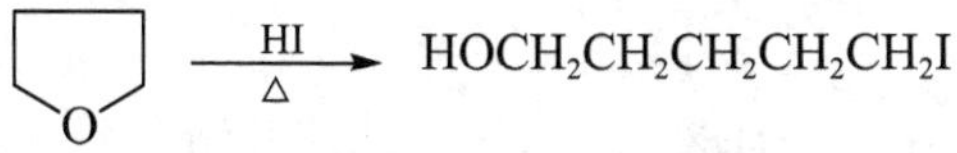

$$\boxed{} \xrightarrow[\triangle]{HI} HOCH_2CH_2CH_2CH_2CH_2I$$

3）生成过氧化物

醚类化合物虽然对氧化剂很稳定，但许多烷基醚在和空气长时间接触下，会缓慢地被氧化生成过氧化物，氧化通常在 α-碳氢键上进行。

$$CH_3CH_2-O-CH_2CH_3 + O_2 \longrightarrow CH_3CH_2-O-\underset{\underset{O-OH}{|}}{CH}-CH_3$$

过氧化物不稳定，受热时容易分解而发生猛烈爆炸，因此在蒸馏或使用前必须检验醚中是否含有过氧化物。常用的检验方法是用碘化钾的淀粉溶液，或硫酸亚铁与硫氰化钾溶液，若前者呈深蓝色，或后者呈红色，则表示过氧化物存在。

4. 环氧化合物的化学性质

1）酸催化的开环反应

1,2-环氧环戊烷在酸性条件下很容易开环，首先氧原子质子化，生成锌盐，然后水或醇分子从反面进攻质子化的 1,2-环氧环戊烷，水解得到反式邻二醇，醇解得到反式邻羟基醚。其反应机理如下：

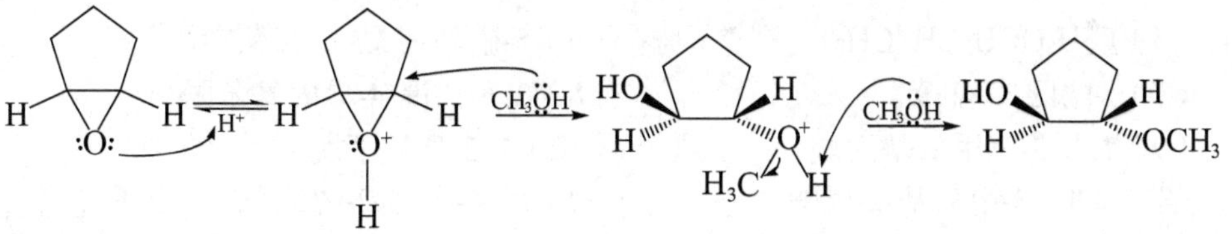

结构不对称的环氧化合物在酸性溶液中，亲核试剂进攻能生成稳定碳正离子的碳原子(烃基取代较多的碳原子)。例如：

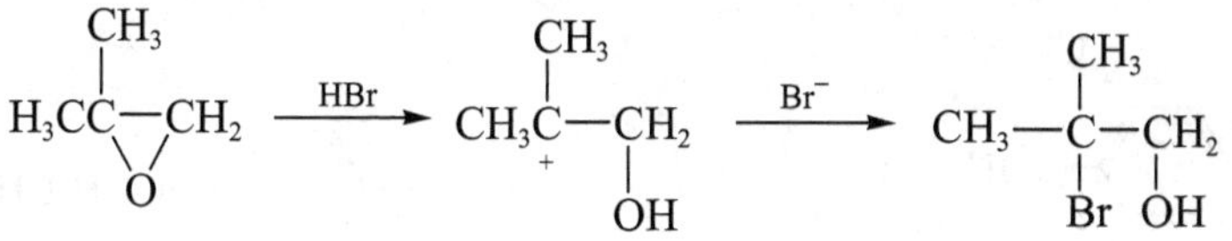

2）碱催化的开环反应

1,2-环氧环戊烷碱催化水解反应的机理如下：

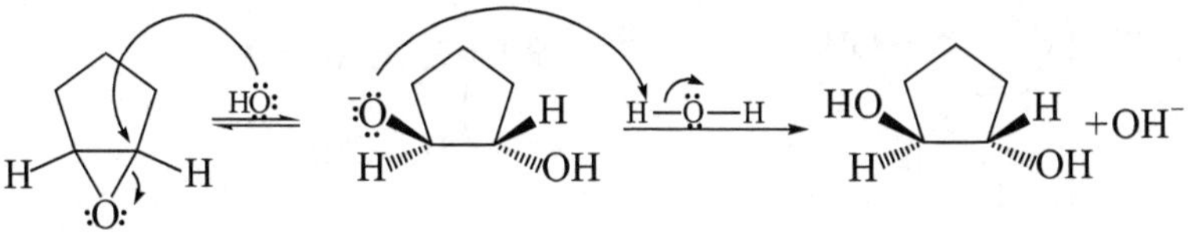

1,2-环氧环戊烷　　　　　　　　　　　　　　反式-1,2-环戊二醇

结构不对称的环氧化合物在碱性溶液中开环,亲核试剂进攻阻较小即取代较少的碳原子。例如:

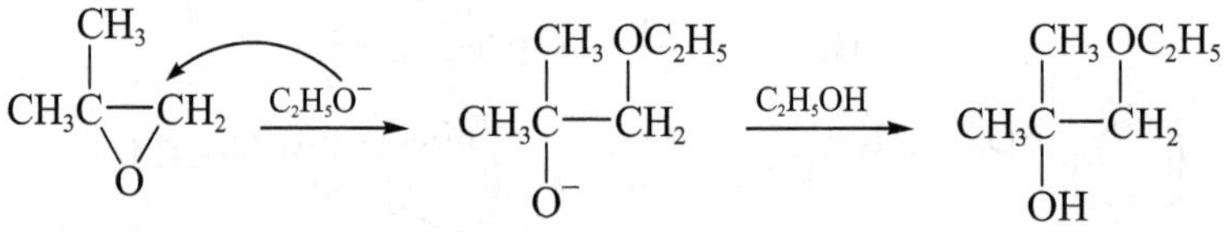

3）环氧化合物与格氏试剂和有机锂试剂的反应

该反应的反应通式为

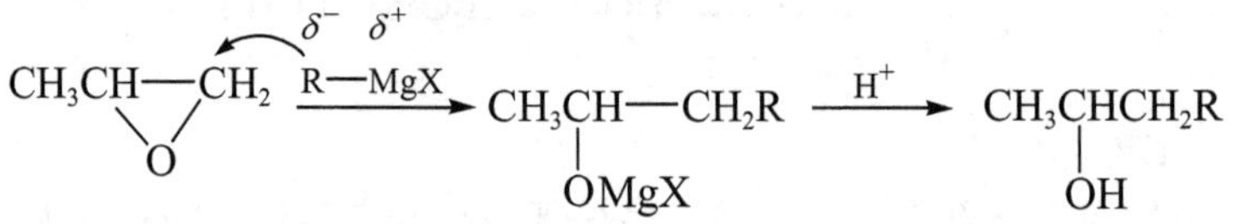

亲核试剂优先进攻位阻较小的环氧碳原子。

Ⅱ. 例 题 解 析

【例 10-1】　命名下列各化合物或写出结构式。

（1）

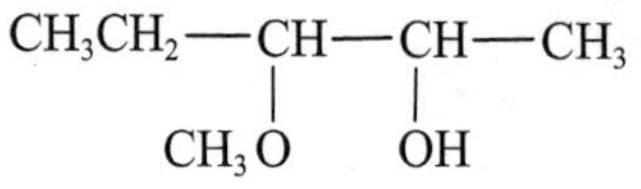

（2）

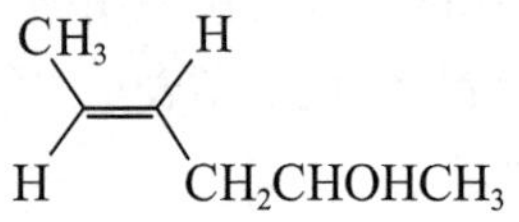

（3）

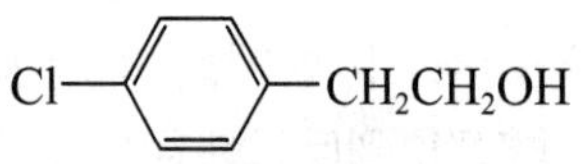

（4）

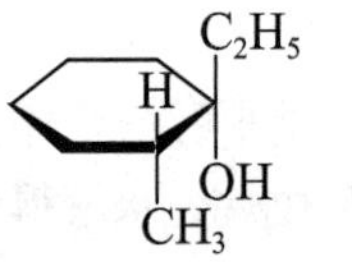

（5）$C_2H_5OCH_2CH(CH_3)_2$

（6）5-硝基-3-氯-1,2-苯二酚

（7）对溴乙氧基苯

（8）2,6-二溴-4-异丙基苯酚

（9）1,2,3-三甲氧基丙烷

（10）1,2-环氧丁烷

答　（1）3-甲氧基-2-戊醇

（2）反-4-己烯-2-醇或（E）-4-己烯-2-醇

（3）2-对氯苯基乙醇

（4）（$1S,2R$）-2-甲基-1-乙基环己醇

（5）2-甲基-1-乙氧基丙烷或乙基异丁基醚

（6）

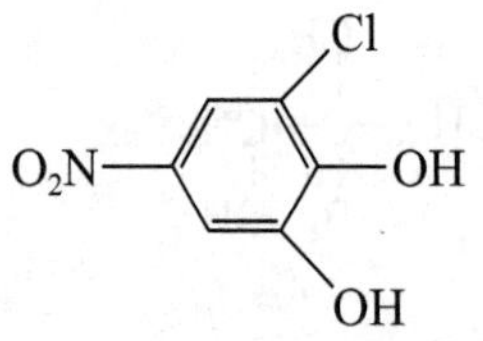

（7）

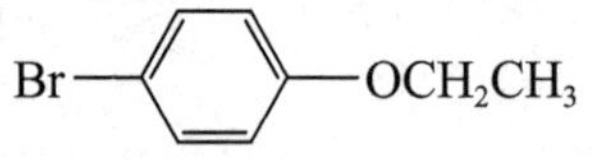

（8）

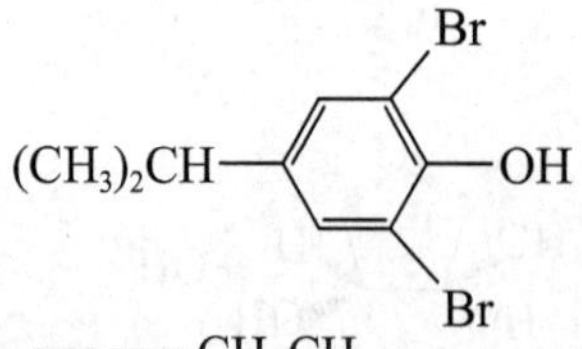

（9）

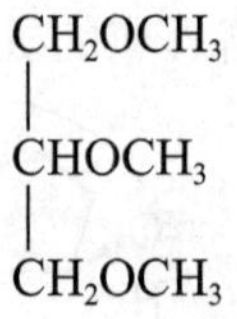

（10）

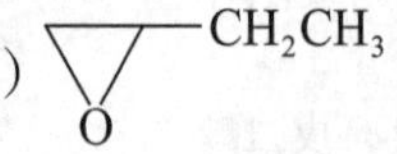

【例 10-2】 回答下列问题。

（1）预测下列化合物与卢卡斯试剂反应速率的快慢：正丙醇，2-甲基-2-戊醇，二乙基甲醇。

（2）比较下列各组醇和 HBr 反应的相对速率：

（i）苄醇、对甲基苄醇和对硝基苄醇。

（ii）苄醇、α-苯基乙醇和 β-苯基乙醇。

答 （1）与卢卡斯试剂反应速率顺序为叔醇＞仲醇＞伯醇，所以，2-甲基-2-戊醇＞二乙基甲醇＞正丙醇。

（2）与 HBr 反应的相对速率：对甲基苄醇＞苄醇＞对硝基苄醇；α-苯基乙醇＞苄醇＞β-苯基乙醇。

【例 10-3】 比较下列化合物的酸性强弱。

分析：酚羟基具有酸性，当苯环上连有吸电子基团时，酸性增强，吸电子基团越多，酸性越强。给电子基团，使酸性减弱，给电子能力越强，酸性越弱。硝基是强的吸电子基团，甲基是弱给电子基团，甲氧基是强给电子基团。

答 酸性由大到小的顺序是（3）＞（4）＞（6）＞（2）＞（1）＞（5）。

【例 10-4】 比较下列化合物的沸点，其中最高的是（ ）

（A）CH₃CH₂OH （B）CH₃OH （C） （D）

分析：首先化合物的沸点高低与相对分子质量有关，相对分子质量大的沸点高。所以（C）与（D）的沸点明显高于（A）和（B）。其次相同相对分子质量的异构体，能形成分子间氢键的比能形成分子内氢键的沸点高。由于（C）能形成分子内氢键而（D）能形成分子间氢键，因此（D）的沸点高于（C）。

答 （D）。

【例 10-5】 完成下列反应。

（3）$\underset{}{\bigcirc}$=CH$_2$ $\xrightarrow[\text{② H}_2\text{O}_2\text{/OH}^-]{\text{① B}_2\text{H}_6\text{/THF}}$ （　　　　　） $\xrightarrow{\text{CrO}_3\text{/吡啶}}$ （　　　　　）

（4）CH$_3$CH=CHCH$_3$ $\xrightarrow{\text{KMnO}_4\text{/OH}^-}$ （　　　　） $\xrightarrow{\text{HIO}_4}$ （　　　　）

（5）$\underset{\text{HO}}{\bigcirc}\overset{\text{H}_3\text{C}\quad\text{CH}_3}{\underset{\text{CH}_3}{}}$ $\xrightarrow[\text{分子内脱水}]{\text{H}_2\text{SO}_4\text{/}\triangle}$ （　　　　）

分析：本题考查醇和酚的化学性质，特别注意醇的重排反应。

答　（1）$\bigcirc$—OH $\xrightarrow{\text{NaOH}}$ （$\bigcirc$—ONa） $\xrightarrow{\text{CH}_3\text{I}}$ （$\bigcirc$—OCH$_3$）

（2）HCH$_3$C=CH$_2$ + HBr $\xrightarrow{\text{ROOR}}$ （CH$_3$CH$_2$CH$_2$Br） $\xrightarrow[\text{乙醚}]{\text{Mg}}$

（CH$_3$CH$_2$CH$_2$MgBr） $\xrightarrow[\text{② H}_3\text{O}^+]{\text{① (CH}_3)_2\text{CO}}$ （CH$_3$CH$_2$CH$_2$—$\underset{\text{CH}_3}{\overset{\text{CH}_3}{\underset{|}{\overset{|}{C}}}}$—OH）

（3）$\underset{}{\bigcirc}$=CH$_2$ $\xrightarrow[\text{② H}_2\text{O}_2\text{/OH}^-]{\text{① B}_2\text{H}_6\text{/THF}}$ （$\bigcirc$—CH$_2$OH） $\xrightarrow{\text{CrO}_3\text{/吡啶}}$ （$\bigcirc$—CHO）

（4）CH$_3$CH=CHCH$_3$ $\xrightarrow{\text{KMnO}_4\text{/OH}^-}$ （CH$_3$CHCHCH$_3$ 下 OHOH） $\xrightarrow{\text{HIO}_4}$ （CH$_3$CHO）

（5）$\underset{\text{HO}}{\bigcirc}\overset{\text{H}_3\text{C}\quad\text{CH}_3}{\underset{\text{CH}_3}{}}$ $\xrightarrow[\text{分子内脱水}]{\text{H}_2\text{SO}_4\text{/}\triangle}$ （H$_3$C—$\overset{\text{CH}_3}{\bigcirc}$—CH$_3$）

【例 10-6】　完成下列反应。

（1）　CH$_3$CH$_2$CH$_2$—$\underset{\text{CH}_3}{\overset{\text{CH}_3}{\underset{|}{\overset{|}{C}}}}$—ONa + CH$_2$=CHCH$_2$Br $\longrightarrow$ （　　　　）

（2）　$\bigcirc$—OCH$_2$CH$_3$ $\xrightarrow{\text{HI}}$ （　　　　） + （　　　　）

（3）　$\bigcirc$—CH$_2$OCH$_3$ $\xrightarrow{\text{HI (1mol)}}$ （　　　　） + （　　　　）

（4）　$\underset{\text{O}}{\triangle}$ $\xrightarrow[\text{② H}_3\text{O}^+]{\text{① CH}_3\text{MgBr}}$ （　　　　）

（5）　CH$_3$—$\underset{\text{CH}_3}{\overset{\text{CH}_3}{\underset{|}{\overset{|}{C}}}}$—OCH$_3$ $\xrightarrow{\text{HI (1mol)}}$ （　　　　） + （　　　　）

分析：本题考查醚的化学性质。特别注意醚键的断裂，在与 HI 反应时，如果是酚醚，如苯甲醚，则反应生成碘甲烷与苯酚，苯酚不再与 HI 作用。

答 （1）

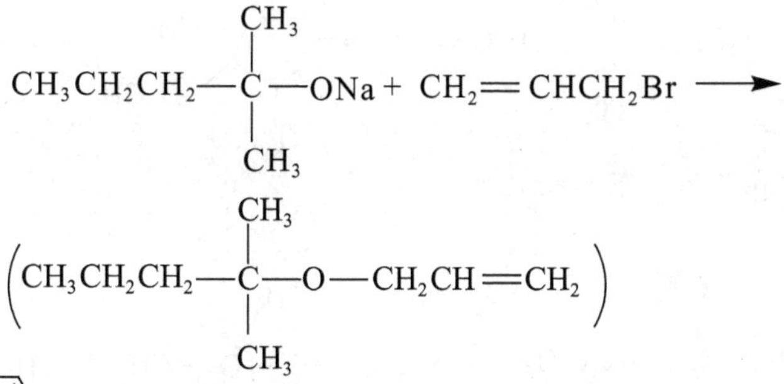

CH3
CH3CH2CH2—C—ONa + CH2═CHCH2Br
CH3
CH3
CH3CH2CH2—C—O—CH2CH═CH2
CH3

（2）

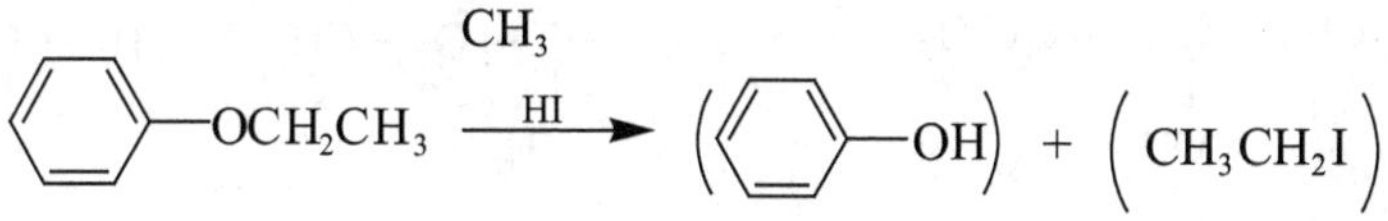

OCH2CH3
HI
OH
+
CH3CH2I

（3）

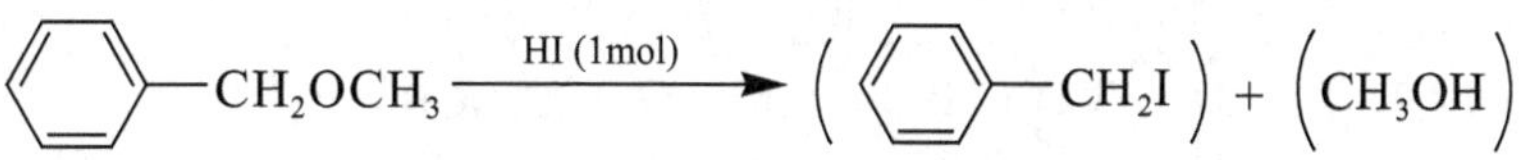

CH2OCH3
HI (1mol)
CH2I
+
CH3OH

（4）

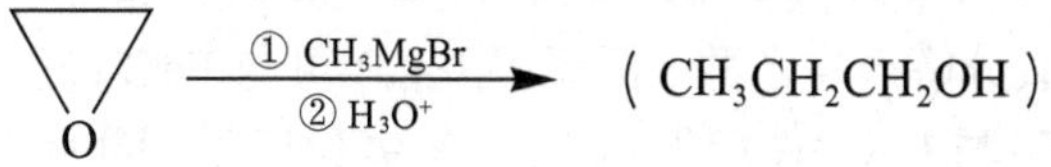

O
① CH3MgBr
② H3O+
CH3CH2CH2OH

（5）

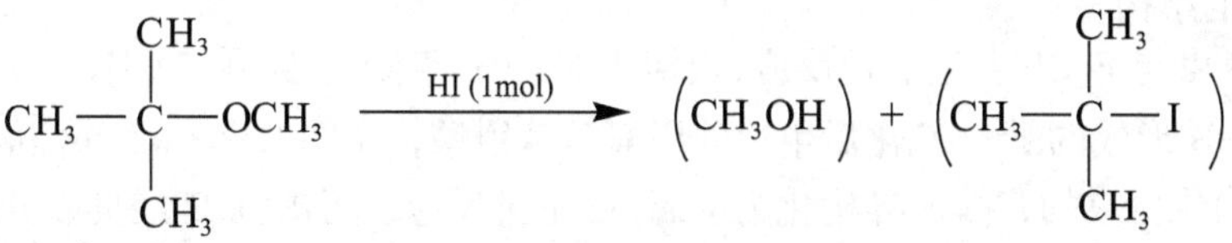

CH3
CH3—C—OCH3
CH3
HI (1mol)
CH3OH
+
CH3
CH3—C—I
CH3

【例 10-7】 给出下列反应较合理的反应机理。

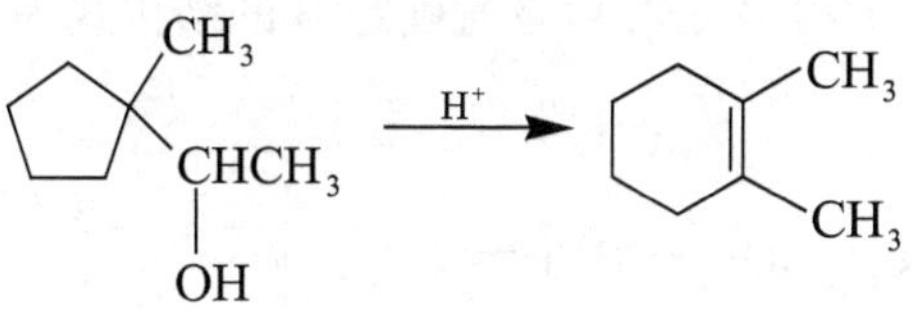

CH3
CHCH3
OH
H+
CH3
CH3

分析：首先 H^+与原料中的— OH 结合形成水合正离子，再脱去一分子水，生成碳正离子，再发生重排，由 2°碳正离子重排成更稳定的 3°碳正离子，最后失去一个 H^+生成烯烃。

答 反应机理如下：

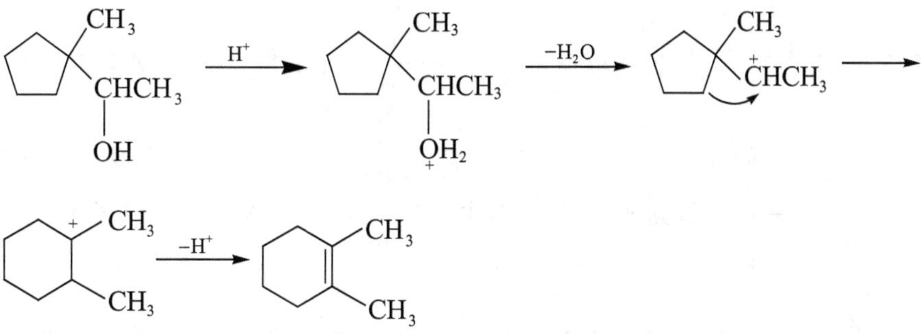

CH3
CHCH3
OH
H+
CH3
CHCH3
OH2
+
−H2O
CH3
+
CHCH3
+
CH3
CH3
−H+
CH3
CH3

【例 10-8】 给出以下反应合理的解释。

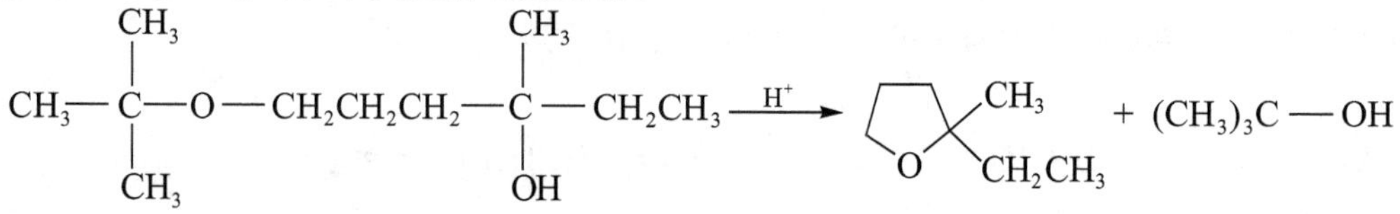

分析：本题考查醚键在酸催化下的断裂机理。

答 其反应机理如下：

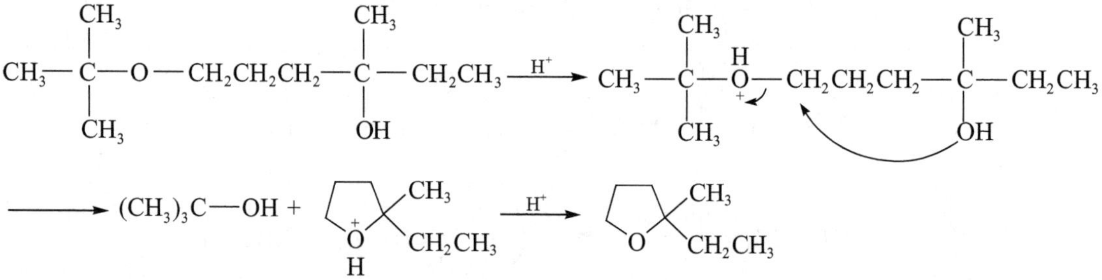

【例 10-9】 中性化合物 A（$C_{10}H_{12}O$）经臭氧分解产生甲醛，但无乙醛，加热至 200℃ 以上时，A 迅速异构化为 B。B 经臭氧分解产生乙醛，但无甲醛；B 可与 $FeCl_3$ 发生显色反应；B 能溶于 NaOH 溶液；B 在碱性条件下与 CH_3I 作用得到 C，C 经氧化后得到邻甲氧基苯甲酸。试推测 A、B、C 的结构。

答 化合物 B 可与 $FeCl_3$ 发生显色反应，能溶于 NaOH 溶液中，且可与 CH_3I 反应形成醚，说明 B 是一个酚。B 形成的醚 C 氧化后生成邻甲氧基苯甲酸，说明 B 是一个邻位取代的酚。B 是由 A 加热异构化生成的，故该异构化为 Claisen 重排反应。考虑到 B 经臭氧分解仅产生乙醛，而 A 经同样的反应仅产生甲醛，可首先确定 B 的结构式为

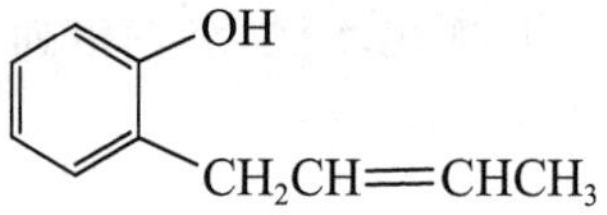

A 和 C 的结构式分别为

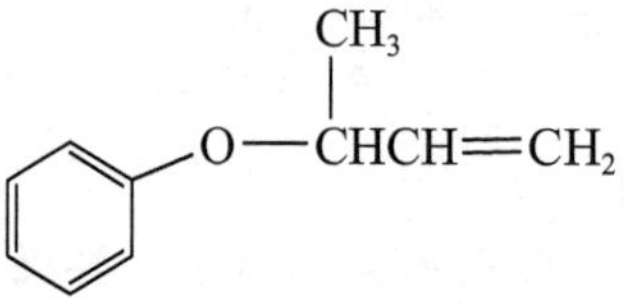

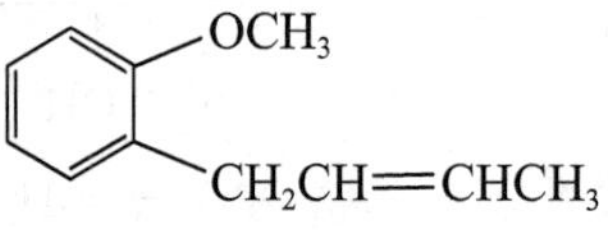

【例 10-10】 以丙烯和苯为主要原料合成 $(CH_3)_2CH$——

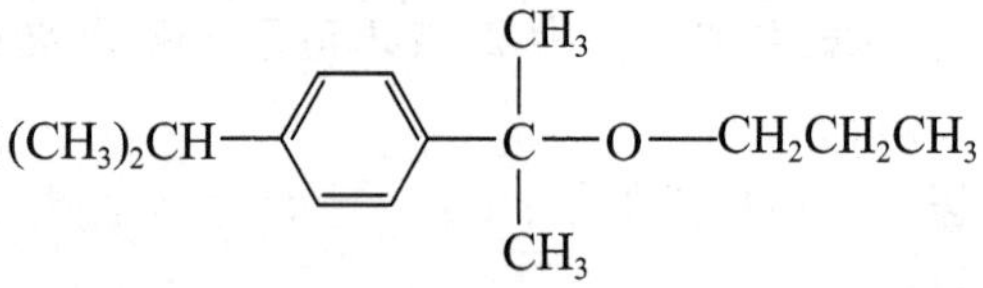

分析：目的产物可由 $(CH_3)_2CH$——

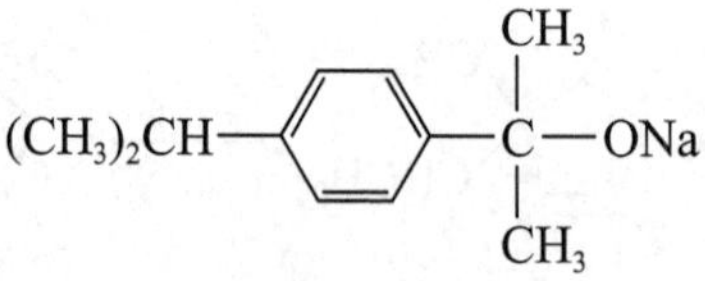

和 $CH_3CH_2CH_2Br$ 反应得到，

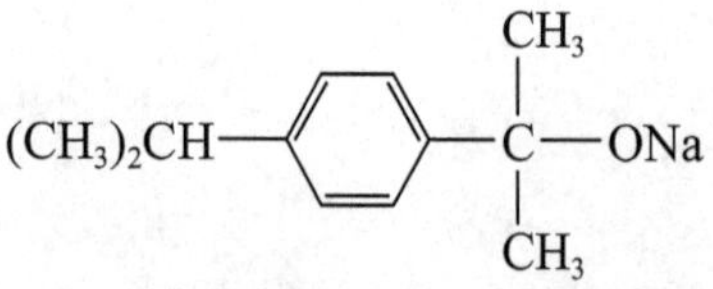

可由 $(CH_3)_2CH$——

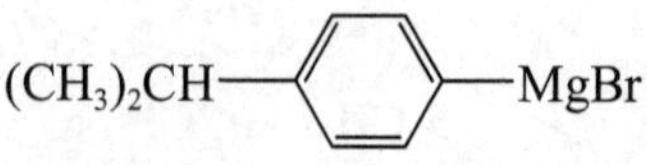

——MgBr 和丙酮经过两步反应得到。而

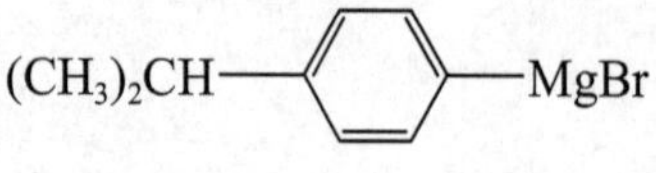

$(CH_3)_2CH$——

——MgBr 可由丙烯和苯经过一系列反应得到。丙酮可由丙烯氧化得到。

答　合成路线如下：

$$CH_3CH{=}CH_2 + HBr \xrightarrow{ROOR} CH_3CH_2CH_2Br$$

$$CH_3CH{=}CH_2 + O_2 \xrightarrow{CuCl_2\text{-}PdCl_2} H_3C-\underset{\underset{O}{\|}}{C}-CH_3$$

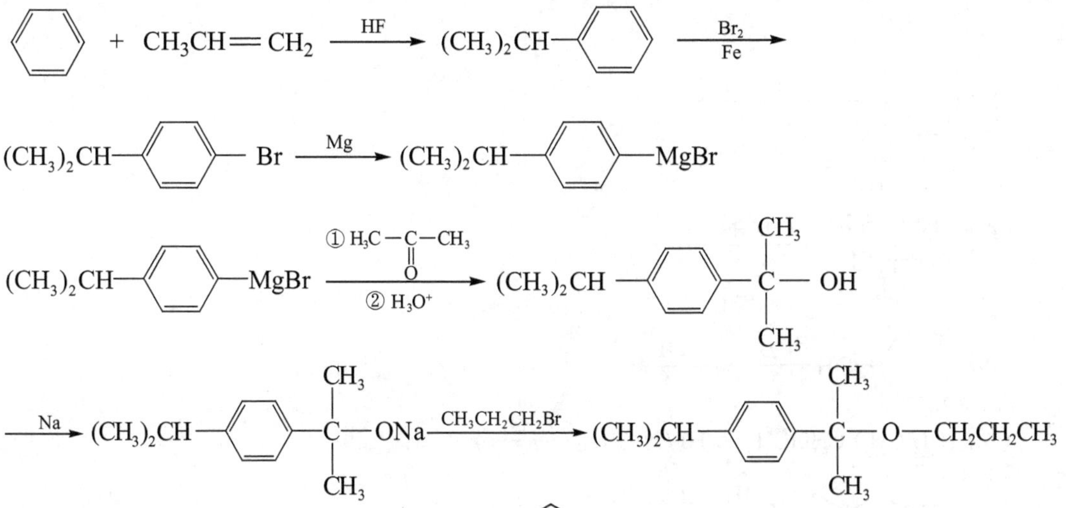

【例 10-11】　由甲苯和必要的原料合成 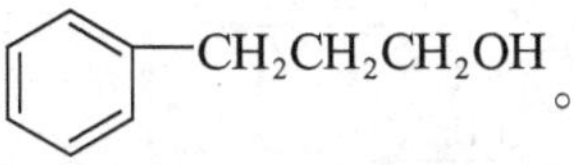 。

分析：通过比较原料和产物的结构可发现：产物的碳骨架比原料多两个碳原子；产物比原料多一个羟基官能团，且产物是伯醇。因此，由原料合成产物，需进行增碳反应，且要引入羟基。已知格氏试剂与环氧乙烷反应，不仅一次可以增加两个碳原子，且同时可以形成伯醇。

答　合成路线如下：

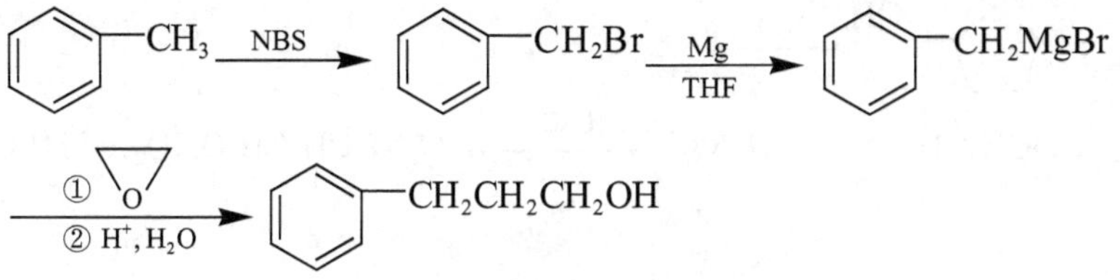

Ⅲ. 部分习题与解答

4. 写出 2-丁醇与下列试剂作用的产物。

　　（1）H_2SO_4，加热　　　　　　（2）HBr　　　　　　　　（3）Na

　　（4）Cu，加热　　　　　　　　（5）$K_2Cr_2O_7 + H_2SO_4$

答　（1）$CH_3CH{=}CHCH_3$　　（2）$CH_3CH_2\underset{\overset{|}{Br}}{C}HCH_3$　　（3）$CH_3CH_2\underset{\overset{|}{ONa}}{C}HCH_3$

　　（4）$CH_3CH_2\underset{\underset{O}{\|}}{C}CH_3$　　（5）$CH_3CH_2\underset{\underset{O}{\|}}{C}CH_3$

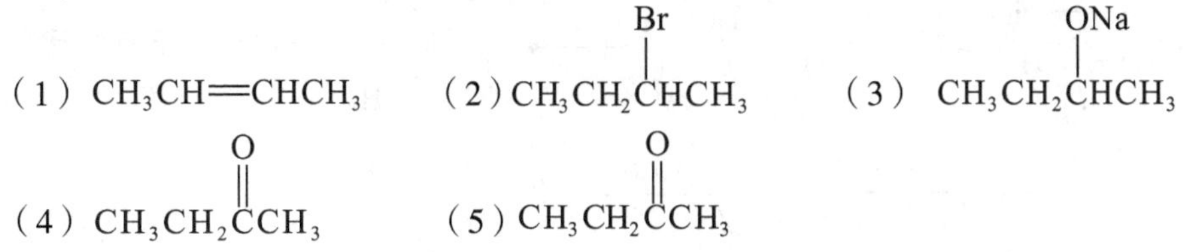

5. 完成下列反应式。

（1）　$HOCH_2CH_2OH + 2HNO_3 \xrightarrow[\triangle]{H_2SO_4}$

（2） 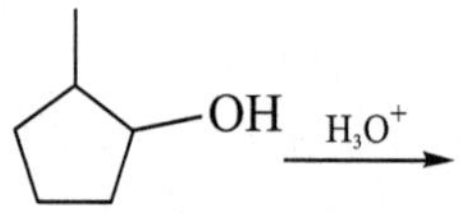 $\xrightarrow{H_3O^+}$

（3） 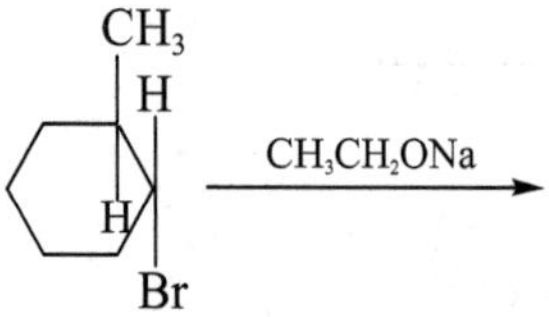 $\xrightarrow{CH_3CH_2ONa}$

（4） 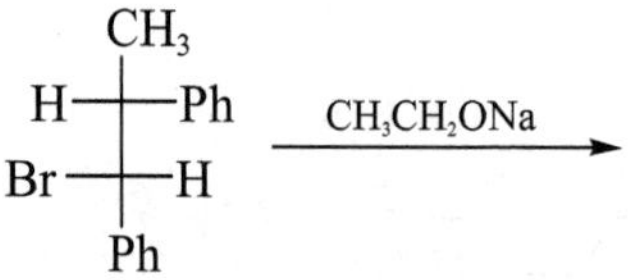 $\xrightarrow{CH_3CH_2ONa}$

（5） 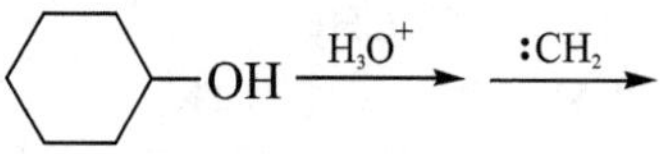 $\xrightarrow{H_3O^+}$ $\xrightarrow{:CH_2}$

（6）$(CH_3CH_2)_2CHOCH_3 + HI$（过量）$\xrightarrow{\triangle}$

（7） 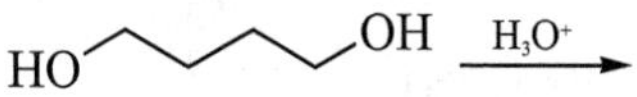 $\xrightarrow{H_3O^+}$

（8） 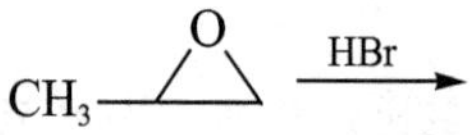 $\xrightarrow{HBr}$

（9） 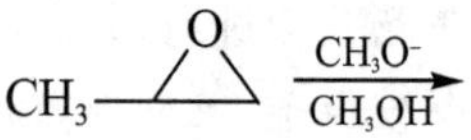 $\xrightarrow[CH_3OH]{CH_3O^-}$

（10） 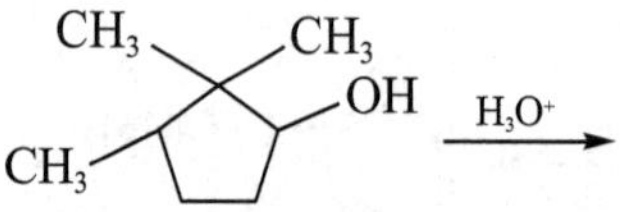 $\xrightarrow{H_3O^+}$

答　（1）$HOCH_2CH_2OH + 2HNO_3 \xrightarrow[\triangle]{H_2SO_4} O_2NOCH_2CH_2ONO_2 + 2H_2O$

（2） 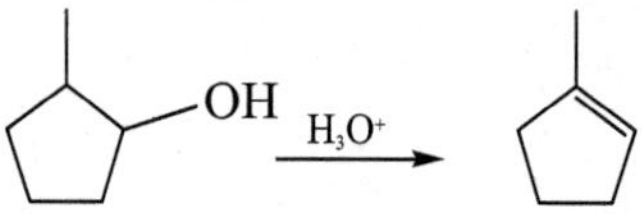 $\xrightarrow{H_3O^+}$

（3） 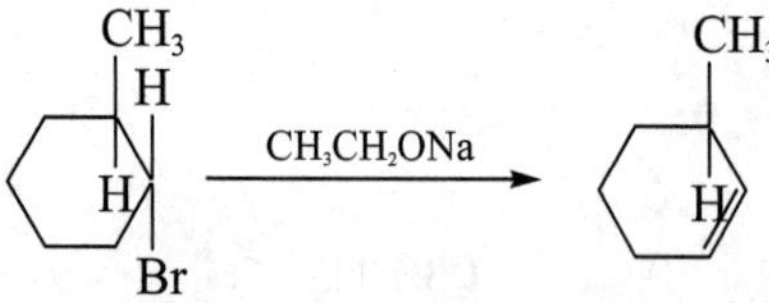 $\xrightarrow{CH_3CH_2ONa}$ 反式共平面消去反应

（4） 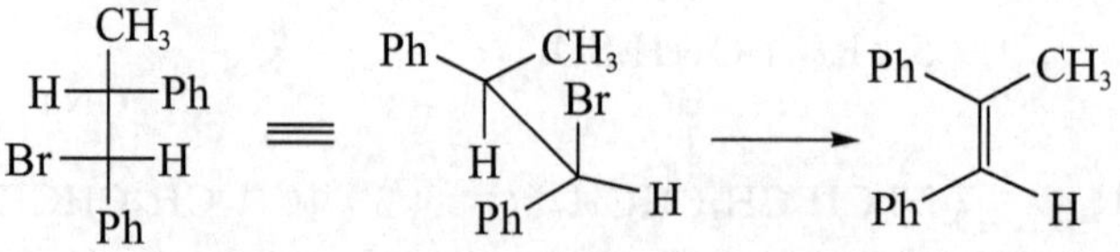 $\equiv$ $\longrightarrow$ 反式共平面消去反应

（5） 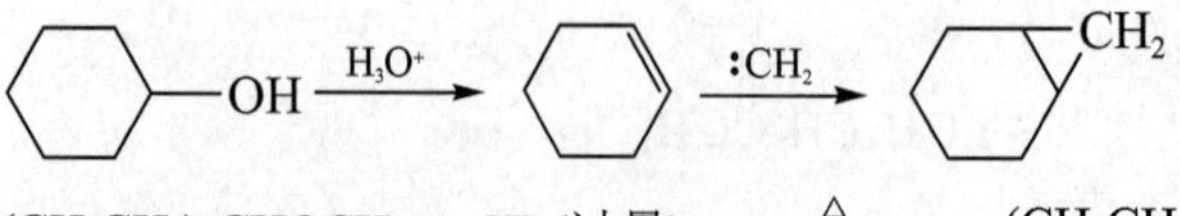 $\xrightarrow{H_3O^+}$ $\xrightarrow{:CH_2}$

（6）$(CH_3CH_2)_2CHOCH_3 + HI$（过量）$\xrightarrow{\triangle} (CH_3CH_2)_2CHI + CH_3I$

（7）$HO \diagdown \diagup OH \xrightarrow{H_3O^+} \diagup\diagdown + \underset{O}{\bigcirc}$

（8）$CH_3 \overset{O}{\triangle} \xrightarrow{HBr} CH_3-\overset{\overset{Br}{|}}{CH}-CH_2OH$

（9）$CH_3 \overset{O}{\triangle} \xrightarrow[CH_3OH]{CH_3O^-} CH_3-\overset{\overset{OH}{|}}{CH}-CH_2OCH_3$

（10）结构式 $\xrightarrow{H_3O^+}$ 结构式 碳正离子重排

6. 区别下列化合物。

（1）乙醇和正丁醇 （2）仲丁醇和异丁醇

（3）1,4-丁二醇和 2,3-丁二醇 （4）对甲苯酚和苯甲醇

（5）1,2-丙二醇、正丁醇、甲丙醚和环己烷 （6）丙醚、溴代正丁烷和烯丙基异丙基醚

（7）2,4,6-三甲基苯酚和 2,4,6-三硝基苯酚

答 （1）$\left.\begin{array}{l}乙醇 \\ \\ 正丁醇\end{array}\right\} \xrightarrow{H_2O} \left\{\begin{array}{l}溶解 \\ \\ 分层\end{array}\right.$

（2）$\left.\begin{array}{l}仲丁醇 \\ \\ 异丁醇\end{array}\right\} \xrightarrow{HCl/ZnCl_2} \left\{\begin{array}{l}放置片刻出现浑浊 \\ \\ 室温下无变化，加热后出现浑浊\end{array}\right.$

（3）$\left.\begin{array}{l}1,4\text{-}丁二醇 \\ \\ 2,3\text{-}丁二醇\end{array}\right\} \xrightarrow[② AgNO_3]{① HIO_4} \left\{\begin{array}{l}\times \\ \\ AgIO_3(白色沉淀)\end{array}\right.$

（4）$\left.\begin{array}{l}CH_3\text{-}\bigcirc\text{-}OH \\ \\ \bigcirc\text{-}CH_2OH\end{array}\right\} \xrightarrow{FeCl_3} \left\{\begin{array}{l}显色 \\ \\ \times\end{array}\right.$

（5）能与高碘酸反应后与 $AgNO_3$ 反应生成沉淀的为 1,2-丙二醇；与钠作用有大量气体放出者为正丁醇；不溶于浓 H_2SO_4 者为环己烷；余者为甲丙醚。

$\left.\begin{array}{l}1,2\text{-}丙二醇 \\ 正丁醇 \\ 甲丙醚 \\ 环己烷\end{array}\right\} \xrightarrow{HIO_4} \xrightarrow{AgNO_3} \begin{array}{l}(+) AgIO_3 \downarrow \\ \times \\ \times \\ \times\end{array} \xrightarrow{Na} \begin{array}{l}H_2 \uparrow \\ \times \\ \times \\ \times\end{array}\left.\right\} \xrightarrow{H_2SO_4} \begin{array}{l}溶(不分层) \\ \\ 不溶(分层)\end{array}$

（6）与硫酸反应溶于硫酸的是丙醚和烯丙基异丙基醚，不溶于硫酸分层的是溴代正丁烷；使溴水褪色者为烯丙基异丙基醚；余者为丙醚。

$\left.\begin{array}{l}丙醚 \\ 烯丙基异丙醚 \\ 溴代正丁烷\end{array}\right\} \xrightarrow{H_2SO_4} \begin{array}{l}溶(不分层) \\ 溶(不分层) \\ 不溶(分层)\end{array}\left.\right\} \xrightarrow{Br_2/CCl_4} \begin{array}{l}\times \\ 褪色\end{array}$

（7）
$$\left.\begin{array}{l}\text{2,4,6-三甲基苯酚}\\[1em]\text{2,4,6-三硝基苯酚}\end{array}\right\}\xrightarrow{\text{5\%NaHCO}_3}\left\{\begin{array}{l}\text{没反应}\longrightarrow\text{2,4,6-三甲基苯酚}\\[1em]\text{有气体放出}\longrightarrow\text{2,4,6-三硝基苯酚}\end{array}\right.$$

7.（1）3-丁烯-2-醇与溴化氢作用可能生成哪些产物？试解释原因。

　（2）2-丁烯-1-醇与溴化氢作用可能生成哪些产物？试解释原因。

答　（1）反应产物和反应机理如下：

$$CH_2\!=\!CH\!-\!\underset{\underset{OH}{|}}{C}HCH_3\xrightarrow{HBr}CH_2\!=\!CH\!-\!\underset{\underset{Br}{|}}{C}HCH_3+BrCH_2CH\!=\!CHCH_3$$

$$CH_2\!=\!CH\!-\!\underset{\underset{OH}{|}}{C}HCH_3\xrightarrow{H^+}CH_2\!=\!CH\!-\!\underset{\underset{+OH_2}{|}}{C}HCH_3\xrightarrow{-H_2O}$$

$$CH_2\!=\!CH\!-\!\overset{+}{C}HCH_3\longleftrightarrow\overset{+}{C}H_2CH\!=\!CHCH_3$$

$$\downarrow Br^-\qquad\qquad\qquad\downarrow Br^-$$

$$CH_2\!=\!CH\!-\!\underset{\underset{Br}{|}}{C}HCH_3\qquad BrCH_2CH\!=\!CHCH_3$$

（2）反应产物和反应机理如下：

$$HOCH_2CH\!=\!CHCH_3\xrightarrow{HBr}BrCH_2CH\!=\!CHCH_3+CH_2\!=\!CH\underset{\underset{Br}{|}}{C}HCH_3$$

$$HOCH_2CH\!=\!CHCH_3\xrightarrow{H^+}H_2O+CH_2CH\!=\!CHCH_3$$

$$\xrightarrow{-H_2O}\overset{+}{C}H_2CH\!=\!CHCH_3\longleftrightarrow CH_2\!=\!CH\overset{+}{C}HCH_3$$

$$\downarrow Br^-\qquad\qquad\qquad\downarrow Br^-$$

$$BrCH_2CH\!=\!CHCH_3\qquad CH_2\!=\!CH\underset{\underset{Br}{|}}{C}HCH_3$$

9. 写出下列各题括弧中的构造式。

（1）（　　　　　）$\xrightarrow{\text{1mol HIO}_4}$

（2）（　　　　　）$\xrightarrow{\text{2mol HIO}_4}$ $CH_3CHO+CH_3COCH_3+HCOOH$

（3）（　　　）$\xrightarrow[\text{② }H_3O^+]{\text{① }C_2H_5MgBr}$ $\xrightarrow[-H_2O]{H^+,\ \triangle}$（　　　）$\xrightarrow[\text{② }H_2O_2,\ OH^-]{\text{① }B_2H_6}$（　　　）

答　（1） $\xrightarrow{\text{1mol HIO}_4}$

（2）

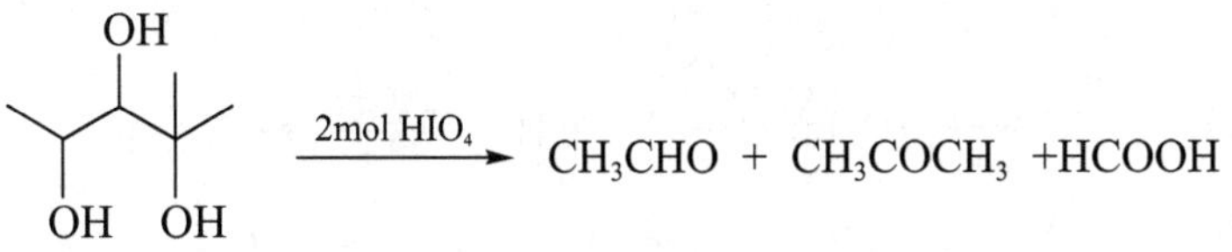

$$\xrightarrow{\text{2mol HIO}_4} CH_3CHO + CH_3COCH_3 + HCOOH$$

（3）

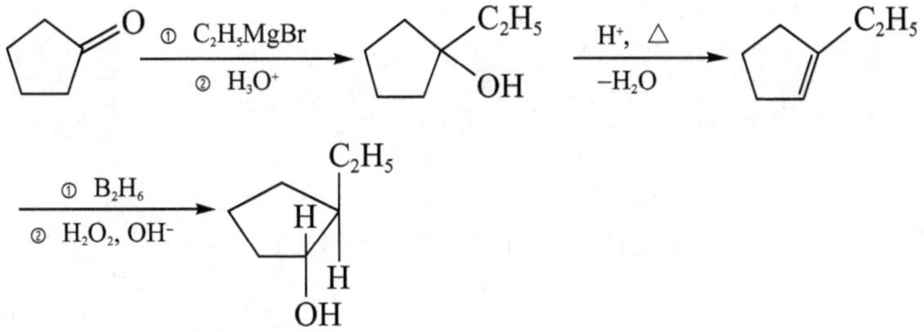

10. 用反应机理解释以下反应。

（1）

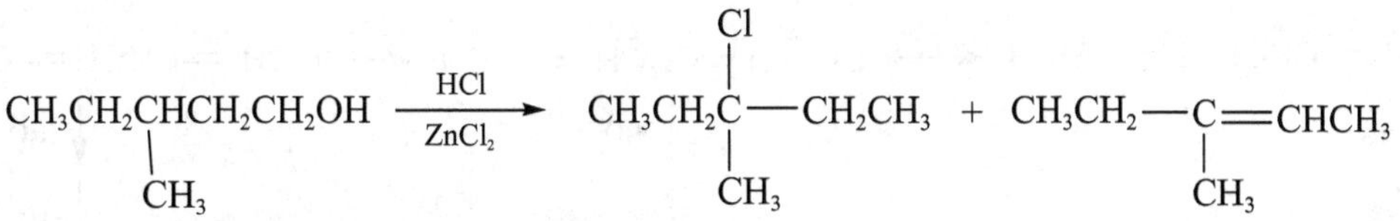

（2）

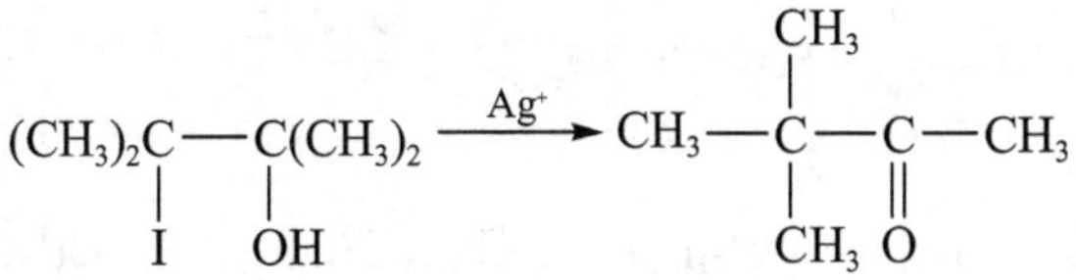

（3）

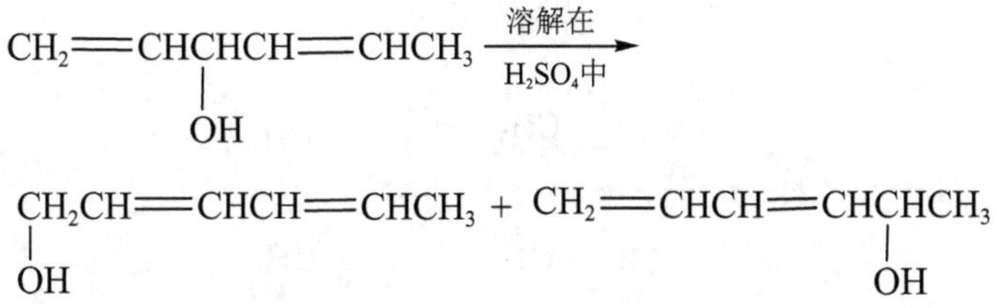

（4）

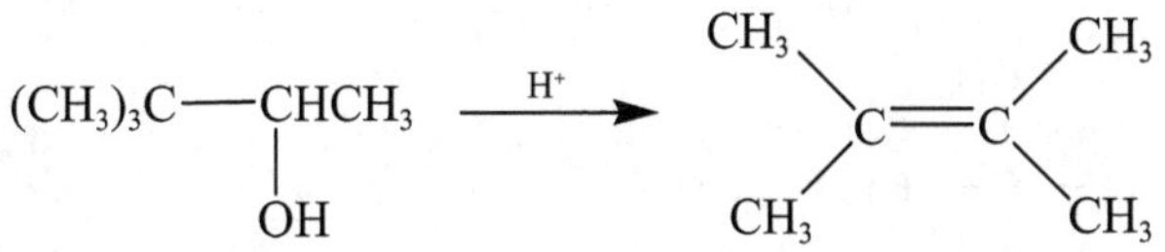

答 （1）

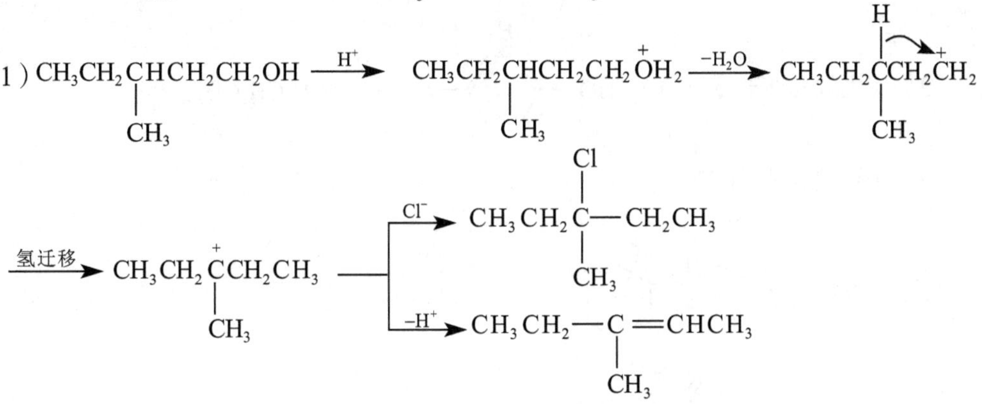

（2）$(CH_3)_2\overset{\displaystyle |}{\underset{\displaystyle I}{C}}-\overset{\displaystyle |}{\underset{\displaystyle OH}{C}}(CH_3)_2$ $\xrightarrow{Ag^+}$ $(CH_3)_2\overset{+}{C}-\overset{\displaystyle CH_3}{\underset{\displaystyle OH}{C}}-CH_3$ $\xrightarrow{甲基迁移}$

$(CH_3)_2\overset{\displaystyle CH_3}{C}-\overset{+}{\underset{\displaystyle OH}{C}}-CH_3$ $\xrightarrow{-H^+}$ $CH_3-\overset{\displaystyle CH_3}{\underset{\displaystyle CH_3}{C}}-\overset{\displaystyle O}{C}-CH_3$

（3）$CH_2=CHCH\underset{\displaystyle OH}{CH}=CHCH_3$ $\xrightarrow{H^+}$ $CH_2=CHCH\underset{+OH_2}{CH}=CHCH_3$ $\xrightarrow{-H_2O}$

$CH_2=CH\overset{+}{CH}CH=CHCH_3$

$CH_2=\overset{+}{CH}CHCH=CHCH_3$ $\longleftrightarrow$ $\overset{+}{CH_2}CH=CHCH=CHCH_3$ $\longleftrightarrow$ $CH_2=CHCH=CHCHCH_3^+$

$\downarrow H_2\ddot{O}$ 　　　　　　　　　　$\downarrow H_2\ddot{O}$

$\downarrow -H^+$ 　　　　　　　　　　$\downarrow -H^+$

$\underset{\displaystyle OH}{CH_2}CH=CHCH=CHCH_3$ 　　　　$CH_2=CHCH=CHCH\underset{\displaystyle OH}{CH_3}$

（4）$(CH_3)_3C-\underset{\displaystyle OH}{CH}CH_3$ $\xrightarrow{H^+}$ $(CH_3)_3C-\underset{+OH_2}{CH}CH_3$ $\xrightarrow{-H_2O}$ $(CH_3)_3C-\overset{+}{CH_2}CH_3$

$\longrightarrow$ $(CH_3)_2\overset{+}{CH}-\underset{\displaystyle CH_3}{CH}CH_3$ $\xrightarrow{-H^+}$ $\underset{\displaystyle CH_3}{\overset{\displaystyle CH_3}{C}}=\underset{\displaystyle CH_3}{\overset{\displaystyle CH_3}{C}}$

12. 完成下列转变。

（1）用丙烯合成 $CH_2=CHCH_2O-\underset{\displaystyle CH_3}{\overset{\displaystyle CH_3}{C}}-CH_2CH_2CH_3$。

（2）用丙烯和苯合成 $(CH_3)_2CHO-\langle\bigcirc\rangle-C(CH_3)_2OCH_2CH_2CH_3$。

（3）用甲烷合成 。

（4）用苯酚合成 。

（5）用甲苯合成 $\langle\bigcirc\rangle-CH_2OH$。

答 合成路线如下:

（1）$CH_3CH\!=\!CH_2 + O_2 \xrightarrow{PdCl_2\text{-}CuCl_2} CH_3COCH_3$

$CH_3CH\!=\!CH_2 \xrightarrow[ROOR]{HBr} CH_3CH_2CH_2Br \xrightarrow[\text{乙醚}]{Mg} CH_3CH_2CH_2MgBr \xrightarrow[\substack{② H_2O \\ ③ Na}]{① CH_3COCH_3} CH_3CH_2C(CH_3)_2ONa$

$CH_3CH\!=\!CH_2 \xrightarrow{NBS} CH_2\!=\!CH\!-\!CH_2Br$

$CH_2\!=\!CH\!-\!CH_2Br + CH_3CH_2C(CH_3)_2ONa \longrightarrow CH_2\!=\!CHCH_2O\!-\!\overset{\overset{\displaystyle CH_3}{|}}{\underset{\underset{\displaystyle CH_3}{|}}{C}}\!-\!CH_2CH_2CH_3$

（2）$CH_3CH\!=\!CH_2 + C_6H_6 \xrightarrow{H^+} C_6H_5CH(CH_3)_2 \xrightarrow{H_2SO_4} HO_3S\!-\!\bigcirc\!-\!CH(CH_3)_2$

$\xrightarrow{NaOH(s)} NaO\!-\!\bigcirc\!-\!CH(CH_3)_2 \xrightarrow{(CH_3)_2CHBr} (CH_3)_2CHO\!-\!\bigcirc\!-\!CH(CH_3)_2$

$\xrightarrow[\text{高温}]{Cl_2} (CH_3)_2CHO\!-\!\bigcirc\!-\!CCl(CH_3)_2 \xrightarrow[H_2O]{NaOH} (CH_3)_2CHO\!-\!\bigcirc\!-\!COH(CH_3)_2$

$\xrightarrow{Na} \xrightarrow{CH_3CH_2CH_2Br} (H_3C)_2CHO\!-\!\bigcirc\!-\!C(CH_3)_2OCH_2CH_2CH_3$

（3）$5CH_4 + 3O_2 \xrightarrow{1500℃} HC\!\equiv\!CH$

$2HC\!\equiv\!CH \xrightarrow{Cu_2Cl_2\text{-}NH_4Cl} CH_2\!=\!CH\!-\!C\!\equiv\!CH \xrightarrow{Br_2} CH_2(Br)CH(Br)\!-\!C\!\equiv\!CH$

$\xrightarrow[H_2O]{H_2SO_4/HgSO_4} CH_2(Br)CH(Br)COCH_3 \xrightarrow{Zn} CH_2\!=\!CH\!-\!COCH_3 \xrightarrow{O_2/Ag} $

（4）

（5）

13. 完成下列转变。

（1）

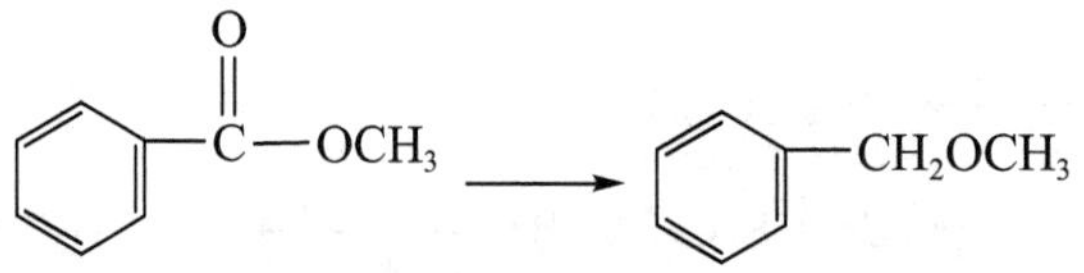

（2）

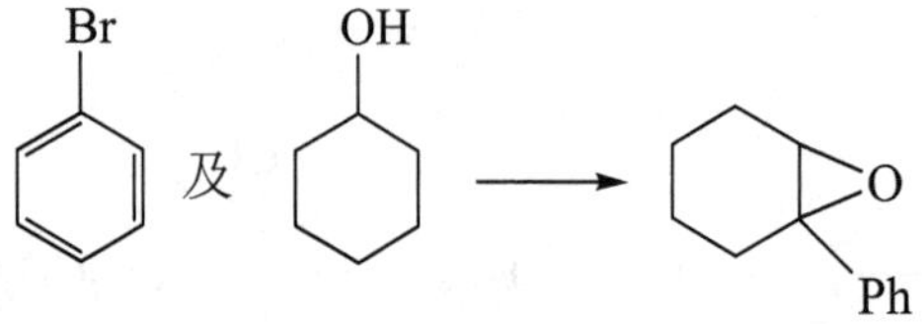

（3）

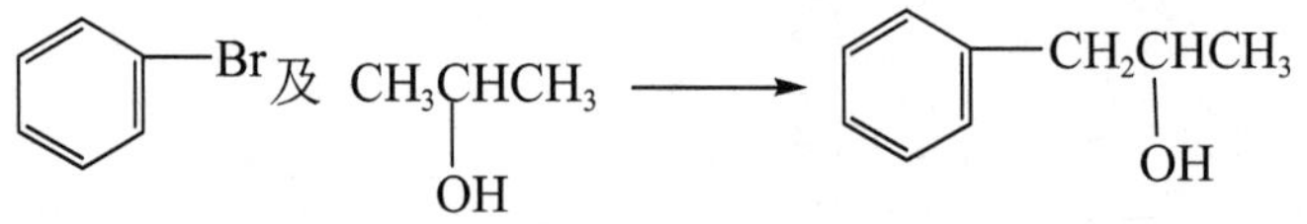

（4）

（5）

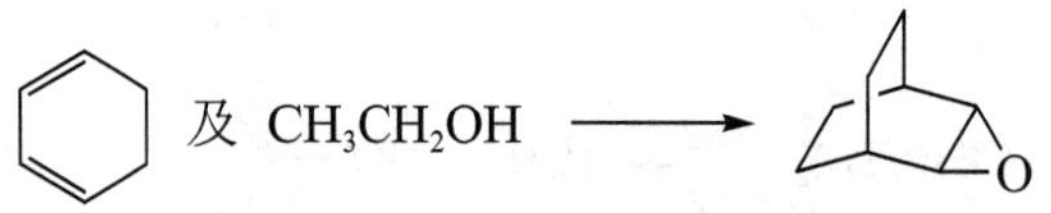

答　（1）

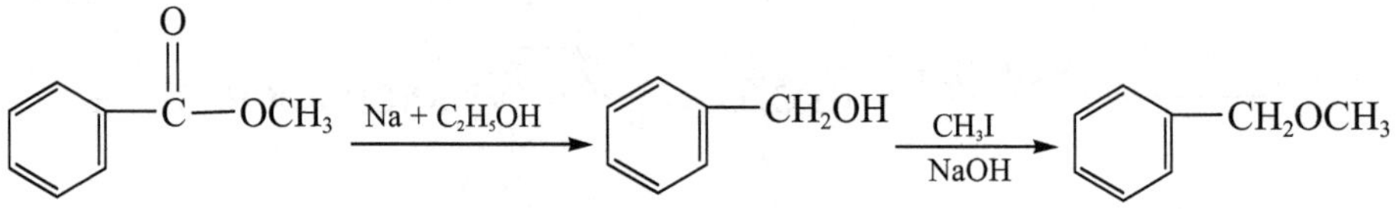

（2）

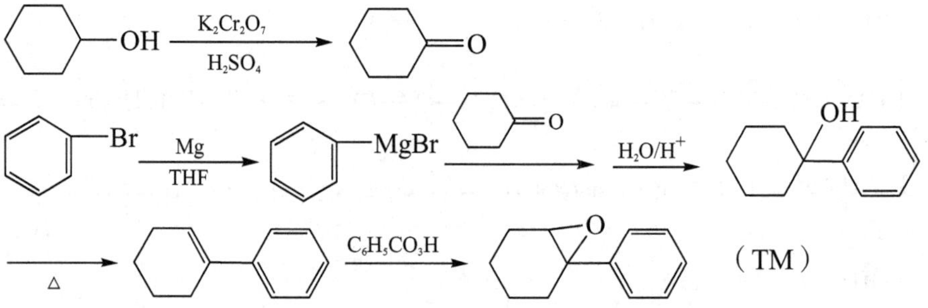

（3）

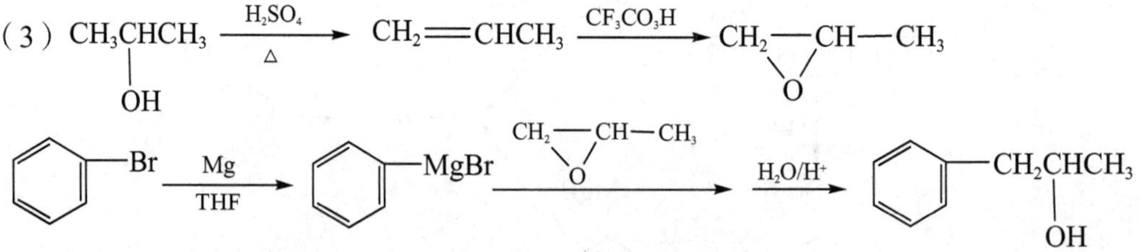

（4）

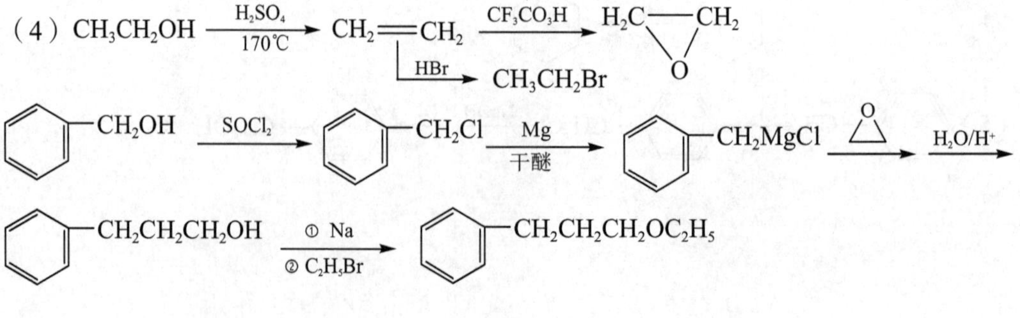

（5）$CH_3CH_2OH \xrightarrow[170℃]{H_2SO_4} CH_2{=}CH_2$

18. 化合物 $C_{10}H_{14}O$ 溶解于稀氢氧化钠溶液，但不溶解于稀的碳酸氢钠溶液。它与溴水作用生成二溴衍生物 $C_{10}H_{12}Br_2O$。它的红外光谱在 $3250cm^{-1}$ 和 $834cm^{-1}$ 处有吸收峰，它的质子核磁共振谱是：$\delta=1.3ppm$（9H）单峰，$\delta=4.9ppm$（1H）单峰，$\delta=7.6ppm$（4H）多重峰。试写出化合物 $C_{10}H_{14}O$ 的构造式。

答 $C_{10}H_{14}O$ 的构造式为 $(CH_3)_3C{-}\langle\rangle{-}OH$。

波谱数据解析：

IR		NMR	
吸收峰	归属	吸收峰	归属
$3\,250cm^{-1}$	O—H（酚）伸缩振动	$\delta=1.3ppm$（9H）单峰	叔丁基上质子的吸收峰
$834cm^{-1}$	苯环上对二取代	$\delta=4.9ppm$（1H）单峰	酚羟基上质子的吸收峰
		$\delta=7.6ppm$（4H）多重峰	苯环上质子的吸收峰

20. 化合物 A 是液体，沸点为 220℃，分子式为 $C_8H_{10}O$，IR 在 $3400cm^{-1}$ 和 $1050cm^{-1}$ 有强吸收，在 $1600cm^{-1}$、$1495cm^{-1}$、$1450cm^{-1}$ 有中等强度的吸收峰，$^1H{-}NMR$：$\delta=7.1ppm$（单峰）、$4.1ppm$（单峰）、$3.7ppm$（三重峰）、$2.65ppm$（三重峰），峰面积之比为 $5:1:2:2$。推测 A 的结构。

答 由分子式 $C_8H_{10}O$ 可算出化合物的不饱和度为 4，表明分子中可能含有一个苯环。红外光谱在 $1600cm^{-1}$、$1495cm^{-1}$、$1450cm^{-1}$ 有中等强度吸收峰（为苯环的骨架振动），证实有苯环的存在。在 $3400cm^{-1}$ 和 $1050cm^{-1}$ 有强吸收峰，说明分子中存在一级醇羟基。核磁共振氢谱 $\delta=7.1ppm$（单峰）是来自苯环 H。从峰面积比可知有 5 个 H，表明是单取代苯。所以，结构中有苯基和羟基。从核磁共振氢谱 $\delta=3.7ppm$（三重峰）（2H）和 $\delta=2.65ppm$（三重峰）（2H）的偶合可见有—CH_2—CH_2—的结构单元。因此，化合物 A 的结构式为

21. 化合物 $A(C_8H_{14}O)$ 能使溴的四氯化碳溶液迅速褪色，并能与饱和亚硫酸氢钠溶液发生加成反应，得到白色结晶。A 经酸性高锰酸钾氧化为两个酸性化合物 B 与 $C(C_3H_6O_2)$，B 与碘的氢氧化钠溶液反应生成丁二酸钠与碘仿。试推测 A、B、C 的可能结构。

答 A. $CH_3COCH_2CH_2CH{=}CHCH_2CH_3$

　　B．CH₃COCH₂CH₂COOH

　　C．CH₃CH₂COOH

22. 一个化合物，分子式为 $C_8H_{10}O_2$，其 IR 吸收峰（cm^{-1}）为：3300（宽峰），2900,1600,1500,1050,810~830；A 的 ^{1}H-NMR 谱 δ（ppm）为：3.6（单峰、1H），3.8（单峰、3H），4.5（单峰、2H），7.2（四重峰、4H）。试推测其结构。

　　答　化合物的结构式为 CH₃O—⟨　⟩—CH₂OH。

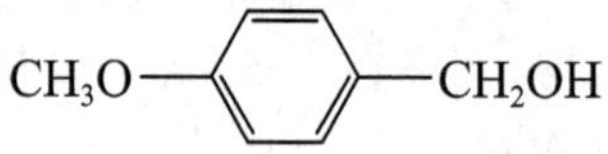

第十一章 醛 和 酮

Ⅰ. 知 识 要 点

一、醛、酮的命名

系统命名法：首先选择含有羰基的最长碳链作为主链。如果是醛类化合物，则醛基碳原子的编号是 1，位置不必标出；如果是酮类化合物，编号应从靠近羰基碳的一端开始，使羰基碳的位次最小，且位次必须标出（1 号位可不必标出）。

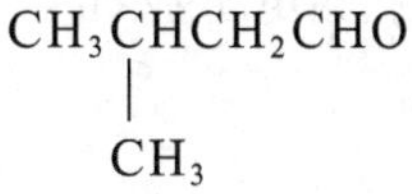

$$CH_3CHCH_2CHO$$
$$|$$
$$CH_3$$
3-甲基丁醛

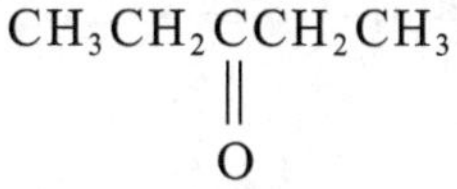

$$CH_3CH_2CCH_2CH_3$$
$$\|$$
$$O$$
3-戊酮

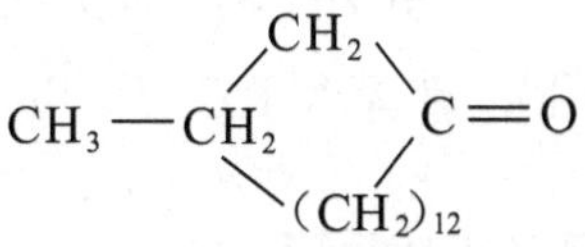

$$CH_3—CH_2 \begin{matrix} CH_2 \\ | \\ (CH_2)_{12} \end{matrix} C=O$$
3-甲基环十五酮（麝香酮）

按照基团命名的优先次序规则，羰基在碳链中的编号优先于碳碳双键、叁键和羟基。因此，若是不饱和醛、酮，应该选择连有羰基和不饱和碳在内的最长碳链作为主链，并使羰基编号最小。

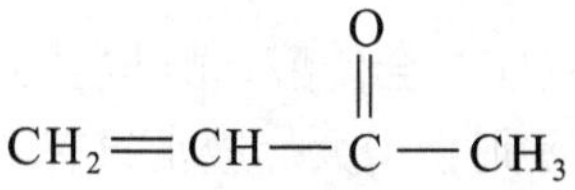

$$CH_2=CH—C—CH_3$$
$$\|$$
$$O$$
3-丁烯-2-酮

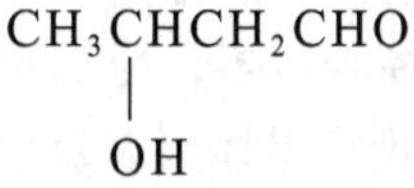

$$CH_3CHCH_2CHO$$
$$|$$
$$OH$$
3-羟基丁醛

醛作取代基时，用"甲酰基"表示；酮作取代基时则用"氧代"表示。当酮羰基和醛基同时出现在一个分子中时，醛基优先于酮羰基。

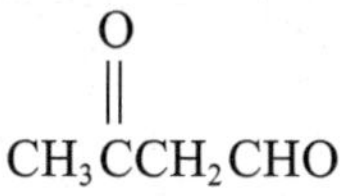

$$CH_3CCH_2CHO$$
$$\|$$
$$O$$
3-氧代丁醛

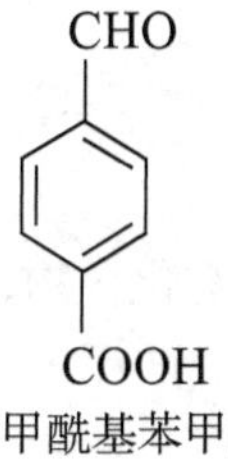

$$\overset{CHO}{\underset{COOH}{\bigcirc}}$$
对甲酰基苯甲酸

二、醛、酮的物理性质

（1）醛、酮为极性分子，沸点高于相对分子质量相近的烃和醚。
（2）羰基氧原子可与水形成分子间氢键，低级脂肪醛、酮溶于水。

三、醛、酮的波谱性质

（1）红外光谱：羰基在 1650～1850cm^{-1} 处有强的尖锐吸收峰（与双键共轭时，吸收峰向低波数移动）；醛基氢在～2720cm^{-1}处有中等强度（或弱的）尖锐吸收峰。

（2）核磁共振谱：醛基 δ 值在 9～10ppm，可证实—CHO 的存在；与羰基相邻的碳上氢的化学位移值比烷烃氢大。

四、羰基的结构

羰基为平面构型，羰基碳采取 sp^2 杂化，与氧原子形成 C=O 双键，一个是 σ 键，一个是 π 键，由于 O 原子电负性大于 C 原子，因此羰基是极性基团。

五、醛、酮的化学性质

1. 羰基的反应活性

羰基是极性基团，易发生亲核加成反应，且反应活性受电子效应和空间效应的影响，一般由易到难为

$$HCHO > RCHO > CH_3COCH_3 > CH_3COR > RCOR' > ArCOR$$

对于芳醛，当苯环上连有吸电子基团时，醛基反应活性增大，给电子基团时，醛基反应活性减弱。

2. 羰基的亲核加成反应

1）与水的加成

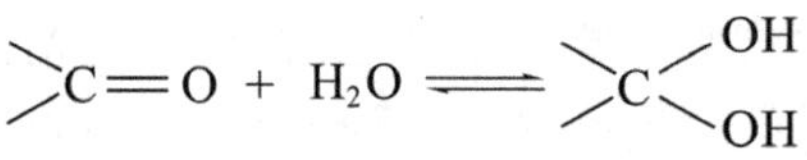

酸或碱对这个反应都有催化作用。

若羰基碳上所连烃基增多，烃基的给电子效应，会使醛、酮与水加成的平衡常数减小；反之若 α-C 上连有吸电子基团时，反应平衡常数则会增大。通常只有甲醛、乙醛、α-多卤代醛或酮的平衡常数大于 1。

2）与醇的加成

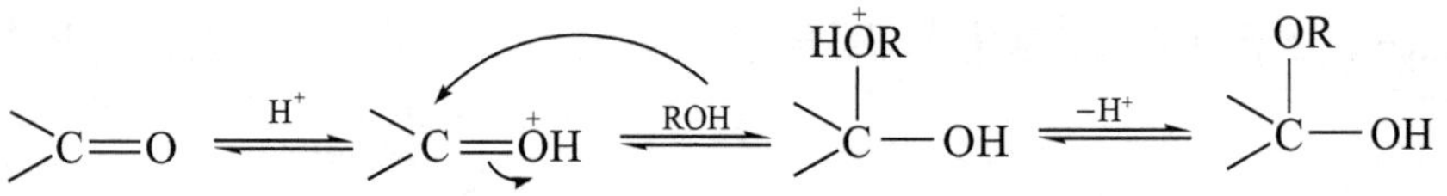

半缩醛

半缩醛是一种 α-羟基醚类化合物，很不稳定。在干燥的 HCl 作用下，半缩醛可以和另一分子醇脱水生成缩醛。

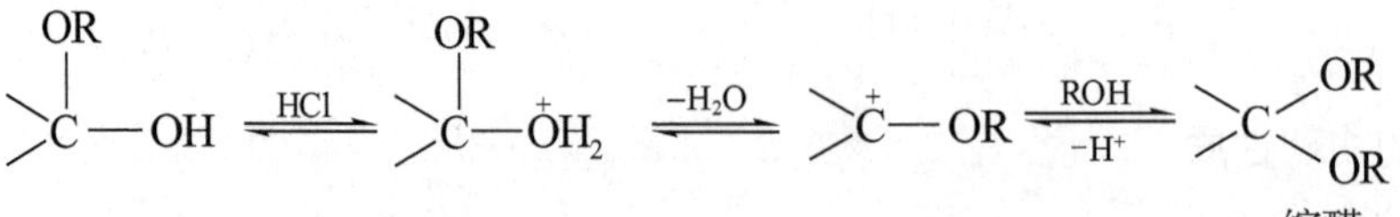

缩醛

缩醛可看成是同碳二元醇的双醚（胞二醚），性质与醚相似，其对碱、氧化剂、格氏试剂等都是稳定的，但在稀酸中会水解，并得到原来的醛或酮。

$$R-\overset{\overset{\displaystyle OR''}{|}}{\underset{\underset{\displaystyle H(R')}{|}}{C}}-OR'' + H_2O \xrightarrow{H^+} \overset{\displaystyle R}{\underset{\displaystyle (R')H}{C}}=O + R''OH$$

注意：缩酮较难形成，可用乙二醇、丙二醇与醛酮反应，形成环状缩醛（酮）。

应用：保护羰基。

$$\overset{\displaystyle R}{\underset{\displaystyle (R')H}{C}}=O + HOCH_2CH_2OH \xrightarrow{H^+} \overset{\displaystyle R}{\underset{\displaystyle (R')H}{C}}\overset{O}{\underset{O}{\diagdown}}$$

3）与亚硫酸氢钠加成

$$\searrow C=O + NaO-\overset{\overset{\displaystyle O}{\|}}{S}-OH \longrightarrow \left[\overset{\overset{\displaystyle ONa}{|}}{\underset{\underset{\displaystyle SO_3H}{|}}{C}} \right] \xrightarrow[强酸]{醇钠} \overset{\overset{\displaystyle OH}{|}}{\underset{\underset{\displaystyle SO_3Na}{|}}{C}}$$

强酸盐(白色沉淀)

适用范围：醛、脂肪甲基酮或低于 C_8 环酮。

反应的应用：①产物 α-羟基磺酸钠为白色或无色结晶，不溶于饱和的亚硫酸氢钠溶液中，可用于鉴别；②α-羟基磺酸钠与酸或碱共热，可得原来的醛、酮，用于分离和提纯醛、酮；③用于制备羟基腈，是避免使用挥发性的剧毒物氢氰酸而合成羟基腈的好方法。

$$\text{Ph—CHO} \xrightarrow{NaHSO_3} \text{Ph—}\overset{\overset{\displaystyle OH}{|}}{CH}\text{—SO}_3\text{Na} \xrightarrow{NaCN} \text{Ph—}\overset{\overset{\displaystyle OH}{|}}{CH}\text{—CN}$$

4）与氢氰酸加成

$$\searrow C=O + H-CN \rightleftharpoons \overset{\overset{\displaystyle OH}{|}}{\underset{\underset{\displaystyle CN}{|}}{C}}$$

氰醇（α-羟基腈）

适用范围：醛、脂肪甲基酮和低于 C_8 的环酮。注意：碱有利于 CN^- 的产生，故对此反应有催化作用。氢氰酸剧毒，一般是醛酮与氰化钠混合后加入无机酸。

反应机理：

$$\searrow C=O + ^-CN \rightleftharpoons[慢] \overset{\overset{\displaystyle O^-}{|}}{\underset{\underset{\displaystyle CN}{|}}{C}} \rightleftharpoons[快]{H^+} \overset{\overset{\displaystyle OH}{|}}{\underset{\underset{\displaystyle CN}{|}}{C}}$$

合成应用：增长碳链；α-羟基腈是很有用的中间体，它可转变为多种化合物。

$$\overset{\displaystyle CH_3}{\underset{\displaystyle CH_3}{C}}=O + HCN \rightleftharpoons \overset{\displaystyle CH_3}{\underset{\displaystyle CH_3}{C}}\overset{\overset{\displaystyle OH}{|}}{\underset{\underset{\displaystyle CN}{|}}{}} \xrightarrow[\triangle]{H_2SO_4}$$

$$CH_2=\overset{\overset{\displaystyle CH_3}{|}}{C}\text{—COOH} \xrightarrow[H_2O]{CH_3OH} CH_2=\overset{\overset{\displaystyle CH_3}{|}}{C}\text{—COOCH}_3$$

5）与金属有机试剂加成

与格氏试剂反应：

$$\underset{\delta^-}{\overset{\delta^+}{>}}C\!=\!\underset{\delta^+}{\overset{\delta^-}{O}} + RMgX \longrightarrow >C\!\!\underset{R}{\overset{OMgX}{<}} \xrightarrow{H^+} >C\!\!\underset{R}{\overset{OH}{<}}$$

格氏试剂与甲醛反应生成伯醇，与其他醛生成仲醇，与酮反应生成叔醇。该反应也可以在分子内发生，合成环状化合物。

$$Br(CH_2)_3COCH_3 \xrightarrow[\text{②}H_2O,H]{\text{①}Mg,THF}$$

6）与维悌希试剂加成

$$(C_6H_5)_3P: + RCH_2\!-\!X \xrightarrow{S_N2} \left[(C_6H_5)_3P^+\!-\!CH_2R\right]X^-$$

$$\left[(C_6H_5)_3P^+\!-\!CHR\right]X \xrightarrow[-HX]{n\text{-}C_4H_9Li} (C_6H_5)_3P^+\!-\!\bar{C}HR$$

$$\updownarrow$$

$$(C_6H_5)_3P\!=\!CHR + LiX + C_4H_{10}$$

$$>C\!=\!O + (C_6H_5)_3\overset{+}{P}\!-\!\bar{C}\!\!\underset{R}{\overset{R'}{<}} \longrightarrow >C\!=\!C\!\!\underset{R}{\overset{R'}{<}}$$

$$\updownarrow$$

$$(C_6H_5)_3P\!=\!C\!\!\underset{R}{\overset{R'}{<}}$$

反应特点：①可用于合成特定结构的烯烃；②醛、酮分子中的 $C\!=\!C$、$C\!\equiv\!C$ 对反应无影响，分子中的 COOH 对反应也无影响；③反应不发生分子重排，产率高；④能合成指定位置的双键化合物。

合成应用：合成烯烃和共轭烯烃

$$\bigcirc\!=\!O + Ph_3\overset{+}{P}\!-\!\bar{C}H_2 \longrightarrow \bigcirc\!=\!CH_2 + Ph_3PO$$

7）与氨及其衍生物的加成缩合

与氨的衍生物反应：

$$>C\!=\!O + H_2NOH \xrightarrow[-H_2O]{H^+} >C\!=\!NOH$$
肟

$$>C\!=\!O + H_2NNH_2 \xrightarrow[-H_2O]{H^+} >C\!=\!NNH_2$$
腙

$$>C\!=\!O + H_2NNH\!-\!\bigcirc\!\!\overset{NO_2}{\underset{}{}}\!\!-NO_2 \xrightarrow[-H_2O]{H^+} >C\!=\!NNH\!-\!\bigcirc\!\!\overset{NO_2}{\underset{}{}}\!\!-NO_2$$
2,4 二硝基苯腙

$$>C\!=\!O + H_2NNHC\!\!\overset{O}{\overset{\|}{}}\!NH_2 \xrightarrow[-H_2O]{H^+} >C\!=\!NNHC\!\!\overset{O}{\overset{\|}{}}\!NH_2$$
缩氨基脲

应用：肟、腙、缩氨基脲一般为固体，有固定的熔点，可用来鉴别醛、酮；它们也可酸性水解为原醛、酮，可用来分离和提纯醛、酮。

与仲胺的反应：

应用：烯胺是有机合成重要中间体。

3. α-H 的反应

1）α-H 的酸性及互变异构

在醛或酮分子中，α-C 上的氢具有一定的活泼性。这是由于 α-H 受到羰基的吸电子效应影响，容易以质子的形式离去。失去 α-H 后，α-C 上的负电荷与羰基发生 p-π 共轭，负电荷可以离域到氧原子上，使形成的烯醇氧负离子趋于稳定。实验表明，α-H 的 pK_a 值为 19～20，比乙炔（$pK_a=25$）的酸性还要强。

酸性或碱性环境对羰基 α-H 的解离都有催化作用。在酸的催化作用下生成产物烯醇。

在碱的催化作用下形成碳负离子或烯醇负离子。烯醇负离子中的氧发生质子化形成烯醇。

$$CH_3CCH_2 + OH^- \rightleftharpoons \left[CH_3\overset{O}{\overset{\|}{C}} - \overset{..}{\overset{.}{C}}H_2 \longleftrightarrow CH_3\overset{O^-}{\overset{\|}{C}} = CH_2 \right] + H_2O$$

$$\rightleftharpoons CH_3\overset{OH}{\overset{|}{C}} = CH_2 + OH^-$$

　　烯醇是醛和酮的不稳定异构体。在溶液中有 α-H 的醛、酮存在酮式-烯醇式互变异构。对于一般的醛和酮，烯醇式在平衡体系中的含量极少，主要以酮式异构体存在：

$$CH_3 - \overset{O}{\overset{\|}{C}} - H \rightleftharpoons CH_2 = \overset{OH}{\overset{|}{C}} - H$$

含量 > 99%

$$CH_3\overset{O}{\overset{\|}{C}}CH_3 \rightleftharpoons CH_3\overset{OH}{\overset{|}{C}} = CH_2$$

含量~100%

　　在类似二酮的平衡体系中，烯醇式能被其他基团稳定化，烯醇式含量会增多：

$$CH_3 - \overset{O}{\overset{\|}{C}} - CH_2 - \overset{O}{\overset{\|}{C}} - CH_3 \rightleftharpoons CH_3 - \overset{OH\text{-}\text{-}\text{-}\text{-}\text{-}\text{-}O}{\overset{|}{C}} = CH - \overset{}{\overset{\|}{C}} - CH_3$$

含量 80%

2）卤化反应

$$-\overset{O}{\overset{\|}{C}} - \overset{|}{\underset{H}{C}} - + X_2 \xrightarrow[OH^-]{H^+ \text{或}} -\overset{O}{\overset{\|}{C}} - \overset{|}{\underset{X}{C}} - + X^-$$

　　酸性反应机理：

$$-\overset{O}{\overset{\|}{C}} - \overset{|}{\underset{H}{C}} - \xrightarrow{H^+} -\overset{+OH}{\overset{\|}{C}} - \overset{|}{\underset{H}{C}} - \xrightarrow[慢]{-H^+} -\overset{OH}{\overset{|}{C}} = C - \xrightarrow[快]{X-X} -\overset{OH^+}{\overset{|}{C}} - \overset{|}{\underset{X}{C}} - \xrightarrow{-H^+} -\overset{O}{\overset{\|}{C}} - \overset{|}{\underset{X}{C}} -$$

　　注意：一元卤代醛酮进一步卤代较困难，可通过控制卤素的量，使反应停留在一元阶段。

碱性反应机理：

$$-\overset{O}{\overset{\|}{C}} - \overset{|}{\underset{H}{C}} - \xrightarrow[慢]{OH^-} \left[-\overset{O}{\overset{\|}{C}} - \overset{..}{\overset{.}{C}} - \longleftrightarrow -\overset{O^-}{\overset{|}{C}} = C - \right] \xrightarrow[快]{X-X} -\overset{O}{\overset{\|}{C}} - \overset{|}{\underset{X}{C}} -$$

　　注意：一元卤代醛酮可进一步卤代，直至此碳原子上的氢被全部卤代。

卤仿反应：

$$R - \overset{O}{\overset{\|}{C}} - CH_3 \xrightarrow[OH^-]{NaOX} R - \overset{O}{\overset{\|}{C}} - CX_3 \xrightarrow{OH^-} R - \overset{O}{\overset{\|}{C}} - ONa + CHX_3$$

若 X_2 用 Cl_2 则得到 $CHCl_3$（氯仿）液体；若 X_2 用 Br_2 则得到 $CHBr_3$（溴仿）液体；若 X_2 用 I_2 则得到 CHI_3（碘仿）黄色固体，可用于鉴别。

碘仿反应：

$$R - \overset{\overset{O}{\|}}{C} - CH_3 + I_2 + NaOH \longrightarrow R - \overset{\overset{O}{\|}}{C}ONa + CHI_3\downarrow$$

卤仿反应的应用：①利用碘仿反应鉴别乙醛、甲基酮或 2-醇；②利用卤仿反应合成比原料少一个碳原子的羧酸。

3）缩合反应

羟醛缩合：在稀碱溶液中，两分子乙醛缩合生成 β-羟基丁醛，加热时 β-羟基丁醛易失去一分子水，变成 α, β-不饱和醛。

$$CH_3CHO \xrightarrow{稀OH^-} \bar{C}H_2CHO \xrightarrow{CH_3CHO} CH_3\underset{\underset{O^-}{|}}{C}HCH_2CHO \xrightarrow{H_2O} CH_3\underset{\underset{OH}{|}}{C}HCH_2CHO$$

$$\xrightarrow[-H_2O]{\triangle} CH_3CH = CHCHO$$

注意：除乙醛羟醛缩合得到直链化合物外，其他醛的羟醛缩合产物都是带有支链的。

$$2CH_3CH_2CHO \xrightarrow{稀OH^-} CH_3CH_2\underset{\underset{OH}{|}}{C}H\overset{\overset{CH_3}{|}}{C}HCHO$$

交错羟醛缩合：使用两种带有 α-H 的不同的醛进行羟醛缩合，产物至少有四种产物，不适于在合成上应用；若一种无 α-H 的醛，和另一种有 α-H 的醛进行羟醛缩合，则有合成价值。

$$C_6H_5CHO + CH_3CH_2CHO \xrightarrow{稀OH^-} C_6H_5CH = \overset{\overset{}{|}}{\underset{\underset{CH_3}{|}}{C}}CHO$$

酮也能发生类似的缩合反应，但较醛的缩合困难。

4. 氧化和还原

1）氧化反应

土伦试剂：硝酸银的氨水溶液，与醛作用，生成的银沉淀在试管壁上，形成银镜。

$$RCHO + Ag(NH_3)_2^+ \xrightarrow{50\sim60℃} RCOONH_4 + Ag\downarrow$$

费林试剂：硫酸铜、氢氧化钠和酒石酸钾钠的溶液，与醛反应生成砖红色的氧化亚铜沉淀。

注意：芳醛不能和费林试剂作用。碳碳双键和碳碳叁键不被土伦试剂和费林试剂氧化。

应用：醛易被氧化，而酮难被氧化。常用土伦试剂和费林试剂来定性鉴别醛、酮。

2）还原反应

催化加氢：醛酮催化氢化得醇，分子中有碳碳双键和碳碳叁键时，同时被氢化。

$$CH_3CH = CHCH_2CHO \xrightarrow{H_2,Ni} CH_3CH_2CH_2CH_2CH_2OH$$

金属氢化物的还原：$LiAlH_4$ 或 $NaBH_4$ 可以把羰基还原为醇羟基，反应机理是提供负氢离子对羰基进行亲核加成。

$$—\overset{\overset{\displaystyle O}{\|}}{C}— \xrightarrow{\bar{H}—AlH_3} —\overset{\displaystyle OAl\bar{H}_3}{\underset{\displaystyle H}{C}}— \xrightarrow{H_2O} —\overset{\displaystyle OH}{\underset{\displaystyle H}{C}}—$$

注意：$LiAlH_4$ 或 $NaBH_4$ 不能还原碳碳双键和碳碳叁键。

$$CH_3CH\!=\!CHCH_2CHO \xrightarrow[或 NaBH_4]{LiAlH_4} CH_3CH\!=\!CHCH_2CH_2OH$$

$LiAlH_4$ 是强还原剂，但选择性差，除不还原 $C\!=\!C$、$C\!\equiv\!C$ 外，其他不饱和键均可被还原；不稳定，遇水剧烈反应，通常只能在无水醚或 THF 中使用。

$NaBH_4$ 还原的特点：选择性强，只还原醛、酮、酰卤中的羰基，不还原其他基团；稳定，不受水、醇的影响，可在水或醇中使用。

Meerwein-Ponndorf 还原：在异丙醇铝的存在下，以异丙醇为还原剂，反应中只还原醛或酮的羰基，而不影响分子中的其他基团。

$$\overset{\displaystyle R}{\underset{\displaystyle R}{>}}C\!=\!O + CH_3\overset{}{\underset{\displaystyle OH}{C}}HCH_3 \underset{}{\overset{[(CH_3)_2CHO]_3Al}{\rightleftharpoons}} \overset{\displaystyle R}{\underset{\displaystyle R}{>}}CH\!-\!OH + CH_3\overset{\overset{\displaystyle O}{\|}}{C}CH_3$$

此反应为 Oppenauer 醇氧化的逆反应

克莱门森（Clemmenson）还原：在酸性条件下，将羰基还原为亚甲基。

$$\overset{\displaystyle R}{\underset{\displaystyle R}{>}}C\!=\!O \xrightarrow[HCl]{Zn-Hg} \overset{\displaystyle R}{\underset{\displaystyle R}{>}}CH_2$$

沃尔夫–凯西纳（Wolff-Kisher）-黄鸣龙还原：在碱性条件下，将羰基还原为亚甲基。

$$\overset{\displaystyle R}{\underset{\displaystyle R}{>}}C\!=\!O \xrightarrow{NH_2—NH_2} \overset{\displaystyle R}{\underset{\displaystyle R}{>}}C\!=\!N\!-\!NH_2 \xrightarrow[二缩乙二醇]{NaOH,\triangle} \overset{\displaystyle R}{\underset{\displaystyle R}{>}}CH_2$$

康尼查罗（Cannizzaro）反应：不含 α-H 的醛与强碱的浓溶液共热，一分子醛被氧化成羧酸，另一分子醛被还原成醇，这一反应又称歧化反应。

$$HCHO \xrightarrow[\triangle]{浓OH^-} HCOONa + CH_3OH$$

$$\underset{CHO}{\bigcirc} \xrightarrow[\triangle]{浓OH^-} \underset{COONa}{\bigcirc} + \underset{CH_2OH}{\bigcirc}$$

交错康尼查罗反应：不同分子间反应，选甲醛和另一无 α-H 的醛有使用价值，总是甲醛被氧化成羧酸，另一醛被还原成醇。

$$\underset{CHO}{\bigcirc} + HCHO \xrightarrow[\triangle]{浓OH^-} HCOOH + \underset{CH_2OH}{\bigcirc}$$

$$HOCH_2 - \overset{\overset{\displaystyle CH_2OH}{|}}{\underset{\underset{\displaystyle CH_2OH}{|}}{C}} - CHO + HCHO \xrightarrow[\triangle]{\text{浓}OH^-} C(CH_2OH)_4 + HCOOH$$

季戊四醇

六、α,β-不饱和醛、酮的特性

1. 亲电加成

$$CH_2 = CH - CHO + HX \longrightarrow \overset{}{\underset{\underset{\displaystyle X}{|}}{CH_2}} - \overset{}{\underset{\underset{\displaystyle H}{|}}{CH}} - CHO$$

注意：①α, β-不饱和醛、酮的亲电加成，发生在碳碳双键上；②由于羰基的影响，碳碳双键反应活性比烯烃低得多，得到的加成产物一般为反马氏规则的产物。

2. 亲核加成

$$-\overset{}{\underset{|}{C}} = \overset{}{\underset{|}{C}} - \overset{}{\underset{|}{C}} = O \xrightarrow{Nu^-} -\overset{}{\underset{|}{C}} = \overset{}{\underset{|}{C}} - \overset{\overset{\displaystyle Nu}{|}}{C} - O^- + -\overset{}{\underset{|}{C}} - \overset{\overset{\displaystyle Nu}{|}}{\underset{|}{C}} = \overset{}{\underset{|}{C}} - O^-$$

1,2-加成 $\qquad$ 1,4-加成

与 HCN、NaHSO$_3$、ROH 等较弱的亲核试剂作用时，一般生成 1,4-加成产物。

$$CH_2 = \overset{}{\underset{\underset{\displaystyle CH_3}{|}}{CHC}} = O \xrightarrow{HCN} CH_2 \overset{}{\underset{\underset{\displaystyle CN}{|}}{CH}} = \overset{}{\underset{\underset{\displaystyle CH_3}{|}}{C}} - OH \xrightarrow{\text{重排}} CH_2 \overset{}{\underset{\underset{\displaystyle CN}{|}}{CH_2}} COCH_3$$

与格氏试剂作用，可生成 1,2-和 1,4-加成产物，羰基附近位阻大时，有利于生成 1,4-加成产物。

$$C_6H_5CH = CHCH = O \xrightarrow[1,2-\text{加成}]{C_2H_5MgBr} C_6H_5CH = CHCH \overset{}{\underset{\underset{\displaystyle C_2H_5}{|}}{-}} OMgBr$$

$$\xrightarrow{H_2O,H^+} C_6H_5CH = CHCH \overset{}{\underset{\underset{\displaystyle C_2H_5}{|}}{-}} OH$$

$$C_6H_5CH = \overset{}{\underset{\underset{\displaystyle C_6H_5}{|}}{CHC}} = O \xrightarrow[1,4-\text{加成}]{C_2H_5MgBr} C_6H_5 \overset{}{\underset{\underset{\displaystyle C_2H_5}{|}}{CHCH}} = \overset{}{\underset{\underset{\displaystyle C_6H_5}{|}}{C}} - OMgBr$$

$$\xrightarrow{H_2O,H^+} C_6H_5 \overset{}{\underset{\underset{\displaystyle C_2H_5}{|}}{CHCH}} = \overset{}{\underset{\underset{\displaystyle C_6H_5}{|}}{C}} - OH \xrightarrow{\text{重排}} C_6H_5 \overset{}{\underset{\underset{\displaystyle C_2H_5}{|}}{CHCH_2}} \overset{}{\underset{\underset{\displaystyle C_6H_5}{|}}{C}} = O$$

3. 还原反应

催化氢化可同时还原碳碳双键和羰基，但选用 Pd-C 作催化剂可以只还原碳碳双键，而保留羰基。

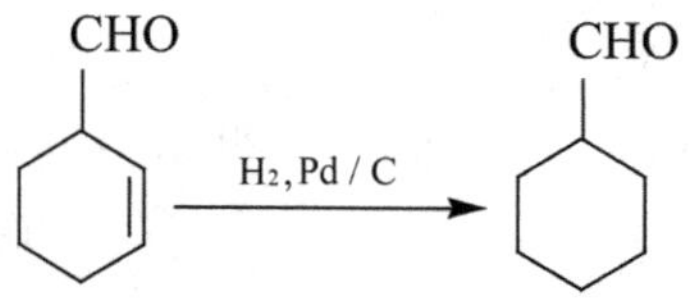

LiAlH₄ 和 NaBH₄ 只还原羰基，不还原孤立碳碳双键。

4. 迈克尔加成与罗宾森环化

1）迈克尔加成

α,β-不饱和羰基化合物的 β-C 是亲电性的，而碳负离子具有亲核性，二者之间可以发生加成反应。含活性亚甲基的化合物在碱性条件下生成的碳负离子，与 α,β-不饱和醛、酮或 α,β-不饱和腈等的共轭加成（1,4-加成）称为迈克尔（Michael）反应。

迈克尔加成反应必须在碱的催化下进行，常用的碱有金属钠、乙醇钠、氢化钠、氨基钠和有机碱等。

2）罗宾森环化

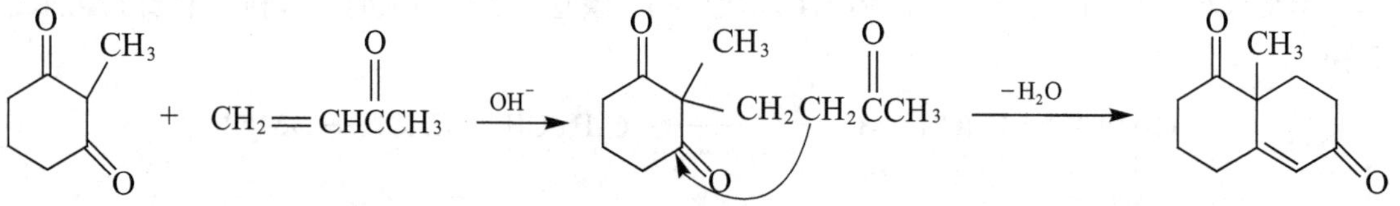

有些迈克尔受体，最先产生的加成产物可以进一步发生分子内的羟醛缩合反应，形成新环。迈克尔加成后又进行的羟醛缩合反应称为罗宾森（Robinson）环化反应。罗宾森环化在多环体系的合成中有广泛应用。例如：

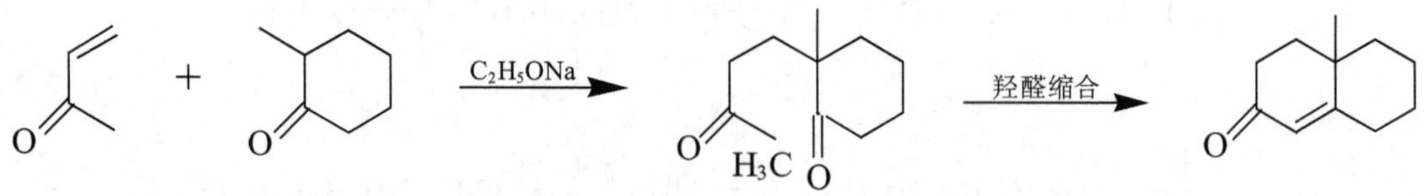

七、醛、酮的实验室制法

（1）醇的氧化。

[O]：K₂Cr₂O₇ - 稀 H₂SO₄；CrO₃-Py₂；CH₃COCH₃-(ⁱPrO)₃Al

（2）羧酸衍生物的还原。

$$RCOCl \xrightarrow[\text{②} H_3O^+]{\text{①} LiAl(OBu\text{-}t)_3H} RCHO \qquad RCO_2R' \xrightarrow[\text{②} H_3O^+]{\text{①} LiAl(OBu\text{-}n)_2H_2} RCHO$$

（3）傅氏酰基化反应。

Ⅱ．例 题 解 析

【例 11-1】　写出丙醛和下列试剂反应时生成产物的构造式。

（1）NaBH$_4$ 在氢氧化钠水溶液中　　（2）C$_6$H$_5$MgBr 然后加 H$_3$O$^+$

（3）LiAlH$_4$，然后加水　　　　　　（4）NaHSO$_3$

（5）NaHSO$_3$ 然后加 NaCN　　　　（6）稀碱

（7）稀碱，然后加热　　　　　　　（8）催化加氢

（9）乙二醇，酸　　　　　　　　　（10）溴在乙酸中

（11）硝酸银氨溶液　　　　　　　　（12）NH$_2$OH

（13）苯肼

答　（1）CH$_3$CH$_2$CH$_2$OH　　（2）$\underset{\hspace{0.6em}}{CH_3CH_2\overset{\displaystyle OH}{\underset{\displaystyle}{C}}}\!-\!C_6H_5$　　（3）CH$_3$CH$_2$CH$_2$OH

（4）$CH_3CH_2\overset{\displaystyle SO_3Na}{\underset{\displaystyle OH}{CH}}$　　（5）$CH_3CH_2\overset{\displaystyle CN}{\underset{\displaystyle OH}{CH}}$　　（6）$CH_3CH_2\overset{\displaystyle OH}{\underset{\displaystyle CH_3}{CH}}\!-\!CHCHO$

（7）$CH_3CH_2CH\!=\!\underset{\displaystyle CH_3}{C}CHO$　（8）CH$_3$CH$_2$CH$_2$OH　　（9）$CH_3CH_2CH\overset{\displaystyle O}{\underset{\displaystyle O}{\big\langle}}$

（10）$CH_3\overset{\displaystyle Br}{\underset{\displaystyle}{CH}}CHO$　　　（11）CH$_3$CH$_2$COO$^-$+Ag↓　（12）CH$_3$CH$_2$CH=NOH

（13）$CH_3CH_2CH\!=\!NNH\!-\!\!\bigcirc$

【例 11-2】　对甲基苯甲醛在下列反应中得到什么产物？

（1）$CH_3\!-\!\!\bigcirc\!\!-\!CHO + CH_3CHO \xrightarrow[\triangle]{5\%NaOH(aq)}$?

（2）$CH_3\!-\!\!\bigcirc\!\!-\!CHO \xrightarrow[\triangle]{40\%NaOH(aq)}$?

（3）$CH_3\!-\!\!\bigcirc\!\!-\!CHO + HCHO \xrightarrow[\triangle]{40\%NaOH(aq)}$?

（4）$CH_3\!-\!\!\bigcirc\!\!-\!CHO \xrightarrow{KMnO_4,\ H^+}$?

分析：对甲基苯甲醛为无 α-H 的醛，在稀碱条件下可与有 α-H 的醛发生羟醛缩合；在浓

碱条件下自身发生歧化反应，一分子被氧化，一分子被还原；在浓碱条件下与甲醛发生歧化反应，自身被还原，甲醛被氧化；在酸性高锰酸钾条件下，甲基和醛基都被氧化。

答

(1) CH$_3$—⟨benzene⟩—CHO + CH$_3$CHO $\xrightarrow[\triangle]{5\%\text{NaOH(aq)}}$ CH$_3$—⟨benzene⟩—CH=CHCHO

(2) CH$_3$—⟨benzene⟩—CHO $\xrightarrow[\triangle]{40\%\text{NaOH(aq)}}$ CH$_3$—⟨benzene⟩—COONa +

CH$_3$—⟨benzene⟩—CH$_2$OH

(3) CH$_3$—⟨benzene⟩—CHO + HCHO $\xrightarrow[\triangle]{40\%\text{NaOH(aq)}}$ CH$_3$—⟨benzene⟩—CH$_2$OH + HCOONa

(4) CH$_3$—⟨benzene⟩—CHO $\xrightarrow{\text{KMnO}_4,\text{H}^+}$ HOOC—⟨benzene⟩—COOH

【例 11-3】 用简单化学方法鉴别下列各组化合物。

（1）丙醛、丙酮、丙醇和异丙醇　　　　（2）戊醛、2-戊酮和环戊酮

答　（1）

$\left.\begin{array}{l} \text{CH}_3\text{CH}_2\text{CHO} \\ \text{CH}_3\text{COCH}_3 \\ \text{CH}_3\text{CH}_2\text{CH}_2\text{OH} \\ (\text{CH}_3)_2\text{CHOH} \end{array}\right\} \xrightarrow{\text{NaHSO}_3}$ $\left.\begin{array}{l}\text{白色晶体} \\ \text{白色晶体}\end{array}\right\}\xrightarrow[\text{OH}^-]{\text{I}_2}\begin{array}{l}×\\ \text{黄色沉淀}\end{array}$ $\left.\begin{array}{l}×\\×\end{array}\right\}\xrightarrow[\text{OH}^-]{\text{I}_2}\begin{array}{l}×\\ \text{黄色沉淀}\end{array}$

（2）

$\left.\begin{array}{l} \text{CH}_3\text{CH}_2\text{CH}_2\text{CH}_2\text{CHO} \\ \text{⟨cyclopentanone⟩} \\ \text{CH}_3\text{CH}_2\text{CH}_2\text{COCH}_3 \end{array}\right\}\xrightarrow[\text{OH}^-]{\text{I}_2}\begin{array}{l}×\\×\\ \text{黄色沉淀}\end{array}$ $\left.\begin{array}{l}×\\×\end{array}\right\}\xrightarrow{\text{Ag(NH}_3)_2\text{NO}_3}\begin{array}{l}\text{银镜}\\×\end{array}$

【例 11-4】 将下列各组化合物按其羰基的活性排列成序。

（1）
$$\text{CH}_3\text{CHO} > \text{CH}_3\overset{\text{O}}{\overset{\|}{\text{C}}}\text{CH}_3 > \text{CH}_3\overset{\text{O}}{\overset{\|}{\text{C}}}\text{CH}_2\text{CH}_3 > (\text{CH}_3)_3\text{C}\overset{\text{O}}{\overset{\|}{\text{C}}}\text{C}(\text{CH}_3)_3$$

（2）
$$\text{C}_2\text{H}_5\overset{\text{O}}{\overset{\|}{\text{C}}}\text{CH}_3 , \quad \text{CH}_3\overset{\text{O}}{\overset{\|}{\text{C}}}\text{CCl}_3$$

分析：羰基的活性次序是 HCHO > RCHO > CH$_3$COCH$_3$ > CH$_3$COR > RCOR′ > ArCOR。当羰基与吸电子基团如—CHO，—CCl$_3$ 等相连时，反应活性增强；而与一些空间位阻大的基团相连时，反应活性降低。

答　（1）
$$\text{CH}_3\text{CHO} > \text{CH}_3\overset{\text{O}}{\overset{\|}{\text{C}}}\text{CH}_3 > \text{CH}_3\overset{\text{O}}{\overset{\|}{\text{C}}}\text{CH}_2\text{CH}_3 > (\text{CH}_3)_3\text{C}\overset{\text{O}}{\overset{\|}{\text{C}}}\text{C}(\text{CH}_3)_3$$

（2）
$$\text{CH}_3\overset{\text{O}}{\overset{\|}{\text{C}}}\text{CCl}_3 > \text{C}_2\text{H}_5\overset{\text{O}}{\overset{\|}{\text{C}}}\text{CH}_3$$

【例 11-5】 将下列化合物按照形成烯醇式由易到难的顺序排列。

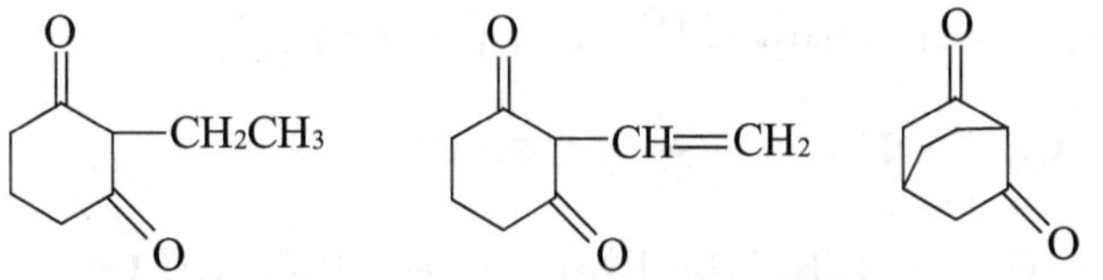

A B C

答

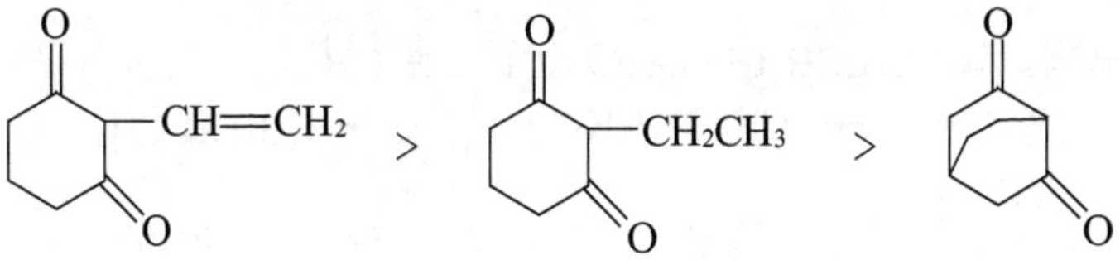

A B C

【例 11-6】 写出下列反应机理。

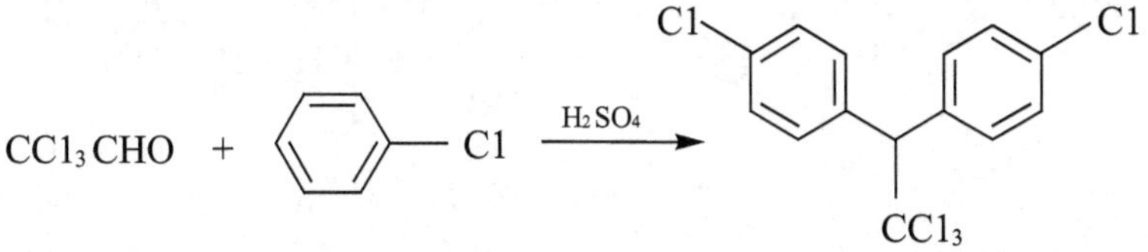

答

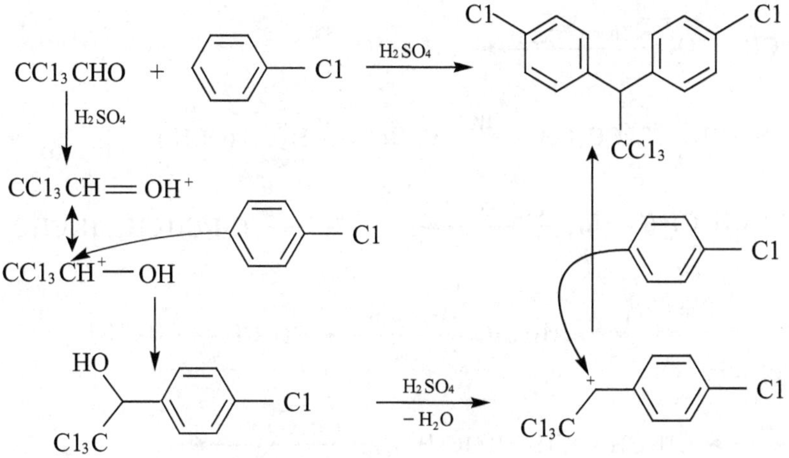

【例 11-7】 以下列化合物为主要原料，用反应式表示合成方法。

（1）$CH_3CH = CH_2, CH \equiv CH \longrightarrow CH_3CH_2CH_2COCH_2CH_2CH_2CH_3$

（2）$CH_3CH = CH_2, CH_3CH_2CH_2COCH_3 \longrightarrow$

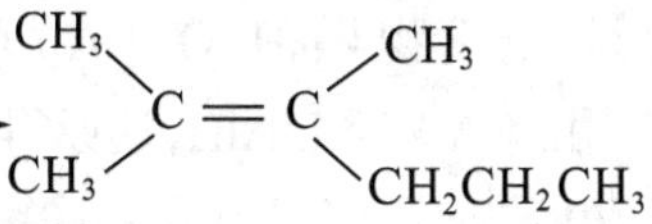

（3）$CH_2 = CH_2, BrCH_2CH_2CHO \longrightarrow$

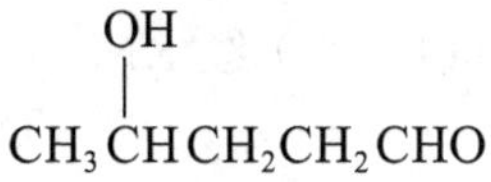

（4）$C_2H_5OH \longrightarrow$

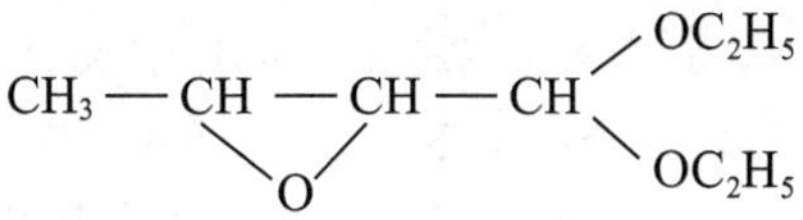

答　（1）$CH_3CH = CH_2 + HBr \xrightarrow{ROOR} CH_3CH_2CH_2Br$

$CH \equiv CH + NaNH_2 \longrightarrow NaC \equiv CNa$

$NaC \equiv CNa + 2CH_3CH_2CH_2Br \longrightarrow CH_3CH_2CH_2C \equiv CCH_2CH_2CH_3$

（2）$CH_3CH = CH_2 + HBr \longrightarrow \underset{\underset{Br}{|}}{CH_3CHCH_3} \xrightarrow[(C_2H_5)_2O]{Mg} \underset{\underset{MgBr}{|}}{CH_3CHCH_3}$

其中 $\xrightarrow{H_2O, HgSO_4, H_2SO_4} CH_3CH_2CH_2COCH_2CH_2CH_2CH_3$

$\xrightarrow{CH_3CH_2CHCOCH_3} \xrightarrow{H_2O} \underset{\underset{CH_3}{\overset{CH_3}{|}}}{CH} - \underset{\underset{OH}{|}}{\overset{CH_3}{\overset{|}{C}}} \overset{CH_3}{\underset{CH_2CH_2CH_3}{}} \xrightarrow[\triangle]{H_2SO_4}$

$\underset{\underset{CH_3}{|}}{\overset{CH_3}{\overset{|}{C}}} = \underset{CH_2CH_2CH_3}{\overset{CH_3}{C}}$

（3）$CH_2 = CH_2 + O_2 \xrightarrow[\triangle]{PdCl_2, CuCl} CH_3CHO$

$BrCH_2CH_2CHO + 2CH_3OH \xrightarrow{HCl} BrCH_2CH_2CH(OCH_3)_2 \xrightarrow[(C_2H_5)_2O]{Mg}$

$BrMgCH_2CH_2CH(OCH_3)_2 \xrightarrow{CH_3CHO} \xrightarrow{H_3O^+} \underset{\underset{OH}{|}}{CH_3CHCH_2CH_2CHO}$

（4）$C_2H_5OH \xrightarrow{沙瑞特试剂} CH_3CHO \xrightarrow[\triangle]{5\%NaOH} CH_3CH = CHCHO$

$\xrightarrow[HCl]{2C_2H_5OH} CH_3CH = CHCH(OC_2H_5)_2 \xrightarrow{F_3CCOOH}$

$CH_3 - \underset{\diagdown_{O}\diagup}{\overset{}{CH} - CH} - CH\overset{OC_2H_5}{\underset{OC_2H_5}{}}$

【例 11-8】　化合物 $C_{10}H_{12}O_2$（A）不溶于 NaOH 溶液，能与 2,4-二硝基苯肼反应，但不与土伦试剂作用。（A）经 $LiAlH_4$ 还原得 $C_{10}H_{14}O_2$（B）。（A）和（B）都进行碘仿反应。（A）与 HI 作用生成 $C_9H_{10}O_2$（C），（C）能溶于 NaOH 溶液，但不溶于 Na_2CO_3 溶液。（C）经克莱门森还原生成 $C_9H_{12}O$（D）；（C）经 $KMnO_4$ 氧化得对羟基苯甲酸。试写出（A）～（D）可能的构造式。

分析：（A）分子式 $C_{10}H_{12}O_2$ 说明不饱和度为 5；（C）氧化得对羟基苯甲酸说明（A）中含苯环，苯环上有两个处于对位的基团；（A）不溶于 NaOH 溶液说明不含酚羟基；与 2,4-二硝基苯肼反应，但不与土伦试剂作用说明含羰基不是醛基；（A）与 HI 作用说明含醚键；（C）溶于 NaOH 溶液，不溶于 Na_2CO_3 溶液说明含酚羟基；综合以上信息，推断出（A）～（D）的构造式。

答 （A） 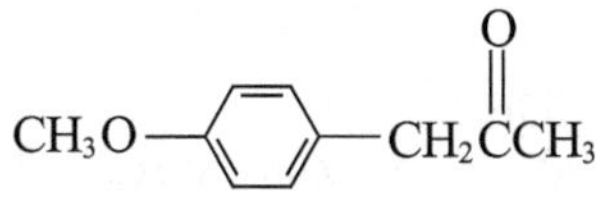 CH_3O—⟨⟩—CH_2—$\overset{\overset{O}{\|}}{C}CH_3$ （B） CH_3O—⟨⟩—CH_2—$\overset{\overset{OH}{|}}{C}HCH_3$

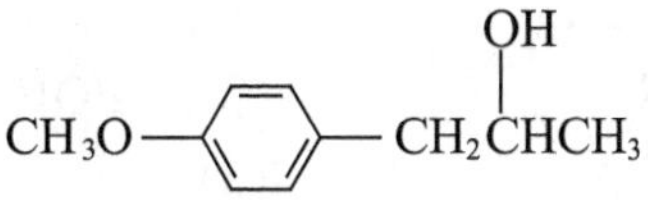

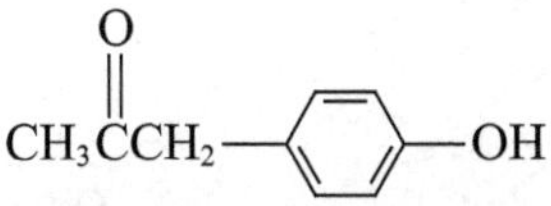

（C） $CH_3\overset{\overset{O}{\|}}{C}CH_2$—⟨⟩—$OH$ （D） 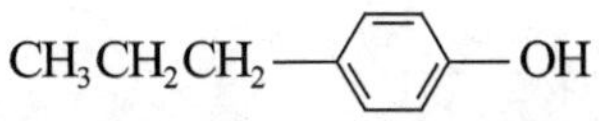 $CH_3CH_2CH_2$—⟨⟩—OH

【例 11-9】 化合物（A）的分子式为 $C_6H_{12}O_3$，在 $1710cm^{-1}$ 处有强吸收峰。（A）和碘的氢氧化钠溶液作用得黄色沉淀，与土伦试剂作用无银镜产生。但（A）用稀 H_2SO_4 处理后，所生成的化合物与土伦试剂作用有银镜产生。（A）的 NMR 数据如下：$\delta=2.1ppm$（3H，单峰）；$\delta=2.6ppm$（2H，双峰）；$\delta=3.2ppm$（6H，单峰）；$\delta=4.7ppm$（1H，三重峰）。写出（A）的构造式及反应式。

分析：（A）在 $1710cm^{-1}$ 处有强吸收峰，与碘的氢氧化钠溶液作用得黄色沉淀，与土伦试剂作用无银镜产生说明含有 CH_3CO—结构；（A）用稀 H_2SO_4 处理后，生成的化合物与土伦试剂作用有银镜产生说明含有醛基与醇反应生成的缩醛结构；$\delta=2.6ppm$（2H，双峰），$\delta=4.7ppm$（1H，三重峰）说明含—CH_2CH—结构；综合以上信息可推断出（A）的构造式。

答 A 的构造式为 $\underset{a}{CH_3}—\overset{\overset{O}{\|}}{\underset{\ }{C}}—\underset{b}{CH_2}—\underset{c}{CH}\overset{OCH_3}{\underset{OCH_3}{\big\langle}}d$

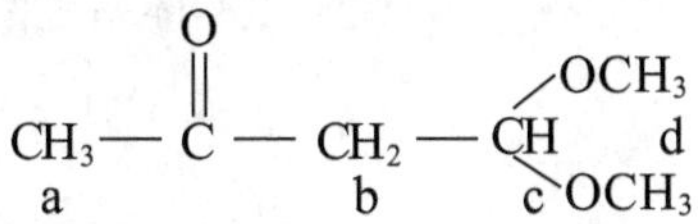

$\delta_a=2.1ppm$（3H，单峰）；$\delta_b=2.6ppm$（2H，双峰）；$\delta_c=4.7ppm$（1H，三重峰）；$\delta_d=3.2ppm$（6H，单峰）。

有关反应式如下：

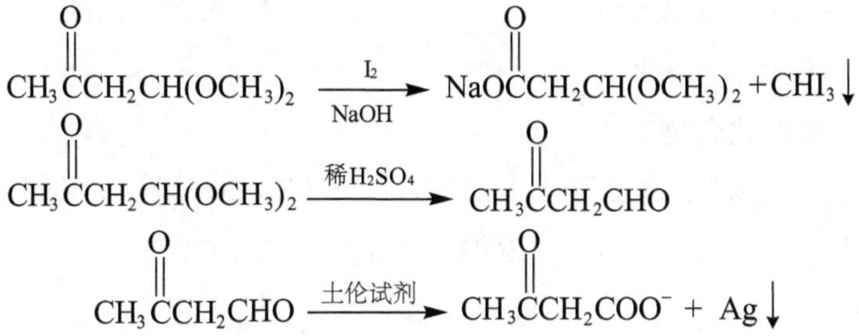

$CH_3\overset{\overset{O}{\|}}{C}CH_2CH(OCH_3)_2 \xrightarrow[\text{NaOH}]{I_2} NaO\overset{\overset{O}{\|}}{C}CH_2CH(OCH_3)_2 + CHI_3\downarrow$

$CH_3\overset{\overset{O}{\|}}{C}CH_2CH(OCH_3)_2 \xrightarrow{\text{稀}H_2SO_4} CH_3\overset{\overset{O}{\|}}{C}CH_2CHO$

$CH_3\overset{\overset{O}{\|}}{C}CH_2CHO \xrightarrow{\text{土伦试剂}} CH_3\overset{\overset{O}{\|}}{C}CH_2COO^- + Ag\downarrow$

Ⅲ. 部分习题与解答

1. 用普通命名法和 IUPAC 法命名下列化合物。

(1) 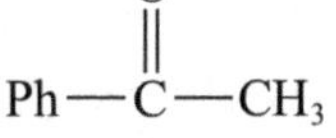 $Ph—\overset{\overset{O}{\|}}{C}—CH_3$ (2) 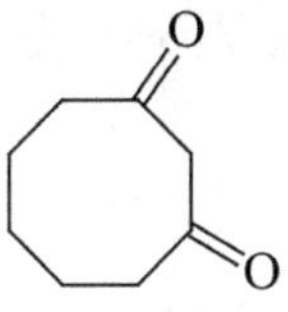 ⟨环辛烷二酮⟩ (3) $(CH_3)_3CCHO$ (4) 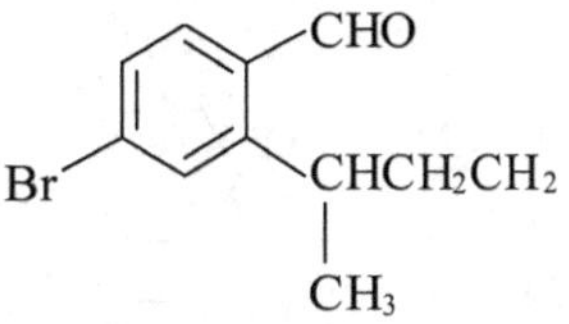 ⟨结构图：4-溴，CHO，$\overset{|}{C}HCH_2CH_3$，CH_3⟩

(5) Cl_3CCHO (6) 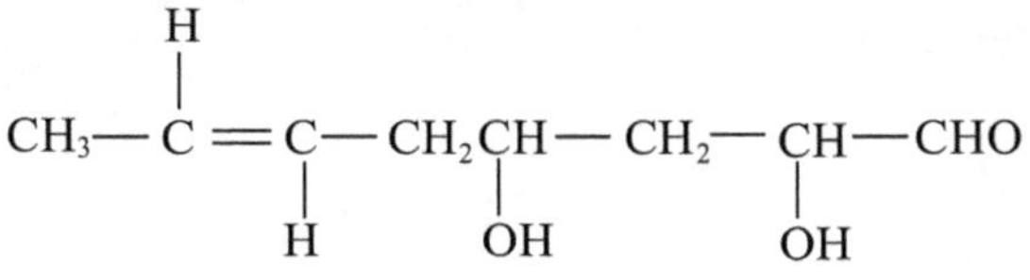 $CH_3—\overset{\overset{H}{|}}{C}=\overset{\overset{H}{|}}{C}—CH_2\overset{\overset{|}{\ }}{\underset{OH}{C}}H—CH_2—\overset{\overset{|}{\ }}{\underset{OH}{C}}H—CHO$

(7) 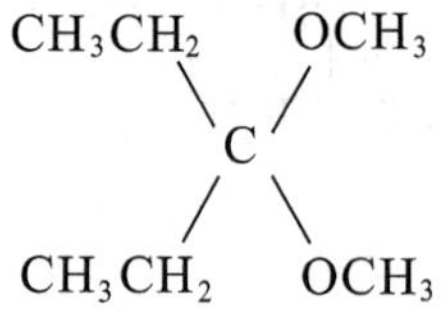
$$CH_3CH_2—\overset{\displaystyle OCH_3}{\underset{\displaystyle OCH_3}{\overset{|}{\underset{|}{C}}}}—CH_2CH_3$$

(8) 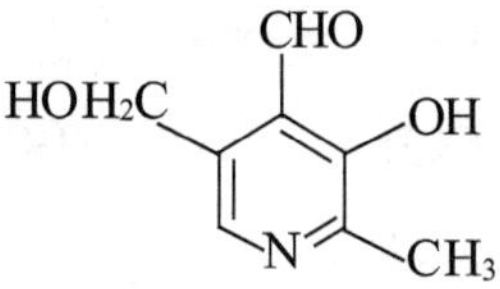 吡哆醛结构

(9) 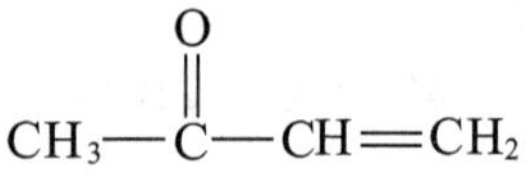 $CH_3—\overset{\displaystyle O}{\overset{\|}{C}}—CH=CH_2$

(10)

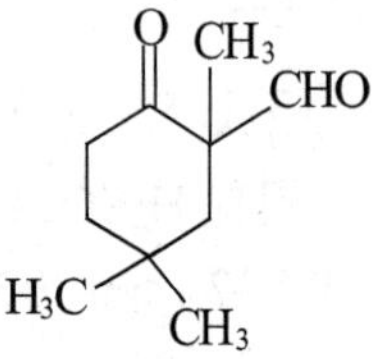

(11)

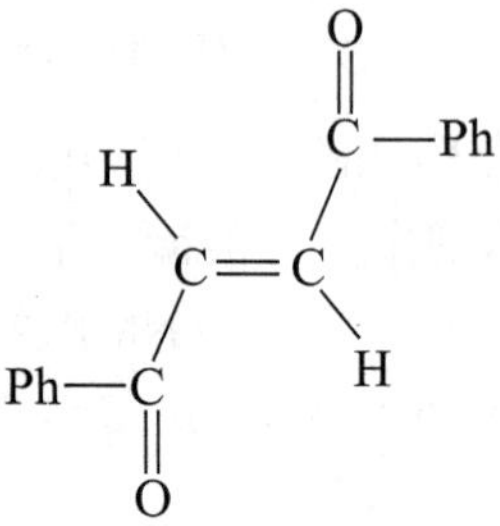

(12) 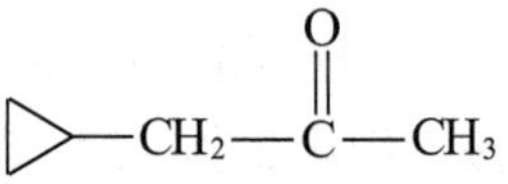 $\triangleright—CH_2—\overset{\displaystyle O}{\overset{\|}{C}}—CH_3$

(13) 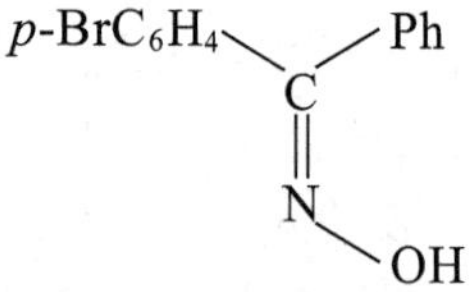 $p\text{-}BrC_6H_4—\overset{\displaystyle Ph}{\underset{\displaystyle \|}{C}}$，下接 $N—OH$

答　（1）甲基苯基酮；苯乙酮　　　　　　（2）1,3-环辛二酮

（3）2,2-二甲基丙醛　　　　　　　　　　　（4）2-仲丁基-4-溴苯甲醛

（5）三氯乙醛　　　　　　　　　　　　　　（6）2,4-二羟基-6-辛烯醛

（7）3-戊酮二甲基缩醛；3,3-二甲氧基戊烷　（8）吡哆醛

（9）甲基乙烯基酮；3-丁烯-2-酮　　　　　　（10）2,4,4-三甲基-2-甲酰基环己酮

（11）（反）-二苯甲酰基乙烯　　　　　　　　（12）环丙基丙酮

（13）（反）-对溴二苯酮肟

4. 怎样区别下列各组化合物?

（1）环己烯、环己酮、环己醇　　　　　　　（2）2-己醇、3-己醇、环己酮

（3）

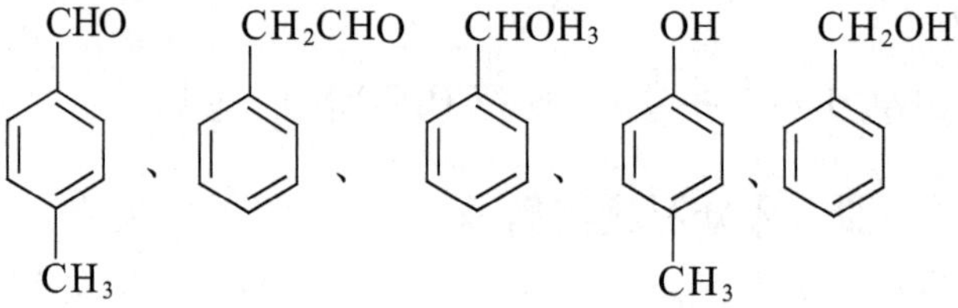

答　（1）

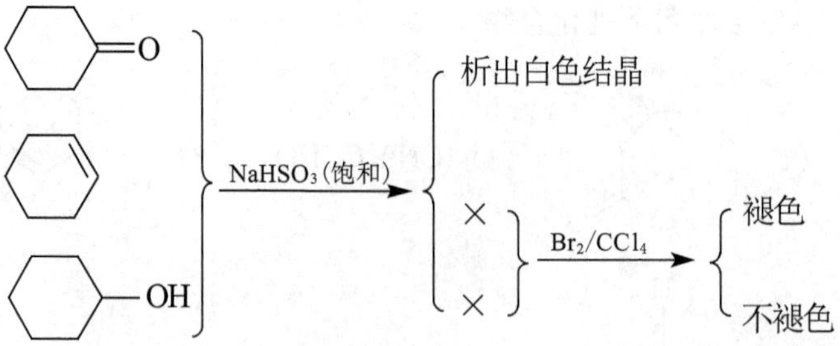

环己烯 / 环己酮 / 环己醇 ——NaHSO₃(饱和)→ 析出白色结晶 ;

×，× ——Br₂/CCl₄→ 褪色 ; 不褪色

（2）

$$
\begin{array}{l}
\underset{\text{OH}}{|}\\
CH_3CH(CH_2)_3CH_3\\[4pt]
\underset{\text{OH}}{|}\\
CH_3CH_2CH(CH_2)_2CH_3
\end{array}
$$

环己酮 ＝O

$\xrightarrow{\text{2,4-二硝基苯肼}}$

$$
\begin{cases}
\times\\
\times
\end{cases}
\xrightarrow{I_2+NaOH}
\begin{cases}
CHI_3(\text{黄色结晶})\\
\times
\end{cases}
$$

2,4-二硝基苯腙(黄色结晶)

（3）

$p\text{-}CH_3C_6H_4CHO$

$C_6H_5CH_2CHO$

$C_6H_5COCH_3$

$p\text{-}CH_3C_6H_4OH$

$C_6H_5CH_2OH$

$\xrightarrow{Ag(NH_3)_2NO_3}$

$$
\begin{cases}
\text{银镜}\\
\text{银镜}\\
\times\\
\times\\
\times
\end{cases}
$$

$$
\left.\begin{array}{l}\text{银镜}\\\text{银镜}\end{array}\right\}\xrightarrow{\text{费林试剂}}\begin{cases}\times\\Cu_2O\downarrow(\text{砖红})\end{cases}
$$

$$
\xrightarrow{I_2+NaOH}\begin{cases}CHI_3\downarrow(\text{黄})\\\times\\\times\end{cases}\xrightarrow{FeCl_3}\begin{cases}\text{显色}\\\times\end{cases}
$$

5. 试写出下列反应可能的机理。

（1）

$$CH_3\underset{\overset{|}{CH_3}}{C}=CHCH_2CH\underset{\overset{|}{CH_3}}{C}=CHCHO \xrightarrow{H^+,\ H_2O}$$

（结构式）

（2）

$$\phi\underset{\overset{\|}{O}}{C}CHO \xrightarrow{OH^-} \phi\underset{\overset{|}{OH}}{C}HCOO^-$$

答 （1）

$$CH_3\underset{\overset{|}{CH_3}}{C}=CHCH_2CH_2\underset{\overset{|}{CH_3}}{C}=CHCHO \equiv$$

（环状结构 CH=O）$\xrightarrow{H^+}$（环状结构 $CH=\overset{+}{O}H$）

$\longrightarrow$（环状结构 OH）$\xrightarrow{H_2\overset{\cdot\cdot}{O}}$（环状结构 $\overset{+}{OH_2}$）$\xrightarrow{-H^+}$（环状结构 OH）

（2）

（机理结构式）$\xrightarrow{OH^-}$（结构式）$\longrightarrow$（结构式）

$\underset{\text{质子交换}}{\overset{\longleftarrow}{\longrightarrow}}$ $\phi\underset{\overset{|}{OH}}{C}H—COO^-$

6. 由指定原料及必要的有机、无机试剂合成。

（1）从乙醛合成 1,3-丁二烯 　　（2）由环己酮合成己二醛

（3）由丙醛合成 $CH_3CH_2CH_2CH(CH_3)_2$

（4）从乙醛合成　　（5）从乙醛合成　

答　（1）$2CH_3CHO \xrightarrow{NaOH}$ $\underset{\underset{OH}{|}}{CH_3CH}-CH_2CH=O \xrightarrow{NaBH_4}$

$\underset{\underset{OH}{|}}{CH_3CH}-CH_2-CH_2OH \xrightarrow[\triangle]{H_2SO_4} CH_2=CH-CH=CH_2$

（2）

（3）$2CH_3CH_2CH=O \xrightarrow{OH^-}$ $\underset{\underset{CH_3}{|}}{\underset{|}{CH_3CH_2CH}}-CH-CH=O \xrightarrow{\triangle}$

$\underset{\underset{CH_3}{|}}{CH_3CH_2CH=C}-CHO \xrightarrow{Zn-Hg/HCl} \underset{\underset{CH_3}{|}}{CH_3CH_2CH=C}-CH_3 \xrightarrow{H_2, Pd} \underset{\underset{CH_3}{|}}{CH_3CH_2CHCHCH_3}$

（4）$2CH_3CHO \xrightarrow[室温]{稀NaOH} \underset{\underset{OH}{|}}{CH_3CH}-CH_2CHO \xrightarrow{H_2 \atop Ni} \underset{\underset{OH}{|}}{CH_3CH}-CH_2CH_2OH$

$\xrightarrow[干HCl]{CH_3CHO}$

（5）$CH_3CHO+3HCHO \xrightarrow{Ca(OH)_2} \underset{\underset{CH_2OH}{|}}{\overset{\overset{CH_2OH}{|}}{HOCH_2-C}}-CHO \xrightarrow[Ca(OH)_2]{HCHO} \underset{\underset{CH_2OH}{|}}{\overset{\overset{CH_2OH}{|}}{HOCH_2-C}}-CH_2OH$

$CH_3CHO \xrightarrow{NaOH \atop \triangle} CH_3CH=CHCHO \xrightarrow[\triangle]{CH_2=CHCH=CH_2}$

2 $+ \underset{\underset{CH_2OH}{|}}{\overset{\overset{CH_2OH}{|}}{HOCH_2-C}}-CH_2OH \xrightarrow{干HCl}$

$\xrightarrow{H_2 \atop Ni}$

8. 写出下列各化合物存在的酮式-烯醇式互变异构，用长箭头指向较稳定的一方（如有 2 个或 2 个以上的烯醇式，指出哪一个较稳定）。

（1）乙醛　（2）苯乙酮　（3）乙醛与甲胺形成的亚胺　（4）丁酮　（5）乙酰丙酮

答　（1）　$CH_3 — OH = O \;\longleftarrow\; CH_2 = CH — OH$

（2）

$Ph \quad CH_3 \qquad\qquad Ph \quad CH_2$

（3）　$CH_3CH = N — CH_3 \;\longrightarrow\; H_2C = CH — NH — CH_3$

（4）

不稳定　　　　　稳定　　　　　更不稳定

（5）

9. 化合物（A）的分子式 $C_5H_{12}O$，有旋光性，当它与碱性 $KMnO_4$ 剧烈氧化时变成没有旋光性的 $C_5H_{10}O$（B）。化合物（B）与正丙基溴化镁作用后水解生成（C），然后能拆分出两个对映体。试问化合物（A）、（B）、（C）的结构如何？

答　（A）

$CH_3CH — CHCH_3$

（B）

$CH_3C — CHCH_3$

（C）

$CH(CH_3)_2$
$CH_3 — \overset{|}{\underset{|}{C}} — OH$
$CH_2CH_2CH_3$

$CH(CH_3)_2$
$HO — \overset{|}{\underset{|}{C}} — CH_3$
$CH_2CH_2CH_3$

10. 有一个化合物（A），分子式是 $C_8H_{14}O$，（A）可以很快地使溴水褪色，可以与苯肼反应，（A）氧化生成一分子丙酮及另一化合物（B）。（B）具有酸性，同 $NaOCl$ 反应则生成氯仿和一分子丁二酸。试写出（A）与（B）可能的构造式。

答　（A）

$CH_3C = CHCH_2CH_2CCH_3$　或　$CH_3C = CHCH_2CH_2CHO$

（B）　$CH_3CCH_2CH_2COOH$

13. 某化合物分子式为 $C_5H_{12}O$（A），氧化后得 $C_5H_{10}O$（B），B 能和苯肼反应，也能发生碘仿反应，（A）和浓硫酸共热得 C_5H_{10}（C），（C）经氧化后得丙酮和乙酸，推测（A）的结构，并用反应式表明推断过程。

答　化合物的分子式 $C_5H_{12}O$ 符合 $C_nH_{2n+2}O$ 通式，说明该化合物可能是饱和醇或醚。（A）可氧化得 $C_5H_{10}O$（B），（B）能和苯肼反应，也能发生碘仿反应，这些都是甲基酮的反应，说明（A）是醇，而且具有结构单元 $— \overset{|}{CH} — CH_3$。（A）和浓硫酸共热得 C_5H_{10}（C），

OH

符合烯烃的通式 C_nH_{2n}。（C）经氧化后得丙酮和乙酸，则（C）的结构为 $\begin{array}{c} H_3C \\ \\ H_3C \end{array} C\!\!=\!\!CHCH_3$。

综上所述，（A）的结构应为 $(CH_3)_2CH\!-\!\underset{\underset{OH}{|}}{CH}\!-\!CH_3$。

$(CH_3)_2CH\!-\!\underset{\underset{OH}{|}}{CH}\!-\!CH_3 \xrightarrow{[O]} (CH_3)_2CH\!-\!\underset{\underset{O}{\|}}{C}\!-\!CH_3 \xrightarrow{PhNHNH_2} \begin{array}{c} (CH_3)_2CH \\ \\ H_3C \end{array} C\!\!=\!\!NNHPh$

（A）

（B） $\xrightarrow{NaOH+I_2}$ $CHI_3\downarrow + (CH_3)_2CHCOO^-Na^+$

（A） $\xrightarrow[\triangle]{浓H_2SO_4}$

$\begin{array}{c} H_3C \\ \\ H_3C \end{array} C\!\!=\!\!CHCH_3 \xrightarrow{[O]} (CH_3)_2C\!\!=\!\!O + CH_3COOH$

（C）

14. 某一化合物分子式为 $C_{10}H_{14}O_2$（A），它不与土伦试剂、费林试剂、热的 NaOH 及金属起作用，但稀 HCl 能将其转变成具有分子式为 C_8H_8O（B）的产物。B 与土伦试剂作用。强烈氧化时能将（A）和（B）转变为邻苯二甲酸，试写出（A）的结构式，并用反应式表示其转变过程。

答 （A）的结构式为

$\begin{array}{c} CH_3 \\ \bigcirc\!\!-\!CH(OCH_3)_2 \end{array}$

$\begin{array}{c} CH_3 \\ \bigcirc\!\!-\!CH(OCH_3)_2 \end{array} \xrightarrow{稀HCl} \begin{array}{c} CH_3 \\ \bigcirc\!\!-\!CHO \end{array} \xrightarrow{Ag(NH_3)_2^+} Ag\downarrow + \begin{array}{c} CH_3 \\ \bigcirc\!\!-\!COO^-NH_4^+ \end{array}$

（A）　　　　　　　　（B）

（A）或（B） $\xrightarrow{[O]}$ $\begin{array}{c} COOH \\ \bigcirc\!\!-\!COOH \end{array}$

15. 有三个化合物，分子式都是 $C_5H_{10}O$，可能是 3-甲基丁醛、3-甲基-2-丁酮、2,2-二甲基丙醛、2-戊酮、3-戊酮、戊醛中的三个化合物，它们的 ^1H-NMR 分别是：A 中：$\delta_H = 1.05ppm$ 处有一个三重峰，$\delta_H = 2.47ppm$ 处有一个四重峰。B 中：$\delta_H = 1.02ppm$ 处有一个二重峰，$\delta_H = 2.13ppm$ 处有一个单峰，$\delta_H = 2.22ppm$ 处有一个七重峰。C 中有两个单峰。试推测 A、

B、C 的结构。

答　（A）$CH_3CH_2\overset{\overset{\displaystyle O}{\|}}{C}CH_2CH_3$中 H_a：$\delta = 2.47ppm$ 四重峰（2H），H_b：$\delta = 1.05ppm$ 三重峰（3H）；

（B）$CH_3\overset{\overset{\displaystyle O}{\|}}{C}CH(CH_3)_2$中 H_a：$\delta = 2.13ppm$ 单峰（3H），H_b：$\delta = 2.22ppm$ 七重峰（1H），H_c：$\delta = 1.02ppm$ 二重峰（6H）；

（C）$(CH_3)_3CCHO$中 H_a：单峰（9H），H_b：单峰（1H）。

18. 某化合物 A（$C_6H_{12}O$），与羟胺反应但不发生碘仿反应，A 催化加氢得 B（$C_6H_{14}O$），B 脱水得 C（C_6H_{12}），C 经臭氧化后还原水解得 D 和 E，D 能发生碘仿反应但不与土伦试剂反应，E 不发生碘仿反应但与土伦试剂反应。推测 A、B、C、D、E 的结构。

　　分析：A 与羟胺反应说明 A 中有羰基；A 不发生碘仿反应说明羰基不与甲基相连；D 能发生碘仿反应但不与土伦试剂反应说明 D 为甲基酮；E 不发生碘仿反应但与土伦试剂反应说明 E 是含三个碳原子及以上的醛。

答　A. $CH_3\,CH_2\,\overset{\overset{\displaystyle O}{\|}}{C}\underset{\underset{\displaystyle CH_3}{|}}{C}HCH_3$　　B. $CH_3\,CH_2\,\underset{\underset{\displaystyle CH_3}{|}}{C}H\overset{\overset{\displaystyle OH}{|}}{C}HCH_3$　　C. $CH_3\,CH_2\,CH=\underset{\underset{\displaystyle CH_3}{|}}{C}CH_3$

D. CH_3COCH_3　　　　E. CH_3CH_2CHO

第十二章 羧 酸

Ⅰ.知 识 要 点

一、羧酸的命名

（1）俗名：由它的来源命名。

（2）系统命名：选择含羧基最长的碳链作为主链，编号以羧基碳原子为 1 位。根据主链上碳原子数目称为某酸，标出取代基的名称及位次。

$$CH_3CH_2CH_2COOH$$

$$\begin{array}{c} CH_3 \\ | \\ CH_3CHCHCH_2COOH \\ | \\ CH_3 \end{array}$$

丁酸　　　　　　　　　3,4-二甲基戊酸

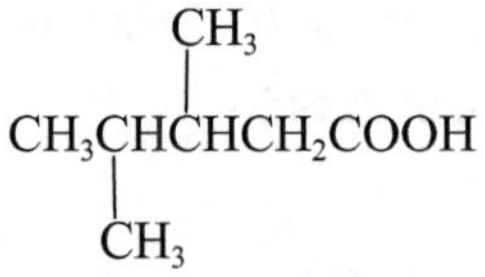

二元羧酸选取包括两个羧基在内的最长碳链作主链，称为某二酸。

$$HOOCCH_2CH_2COOH$$

丁二酸

芳香族羧酸可作为脂肪酸的芳基取代物命名。

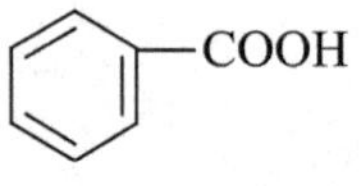

苯甲酸 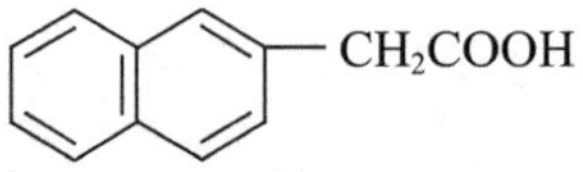　　　　　　　　　β-萘乙酸

二、羧酸的物理性质

（1）沸点：羧酸的沸点比相对分子质量相近的醇高，这是由于羧酸的分子常以两个氢键缔合起来形成二聚体。

（2）熔点：直链饱和一元酸的熔点随碳原子数增加而升高，但含偶数个碳原子的比相邻的两个含奇数碳原子的高。

原因：偶数个碳的羧酸对称性高，在晶体中容易排列整齐而排列较紧密。

（3）水溶性：羧酸分子中羧基是亲水基团，可以和水分子形成氢键，烃基是憎水基团。

三、波谱性质

（1）红外光谱：O—H 在 2500~3000cm^{-1} 有一个强的宽吸收带（缔合的羟基），C=O 吸收峰 1700~1725cm^{-1}，C—O 的伸缩振动吸收在~1250cm^{-1}。

（2）核磁共振谱：羧基上 H 的 δ 值为 10.5~12ppm。

四、羧酸的结构

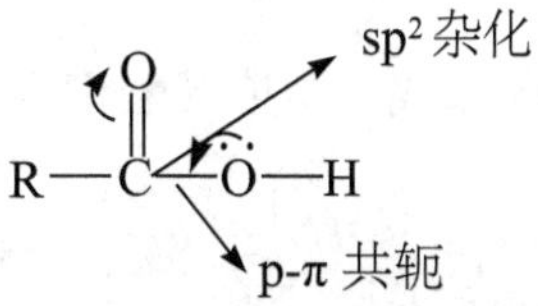

p-π 共轭导致键长的平均化，分子中不存在典型的羰基和羟基。

五、羧酸的化学性质

1. 羧酸的酸性

1）弱酸性

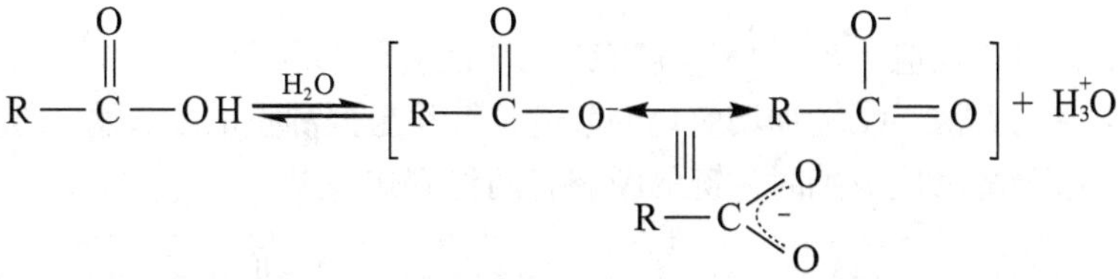

羧酸酸性的强弱取决于电离后所形成的羧酸根负离子的相对稳定性。羧酸的酸性小于无机酸而大于碳酸：

$$无机酸 > RCOOH > H_2CO_3 > 苯酚 > H_2O > ROH$$

$$pK_a \quad 1.2 \quad\quad 4.5 \quad\quad 6.4(pK_{a1}) \quad 9.1 \quad 15.7 \quad 16.2$$

羧酸根是含有负离子的基团，与羧基相连的基团为吸电子基时，羧酸根的负电荷得以分散，有利于羧酸电离，羧酸酸性增强；反之减弱。共轭效应对羧酸酸性也有较大的影响。

2）脂肪族羧酸

酸性强弱主要考虑取代基诱导效应，如

$$CH_3CH_2CH_2CO_2H \quad\quad CH_3CO_2H \quad\quad HCO_2H$$
$$pK_a \quad 4.82 \quad\quad\quad\quad 4.76 \quad\quad\quad\quad 3.77$$

$$ClCH_2CH_2CH_2CO_2H \quad CH_3CHCH_2CO_2H \quad CH_3CH_2CHCO_2H$$
$$\overset{|}{Cl} \quad\quad\quad\quad\quad\quad \overset{|}{Cl}$$
$$pK_a \quad 4.70 \quad\quad\quad\quad 4.40 \quad\quad\quad\quad 2.82$$

3）芳香族羧酸

间位只考虑诱导效应，对位同时考虑共轭效应和诱导效应，邻位取代比较特殊。

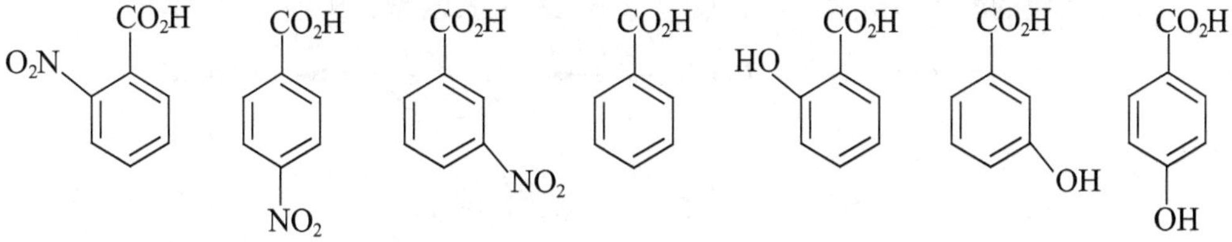

$$pK_a \quad 2.21 \quad\quad 3.42 \quad\quad 3.49 \quad\quad 4.20 \quad\quad 2.98 \quad\quad 4.08 \quad\quad 4.57$$

邻位效应：邻位取代苯甲酸，不论是给电子基因还是吸电子基团，酸性均较间位与对位强。

总的来说，对于芳香族羧酸，如果取代基具有吸电子共轭效应时，酸性强弱顺序为：邻>

对>间；如果取代基具有给电子共轭效应时，酸性强弱顺序为：邻>间>对。

2. 羧酸衍生物的生成

羧基中的羟基可以被其他基团取代，生成羧酸衍生物。

$$
\underset{\text{酰氯}}{R-\overset{O}{\overset{\|}{C}}-Cl} \quad \underset{\text{酸酐}}{R-\overset{O}{\overset{\|}{C}}-O-\overset{O}{\overset{\|}{C}}-R} \quad \underset{\text{酯}}{R-\overset{O}{\overset{\|}{C}}-OR} \quad \underset{\text{酰胺}}{R-\overset{O}{\overset{\|}{C}}-NH_2}
$$

氯原子　酰氧基　烷氧基　氨基

1）酯化反应

$$CH_3COOH + C_2H_5OH \underset{}{\overset{H^+}{\rightleftharpoons}} CH_3COOC_2H_5 + H_2O$$

反应特点：可逆反应，$K_c \approx 4$，一般只有 2/3 的转化率。

提高酯化率的方法：①增加反应物的浓度；②移走低沸点的酯或水；③加催化剂。

另外，羧酸与醇反应成酯时，键的断裂有两种方式：

$$R-\overset{O}{\overset{\|}{C}}-O{\cdot}H + H{\cdot}O-R' \overset{H^+}{\rightleftharpoons} R-\overset{O}{\overset{\|}{C}}-O-R' + H_2O$$

酰氧断裂

$$R-\overset{O}{\overset{\|}{C}}-O{\cdot}H + H{\cdot}O{\cdot}R' \overset{H^+}{\rightleftharpoons} R-\overset{O}{\overset{\|}{C}}-O-R' + H_2O$$

烷氧断裂

第一种断裂的反应机理为亲核加成-消除机理。

$$R\overset{O}{\overset{\|}{C}}{-}\boxed{OH + H}{-}OR' \overset{H^+}{\longrightarrow} RCOOR' + H_2O$$

$$R\overset{O}{\overset{\|}{C}}{-}OH \overset{H^+}{\rightleftharpoons} R\overset{+OH}{\overset{\|}{C}}{-}OH \underset{HOR}{\longleftarrow} \overset{慢}{\rightleftharpoons} R\overset{OH}{\overset{|}{C}}{-}OH \rightleftharpoons R\overset{OH}{\overset{|}{C}}{-}\overset{+}{O}H_2$$

$$\underset{HOR'}{} \qquad \underset{OR'}{}$$

$$\overset{-H_2O}{\rightleftharpoons} R\overset{+OH}{\overset{\|}{C}}{-}OR' \overset{-H^+}{\rightleftharpoons} R\overset{O}{\overset{\|}{C}}{-}OR'$$

当酯化反应的醇为叔醇时，酯化反应以第二种方式断裂，机理为

$$R'OH \overset{H^+}{\longrightarrow} R'\overset{+}{O}H_2 \overset{-H_2O}{\longrightarrow} R'^+ \overset{RCOOH}{\longleftarrow} RCOOR' \atop \underset{H}{\overset{+}{}}$$

R′中与氧相连的碳原子为叔碳原子

$$\Big\downarrow{\scriptstyle -H^+}$$

$$RCOOR'$$

2）酰氯的生成

$$R-\overset{\overset{\displaystyle O}{\|}}{C}-OH + PCl_3 \longrightarrow R-\overset{\overset{\displaystyle O}{\|}}{C}-Cl + H_3PO_3$$

$$R-\overset{\overset{\displaystyle O}{\|}}{C}-OH + PCl_5 \longrightarrow R-\overset{\overset{\displaystyle O}{\|}}{C}-Cl + POCl_3 + HCl$$

$$R-\overset{\overset{\displaystyle O}{\|}}{C}-OH + SOCl_2 \longrightarrow R-\overset{\overset{\displaystyle O}{\|}}{C}-Cl + SO_2\uparrow + HCl\uparrow$$ （产物纯化方便，应用最多）

3）酸酐的生成

$$\begin{array}{c} R-\overset{\overset{\displaystyle O}{\|}}{C}-OH \\ R-\overset{\underset{\displaystyle O}{\|}}{C}-OH \end{array} \xrightarrow[\triangle]{P_2O_5} \begin{array}{c} R-\overset{\overset{\displaystyle O}{\|}}{C} \\ \quad\quad\quad O \\ R-\overset{\underset{\displaystyle O}{\|}}{C} \end{array} + H_2O$$

乙酸酐能较迅速与水反应，且价格便宜，生成的乙酸易除去，因此常用乙酸酐作为制备酸酐的脱水剂。

$$2RCOOH + (CH_3CO)_2O \longrightarrow (RCO)_2O + 2CH_3COOH$$

4）酰胺的生成

$$RCOOH + NH_3 \longrightarrow RCOONH_4 \xrightarrow{\triangle} R-\overset{\overset{\displaystyle O}{\|}}{C}-NH_2 + H_2O$$

$$CH_3COOH + (CH_3)_2NH \longrightarrow CH_3\overset{\overset{\displaystyle O}{\|}}{C}-N(CH_3)_2$$

3. 脱羧反应

1）加热脱羧

羧酸一般很难直接脱羧：

$$CH_3\overset{\overset{\displaystyle O}{\|}}{C}ONa \xrightarrow[\text{(熔融)}]{NaOH/300℃} CH_4 + Na_2CO_3 \left(H_3C-\overset{\overset{\displaystyle O}{\|}}{C}-O^- \xrightarrow{\triangle} \overset{-}{C}H_3 + CO_2 \xrightarrow{H^+} CH_4 \right)$$

当 α-碳原子上有强吸电子基团（如—NO_2、—CN、—Cl、—COOH、$\rangle$C=）时，羧基变得不稳定，加热到 100~200℃时，容易发生脱羧反应。

$$CH_3\overset{\overset{\displaystyle O}{\|}}{C}CH_2COOH \xrightarrow{\triangle} CH_3\overset{\overset{\displaystyle O}{\|}}{C}CH_3 + CO_2$$

$$\xrightarrow{\triangle} \quad + \ CO_2$$

芳香族羧酸的羧基邻对位有强吸电子基团时易脱去羧基。

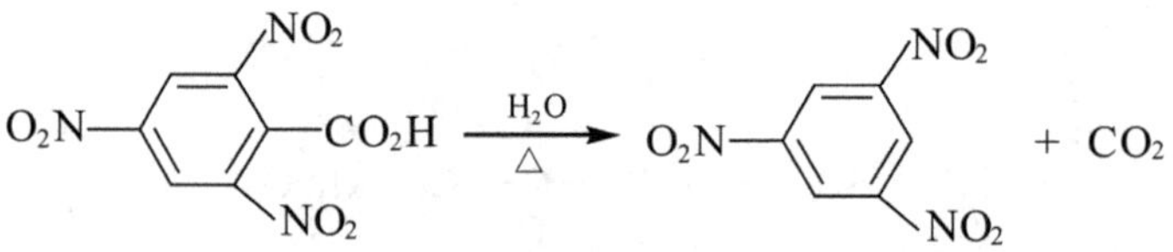

2）电解脱羧

$$2CH_3COOK \xrightarrow{\text{电解}} CH_3CH_3 + 2CO_2$$

电解羧酸盐溶液，阳极发生烷基偶联，生成烃，此反应称 Kolbe 反应。

3）二元酸的受热反应

乙二酸、丙二酸受热后容易脱羧，生成一元酸。

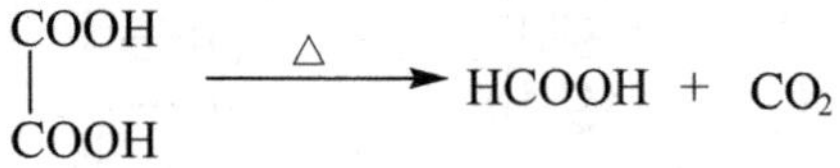

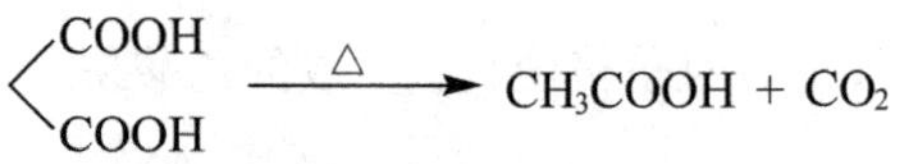

丁二酸、戊二酸受热后脱水，生成环状酸酐。

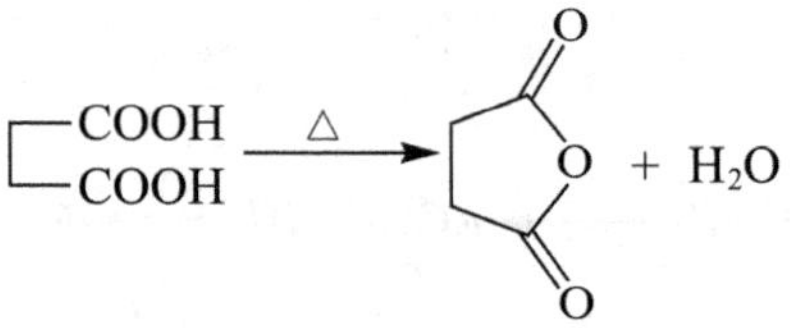

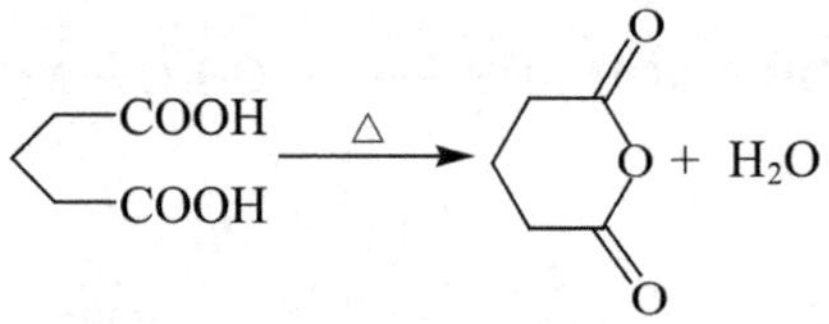

己二酸、庚二酸受热后，同时脱水和脱羧，生成稳定的五元、六元环酮。

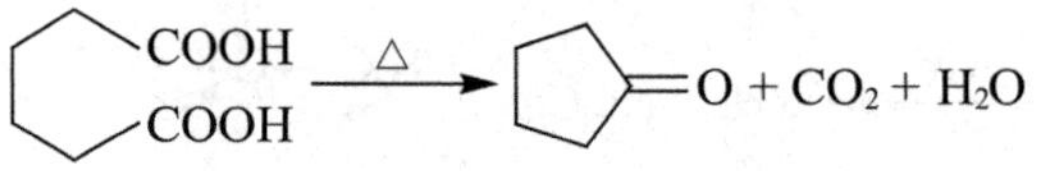

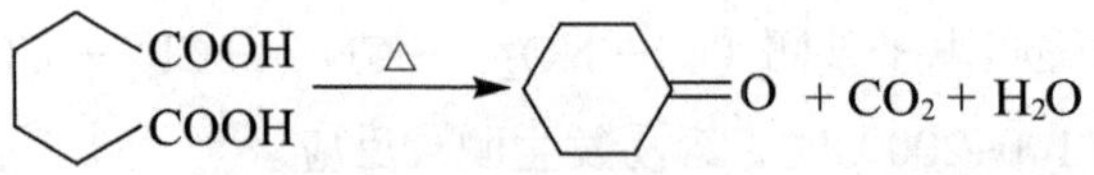

布朗克（Blanc）规则：在可能形成环状化合物的条件下，总是比较容易形成五元或六元环状化合物（五、六元环容易形成）。

4）脱羧卤化-洪塞迪克尔反应

羧酸的银盐在溴或氯存在下脱羧生成卤代烷的反应称为脱羧卤化-洪塞迪克尔（Hunsdiecker）反应。

$$RCOOAg + Br_2 \xrightarrow{\triangle} RBr + CO_2 + AgBr$$

该反应可用于以羧酸为原料制备少一个碳原子的卤代烷，但羧酸的银盐比较昂贵且难于制备。

4. α-H 的卤代反应

在三氯化磷或三溴化磷等催化剂的作用下，卤素取代羧酸 α-H 的反应称为赫尔-乌尔哈-泽林斯基反应。

$$RCH_2COOH \xrightarrow[P]{Br_2} RCHCOOH$$
$$|$$
$$Br$$

控制卤素用量可得一元或多元卤代酸。

$$CH_3CH_2CO_2H \xrightarrow[P或PBr_3]{Br_2} CH_3CHCO_2H \xrightarrow[P或PBr_3]{Br_2} CH_3CCO_2H$$

5. 羰基的还原反应

羧酸较难被还原。

$LiAlH_4$ 可将羧酸还原为醇，羰基、氰基等能同时被还原，不能还原孤立的碳碳双键。

$$CH_2=CHCH_2COOH \xrightarrow[②H_2O]{①LiAlH_4} CH_2=CHCH_2CH_2OH$$

B_2H_6 还原羧酸为醇，碳碳双键同时被还原。

$$CH_2=CHCH_2COOH \xrightarrow[②H_2O]{①B_2H_6} CH_3CH_2CH_2CH_2OH$$

$Li-CH_3NH_2$ 还原羧酸为醛。

$$RCOOH \xrightarrow[CH_3NH_2]{Li} RCH=NCH_3 \xrightarrow[H^+]{H_2O} RCHO$$

六、羧酸的制法

1. 氧化

（1）醇的氧化：伯醇氧化得到羧酸，常用的氧化剂为酸性高锰酸钾溶液等。

$$RCH_2OH \xrightarrow[H^+]{KMnO_4} RCOOH$$

（2）醛的氧化：醛可以被氧化得到羧酸，常用的氧化剂为中性或酸性高锰酸钾等。

$$RCHO \xrightarrow[H^+]{KMnO_4} RCOOH$$

当醛分子中含有碳碳不饱和键时，可以使用银氨溶液氧化剂，醛基被氧化为羧基，碳碳不饱和键不被氧化。

$$CH_3CH=CHCHO \xrightarrow{Ag_2O} CH_3CH=CHCO_2H$$

（3）不饱和碳碳键的氧化：烯、炔等化合物也可以被氧化为羧酸，但由于氧化产物可能为不同羧酸的混合物，在羧酸的制备中应用不很广泛。

$$RCH=CHR' \xrightarrow[H^+]{KMnO_4} RCOOH + R'COOH$$

$$RC\equiv CR' \xrightarrow[H^+]{KMnO_4} RCOOH + R'COOH$$

（4）取代芳烃的氧化：含 α-H 的取代芳烃，或 α-位上有不饱和碳碳键的芳烃可以被氧化为苯甲酸。

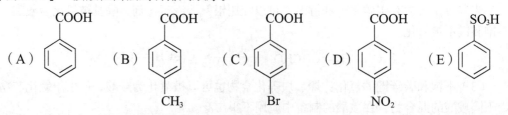

苯乙烯 $\xrightarrow[\triangle]{KMnO_4/H^+}$ 苯甲酸

2. 水解

（1）腈的水解：在酸或碱的催化下腈基水解转化为羧基。

$$RCN \xrightarrow[H_3O^+]{OH^-} RCOOH$$

$$ArCN \xrightarrow[H_3O^+]{OH^-} ArCOOH$$

（2）油脂的水解：自然界存在大量的油脂，水解后得到羧酸和醇，通常是丙三醇（甘油）。

$$
\begin{array}{l}
RCOOCH_2 \\
\mid \\
R_1COOCH \\
\mid \\
R_2COOCH_2
\end{array}
+ H_2O \xrightarrow{H^+} RCOOH + R_1COOH + R_2COOH +
\begin{array}{l}
HOCH_2 \\
\mid \\
HOCH \\
\mid \\
HOCH_2
\end{array}
$$

3. 格氏试剂与二氧化碳的反应

$$RMgX + O{=}C{=}O \longrightarrow RC\overset{\displaystyle O}{\underset{}{\parallel}}OMgX \xrightarrow{H_3O^+} RCOOH$$

该反应用于制备比原格氏试剂多一个碳原子的羧酸，R 可以是烷基也可以是芳基。

4. 卤仿反应

甲基酮（或 $CH_3\overset{OH}{\underset{}{CH}}-$）可以和 $X_2/NaOH$ 反应得到少一个碳原子的羧酸。

$$R{-}\overset{\displaystyle O}{\underset{}{C}}{-}CH_3 \xrightarrow[OH^-]{X_2} \xrightarrow{H^+} RCOOH$$

Ⅱ. 例 题 解 析

【例 12-1】　按酸性由强到弱排列顺序。

（A）苯甲酸　（B）对甲基苯甲酸 CH_3　（C）对溴苯甲酸 Br　（D）对硝基苯甲酸 NO_2　（E）苯磺酸 SO_3H

分析：磺酸属于强酸，酸性最强。取代苯甲酸羧基对位连有吸电子基团时，羧基酸性增强，连有给电子基团时，羧基酸性减弱；—NO_2、—Br 都属于吸电子基团，但—NO_2 的吸电子作用大于—Br，—CH_3 属于给电子基团。

答　（E）>（D）>（C）>（A）>（B）。

【例 12-2】　比较下列化合物酸性，按由强到弱排列，并简要说明理由。

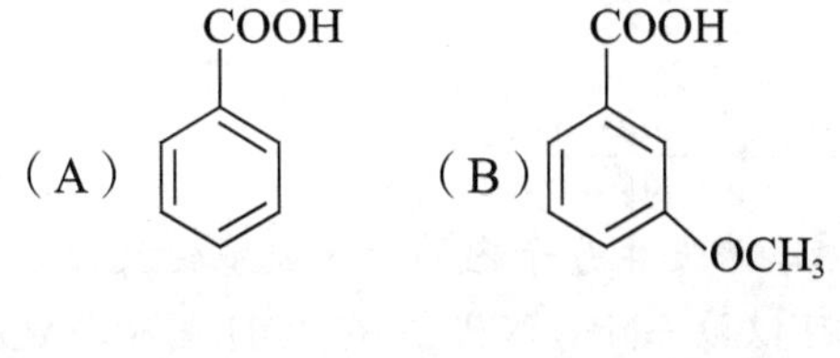

（A）　　　　　　　（B）　　　　　　　（C）

分析：本题考的是羧基酸性大小的比较。对于取代苯甲酸，取代基位于羧基对位时，要同时考虑诱导效应和共轭效应的共同作用；取代基位于羧基间位时，共轭效应受到阻碍，只考虑诱导效应；取代基在邻位时，存在供电子共轭效应。甲氧基处于羧基对位时，既有吸电子的诱导效应（–I），又有给电子的共轭效应（+C），且+C > –I，整体为给电子作用，所以酸性比苯甲酸小。而甲氧基处于羧基间位时，由于共轭效应受到阻碍，只表现出吸电子的诱导效应，因此酸性大于苯甲酸。

答　（B）>（A）>（C）。

【例 12-3】　写出异丁酸和下列试剂作用的主要产物：

（1）Br$_2$/P　　　　　　　（2）①LiAlH$_4$/②H$_2$O　　　　　　　（3）SOCl$_2$
（4）PBr$_3$　　　　　　　（5）C$_2$H$_5$OH/H$_2$SO$_4$　　　　　　　（6）NH$_3$/△

分析：（1）发生 α-H 的溴代；（2）LiAlH$_4$ 还原羧基成羟甲基；（3）生成酰氯；（4）生成酰溴；（5）酯化反应；（6）与氨反应，加热生成酰胺。

答　（1）CH$_3$CHCOOH $\xrightarrow{\text{Br}_2/\text{P}}$ CH$_3$CCOOH
　　　　　｜CH$_3$　　　　　　　　｜CH$_3$ ，Br

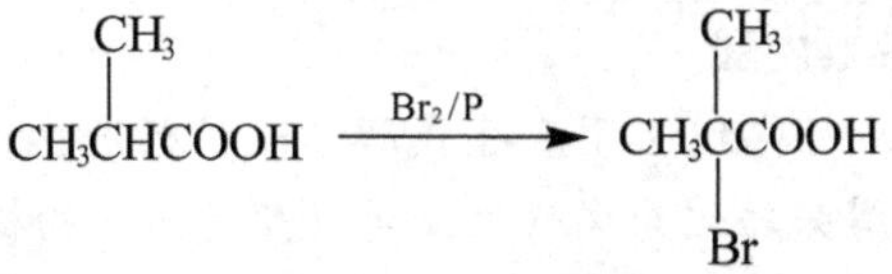

（2）CH$_3$CHCOOH $\xrightarrow[\text{②H}_2\text{O}]{\text{①LiAlH}_4}$ CH$_3$CHCH$_2$OH
　　　｜CH$_3$　　　　　　　　　　　｜CH$_3$

（3）CH$_3$CHCOOH $\xrightarrow{\text{SOCl}_2}$ CH$_3$CHCOCl
　　　｜CH$_3$　　　　　　　　　｜CH$_3$

（4）CH$_3$CHCOOH $\xrightarrow{\text{PBr}_3}$ CH$_3$CHCOBr
　　　｜CH$_3$　　　　　　　　｜CH$_3$

（5）CH$_3$CHCOOH $\xrightarrow{\text{CH}_3\text{CH}_2\text{OH/H}_2\text{SO}_4}$ CH$_3$CHCOOC$_2$H$_5$
　　　｜CH$_3$　　　　　　　　　　　　　　　　　｜CH$_3$

（6）CH$_3$CHCOOH $\xrightarrow{\text{NH}_3/\text{加热}}$ CH$_3$CHCONH$_2$
　　　｜CH$_3$　　　　　　　　　　｜CH$_3$

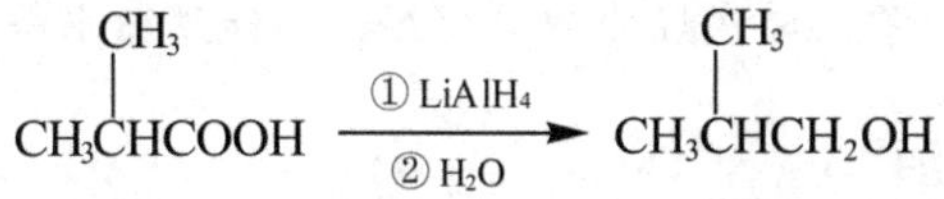

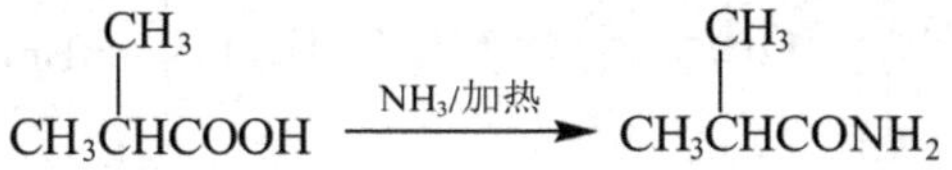

【例 12-4】　完成下列反应。

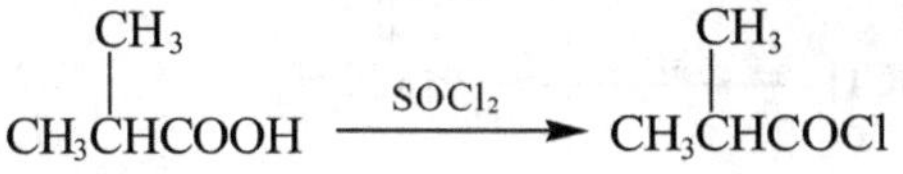

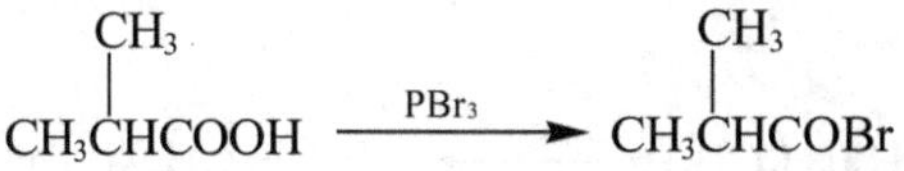

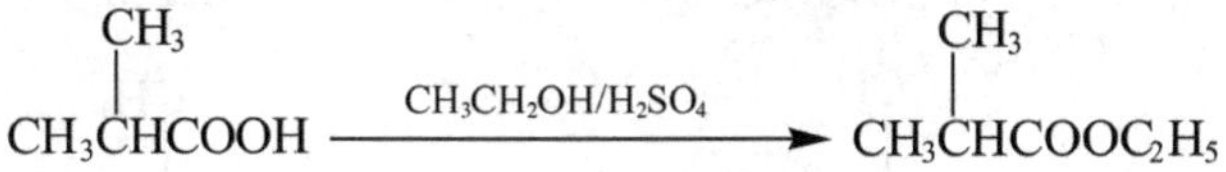

（1） 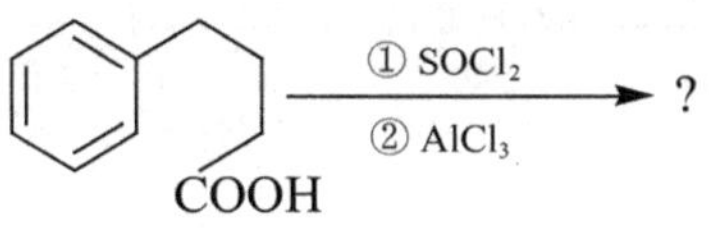 $\xrightarrow[\text{② AlCl}_3]{\text{① SOCl}_2}$?

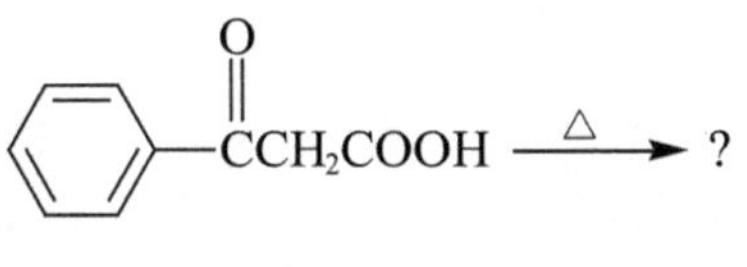

（2） $\xrightarrow{\triangle}$?

（3）$CH_3COOH + Br_2 (1mol) \xrightarrow{P} ? \xrightarrow{NH_3(过量)} ?$

（4）$HO(CH_2)_4CO_2H \xrightarrow[\triangle]{H^+} ?$

（5）$HOOC-\underset{}{\bigcirc}=O \xrightarrow{LiAlH_4} \xrightarrow[H^+]{H_2O} ?$

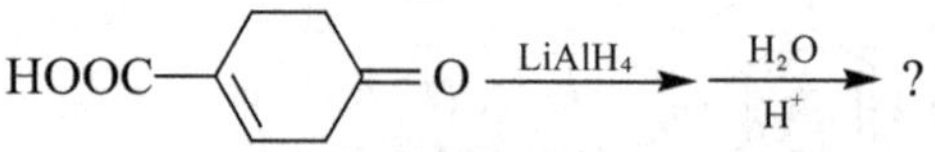

分析：（1）第一步生成酰氯，第二步发生分子内的付氏酰基化反应；（2）脱羧反应；（3）先发生 α-H 的溴代，与氨反应时，Br 可以被—NH_2 取代，—COOH 同时与氨反应生成酰胺；（4）δ-羟基酸受热时分子内脱水形成内酯；（5）$LiAlH_4$ 不能还原双键，还原醛基成羟基，还原羧基成羟甲基。

答　（1）

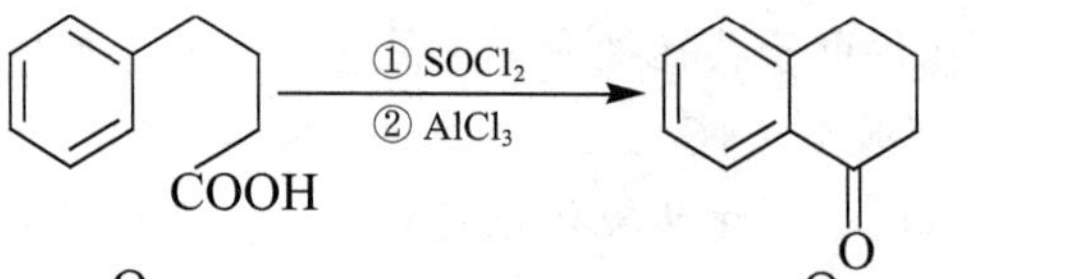

（2）

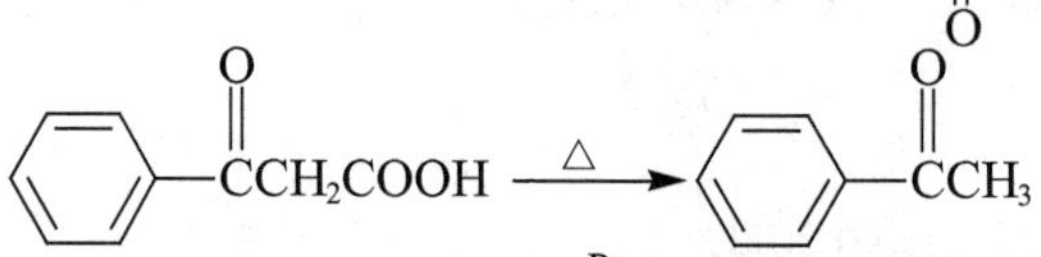

（3）$CH_3COOH + Br_2 (1mol) \xrightarrow{P} BrCH_2COOH \xrightarrow[\triangle]{NH_3(过量)} H_2NCH_2CONH_2$

（4）$HO(CH_2)_4CO_2H \xrightarrow[\triangle]{H^+}$

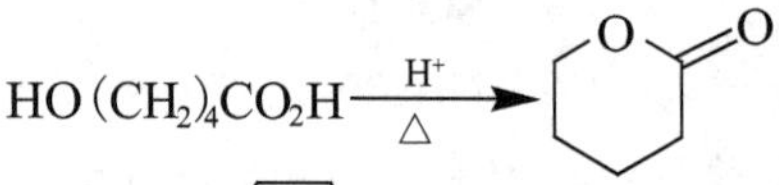

（5）$HOOC-\underset{}{\bigcirc}=O \xrightarrow{LiAlH_4} \xrightarrow[H^+]{H_2O} HOH_2C-\underset{}{\bigcirc}-OH$

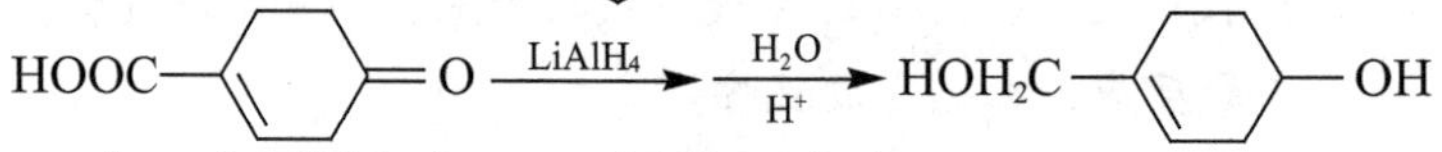

【例 12-5】　由丙烯合成 2,2-二甲基-1-戊酸。

分析：考虑正丙基溴化镁与丙酮反应可得到 2-甲基-2 戊醇，而目标产物正好比 2-甲基-3 戊醇多一个羧基，所以可将 2-甲基-2 戊醇先转化为卤代烃，再转变为对应的格氏试剂，然后与 CO_2 反应再水解就可以得到目标产物。注意：卤代烃为叔卤代烃，不能用腈水解的方法，只能用格氏试剂法。

答　$CH_3CH=CH_2 \xrightarrow[②H_2O,H^+]{①H_2SO_4} CH_3\overset{OH}{\underset{}{CH}}CH_3 \xrightarrow{KMnO_4} CH_3\overset{O}{\underset{}{C}}CH_3$

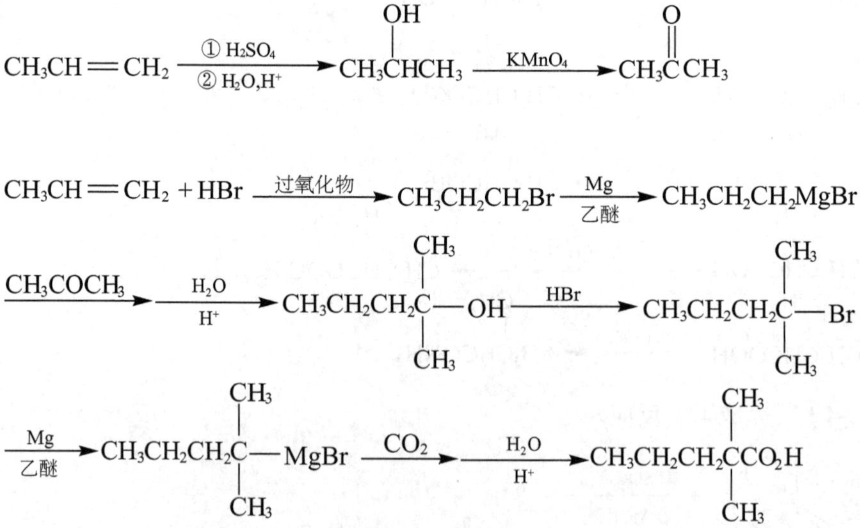

Ⅲ. 部分习题与解答

1. 命名下列化合物或写出结构式。

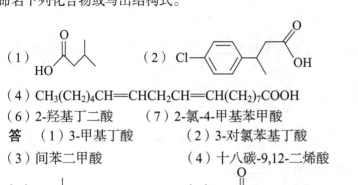

（4）$CH_3(CH_2)_4CH\!=\!CHCH_2CH\!=\!CH(CH_2)_7COOH$

（5）4-甲基己酸

（6）2-羟基丁二酸　　（7）2-氯-4-甲基苯甲酸

（8）3,3,5-三甲基辛酸

答　（1）3-甲基丁酸　　（2）3-对氯苯基丁酸

（3）间苯二甲酸　　　　（4）十八碳-9,12-二烯酸

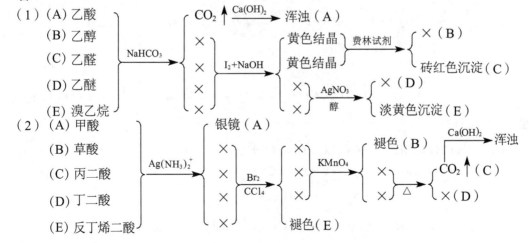

2. 比较下列各组化合物的酸性大小。

（1）乙酸，丙二酸，草酸，苯酚和甲酸。

（2）C_6H_5OH，CH_3COOH，F_3CCOOH，$ClCH_2COOH$，C_2H_5OH。

（3）对硝基苯甲酸，间硝基苯甲酸，苯甲酸，苯酚和环己醇。

答　（1）草酸 > 丙二酸 > 甲酸 > 乙酸 > 苯酚

（2）F_3CCOOH > $ClCH_2COOH$ > CH_3COOH > C_6H_5OH > C_2H_5OH

（3）对硝基苯甲酸 > 间硝基苯甲酸 > 苯甲酸 > 苯酚 > 环己醇

3. 用化学方法区别下列化合物。

（1）（A）乙酸，（B）乙醇，（C）乙醛，（D）乙醚，（E）溴乙烷。

（2）（A）甲酸，（B）草酸，（C）丙二酸，（D）丁二酸，（E）反丁烯二酸。

答

（1）（A）乙酸
　　（B）乙醇
　　（C）乙醛
　　（D）乙醚
　　（E）溴乙烷

$NaHCO_3$ → $CO_2\uparrow$ $\xrightarrow{Ca(OH)_2}$ 浑浊（A）

I_2+NaOH → 黄色结晶 $\xrightarrow{\text{费林试剂}}$ ×（B） / 砖红色沉淀（C）

黄色结晶

$\xrightarrow[\text{醇}]{AgNO_3}$ ×（D） / 淡黄色沉淀（E）

（2）（A）甲酸
　　（B）草酸
　　（C）丙二酸
　　（D）丁二酸
　　（E）反丁烯二酸

$Ag(NH_3)_2^+$ → 银镜（A）

$\xrightarrow[CCl_4]{Br_2}$ 褪色（B）

$\xrightarrow{KMnO_4}$ $\xrightarrow{\triangle}$ $CO_2\uparrow$（C） $\xrightarrow{Ca(OH)_2}$ 浑浊

×（D）

褪色（E）

4. 完成下列反应。

（1）$HOOCCH_2CH = CHCH_2CHO$ $\xrightarrow{\quad}$
- $\xrightarrow{LiAlH_4}$?
- $\xrightarrow{NaBH_4}$?
- $\xrightarrow[Ni]{H_2}$?

（2）$CH_3CH_2CO_2H \xrightarrow{SO_2Cl}$? $\xrightarrow[AlCl_3]{\text{（苯）}}$? $\xrightarrow[HCl]{Zn\text{-}Hg}$?

（3）$(CH_3)_3CH + Br_2 \xrightarrow{300℃}$? $\xrightarrow[Et_2O]{Mg}$? $\xrightarrow{CO_2}$ $\xrightarrow{H_3O^+}$?

（4）（苯）$-CH_2CHCH_2CHCOOH \xrightarrow{\triangle}$?
下方：$COOH \quad COOH$

（5）（环己烷）$-CHO + BrCH_2COOC_2H_5 \xrightarrow{Zn} \xrightarrow{H_3O^+}$?

答

（1）$HOOCCH_2CH = CHCH_2CHO$ $\xrightarrow{\quad}$
- $\xrightarrow{LiAlH_4}$ $HOCH_2CH_2CH = CHCH_2CH_2OH$
- $\xrightarrow{NaBH_4}$ $HOOCCH_2CH = CHCH_2CH_2OH$
- $\xrightarrow{H_2,Ni}$ $HOOCCH_2CH_2CH_2CH_2CH_2OH$

（2）$CH_3CH_2COOH \xrightarrow{SO_2Cl} CH_3CH_2COCl \xrightarrow[AlCl_3]{\text{（苯）}}$ （苯基）$\overset{O}{\overset{\|}{C}}CH_2CH_3$

$\xrightarrow[HCl]{Zn\text{-}Hg}$ （苯基）$-CH_2CH_2CH_3$

（3）$(CH_3)_3CH + Br_2 \xrightarrow{300℃} (CH_3)_3CBr \xrightarrow[Et_2O]{Mg} (CH_3)_3CMgBr$

$\xrightarrow{CO_2} \xrightarrow{H_3O^+} (CH_3)_3C - COOH$

（4）（苯基）$-CH_2CHCH_2CHCOOH \xrightarrow{\triangle}$ （苯基）$-CH_2-$（内酯环 带两个 =O）
下方：$COOH \quad COOH$

（5）（环己烷）$-CHO + BrCH_2COOC_2H_5 \xrightarrow{Zn} \xrightarrow{H_3O^+}$ （环己烷）$-\overset{OH}{\underset{}{CHCH_2COOC_2H_5}}$

6. 完成下列转变。

（1）$CH_3CH_2COOH \longrightarrow CH_3CH_2CH_2COOH$

（2）$CH_3CH_2CH_2COOH \longrightarrow CH_3CH_2COOH$

（3）（环己烷）$=CH_2 \longrightarrow$ （环己烷）$-CH_2COOH$

（4）$CH_3COCH_2CH_2CBr(CH_3)_2 \longrightarrow CH_3COCH_2CH_2C(CH_3)_2COOH$

（5）溴苯⟶苯甲酸乙酯

答 （1）$CH_3CH_2COOH \xrightarrow{[H]} CH_3CH_2CH_2OH \xrightarrow{PBr_3} CH_3CH_2CH_2Br \xrightarrow{NaCN}$

$CH_3CH_2CH_2CN \xrightarrow{H_3O^+} CH_3CH_2CH_2COOH$

（2）$CH_3CH_2CH_2COOH \xrightarrow{Cl_2/P} CH_3CH_2\underset{\underset{Cl}{|}}{C}HCOOH \xrightarrow{OH^-} CH_3CH_2\underset{\underset{OH}{|}}{C}HCOOH$

$\xrightarrow{KMnO_4,H^+} CH_3CH_2COOH$

（3）環己基=CH_2 + HBr $\xrightarrow{ROOR}$ 環己基—CH_2Br $\xrightarrow{Mg,(C_2H_5)O}$ 環己基—CH_2MgBr

$\xrightarrow[②H^+]{①CO_2}$ 環己基—CH_2COOH

（4）$CH_3COCH_2CH_2CBr(CH_3)_2 \xrightarrow{HOCH_2CH_2OH/H^+} CH_3\overset{\overset{O{-}O}{|\;\;|}}{C}CH_2CH_2CBr(CH_3)_2 \xrightarrow{Mg,(C_2H_5)O}$

$CH_3\overset{\overset{O{-}O}{|\;\;|}}{C}CH_2CH_2\underset{\underset{CH_3}{|}}{\overset{\overset{CH_3}{|}}{C}}MgBr \xrightarrow[②H_3O^+]{①CO_2} CH_3COCH_2CH_2C(CH_3)_2COOH$

（5）苯—Br $\xrightarrow[Et_2O]{Mg}$ 苯—MgBr $\xrightarrow{CO_2} \xrightarrow{H_3O^+}$ 苯—COOH

$\xrightarrow[H^+,\triangle]{C_2H_5OH}$ 苯—COOC_2H_5

8. 由指定原料合成下列化合物，无机试剂任选。

（1）由 $CH_3CH_2CH=CH_2$ 合成 $CH_3CH_2\underset{\underset{CH_3}{|}}{C}H—\underset{\underset{NH_2}{|}}{C}HCOOH$。

（2）由不超过三个碳的有机物合成 $CH_3CH_2CH=\underset{\underset{CH_3}{|}}{C}COOH$。

（3）由乙烯合成丙烯酸。

（4）由乙炔和苯合成 $HOOCCH_2\overset{\overset{}{}}{C}\underset{\underset{}{}}{C}HCH_2COOH$（酸酐结构）

答（1）$CH_3CH_2CH=CH_2 \xrightarrow{HBr} CH_3CH_2\overset{\underset{\displaystyle Br}{|}}{C}HCH_3 \xrightarrow[\text{干醚}]{Mg} \xrightarrow{\triangle O} \xrightarrow[H^+]{H_2O}$

$CH_3CH_2\overset{\underset{\displaystyle}{|}CH_3}{C}HCH_2CH_2OH \xrightarrow[H_2SO_4]{K_2Cr_2O_7} CH_3CH_2\overset{CH_3}{C}HCH_2COOH \xrightarrow[P]{Br_2} CH_3CH_2\overset{CH_3}{C}H\overset{\underset{\displaystyle Br}{|}}{C}HCOOH$

$\xrightarrow{NH_3} CH_3CH_2\overset{\overset{\displaystyle CH_3}{|}}{C}H\overset{\underset{\displaystyle NH_2}{|}}{C}HCOOH$

（2）$CH_3\overset{\underset{\displaystyle Br}{|}}{C}HCOOH + C_2H_5OH \xrightarrow{H^+} CH_3\overset{\underset{\displaystyle Br}{|}}{C}HCOOC_2H_5$

$CH_3CH_2CHO + Br\overset{\underset{\displaystyle CH_3}{|}}{C}HCOOC_2H_5 \xrightarrow[\text{纯醚}]{Zn} CH_3CH_2\overset{\overset{\displaystyle OZnBr}{|}}{C}H-\overset{\underset{\displaystyle CH_3}{|}}{C}HCOOH$

$\xrightarrow[\triangle]{H_2O/H^+} CH_3CH_2CH=\overset{\underset{\displaystyle CH_3}{|}}{C}COOH$

（3）$CH_2=CH_2 \xrightarrow{Cl_2+H_2O} \overset{\underset{\displaystyle OH}{|}}{C}H_2-\overset{\underset{\displaystyle Cl}{|}}{C}H_2 \xrightarrow{NaCN} \overset{\underset{\displaystyle OH}{|}}{C}H_2-\overset{\underset{\displaystyle CN}{|}}{C}H_2 \xrightarrow[\triangle]{H_2SO_4} CH_2=CHCOOH$

（4）$2CH\equiv CH \xrightarrow{Cu_2Cl_2-NH_4Cl} CH\equiv C-CH=CH_2 \xrightarrow[Lindlar]{H_2} CH_2=CH-CH=CH_2$

12. 某二元酸 $C_8H_{14}O_4$（A），受热时转变成中性化合物 $C_7H_{12}O$（B），（B）用浓 HNO_3 氧化生成二元酸 $C_7H_{12}O_4$（C）。（C）受热脱水成酸酐 $C_7H_{12}O_3$（D）；（A）用 $LiAlH_4$ 还原得 $C_8H_{18}O_2$（E）。（E）能脱水生成 3,4-二甲基-1,5-己二烯。试推导（A）～（E）的构造。

答（A）$HOOCCH_2\overset{\underset{\displaystyle CH_3}{|}}{C}H-\overset{\underset{\displaystyle CH_3}{|}}{C}HCH_2COOH$　（B）　（C）

13. 一个具有旋光性的烃类，在冷浓硫酸中能使高锰酸钾溶液褪色，并且容易吸收溴。该烃经过氧化后变成一个中和当量为 66 的酸。此酸中的碳原子数目与原来的烃中相同。求该烃的结构。

答 （1）由题意：该烃氧化成酸后，碳原子数不变，故为环烯烃，通式为 C_nH_{2n-2}。

（2）该烃有旋光性，氧化后成二元酸，所以相对分子质量=66 × 2=132。故二元酸为

CH$_3$CHCOOH
|
CH$_2$COOH。

（3）综上所述：该烃为有取代基的环烯烃
。

14. 马尿酸是一个白色固体（m.p. 190℃），它可由马尿中提取，它的质谱给出分子离子峰 m/z=179，分子式为 $C_9H_9NO_3$。当马尿酸与 HCl 回流，得到两个晶体 D 和 E。D 微溶于水，m.p. = 120℃，它的 IR 谱在 3200~2300cm^{-1} 有一个宽谱带，在 1680cm^{-1} 有一个强吸收峰，在 1600cm^{-1}、1500cm^{-1}、1400cm^{-1}、750cm^{-1} 和 700cm^{-1} 有吸收峰。以酚酞作指示剂用标准 NaOH 滴定得中和当量为 121 ± 1。D 不使 Br$_2$ 的 CCl$_4$ 溶液和 KMnO$_4$ 溶液褪色。但与 NaHCO$_3$ 作用放出 CO$_2$。E 溶于水，用标准 NaOH 滴定时，分子中有酸性和碱性基团，元素分析含 N，相对分子质量为 75，求马尿酸的结构。

答 由题意：m/z=179，所以马尿酸的相对分子质量为 179，它易水解得化合物 D 和 E，D 的 IR 谱图：3200~2300cm^{-1} 为羟基中 O—H 键的伸缩振动。1680cm^{-1} 为 $>C=O$ 的伸缩振动；1500~1600cm^{-1} 是由二聚体的 O—H 键的面内弯曲振动和 C—O 键的伸缩振动之间偶合产生的两个吸收带；750cm^{-1} 和 700cm^{-1} 是一取代苯的 C—H 键的面外弯曲振动。再由化学性质知 D 为羧酸，其中 D 用标准 NaOH 滴定的中和当量为 121±1，故 D 的相对分子质量为 122，因此 D 为
。

又由题意：E 为氨基酸，相对分子质量为 75，所以 E 的结构为 H$_2$NCH$_2$COOH。

综上所述，马尿酸的结构为
。

第十三章 羧酸衍生物

Ⅰ. 知 识 要 点

一、羧酸衍生物的化学性质

1. 羰基的亲核加成-消除反应

（1）酰基上的亲核取代反应机理：实质为亲核加成-消除反应。

带电荷的亲核试剂：

$$R-\underset{L}{\overset{O}{\overset{\|}{C}}}+Nu^- \rightleftharpoons R-\underset{L}{\overset{O^-}{\overset{\|}{C}}}-Nu \rightleftharpoons R-\overset{O}{\overset{\|}{C}}-Nu+L^-$$

中性亲核试剂亲核性较弱。在酸性条件下，羰基氧首先发生质子化，增加了羰基碳的正电性，利于亲核试剂进攻。

$$R-\overset{O}{\overset{\|}{C}}-L \xrightarrow{H^+} R-\overset{+OH}{\overset{\|}{C}}-L \xrightarrow{HNu} R-\underset{\underset{+}{HNu}}{\overset{OH}{\overset{\|}{C}}}-L \longrightarrow R-\underset{Nu}{\overset{OH}{\overset{\|}{C}}}-\overset{+}{L}H \xrightarrow{-H^+} R-\overset{+OH}{\overset{\|}{C}}-Nu \xrightarrow{-H^+} R-\overset{O}{\overset{\|}{C}}-Nu$$

羧酸衍生物的相对反应活性：

$$R-\overset{O}{\overset{\|}{C}}-X > R-\overset{O}{\overset{\|}{C}}-O-\overset{O}{\overset{\|}{C}}-R > R-\overset{O}{\overset{\|}{C}}-O-R' > R-\overset{O}{\overset{\|}{C}}-NH_2$$

（2）影响因素。

（ⅰ）电子因素：羧酸衍生物中 L 同时具有–I 和+C 效应。

$$R-\underset{L^{\delta-}}{\overset{O}{\overset{\|}{C}^{\delta+}}} \qquad R-\overset{O}{\overset{\|}{C}}\underset{L:}{}$$

–I 效应使羰基更容易和亲核试剂起加成反应；而+C 效应使羰基不容易和亲核试剂起加成反应。

在亲核加成步骤中，L 的电子效应为

$$Cl, RCOO：-I > +C；RO：-I \approx +C；NH_2：-I < +C$$

（ⅱ）离去基团的离去能力：在消除步骤中，L^- 碱性越弱越容易离去。

L^- 离去能力为

$$Cl^- > RCOO^- > RO^- > NH_2^-$$

综合两种因素的影响，羧酸衍生物的活性次序：酰氯>酸酐>酯>酰胺。

2. 酯的水解

酯：需要酸或碱催化，有时需加热。

$$RCOOR' + H_2O \xrightarrow[\text{或}OH^-]{H^+} RCOOH + R'OH$$

酸性水解是可逆的。

（1）伯醇酯或仲醇酯，酸性水解均为 Aac2（酸催化下的酰氧键断裂的双分子反应）。

（2）叔醇酯能形成稳定的三级碳正离子，酸性水解为 Aal1（酸催化下的烷氧键断裂的单分子反应）。

（3）酯的碱性水解，不可逆，称为皂化反应。其反应机理为 Bac2（碱催化下的酰氧键断裂的双分子反应）。

3. 与金属有机试剂反应

（1）酰氯：活性高，与格氏试剂反应先得到酮，酮会继续与格式试剂反应得到叔醇。

（2）酯：可与 RMgX、RLi 反应，活性比酰卤、醛、酮低，用于制备二级或三级醇，与 R_2CuLi、R_2Cd 不反应。

$$R-\overset{\overset{\displaystyle O}{\|}}{C}-R' \xrightarrow{R'-MgX} R-\overset{\overset{\displaystyle OMgX}{|}}{\underset{\underset{\displaystyle R'}{|}}{C}}-R' \xrightarrow{H_2O,\ H^+} R-\overset{\overset{\displaystyle OH}{|}}{\underset{\underset{\displaystyle R'}{|}}{C}}-R'$$

4. 还原反应

（1）LiAlH$_4$（NaBH$_4$ 只能还原酰卤）：酰卤、酸酐和酯可被氢化锂铝还原成伯醇。酰胺和腈被还原成胺。

$$R-\overset{\overset{\displaystyle O}{\|}}{C}-X \xrightarrow{LiAlH_4} \xrightarrow{H_2O} RCH_2OH$$

$$R-\overset{\overset{\displaystyle O}{\|}}{C}-O-\overset{\overset{\displaystyle O}{\|}}{C}-R \xrightarrow{LiAlH_4} \xrightarrow{H_2O} RCH_2OH$$

$$R-\overset{\overset{\displaystyle O}{\|}}{C}-O-R' \xrightarrow{LiAlH_4} \xrightarrow{H_2O} RCH_2OH + R'OH$$

$$R-\overset{\overset{\displaystyle O}{\|}}{C}-N\hspace{-0.3em}<\ \xrightarrow{LiAlH_4} \xrightarrow{H_2O} RCH_2N\hspace{-0.3em}<$$

（2）催化氢化：羧酸酯、酰卤、酸酐可被还原为醇，酰胺、腈被还原为胺。

$$\left.\begin{array}{l} RCOX \\ RCOOR' \\ (RCO)_2O \end{array}\right\} \xrightarrow[催化剂]{H_2} RCH_2OH$$

$$RCON\hspace{-0.3em}<\ \xrightarrow[催化剂]{H_2} RCH_2N\hspace{-0.3em}<$$

$$RCN\hspace{-0.3em}<\ \xrightarrow[催化剂]{H_2} RCH_2NH_2$$

（3）Na-醇还原：酯被还原成伯醇。

$$R-\overset{\overset{\displaystyle O}{\|}}{C}-O-R' \xrightarrow[C_2H_5OH]{Na} RCH_2OH + R'OH$$

$$CH_3CH=CHCH_2CH_2CO_2C_2H_5 \xrightarrow[C_2H_5OH]{Na} CH_3CH=CHCH_2CH_2OH + C_2H_5OH$$

（4）Rosenmund 还原：酰卤被还原为醛。

$$R-\overset{\overset{\displaystyle O}{\|}}{C}-X \xrightarrow[喹啉]{H_2,\ Pd-BaSO_4} RCHO$$

5. α-H 的有关反应

羧酸衍生物的 α-H 由于羰基的吸电子效应表现出一定的酸性。

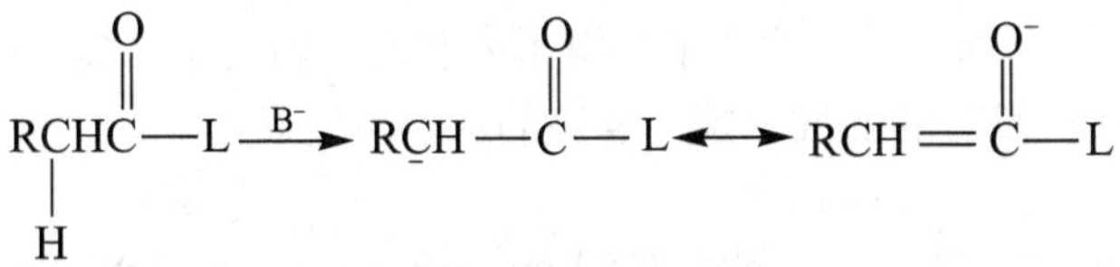

$$RCHC-L \xrightarrow{B^-} RCH-C-L \longleftrightarrow RCH=C-L$$

酯、腈、酰胺中 α-H 都具有一定的酸性，在强碱的作用下可以失去一个氢变为碳负离子，因此具有亲核性。由 α-H 酸性导致的羧酸衍生物的反应主要有酯缩合反应和 α-H 的取代反应。

有 α-H 的酯在强碱（一般是用乙醇钠）的作用下与另一分子酯发生缩合反应，失去一分子醇，生成 β-羰基酯的反应称为酯缩合反应。酯缩合可以分为分子间的酯缩合（Claisen 缩合）和分子内的酯缩合（Dickmann 反应）。

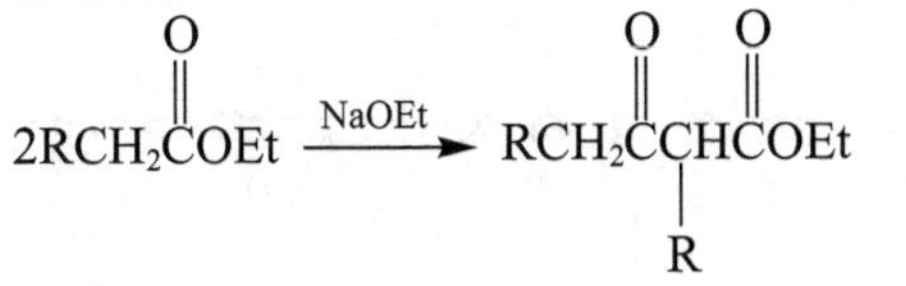

$$2RCH_2COEt \xrightarrow{NaOEt} RCH_2CCHCOEt$$

反应机理：

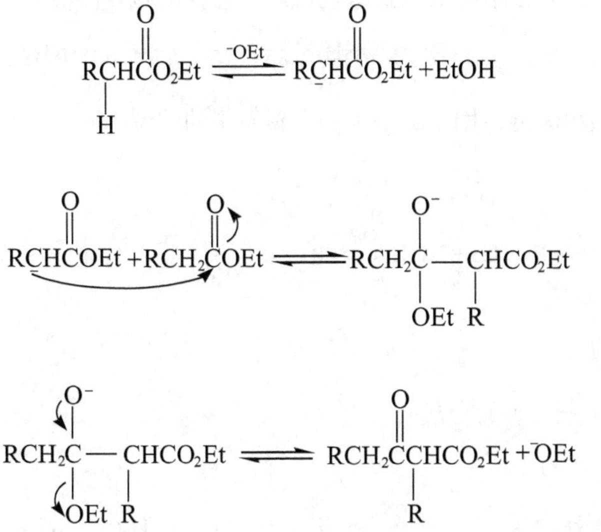

$$RCHCO_2Et \underset{-OEt}{\rightleftharpoons} RCHCO_2Et + EtOH$$

$$RCHCOEt + RCH_2COEt \rightleftharpoons RCH_2C-CHCO_2Et$$

$$RCH_2C-CHCO_2Et \rightleftharpoons RCH_2CCHCO_2Et + {}^-OEt$$

分子内的酯缩合（Dickmann 反应）是指一个分子中具有两个酯基，酯基之间至少相隔 4 个以上的（—CH$_2$—）在强碱的作用下发生的酯缩合反应，通常用于合成五、六元环。

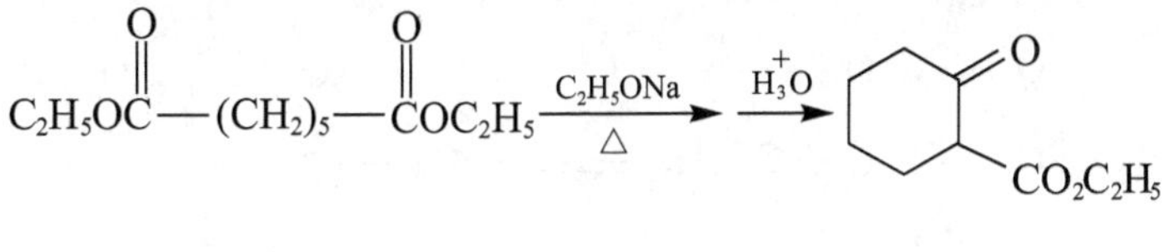

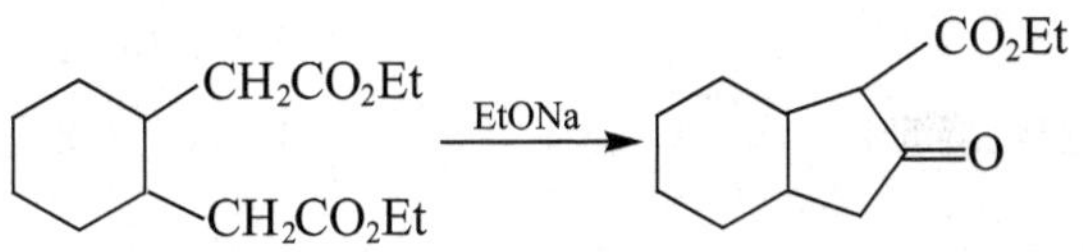

$$C_2H_5OC-(CH_2)_5-COC_2H_5 \xrightarrow[\triangle]{C_2H_5ONa} \xrightarrow{H_3^+O}$$

$$\xrightarrow{EtONa}$$

6. 酰胺的特性

1）酸碱性

酰胺的碱性很弱，与强酸生成的盐不稳定，遇水即分解。原因在于，$R-C-\overset{..}{N}H_2$氨基

与羰基发生 p-π 共轭,降低了氮原子上的电子云密度。而对于二酰亚胺,N 原子受两个酰基的影响,使 N 上的 H 具有弱酸性,能与强碱的水溶液生成盐。

$$\text{邻苯二甲酰亚胺} + NaOH \longrightarrow \text{钠盐} + H_2O$$

2)脱水反应

$$RCONH_2 \xrightarrow[\text{或} SOCl_2]{P_2O_5} RC\equiv N$$

羧酸与腈的关系如下:

$$RCOOH \underset{HCl}{\overset{NH_3}{\rightleftharpoons}} RCOONH_4 \underset{+H_2O}{\overset{-H_2O}{\rightleftharpoons}} RCONH_2 \underset{+H_2O}{\overset{-H_2O}{\rightleftharpoons}} RCN$$

3)霍夫曼降解反应

酰胺与溴或氯的碱性溶液或次氯酸钠或次溴酸钠的碱性溶液作用时,脱去羰基生成伯胺。

$$R\text{—}CONH_2 \xrightarrow{NaOX,\,OH^-} R\text{—}NH_2$$

合成应用:缩短碳链,用于制备少一个碳原子的伯胺。

反应机理:

$$R\text{—}\overset{O}{\underset{}{C}}\text{—}NH_2 + Br_2 \xrightarrow{HO^-} R\text{—}\overset{O}{\underset{}{C}}\text{—}NHBr \underset{}{\overset{OH^-}{\rightleftharpoons}} R\text{—}\overset{O}{\underset{}{C}}\text{—}\ddot{N}\text{—}Br \xrightarrow{-Br^-} R\text{—}N\text{=}C\text{=}O \xrightarrow[H_2O]{OH^-} RNH_2 + CO_2$$

二、乙酰乙酸乙酯

1. 乙酰乙酸乙酯(三乙)的合成

$$2CH_3\overset{O}{\underset{}{C}}OC_2H_5 \xrightarrow[\triangle]{C_2H_5ONa} \xrightarrow{H^+} CH_3\overset{O}{\underset{}{C}}\text{—}CH_2\overset{O}{\underset{}{C}}OC_2H_5 + C_2H_5OH$$

2. 乙酰乙酸乙酯的酮式与烯醇式异构

$$CH_3\text{—}\overset{O}{\underset{}{C}}\text{—}\overset{O}{\underset{CH_2}{C}}\text{—}OC_2H_5 \rightleftharpoons H_3C\text{—}\overset{O\cdots H\cdots O}{\underset{CH}{C}}\text{=}C\text{—}OC_2H_5$$

92%(水溶液)　　　　　　　　　　8%(水溶液)

51%(己烷溶液)　　　　　　　　　49%(己烷溶液)

3. 乙酰乙酸乙酯的性质

1)酮式分解

乙酰乙酸乙酯在稀碱(5%NaOH)或稀酸中加热,可以分解脱羧而生成丙酮,称为成酮分解,也称酮式分解。

$$CH_3CCH_2COC_2H_5 \xrightarrow{\text{稀OH}^-} CH_3CCH_2COH + C_2H_5OH$$

$$\xrightarrow[\triangle]{-CO_2} CH_3CCH_3$$
甲基酮

2）酸式分解

乙酰乙酸乙酯在浓碱（40%NaOH）中加热，因为 OH$^-$ 浓度高，除与酯作用外，还可以使乙酰乙酸乙酯的酮基处破裂生成两分子乙酸（盐），称为成酸分解，也称酸式分解。

$$CH_3CCH_2COC_2H_5 \xrightarrow[\triangle]{\text{浓OH}^-} CH_3COONa + C_2H_5OH$$
羧酸盐

3）亚甲基的活泼性

乙酰乙酸乙酯存在 β-二羰基结构，两个吸电子基团使中间的亚甲基酸性增强，与碱作用生成的碳负离子可以发生亲核反应，使它在有机合成中占有重要的地位。

$$CH_3CCH_2COC_2H_5 \xrightarrow{C_2H_5ONa} CH_3\overset{-}{C}HCOC_2H_5 \xrightarrow{RX}$$

$$CH_3CCHCOC_2H_5 \begin{array}{l} \xrightarrow[\triangle]{\text{稀OH}^-} CH_3CCH_2R \quad \text{酮式分解} \\[2mm] \xrightarrow[\triangle]{\text{浓OH}^-} RCH_2COONa \quad \text{酸式分解} \end{array}$$

由于酸式分解时往往伴随着一些酮式分解，因此在合成反应中，一般不使用酸式分解合成羧酸。合成中主要利用乙酰乙酸乙酯的酮式分解制备甲基酮。

4. 乙酰乙酸乙酯在合成上的应用

用卤代烃作试剂，可得甲基酮。

$$CH_3CCH_2COC_2H_5 \xrightarrow[\text{②RX}]{\text{①}C_2H_5ONa} CH_3CCHCOC_2H_5 \xrightarrow[\triangle]{\text{稀OH}^-} \boxed{CH_3CCH_2R}$$

例如：

$$CH_3CCH_2COC_2H_5 \xrightarrow{C_2H_5ONa} \xrightarrow{Br(CH_2)_4Br} CH_3CCHCOC_2H_5 \xrightarrow{C_2H_5ONa}$$
$$CH_2CH_2CH_2CH_2Br$$

用酰卤作试剂可得二酮。

$$CH_3\overset{\underset{\|}{O}}{C}CH_2\overset{\underset{\|}{O}}{C}OC_2H_5 \xrightarrow[\text{②RCOX}]{\text{①}C_2H_5ONa} CH_3\overset{\underset{\|}{O}}{C}\underset{\underset{COR}{|}}{CH}\overset{\underset{\|}{O}}{C}OC_2H_5 \xrightarrow[\triangle]{\text{稀OH}^-} \boxed{CH_3\overset{\underset{\|}{O}}{C}CH_2\overset{\underset{\|}{O}}{C}R}$$

用卤代酸酯作试剂，可得酮酸。

$$CH_3\overset{\underset{\|}{O}}{C}CH_2\overset{\underset{\|}{O}}{C}OC_2H_5 \xrightarrow[\text{② }BrCH_2COOC_2H_5]{\text{①}C_2H_5ONa} CH_3\overset{\underset{\|}{O}}{C}\underset{\underset{CH_2COOC_2H_5}{|}}{CH}\overset{\underset{\|}{O}}{C}OC_2H_5$$

$$\xrightarrow{\text{稀OH}^-} CH_3COCH\underset{\underset{CH_2COOH}{|}}{COOH} \xrightarrow{-CO_2} CH_3COCH\underset{\underset{CH_2COOH}{|}}{COOH}$$

注意：（1）与乙酰乙酸乙酯反应的 RX 为伯卤代烃，不能为仲卤代烃、叔卤代烃、乙烯式卤代烃、卤代芳烃。酰卤、α-卤代羧酸酯、卤代酮等与乙酰乙酸乙酯反应是不能含有 —COOH、—SO₃H、—OH 等含活性氢的基团。

（2）制备二取代乙酰乙酸乙酯时，卤代烃、酰卤、α-卤代羧酸酯可用同分子，也可用异分子，也可用 X(CH₂)ₙX（n=4~9），根据所要合成的产物来选择（醇钠应用两分子）。

三、丙二酸二乙酯

1. 丙二酸二乙酯的合成

$$\underset{\underset{Cl}{|}}{CH_2}COONa \xrightarrow[\text{OH}^-]{NaCN} \underset{\underset{CN}{|}}{CH_2}COONa \xrightarrow[H_2SO_4]{C_2H_5OH} CH_2(COOC_2H_5)_2$$

2. 性质

$$CH_2(COOC_2H_5)_2 \xrightarrow{C_2H_5ONa} \overset{-}{C}H(COOC_2H_5)_2$$

$$CH_2(COOC_2H_5)_2 \xrightarrow{\text{H}^+ \text{ 或 OH}^-} CH_2(COOH)_2 \xrightarrow[\triangle]{-CO_2} CH_3COOH$$

3. 应用

（1）用卤代烃作试剂，合成一元羧酸。

$$CH_2(COOC_2H_5)_2 \xrightarrow[\text{②RX}]{\text{①}C_2H_5ONa} RCH(COOC_2H_5)_2 \xrightarrow{H_2O,\,H^+} RCH(COOH)_2 \xrightarrow[\triangle]{-CO_2} RCH_2COOH$$

亚甲基上的氢还可以进一步被取代。

$$RCH(COOC_2H_5)_2 \xrightarrow[\text{②RX}]{\text{①}C_2H_5ONa} R_2C(COOC_2H_5)_2 \xrightarrow{H_2O,\,H^+} R_2C(COOH)_2 \xrightarrow[\triangle]{-CO_2} R_2CHCOOH$$

（2）用卤代酸酯作试剂，合成二元羧酸。

$$CH_2(COOEt)_2 \xrightarrow[\text{②}ClCH_2COOEt]{\text{①}C_2H_5ONa} \underset{\underset{CH_2COOEt}{|}}{CH}(COOEt)_2 \xrightarrow{H_2O,\,H^+} \underset{\underset{CH_2COOH}{|}}{CH}(COOH)_2 \xrightarrow[\triangle]{-CO_2} \underset{\underset{CH_2COOH}{|}}{CH_2}COOH$$

（3）用二卤代烷作试剂，调配不同的反应物比例，可得不同的产物。

丙二酸酯：二卤代烷 = 1∶1 时：

$$CH_2(COOEt)_2 \xrightarrow[\text{② Br(CH}_2)_3\text{Br}]{\text{① C}_2\text{H}_5\text{ONa}} \begin{array}{c} CH(COOEt)_2 \\ | \\ CH_2CH_2CH_2Br \end{array} \xrightarrow{C_2H_5ONa}$$

$$\bigsquare\begin{array}{c} COOEt \\ COOEt \end{array} \xrightarrow[\text{② △, -CO}_2]{\text{① H}_2\text{O, H}^+} \boxed{\bigsquare\!\!-\!COOH}$$

丙二酸酯：二卤代烷 = 2∶1 时：

$$CH_2(COOEt)_2 \xrightarrow[\text{② Br(CH}_2)_3\text{Br}]{\text{① C}_2\text{H}_5\text{ONa}} \begin{array}{c} CH(COOEt)_2 \\ | \\ (CH_2)_3 \\ | \\ CH(COOEt)_2 \end{array} \xrightarrow[\text{② △, -CO}_2]{\text{① H}_2\text{O, H}^+} \begin{array}{c} CH_2COOH \\ | \\ (CH_2)_3 \\ | \\ CH_2COOH \end{array}$$

注意：（1）与丙二酸二乙酯反应的 RX 为伯卤代烃，不能为仲卤代烃、叔卤代烃、乙烯式卤代烃、卤代芳烃。酰卤、α-卤代羧酸酯也可与之反应，但不能含有—COOH、—SO$_3$H、—OH 等含活性氢的基团。

（2）二取代丙二酸二乙酯，其中卤代烃、酰卤、α-卤代羧酸酯可用同分子，也可用异分子，也可用 X(CH$_2$)$_n$X（n=2~7），根据所要合成的产物来选择（醇钠应用两分子）。

（3）一分子 X(CH$_2$)$_n$X 可与二分子丙二酸二乙酯反应，水解加热脱羧生成增链的二元羧酸。

4. 迈克尔反应

迈克尔（Michael）反应指含活性亚甲基的化合物在碱性条件下，与 α,β-不饱和醛、酮或酯进行的共轭加成反应。

$$CH_3CH{=}CHCCH_3 + CH_2(COOC_2H_5)_2 \xrightarrow{C_2H_5ONa} \begin{array}{c} CH_3CHCH_2CCH_3 \\ | \\ CH(COOC_2H_5)_2 \end{array}$$
（左侧羰基标 O）

反应机理为

$$CH_2(COOC_2H_5)_2 \xrightarrow{C_2H_5ONa} \bar{C}H(COOC_2H_5)_2$$

$$CH_3CH{=}CHCCH_3 + \bar{C}H(COOC_2H_5)_2 \xrightarrow{\text{1,4-加成}} \begin{array}{c} CH_3CHCH{=}\overset{\bar{O}}{C}CH_3 \\ | \\ CH(COOC_2H_5)_2 \end{array} \xrightarrow{C_2H_5OH} \begin{array}{c} CH_3CHCH_2CCH_3 \\ | \\ CH(COOC_2H_5)_2 \end{array}$$

Ⅱ. 例 题 解 析

【例 13-1】 给出正确选项。

（1）羧酸衍生物水解、醇解、氨解的反应机理是（ ）。

（A）S$_N$1 （B）S$_N$2 （C）加成-消去 （D）消去-加成

（2）下列化合物不溶于 NaOH 溶液的是（ ）。

（A）乙酸苄酯　（B）缬氨酸　　（C）邻苯二甲酰亚胺　（D）*N*,*N*-二甲基苯胺

（3）下列化合物发生亲核加成反应活性最高的是（　　）。

（A）醛或酮　　（B）酰胺　　（C）酰卤　　　　（D）酸酐

（4）把乙酸乙酯还原为乙醇的还原剂是（　　）。

（A）Na/二甲苯　（B）Na/EtOH　（C）Mg-Hg　　（D）Zn-Hg/HCl

（5）R—⟨苯环⟩—COOEt 碱性水解最快的是（　　）。

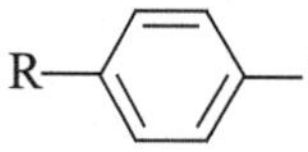

（A）R=H　　　（B）R=NO$_2$　　（C）R=CH$_3$O　　（D）R=CH$_3$

答　（1）（C）　　（2）（D）　　（3）（C）　　（4）（B）　　（5）（B）

【例 13-2】　完成下列反应。

（1）反应物 —— Br$_2$/OH⁻ → ?

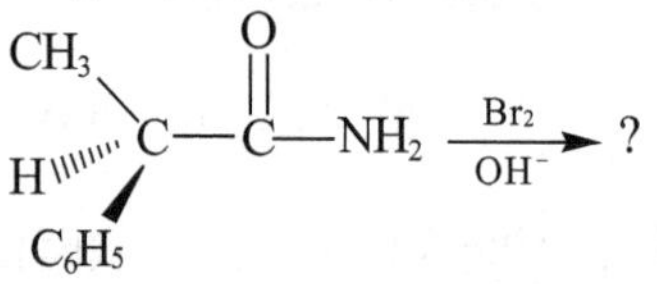

（2）CH$_3$CH$_2$CH$_2$CH$_2$COCl $\xrightarrow[\text{H}_2]{\text{Pd-BaSO}_4/\text{喹啉}}$?

（3）邻苯二甲酸酐 $\xrightarrow{\text{LiAlH}_4}$ $\xrightarrow[\text{H}^+]{\text{H}_2\text{O}}$?

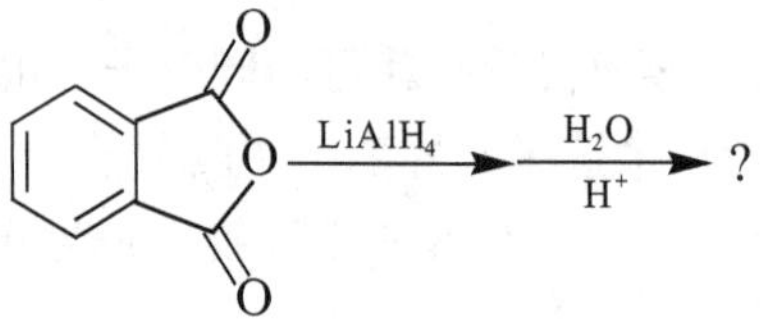

分析：（1）为霍夫曼降解反应；（2）为 Rosenmund 还原——将酰卤还原为醛；（3）为酸酐的还原。

答　（1）…… 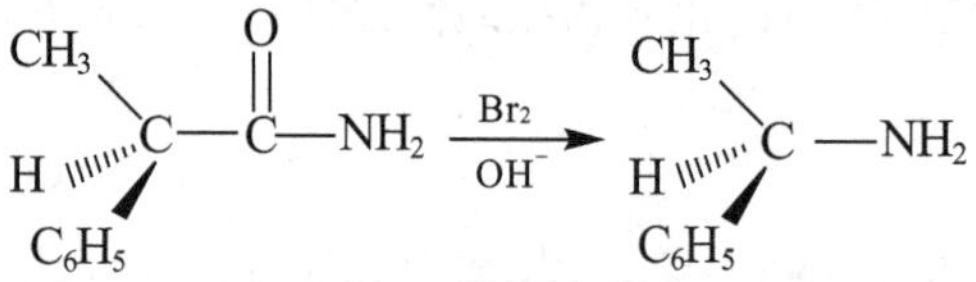 Br$_2$/OH⁻ → 胺产物

（2）CH$_3$CH$_2$CH$_2$CH$_2$COCl $\xrightarrow[\text{H}_2]{\text{Pd-BaSO}_4/\text{喹啉}}$ CH$_3$CH$_2$CH$_2$CH$_2$CHO

（3）邻苯二甲酸酐 $\xrightarrow{\text{LiAlH}_4}$ $\xrightarrow[\text{H}^+]{\text{H}_2\text{O}}$ 邻苯二甲醇（CH$_2$OH、CH$_2$OH）

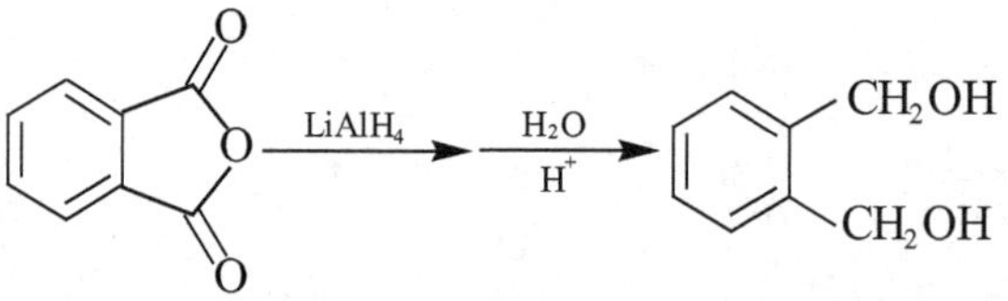

【例 13-3】　观察下列系列反应：

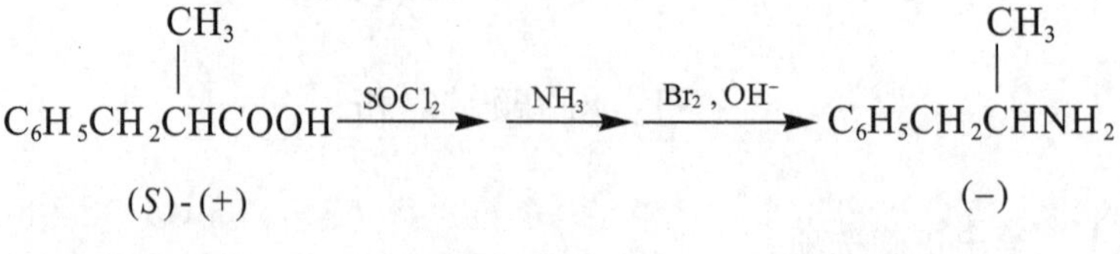

C$_6$H$_5$CH$_2$CHCOOH $\xrightarrow{\text{SOCl}_2}$ $\xrightarrow{\text{NH}_3}$ $\xrightarrow{\text{Br}_2,\text{OH}^-}$ C$_6$H$_5$CH$_2$CHNH$_2$（带CH$_3$）

(*S*)-(+)　　　　　　　　　　　　　　　　(−)

根据反应机理，推测最终产物的构型是 *R* 还是 *S*?

分析：在霍夫曼降解反应中，迁移基团的手性碳构型保持不变。

答

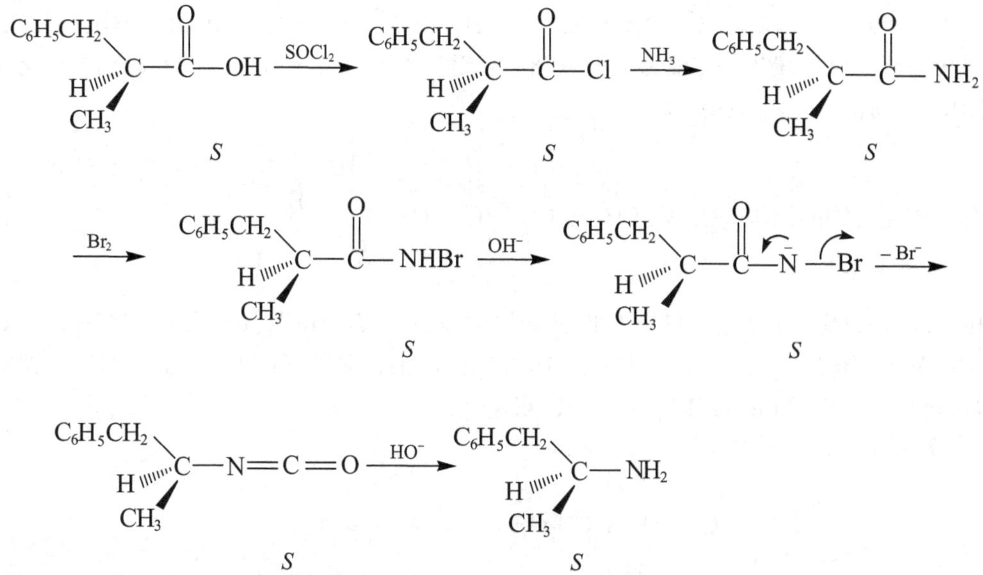

【例 13-4】　合成以下化合物并注意反应条件和试剂比例。

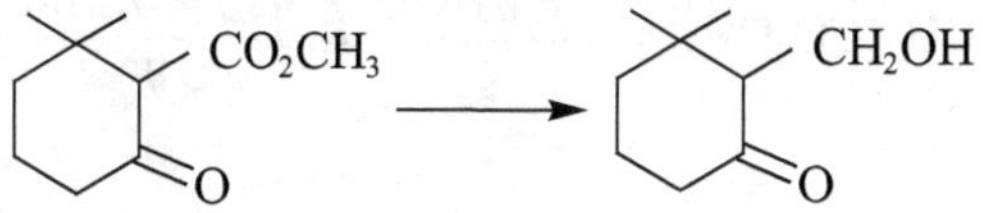

分析：酯基还原得羟甲基，注意羰基的保护。

答

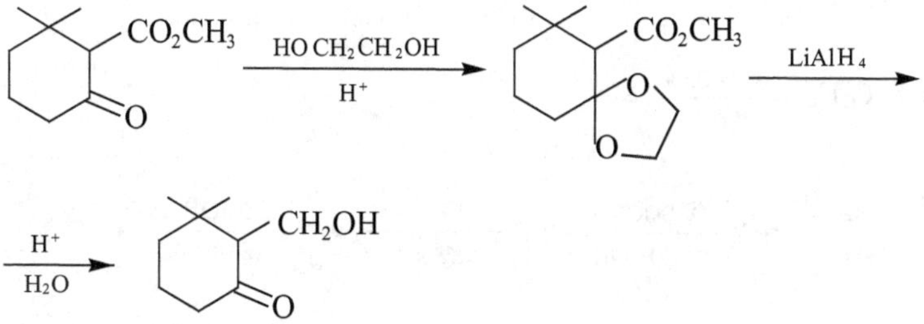

【例 13-5】　某羰基化合物($C_6H_{12}O_2$)在 IR 中 1740cm^{-1}、1250cm^{-1}、1060cm^{-1} 处都有强吸收，在 2950cm^{-1} 以上无吸收；NMR 中有两个单峰，δ 值分别为 3.4ppm 和 1.0ppm，强度比为 1∶3，推测该化合物的结构。

分析：$C_6H_{12}O_2$ 说明不饱和度为 1，可能含 C=C、C=O 或为单环分子；IR 中 3000cm^{-1} 以上无吸收峰说明化合物不含—OH 和 C=C—H，即不是醇、酸类；IR 中 1740cm^{-1}、1250cm^{-1}、1060cm^{-1} 处都有强吸收→化合物是酯；NMR 数据→化合物的结构。

答　化合物的结构为 $(CH_3)_3C-\overset{\overset{\displaystyle O}{\|}}{C}-OCH_3$。

【例 13-6】　一个中性化合物，分子式为 $C_7H_{13}O_2Br$，不能形成肟及苯腙衍生物，其 IR 在 2850~2950cm^{-1} 有吸收，但 3000cm^{-1} 以上没有吸收；另一强吸收峰为 1740cm^{-1}，^{1}HNMR 吸收为 δ 1.0ppm（3H，t）、1.3ppm（6H，d）、2.1ppm（2H，m）、4.2ppm（1H，t）、4.0ppm（4H，m）。推断该化合物的结构，并指定谱图中各个峰的归属。

分析：$C_7H_{13}O_2Br$ 说明不饱和度为 1，可能含 $C=C$、$C=O$ 或为单环分子；IR 中 $3000cm^{-1}$ 以上无吸收峰说明化合物不含—OH 和 $C=C$—H，即不是醇、酸类；IR 中 $1740cm^{-1}$ 有强吸收说明化合物中含有羰基，可能为醛酮或酯；但该化合物不能形成肟及苯腙说明只能为酯；^{1}H-NMR 数据说明化合物的结构。

答　该化合物的结构为
$$\underset{a}{CH_3}-\underset{b}{CH_2}-\underset{c}{\overset{Br}{\underset{}{CH}}}-\overset{O}{\overset{\|}{C}}-O-\overset{\overset{e}{CH_3}}{\underset{\underset{d}{H}}{C}}-\overset{e}{CH_3}。$$

IR：$2850\sim2950cm^{-1}$，饱和 C—H 的伸缩振动吸收；$1740cm^{-1}$，$C=O$ 的伸缩振动吸收。

^{1}H-NMR：H_a 1.0ppm（3H，三重峰）；H_b 2.1ppm（2H，多重峰）；H_c 4.2ppm（1H，三重峰）；H_d 4.6ppm（1H，多重峰）；H_e 1.3ppm（6H，双重峰）。

【例 13-7】　完成下列反应。

（1）

（2）

（3）　$CH_3CH_2CO_2C_2H_5 \xrightarrow[\text{② } H^+]{\text{① } C_2H_5ONa}$?

（4）

（5）　$Br(CH_2)_4Br \xrightarrow[\text{② } H_3O^+]{\text{① NaCN}} ? \xrightarrow[\text{② } C_2H_5OH]{\text{① SOCl}_2} ? \xrightarrow[\text{② } H^+]{\text{① } C_2H_5ONa} ? \xrightarrow[\text{② } H^+ \text{ ③}\triangle]{\text{① NaOH/H}_2O} ?$

分析：（1）、（2）为迈克尔加成；（3）、（4）、（5）注意酯缩合反应。

答　（1）

（2）

（3）　$CH_3CH_2CO_2C_2H_5 \xrightarrow[\text{② H}^+]{\text{① C}_2\text{H}_5\text{ONa}}$ $CH_3CH_2-\underset{\underset{}{}}{\overset{\overset{O}{\|}}{C}}-\underset{\underset{CH_3}{|}}{CH}CO_2C_2H_5$

（4）　 $+ HCO_2C_2H_5 \xrightarrow[\text{② H}^+]{\text{① C}_2\text{H}_5\text{ONa}}$

（5）　$Br(CH_2)_4Br \xrightarrow[\text{② H}_3\text{O}^+]{\text{① NaCN}} HOOC(CH_2)_4COOH \xrightarrow[\text{② C}_2\text{H}_5\text{ONa}]{\text{① SOCl}_2} H_5C_2O_2C(CH_2)_4CO_2C_2H_5$

$\xrightarrow[\text{② H}^+]{\text{① C}_2\text{H}_5\text{ONa}}$ $\xrightarrow[\text{②H}^+ \text{ ③}\triangle]{\text{① NaOH/H}_2\text{O}}$

【例 13-8】　以 C_4 以下的有机物和丙二酸二乙酯为主要原料合成 。

分析：

答　

【例 13-9】　由氯乙酸及合适的原料合成 —COOH。

分析：先合成丙二酸二乙酯

答　$\underset{\underset{Cl}{|}}{CH_2}COOH \xrightarrow{NaOH} \underset{\underset{Cl}{|}}{CH_2}COONa \xrightarrow[OH^-]{NaCN} \underset{\underset{CN}{|}}{CH_2}COONa \xrightarrow[H_2SO_4]{C_2H_5OH} CH_2(COOC_2H_5)_2$

$CH_2(COOC_2H_5)_2 \xrightarrow[Br(CH_2)_5Br]{2C_2H_5ONa}$ $\xrightarrow[\text{② H}^+ \text{ ③}\triangle]{\text{① NaOH/H}_2\text{O}}$ —COOH

【例 13-10】 由乙酸乙酯合成 $CH_3COCHCH_2CH_2CH_3$。
$$CH_2CH_3$$

分析：先合成乙酰乙酸乙酯（三乙）

$$CH_2CH_3 \quad 上 CH_3CH_2Br$$

$$CH_3COCH \text{—} CH_2CH_2CH_3$$

来自三乙　　　上 $CH_3CH_2CH_2Br$

答

$$2CH_3COOC_2H_5 \xrightarrow[\text{② } H^+]{\text{① } C_2H_5ONa} CH_3COCH_2COOC_2H_5 \xrightarrow[\text{② } CH_3CH_2CH_2Br]{\text{① } C_2H_5ONa} CH_3COCHCOOC_2H_5$$
$$CH_2CH_2CH_3$$

$$\xrightarrow[\text{② } CH_3CH_2Br]{\text{① } C_2H_5ONa} CH_3COCCOOC_2H_5 \xrightarrow[\text{② } H^+ \text{③} \triangle]{\text{① 稀 NaOH}} CH_3COCH\text{—}CH_2CH_2CH_3$$

其中 CH_2CH_3 与 $CH_2CH_2CH_3$ 为取代基

Ⅲ. 部分习题与解答

2. 用化学方法区别下列各化合物。

(1) $CH_3CHCOOH$ 和 CH_3CH_2COCl
$\quad\quad$ Cl

(2) 丙酸乙酯和丙酰胺

(3) $CH_3COOC_2H_5$ 和 CH_3OCH_2COOH

(4) CH_3COONH_4 和 CH_3CONH_2

(5) $(CH_3CO)_2O$ 和 $CH_3COOC_2H_5$

(6) 乙酸、乙酰氯、乙酸乙酯、乙酰胺

答 (1) 前一化合物与水几乎不反应，而后一化合物因水解而冒烟。

(2) 分别与氢氧化钠水溶液作用，并加热，有氨气放出（使红色石蕊试纸变蓝色）者为丙酰胺，否则为丙酸乙酯。

(3) 分别与碳酸氢钠水溶液实验，能明显反应并放出二氧化碳气体者为甲氧基乙酸，否则为乙酸乙酯。

(4) 在常温下与氢氧化钠水溶液作用，有氨气放出（使红色石蕊试纸变蓝色）者为乙酸铵，否则为乙酰胺。

(5) 用适量热水试之，乙酸酐因水解而溶解于水，乙酸乙酯因难以水解而不溶于水。或用碱性水溶液彻底水解，再将水解产物进行碘仿反应，呈阳性者为乙酸乙酯，呈阴性者为乙酸酐。

(6) 加水，反应剧烈冒烟的是乙酰氯，溶于水的是乙酸，不溶于水的液体是乙酸乙酯，固体是乙酰胺。

3. 完成下列反应式。

(1) 　　　　＋ H—N 　　　 → ? $\xrightarrow[\text{② } H_3O^+]{\text{① } LiAlH_4}$?

(2) $HOCH_2CH_2CH_2COOH \xrightarrow{\triangle}$? $\xrightarrow{Na, C_2H_5OH}$?

（3）
$$CH_2=\overset{\overset{\displaystyle CH_3}{|}}{C}-COOH \xrightarrow{PCl_3} ? \xrightarrow[\underset{N}{\text{吡啶}}]{CF_3CH_2OH} ?$$

（4）环己基$-\overset{\overset{\displaystyle O}{||}}{C}-Cl + (CH_3)_2CuLi \xrightarrow[-78℃]{乙醚} ?$

（5）$I(H_2C)_{10}-\overset{\overset{\displaystyle O}{||}}{C}-Cl + (CH_3)_2CuLi \xrightarrow[-78℃]{乙醚} ?$

（6）$C_2H_5O-\overset{\overset{\displaystyle O}{||}}{C}-(CH_2)_8-\overset{\overset{\displaystyle O}{||}}{C}-Cl+(CH_3CH_2)_2Cd \xrightarrow[\triangle]{苯}$

（7）邻苯二甲酰亚胺$-NH \xrightarrow{Br_2,\,NaOH} \xrightarrow{H_2O} ?$

（8）苯$-COOH \xrightarrow{PCl_3} ? \xrightarrow[喹啉]{H_2,\,Pd-BaSO_4} ?$

答 括号中为各小题所要求填充的内容。

（1）苯酐 $+H-N$吡咯烷 $\rightarrow$ （邻位取代苯 $\overset{\overset{\displaystyle O}{||}}{C}-N$吡咯烷，$-COOH$）$\xrightarrow[②H_2O]{①LiAlH_4}$ （邻位苯 $-CH_2-N$吡咯烷，$-CH_2OH$）

（2）$HOCH_2CH_2CH_2COOH \xrightarrow{\triangle}$ （γ-丁内酯）$\xrightarrow{Na,\,C_2H_5OH}$ （$HOCH_2CH_2CH_2CH_2OH$）

（3）$CH_2=\overset{\overset{\displaystyle CH_3}{|}}{C}-COOH \xrightarrow{PCl_3}$ （$CH_2=\overset{\overset{\displaystyle CH_3}{|}}{C}-COCl$）$\xrightarrow[\underset{N}{\text{吡啶}}]{CF_3CH_2OH}$ （$CH_2=\overset{\overset{\displaystyle CH_3}{|}}{C}-COOCH_2CF_3$）

（4）环己基$-\overset{\overset{\displaystyle O}{||}}{C}-Cl + (CH_3)_2CuLi \xrightarrow[-78℃]{乙醚}$ （环己基$-\overset{\overset{\displaystyle O}{||}}{C}-CH_3$）

（5）$I(H_2C)_{10}-\overset{\overset{\displaystyle O}{||}}{C}-Cl + (CH_3)_2CuLi \xrightarrow[-78℃]{乙醚}$ （$I(CH_2)_{10}-\overset{\overset{\displaystyle O}{||}}{C}-CH_3$）

（6）$C_2H_5O-\overset{\overset{\displaystyle O}{||}}{C}-(CH_2)_8-\overset{\overset{\displaystyle O}{||}}{C}-Cl+(CH_3CH_2)_2Cd \xrightarrow[\triangle]{苯}$ （$C_2H_5O-\overset{\overset{\displaystyle O}{||}}{C}-(CH_2)_8-\overset{\overset{\displaystyle O}{||}}{C}-C_2H_5$）

（7）

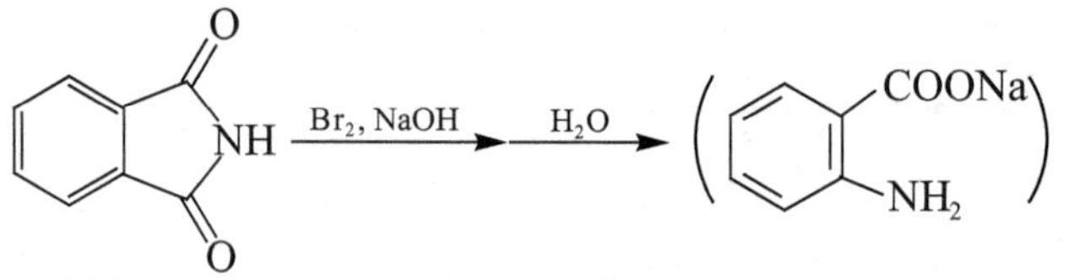

$$\xrightarrow{\text{Br}_2,\ \text{NaOH}}\xrightarrow{\text{H}_2\text{O}}\left(\text{邻氨基苯甲酸钠}\ \text{COONa},\ \text{NH}_2\right)$$

（8）

$$\text{（苯）—COOH}\xrightarrow{\text{PCl}_3}\left(\text{（苯）—COCl}\right)\xrightarrow[\text{喹啉}]{\text{H}_2,\ \text{Pd-BaSO}_4}\left(\text{（苯）—CHO}\right)$$

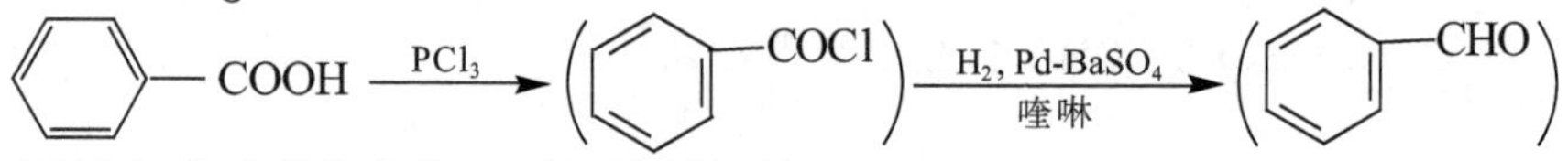

6. 按指定原料合成下列化合物，无机试剂任选。

（1）由丙酮合成 $(CH_3)_3CCOOH$。

（2）由 $H_3C—\text{（苯）}—$ 合成 $H_3C—\text{（苯）}—\overset{\text{O}}{\overset{\|}{C}}—O—\text{（苯）}—CH_3$。

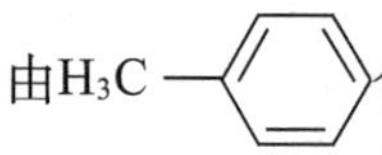

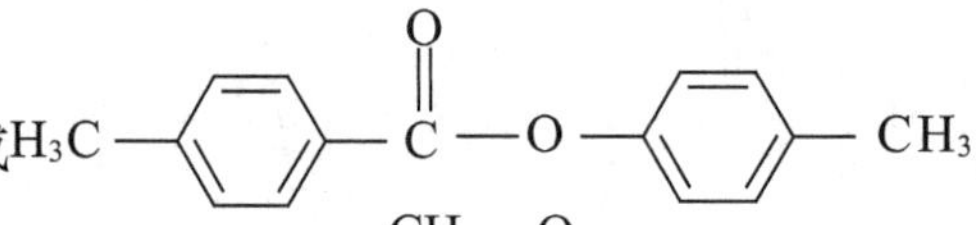

（3）由 C_4 以下有机物为原料合成 $CH_3CH_2\underset{\underset{CH_3}{|}}{CH}—\overset{\text{O}}{\overset{\|}{C}}—NHCH_2CH_2CH_2CH_3$。

（4）以 C_3 以下的羧酸衍生物为原料合成乙丙酸酐。

（5）由 $CH_2{=\!=}CH(CH_2)_8COOH$ 合成 $H_5C_2COOC(CH_2)_{13}COOC_2H_5$。

（6）由己二酸合成

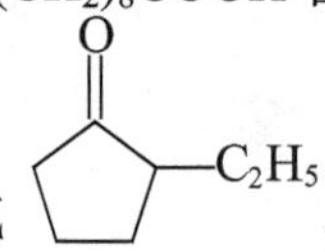

（7）由

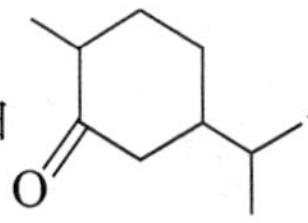

合成

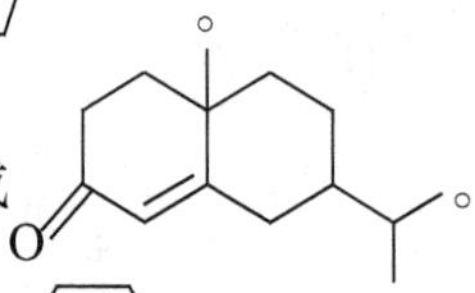

。

（8）由苯合成

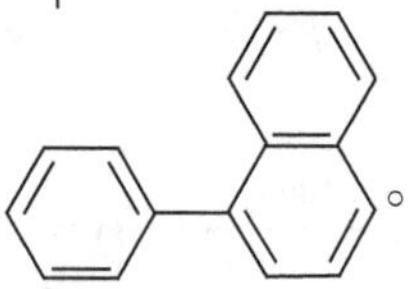

。

答　（1）利用酮的双分子还原，频哪醇重排反应和碘仿反应合成。

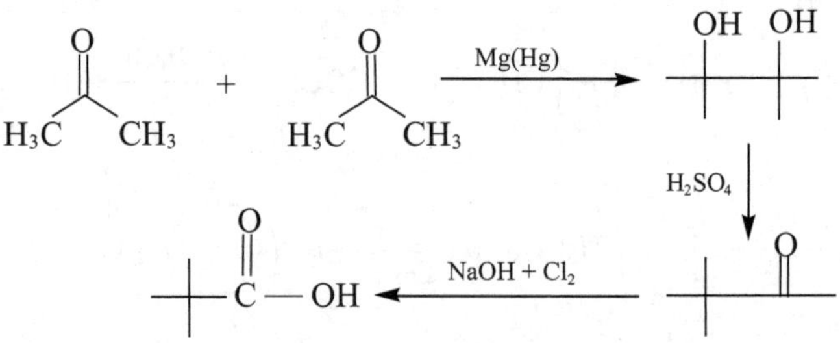

（2）分析：

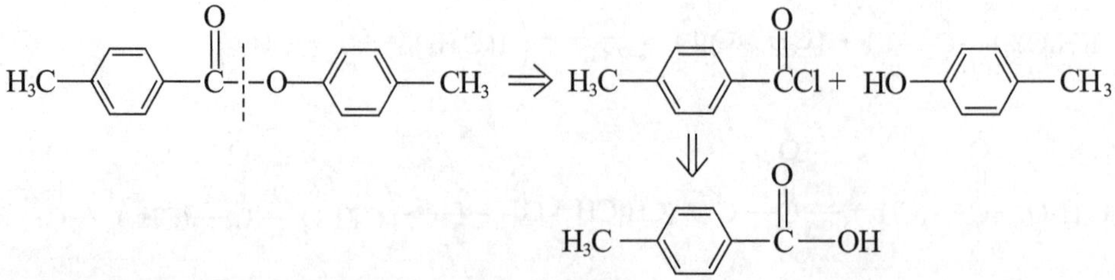

所以由甲苯分别合成对甲苯酚和对甲苯甲酸。

具体合成路线如下：

甲苯 $\xrightarrow[\triangle]{H_2SO_4}$ 对甲苯磺酸 $\xrightarrow{NaOH}$ 对甲苯磺酸钠 $\xrightarrow[②H^+]{①NaOH，熔融}$ 对甲酚

$H_3C-\!\!\langle\ \rangle\!\!-H \xrightarrow[AlCl_3-Cu_2Cl_2]{CO+HCl} H_3C-\!\!\langle\ \rangle\!\!-CHO \xrightarrow{土伦试剂} H_3C-\!\!\langle\ \rangle\!\!-COOH$

$\xrightarrow{SOCl_2} H_3C-\!\!\langle\ \rangle\!\!-COCl \xrightarrow[吡啶]{HO-\langle\ \rangle-CH_3} H_3C-\!\!\langle\ \rangle\!\!-\overset{\overset{O}{\|}}{C}-O-\!\!\langle\ \rangle\!\!-CH_3$

或

$H_3C-\!\!\langle\ \rangle\!\!-H \xrightarrow[Fe]{Br_2} H_3C-\!\!\langle\ \rangle\!\!-Br \xrightarrow[干醚]{Mg} \xrightarrow{CO_2} \xrightarrow[H^+]{H_2O} H_3C-\!\!\langle\ \rangle\!\!-COOH$

$\xrightarrow{SOCl_2} \xrightarrow[吡啶]{HO-\langle\ \rangle-CH_3} H_3C-\!\!\langle\ \rangle\!\!-\overset{\overset{O}{\|}}{C}-O-\!\!\langle\ \rangle\!\!-CH_3$

（3）$CH_3CH_2\underset{\underset{Cl}{|}}{CH}CH_3 \xrightarrow{NaCN} CH_3CH_2\underset{\underset{CN}{|}}{CH}CH_3 \xrightarrow[H^+]{H_2O} CH_3CH_2\underset{\underset{COOH}{|}}{CH}CH_3$

$\xrightarrow{PCl_3} \xrightarrow{CH_3(CH_2)_3NH_2} CH_3CH_2\underset{\underset{CH_3}{|}}{CH}-\overset{\overset{O}{\|}}{C}-NHCH_2CH_2CH_2CH_3$

（4）混合酸酐可由酰卤与羧酸盐反应制得。

$CH_3CH_2\overset{\overset{O}{\|}}{C}-Cl + CH_3\overset{\overset{O}{\|}}{C}-ONa \longrightarrow CH_3CH_2\overset{\overset{O}{\|}}{C}-O-\overset{\overset{O}{\|}}{C}CH_3$

（5）目标产物比原料增加了碳原子，为此必须选用合适的增长碳链方法。

$CH_2\!=\!CH(CH_2)_8COOH \xrightarrow{Br_2} \underset{\underset{Br}{|}}{CH_2}-\underset{\underset{Br}{|}}{CH}(CH_2)_8COOH$

$\xrightarrow{NaNH_2} HC\!\equiv\!C(CH_2)_8COONa \xrightarrow{NaNH_2} NaC\!\equiv\!C(CH_2)_8COONa \xrightarrow{BrCH_2CH_2CH_2Br}$

$BrCH_2CH_2CH_2C\!\equiv\!C(CH_2)_8COONa \xrightarrow[②H_2O]{①NaCN} HOOC(CH_2)_3C\!\equiv\!C(CH_2)_8COOH$

$\xrightarrow{H_2,Pd} HOOC(CH_2)_{13}COOH \xrightarrow{C_2H_5OH,H^+} H_5C_2OOC(CH_2)_{13}COOC_2H_5$

（6）从 6 个碳缩成为 5 个碳，正好是一个 α-位碳进攻酯基碳的结果，宜用酯缩合反应。目标分子中的乙基酮的 α-位，可以用卤代烃引入。

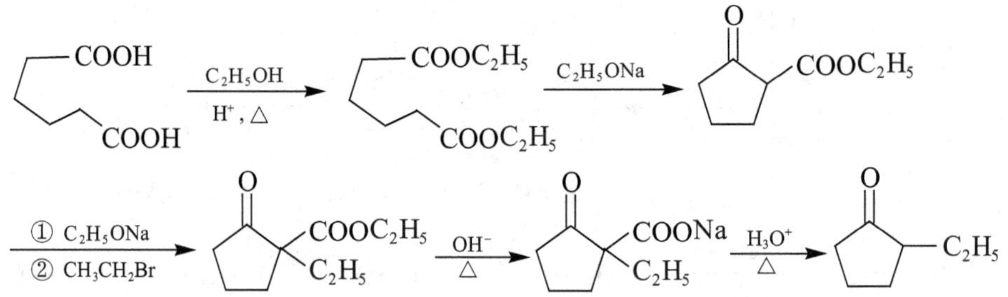

（7）

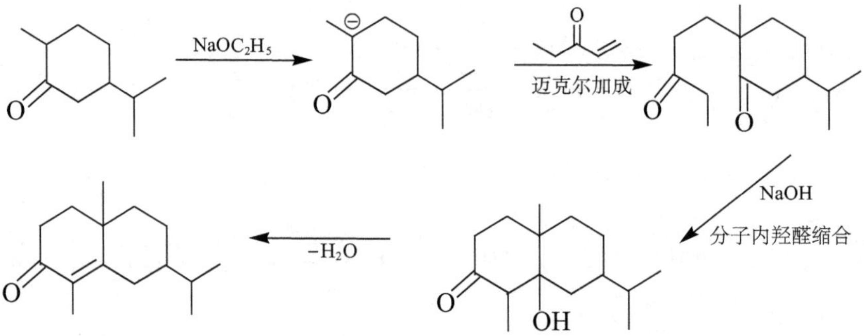

（8）

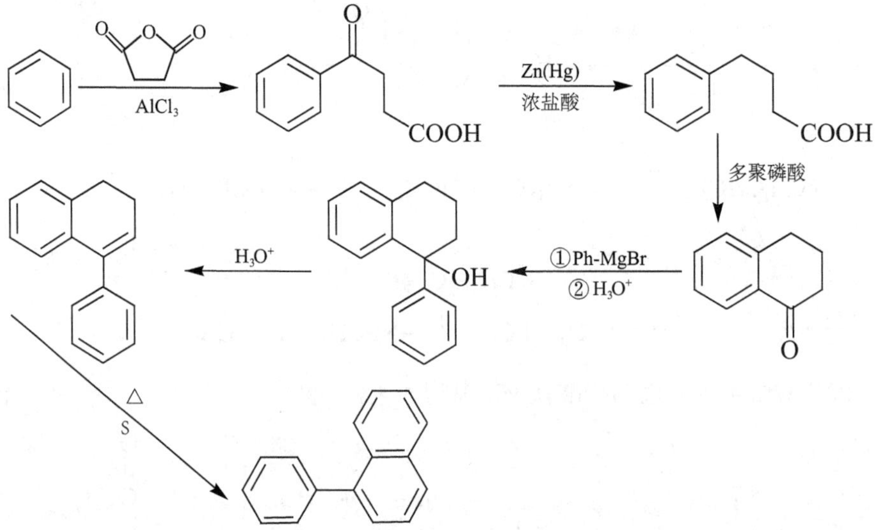

8. 有两个酯类化合物（A）和（B），分子式均为 $C_4H_6O_2$。（A）在酸性条件下水解成甲醇和另一个化合物 $C_3H_4O_2$（C），（C）可使 Br_2-CCl_4 溶液褪色。（B）在酸性条件下水解成一分子羧酸和化合物（D），（D）可发生碘仿反应，也可与土伦试剂作用。试推测（A）~（D）的构造式。

答　（A）$CH_2\!=\!CHCOOCH_3$　　　（B）$CH_3\overset{\displaystyle O}{\overset{\|}{C}}\!-\!O\!-\!CH\!=\!CH_2$

（C）$CH_2\!=\!CHCOOH$　　　（D）CH_3CHO

12. 由丙二酸二乙酯或乙酰乙酸乙酯为起始原料合成下列化合物。

（1）$CH_2=CHCH_2\overset{\underset{\displaystyle CH_3}{|}}{CH}CO_2H$

（2）

（3）

（4）$CH_3\overset{\underset{\displaystyle O}{||}}{C}CH_2CH_2CH_2CO_2H$

（5）$CH_3\overset{\underset{\displaystyle O}{||}}{C}\overset{\underset{\displaystyle CH_3}{|}}{CH}CH_2CH_2\overset{\underset{\displaystyle CH_3}{|}}{CH}\overset{\underset{\displaystyle O}{||}}{C}CH_3$

（6）

答 （1）$CH_2(COC_2H_5)_2 \xrightarrow[\text{②}CH_2=CHCH_2Cl]{\text{①}NaOC_2H_5} CH_2=CH-CH_2-CH(COC_2H_5)_2 \xrightarrow[\text{②}CH_3I]{\text{①}NaOC_2H_5}$

$CH_2=CH-CH_2-\overset{\underset{\displaystyle }{|}}{\underset{\displaystyle }{C}}(COC_2H_5)_2 \xrightarrow[\text{②}H^+,\triangle,-CO_2]{\text{①}OH^-} CH_2=CHCH_2\overset{\underset{\displaystyle CH_3}{|}}{CH}CO_2H$

（2）$C_2H_5O\overset{\underset{\displaystyle }{}}{}\!\!\!\!\!\!\!\text{(酯酮)} + CH_2=CHCH=O \xrightarrow{NaOC_2H_5}$

$\xrightarrow{NaOC_2H_5}$
$\xrightarrow[\text{②}CH_2(CO_2C_2H_5)_2]{\text{①}NaOC_2H_5}$

$\xrightarrow[\text{②}H^+,\triangle,-CO_2]{\text{①}OH^-}$

（3）$CH_2(COC_2H_5)_2 \xrightarrow[\text{②}Br(CH_2)_5Br]{\text{①}NaOC_2H_5}$
$\xrightarrow{NaOC_2H_5}$

$\xrightarrow[\text{②}H^+,\triangle,-CO_2]{\text{①}OH^-}$

（4）$CH_3\overset{\underset{\displaystyle O}{||}}{C}CH_2\overset{\underset{\displaystyle O}{||}}{C}OC_2H_5 \xrightarrow[\text{②}CH_2=CHCOOC_2H_5]{\text{①}NaOC_2H_5}$
$\xrightarrow[\text{②}H^+,\triangle,-CO_2]{\text{①}OH^-}$

$CH_3\overset{\underset{\displaystyle O}{||}}{C}CH_2-CH_2CH_2\overset{\underset{\displaystyle O}{||}}{C}OH$

（5）$2CH_3CCH_2COC_2H_5$ $\xrightarrow[\text{② CH}_3\text{I}]{\text{① NaOC}_2\text{H}_5}$ $2CH_3CCHCOC_2H_5$ $\xrightarrow{\text{NaOC}_2\text{H}_5}$ $2CH_3C\overset{\ominus}{\text{—}}\overset{|}{C}\text{—}COC_2H_5$

（结构式略）

$\xrightarrow{\text{BrCH}_2\text{CH}_2\text{Br}}$ （结构式略） $\xrightarrow[\text{② H}^+,\triangle,-\text{CO}_2]{\text{① OH}^-}$ $CH_3CCHCH_2CH_2CHCCH_3$

（6）$CH_2(CO_2C_2H_5)_2$ $\xrightarrow{\text{NaOC}_2\text{H}_5}$ $\overset{\ominus}{C}H(CO_2C_2H_5)$ $\xrightarrow{\text{BrCH}_2\text{CCH}_3}$ $CH_3CCH_2\text{—}CH(CO_2C_2H_5)_2$

$\xrightarrow{\text{NaBH}_4}$ $\underset{\text{OH}}{CH_3CH}\text{—}CH_2CH(CO_2C_2H_5)_2$ $\xrightarrow[\text{②H}^+,\triangle,-\text{CO}_2]{\text{① OH}^-}$ $CH_3\text{—}$（内酯结构）$=O$

13. 由乙酰乙酸乙酯、丙二酸二乙酯和不超过四个碳的原料合成下列化合物。

（1）（环己烷二甲酸结构）　（2）（环戊二酮结构）　（3）$CH_3CHCHCH_2\underset{|}{\overset{|}{C}}\text{—}CH_3$（带OH、H₃CCH₂、CH₃、OH取代基）

　答　（1）$2CH_2(CO_2Et)_2$ $\xrightarrow{\text{2NaOC}_2\text{H}_5}$ $2\overset{\ominus}{C}H(CO_2C_2H_5)_2$ $\xrightarrow{\text{Br(CH}_2)_4\text{Br}}$

（结构式略）$\xrightarrow{\text{NaOC}_2\text{H}_5}$（结构式略）$\xrightarrow{\text{I}_2}$

（结构式略）$\xrightarrow{\text{NaOC}_2\text{H}_5}$（结构式略）

（结构式略）$\xrightarrow[\text{② H}^+,\triangle,-\text{CO}_2]{\text{① OH}^-}$（环己烷二甲酸结构）

（2）分析：（结构式）$\xrightarrow{\text{添致活基}}$ $EtOC$（结构式）$COEt$ $\Longrightarrow$

由戊二酸二乙酯与草酸二乙酯缩合而成

$EtOC$（结构式）$COEt+EtO\text{—}C\text{—}C\text{—}OEt$

$$CH_2(CO_2Et)_2 \xrightarrow{NaOC_2H_5} CH_2=CH-\overset{\overset{\displaystyle O}{\|}}{C}OEt \quad EtO\overset{\overset{\displaystyle O}{\|}}{C}CH_2CH_2CH(CO_2Et)_2 \xrightarrow[\text{②H}^+,\triangle,-CO_2]{\text{①OH}^-}$$

$$HO\overset{\overset{\displaystyle O}{\|}}{C}(CH_2)_3\overset{\overset{\displaystyle O}{\|}}{C}OH \xrightarrow[\text{H}_2\text{SO}_4]{2C_2H_5OH} EtO\overset{\overset{\displaystyle O}{\|}}{C}CH_2CH_2CH_2\overset{\overset{\displaystyle O}{\|}}{C}OEt \xrightarrow{2NaOC_2H_5}$$

$$EtO\overset{\overset{\displaystyle O}{\|}}{C}-\overset{\ominus}{C}H \quad \underset{CH_2}{} \quad \overset{\ominus}{C}H-\overset{\overset{\displaystyle O}{\|}}{C}OEt \xrightarrow{EtO\overset{\overset{\displaystyle O}{\|}}{C}-\overset{\overset{\displaystyle O}{\|}}{C}OEt} \text{(structure)} \xrightarrow[\text{②H}^+,\triangle,-CO_2]{\text{①OH}^-} \text{(cyclopentanedione)}$$

（3）分析：$CH_3\underset{OH}{\overset{|}{C}H}-\underset{CH_2CH_3}{\overset{|}{C}H}-CH_2-\underset{CH_3}{\overset{OH}{\overset{|}{\underset{|}{C}}}}-CH_3 \Longrightarrow \boxed{CH_3\overset{\overset{\displaystyle O}{\|}}{C}-\underset{C_2H_5}{\overset{|}{C}H}}-CH_2-\underset{CH_3}{\overset{OH}{\overset{|}{\underset{|}{C}}}}-CH_3$

取代丙酮的结构 ⟹乙酰乙酸乙酯　　含有两个相同烃基的叔醇由酯得到

$$\Longrightarrow CH_3\overset{\overset{\displaystyle O}{\|}}{C}\underset{CH_2CH_3}{\overset{|}{C}H}-CH_2-\overset{\overset{\displaystyle O}{\|}}{C}OC_2H_5$$

$$CH_3\overset{\overset{\displaystyle O}{\|}}{C}CH_2\overset{\overset{\displaystyle O}{\|}}{C}OEt \xrightarrow[\text{②BrCH}_2\text{COEt}]{\text{①NaOC}_2\text{H}_5} CH_3\overset{\overset{\displaystyle O}{\|}}{C}-\underset{\underset{\displaystyle O}{\overset{|}{\underset{\|}{C}}H_2\overset{}{C}OEt}}{\overset{|}{C}H}-\overset{\overset{\displaystyle O}{\|}}{C}OEt \xrightarrow[\text{②CH}_3\text{CH}_2\text{Br}]{\text{①NaOC}_2\text{H}_5} CH_3\overset{\overset{\displaystyle O}{\|}}{C}-\underset{\underset{\displaystyle O}{\overset{|}{\underset{\|}{C}}H_2\overset{}{C}OEt}}{\overset{\overset{\displaystyle CH_2CH_3}{|}}{C}}-CO_2Et$$

$$\xrightarrow[\text{②H}^+,\triangle,-CO_2]{\text{①OH}^-} CH_3\overset{\overset{\displaystyle O}{\|}}{C}-\underset{C_2H_5}{\overset{|}{C}H}-CH_2\overset{\overset{\displaystyle O}{\|}}{C}OH \xrightarrow[\text{H}_2\text{SO}_4]{C_2H_5OH} CH_3\overset{\overset{\displaystyle O}{\|}}{C}-\underset{C_2H_5}{\overset{|}{C}H}-CH_2\overset{\overset{\displaystyle O}{\|}}{C}OEt$$

$$\xrightarrow[\text{HCl（干燥）}]{HOCH_2CH_2OH} CH_3-\overset{\overset{\displaystyle \overset{O\ \ O}{\diagup\diagdown}}{}}{C}-\underset{C_2H_5}{\overset{|}{C}H}-CH_2\overset{\overset{\displaystyle O}{\|}}{C}OEt \xrightarrow[\text{②H}_3\text{O}^+]{\text{①2CH}_3\text{MgI}} CH_3\overset{\overset{\displaystyle O}{\|}}{C}-\underset{C_2H_5}{\overset{|}{C}H}-CH_2-\underset{CH_3}{\overset{OH}{\overset{|}{\underset{|}{C}}}}-CH_3$$

$$\xrightarrow[\text{②H}^+]{\text{①LiAlH}_4} CH_3\underset{}{\overset{OH}{\overset{|}{C}}}H-\underset{C_2H_5}{\overset{|}{C}H}-CH_2-\underset{CH_3}{\overset{OH}{\overset{|}{\underset{|}{C}}}}-CH_3$$

第十四章　含氮有机化合物

Ⅰ.知　识　要　点

一、硝基化合物

1. 脂肪族硝基化合物的化学性质

　　1）α-H 的酸性

　　硝基是强吸电子基，脂肪族硝基化合物的 α-H 具有一定的酸性，可溶于碱，与氢氧化钠（钾）作用生成盐。

　　2）与羰基化合物的反应

　　具有 α-H 的伯和仲硝基化合物在碱催化下能与某些羰基化合物发生缩合反应。

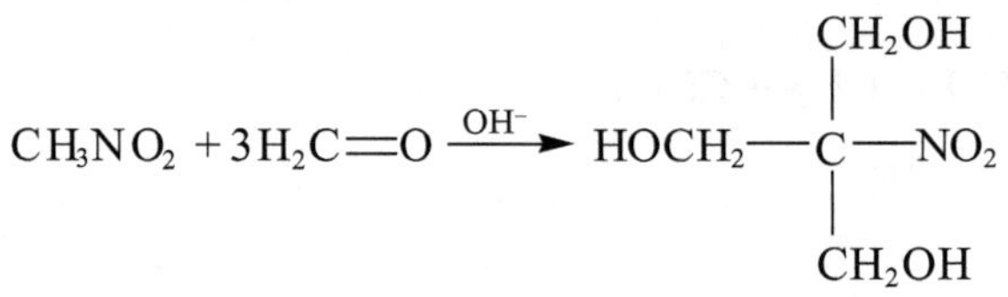

2. 芳香族硝基化合物的化学性质

　　1）硝基的还原

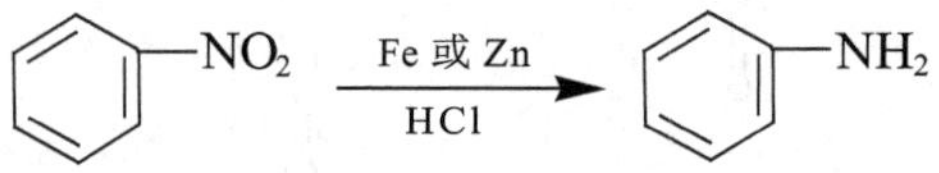

　　选择性还原：多硝基苯用碱金属的硫化物、多硫化物、硫化铵、硫氢化铵或多硫化铵可以选择还原一个硝基为氨基。

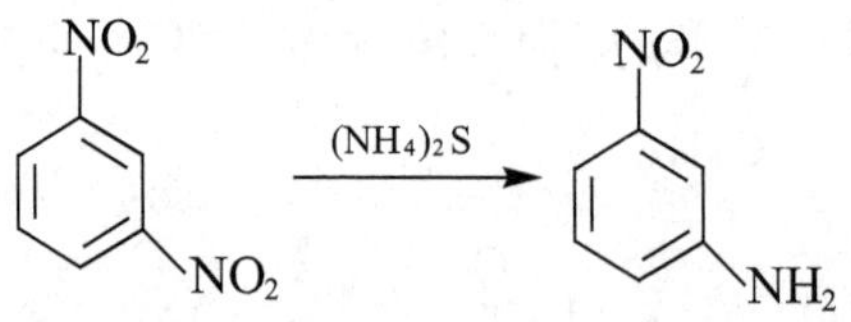

　　2）芳环上的亲核取代反应

　　硝基的邻、对位容易发生亲核取代反应，硝基的数目增加，反应更容易进行。

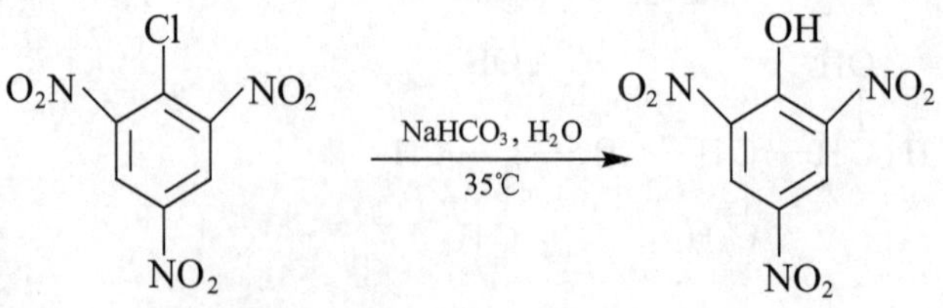

二、胺

1. 化学性质

　　1）碱性

　　胺和氨相似，具有碱性，能与大多数酸作用成盐。

$$RNH_2 + HCl \longrightarrow R\overset{+}{N}H_3Cl^-$$

　　胺的碱性较弱，其盐与氢氧化钠溶液作用时，释放出游离胺，可分离提纯不溶于水的胺。

$$R\overset{+}{N}H_3Cl^- + NaOH \longrightarrow RNH_2 + NaCl + H_2O$$

　　胺的碱性：取代基为吸电子作用时，碱性减弱；取代基为给电子作用时，碱性增强。

　　（1）脂肪胺：烷基对氮原子有给电子的效应，会使胺的碱性增强。

　　在气态时碱性顺序为：$(CH_3)_3N > (CH_3)_2NH > CH_3NH_2 > NH_3$。

　　水溶液中，不仅要考虑电子效应还要考虑空间效应和溶剂化效应，综合各因素的影响，甲基胺在水溶液中的碱性大小为：$(CH_3)_2NH > CH_3NH_2 > (CH_3)_3N > NH_3$。

　　（2）芳香胺 $\langle \bigcirc\!\!-\!\!\overset{\cdot\cdot}{N}H_2$：苯环对氨基有给电子的诱导效应（+I），也有吸电子的共轭效应（–C），且–C > +I，所以苯环对氨基总的电子效应为吸电子效应，碱性大小为：$NH_3 >$ $PhNH_2 > Ph_2NH > Ph_3N$。

　　取代苯胺：取代基在间位时仅考虑诱导效应；在邻对位时同时考虑共轭效应和诱导效应。

　　碱性由大到小为

$$H_3CO-\!\!\bigcirc\!\!-NH_2 \;>\; \bigcirc\!\!-NH_2 \;>\; O_2N-\!\!\bigcirc\!\!-NH_2$$

　　2）烃基化

　　胺与卤代烃发生亲核取代，是按 S_N2 机理进行的。如果卤代烃过量，则可以得到季铵盐。卤代烃和过量的氨反应，可制取伯胺。

$$R\!-\!X + NH_3（过量）\longrightarrow R\!-\!NH_2$$

　　3）酰基化

$$RNH_2 \xrightarrow[\text{或 }(R'CO)_2O]{R'COCl} R'\!-\!\overset{\overset{\displaystyle O}{\|}}{C}\!-\!NHR$$

$$R_2NH \xrightarrow[\text{或 }(R'CO)_2O]{R'COCl} R'\!-\!\overset{\overset{\displaystyle O}{\|}}{C}\!-\!NR_2$$

　　叔胺的氮原子上没有氢，不能被酰化。

　　（1）保护氨基或降低氨基的致活性。

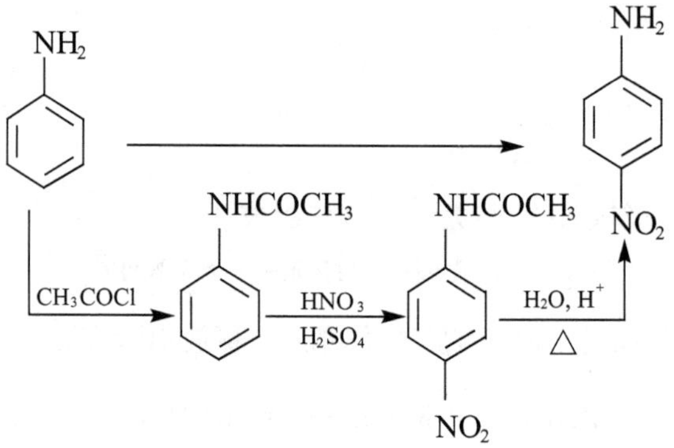

（2）引入永久性酰基。

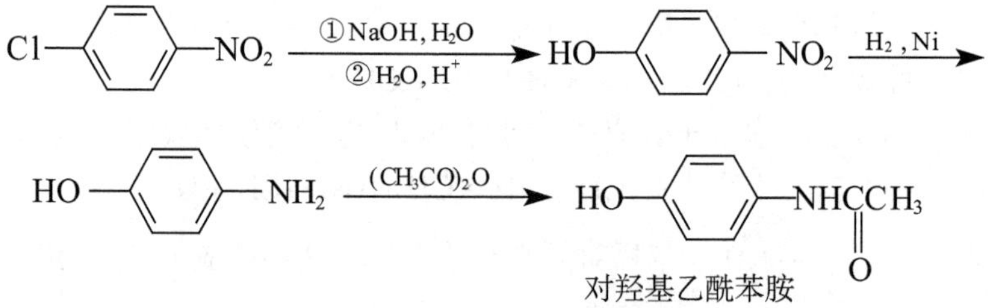

对羟基乙酰苯胺
扑热息痛(paracetamol)

4）磺酰化—Hinsberg 反应

常用的磺酰化试剂是苯磺酰氯和对甲基苯磺酰氯。

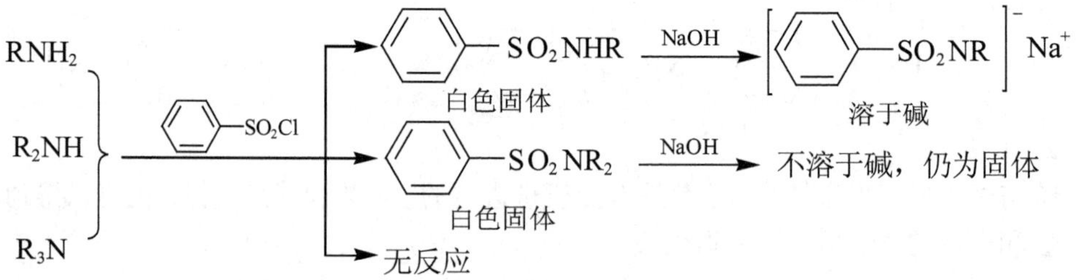

Hinsberg 反应可用于鉴别、分离和纯化伯、仲、叔胺。

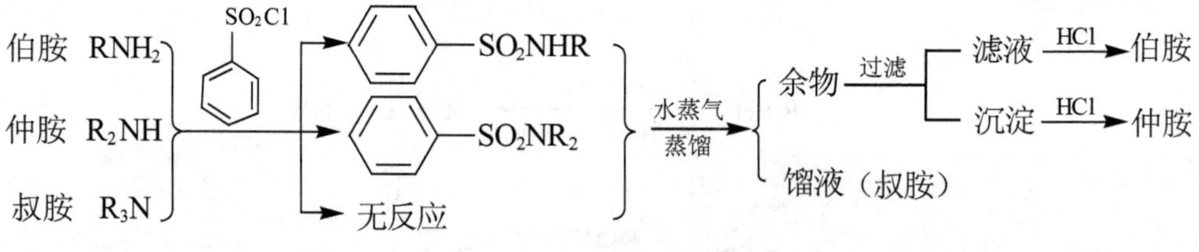

5）与亚硝酸反应

（1）伯胺：生成重氮盐。

$$CH_3CH_2CH_2NH_2 \xrightarrow[\text{HCl}]{\text{NaNO}_2} CH_3CH_2CH_2\overset{+}{N}\equiv N\overset{-}{Cl} \xrightarrow{-N_2} CH_3CH_2CH_2^+$$

芳香族重氮盐在水溶液和较低温度下较稳定。

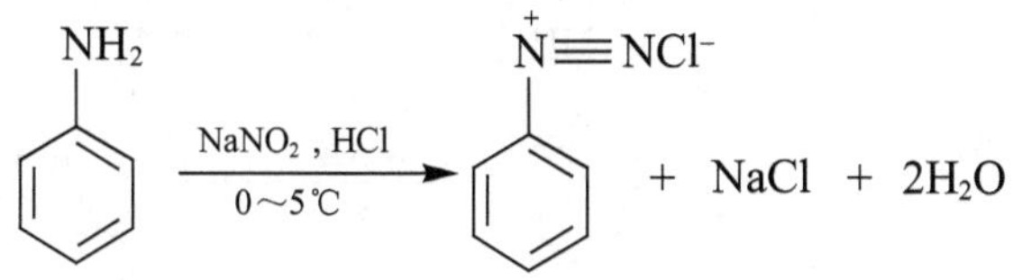

（2）仲胺：生成 N-亚硝基胺。

$$R_2NH + HNO_2 \longrightarrow R_2N—N＝O + H_2O$$

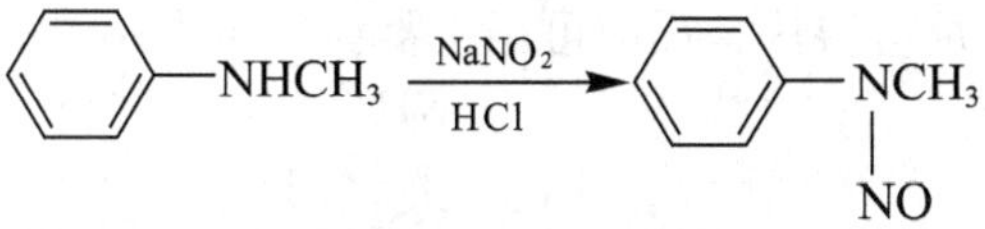

N-亚硝基胺为黄色油状液体或固体。

（3）叔胺：脂肪族叔胺与亚硝酸生成不稳定的盐。

$$R_3N + HNO_2 \rightleftharpoons [R_3NH]^+NO_2^-$$

芳香族叔胺与亚硝酸发生芳环上的亲电取代反应。

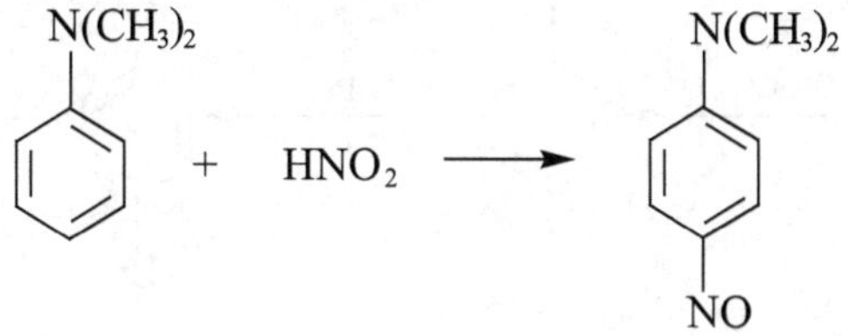

绿色片状晶体

注意：伯、仲、叔胺和亚硝酸作用的现象不同，可用于区别，但不如 Hinsberg 反应常用。

6）胺的氧化

（1）脂肪族叔胺的氧化具有实用价值。

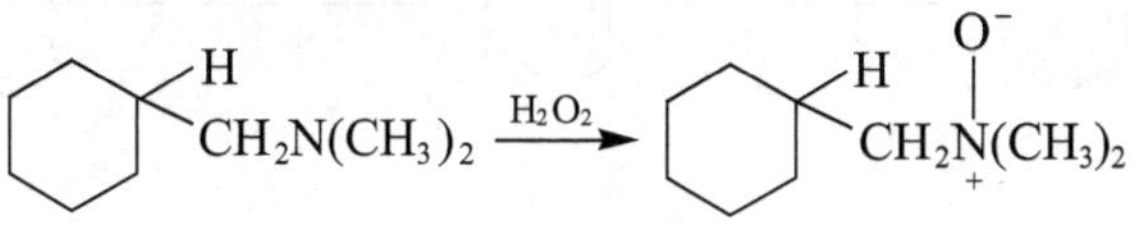

氧化叔胺加热进行柯普消除反应。

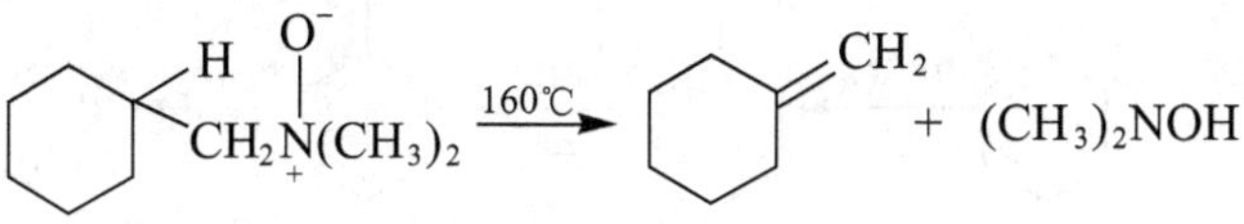

柯普消除反应机理为立体选择性很高的顺式消除反应。反应是通过形成平面五元环的过程完成的。

反应规律：①消除方向以反札依采夫规则的产物为主，生成双键碳上含氢多的烯烃；②有顺反异构体时一般以 E 型产物为主。

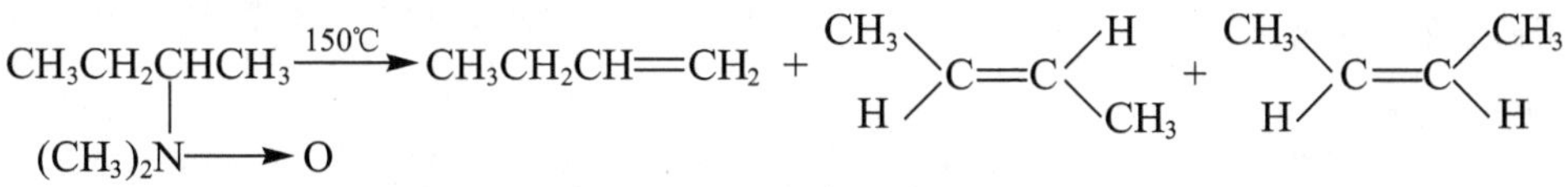

（2）芳香族伯胺极易被氧化。产物与氧化剂及反应条件有关。

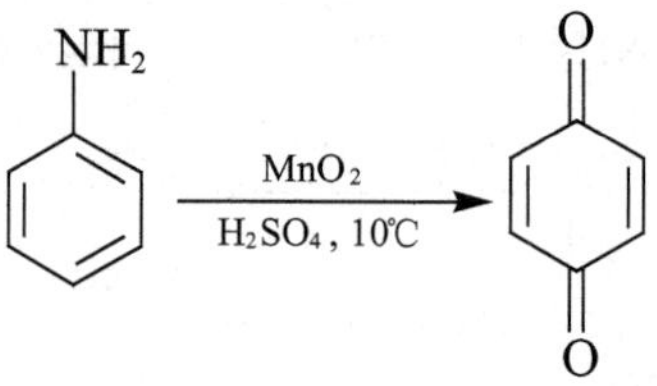

2. 芳环上的亲电取代反应

1）卤代

苯胺在水溶液中与氯、溴反应很快，反应可用于鉴别。

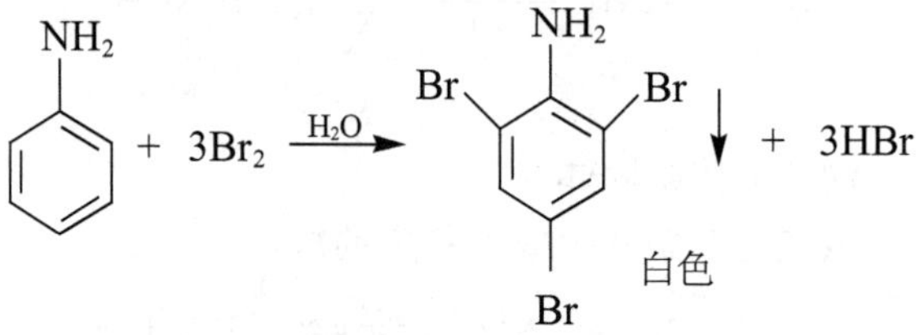

要想得到一卤代物，必须使苯环钝化：

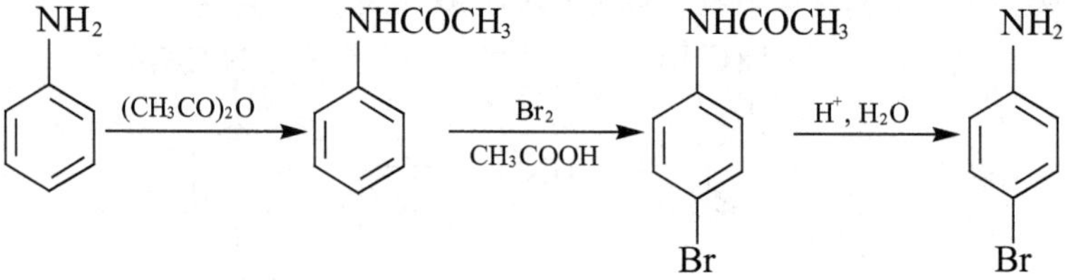

2）硝化

用浓硫酸和浓硝酸的混合酸硝化，得到间硝基产物。

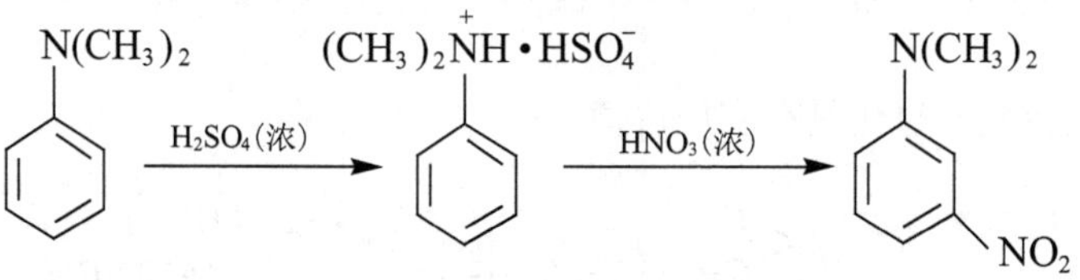

3）磺化

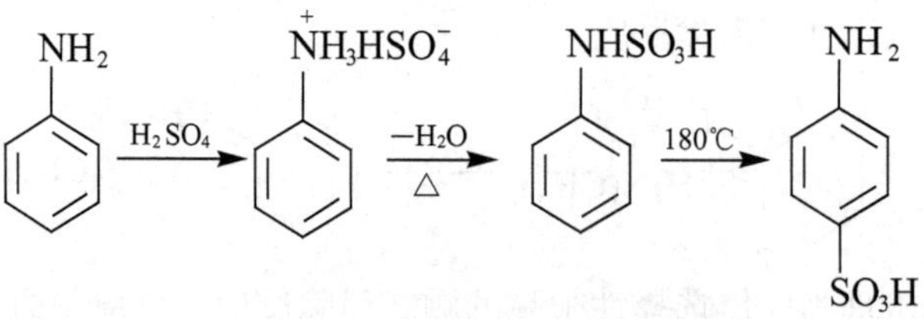

对氨基苯磺酸常以内盐形式存在，是染料中间体。

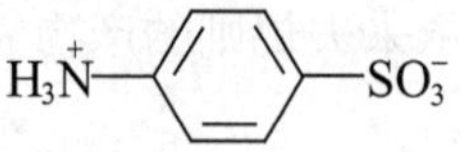

3. 季铵盐和季铵碱

1）季铵盐

$$R_3N + R'X \longrightarrow R_3\overset{+}{N}R'X^-$$

季铵盐是离子化合物，氮上没有氢，因此遇碱不能放出游离胺，而是形成平衡体系。

$$R_4N^+X^- + KOH \rightleftharpoons R_4N^+OH^- + KX$$
季铵碱

2）季铵碱

$$R_4N^+I^- \xrightarrow{Ag_2O, H_2O} R_4N^+OH^- + AgI\downarrow$$

季铵碱的碱性和 NaOH 或 KOH 接近。受热易发生分解反应。

（1）无 β-H 的季铵碱发生 S_N2 反应，生成叔胺和醇。

$$CH_3 \overset{\overset{\displaystyle CH_3}{|}}{\underset{\underset{\displaystyle CH_3}{|}}{N^+}} CH_3OH^- \longrightarrow N(CH_3)_3 + CH_3OH$$

（2）β-C 上有氢时，加热分解发生消除反应，生成叔胺和烯，烯烃主要为双键上烷基最少的烯烃，称为霍夫曼规则。

$$CH_3CH_2\overset{\overset{\displaystyle }{|}}{\underset{\underset{\displaystyle N(CH_3)_3\ OH^-}{|}}{CH}}CH_3 \xrightarrow{\triangle} CH_3CH_2CH=CH_2 + (CH_3)_3N$$

注意：（i）当 β-C 上连有苯基、乙烯基、羰基、氰基等吸电子基团时，霍夫曼规则不适用。

$$\underset{}{\text{苯环}}-CH_2CH_2\overset{\overset{\displaystyle CH_3}{|}}{\underset{\underset{\displaystyle CH_3}{|}}{N^+}}CH_2CH_3OH^- \xrightarrow{\triangle} \underset{}{\text{苯环}}-CH=CH_2 + CH_3CH_2N(CH_3)_2$$
96%

（ii）该反应一般不用于合成，常用来测定胺的结构。

4. Gabriel 合成法

$$\underset{}{\text{邻苯二甲酰亚胺}}NH \xrightarrow{OH^-} \underset{}{}N^- \xrightarrow{RX} \underset{}{}N-R \xrightarrow{H_2O,\ OH^-} \underset{}{}\begin{matrix}COO^-\\COO^-\end{matrix} + RNH_2$$

此法可制备纯度高的伯胺。

注意：选择卤代烃时不要选择叔卤代烃。卤代羧酸酯也可进行此反应。

三、重氮和偶氮化合物

结构共同特点：都含—N＝N—官能团（偶氮基）。

区别
- C—N＝N—C 偶氮化合物，如 R—N＝N—R (Ar)
- C—N＝N—G （G为除C以外的其他原子和基团） 重氮化合物

重氮化合物以离子型或非离子型两种形式存在。离子型主要是芳香族重氮盐。

1. 芳香族重氮盐的制法

$$ArNH_2 + 2HCl + NaNO_2 \xrightarrow{0\sim5℃} ArN_2^+Cl^- + NaCl + 2H_2O$$

2. 重氮盐的反应及其在合成中的应用

$$Ar—N_2^+X^- \begin{cases} \text{放} N_2 \xrightarrow{\quad G \quad} Ar—G \qquad \text{取代反应} \\ \text{保} N_2 \begin{cases} \xrightarrow{\quad [H] \quad} Ar—NHNH_2 \quad \text{还原反应} \\ \xrightarrow{\quad PhG \quad} ArN{=}NPh—G \quad \text{偶合反应} \end{cases} \end{cases}$$

1）失去氮的反应

（1）重氮基被氢原子取代——去氨基反应。

$$\text{(苯)}—N_2^+Cl^- + H_3PO_2 + H_2O \longrightarrow \text{(苯)}$$

（或 C_2H_5OH ）

用途：从苯环上除去—NH_2 或—NO_2，起在特定位置上"占位、定位"的作用。

（2）重氮基被羟基取代——重氮盐的水解反应

$$\text{(苯)}—N_2^+HSO_4^- \xrightarrow[\triangle]{40\sim50\% \, H_2SO_4} \text{(苯)}—OH + N_2$$

（3）重氮基被卤原子取代。

Sandmeyer 反应：

$$\text{(苯)}—N_2^+Cl^- \xrightarrow[\triangle]{CuCl \, , \, HCl} \text{(苯)}—Cl$$

$$\text{(苯)}—N_2^+Br^- \xrightarrow[\triangle]{CuBr \, , \, HBr} \text{(苯)}—Br$$

Gattermann 反应：Sandmeyer 反应催化剂换成铜粉。

碘代反应：在重氮盐的水溶液中加入碘化钾或碘化钠，即可脱去 N_2 生成碘代苯。

$$\text{(苯)}—N_2^+Cl^- \xrightarrow[\triangle]{KI} \text{(苯)}—I$$

氟代反应——Schiemann 反应：芳香重氮盐和冷的氟硼酸反应，生成溶解度较小，稳定性较高的氟硼酸盐，经过滤、干燥，然后加热分解产生氟苯。

$$\text{(苯)}—N_2^+BF_4^- \xrightarrow{\triangle} \text{(苯)}—F + N_2 + BF_3$$

（4）重氮基被氰基取代。

$$\text{(苯)}—N_2^+Cl^- \xrightarrow[\triangle]{CuCN \, , \, KCN} \text{(苯)}—CN$$

2）保留氮的反应

（1）还原反应：重氮盐可被氯化亚锡、锡和盐酸、锌和乙酸、亚硫酸钠、亚硫酸氢钠等还原成苯肼；用强还原剂还原得苯胺。

$$\text{(苯)}—N_2^+Cl^- \xrightarrow[\text{或 } SnCl_2, \, HCl]{Na_2SO_3} \text{(苯)}—NHNH_2$$

（2）偶合反应（偶联反应）：重氮盐正离子作为亲电试剂与酚，芳胺等活泼的芳香化合物进行芳环上的亲电取代，生成偶氮化合物的反应。

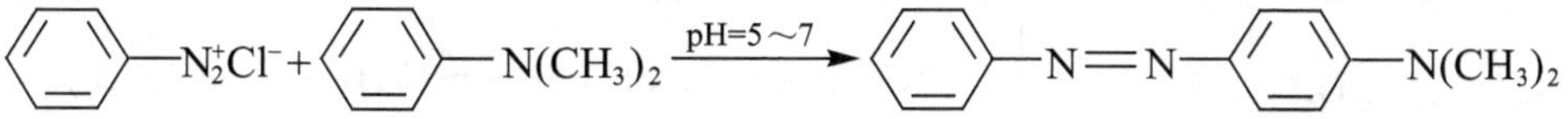

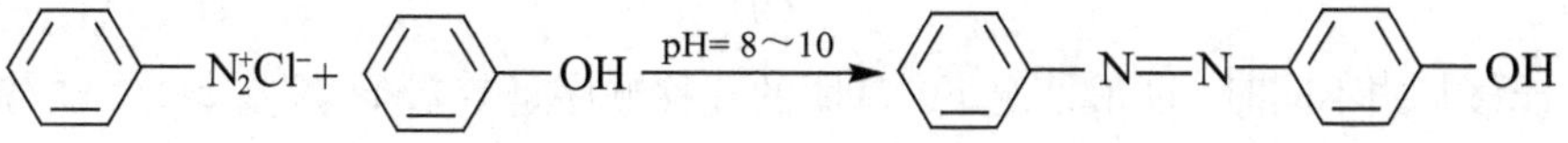

注意：（ⅰ）偶联反应的条件：芳胺 pH = 5～7，酸性太强芳胺生成盐，碱性太强重氮盐变成重氮酸 ArN＝N—OH。酚在 pH = 8～10，—O⁻比—OH 更能使苯环活化。

（ⅱ）偶联反应一般总是发生在氨基或羟基的对位，如果对位已被占据，则在邻位发生。

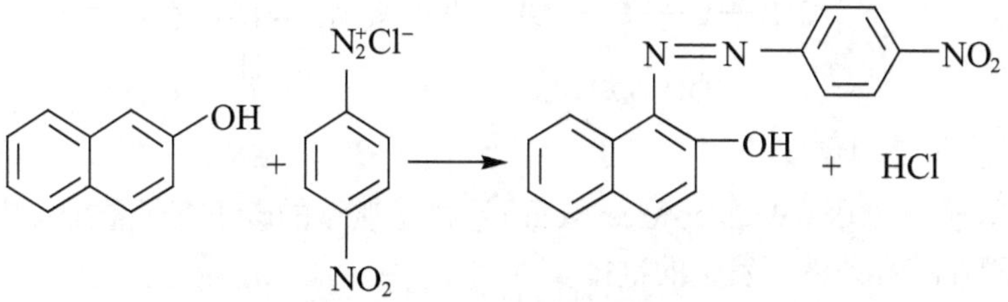

（ⅲ）一、二级芳胺，氮上有氢原子，易与重氮盐发生 N-偶联。

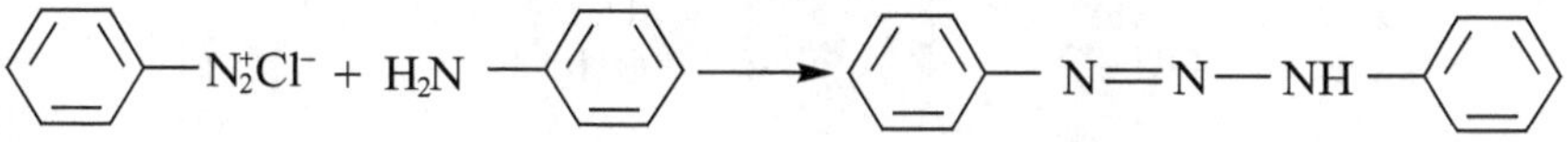

四、亲核重排

亲核重排的一般步骤为：第一步，缺电子中心的创建；第二步，迁移基团带着一对电子迁移至缺电子中心，同时迁移的始点成为缺电子中心；第三步，满足迁移始点外层 8 电子的结构（消除或与亲核试剂结合）。

反应中，迁移基团可以看成是亲核试剂，基团的迁移往往发生在相邻的原子上，称为 1,2-迁移。

1. 频哪醇重排

频哪醇（pinacol）重排是邻二醇在酸作用下发生重排反应，生成不对称酮的反应。首先是醇羟基结合一个质子得到质子化醇，质子化醇随后脱水生成碳正离子，含碳正离子的中间产物发生重排，生成不对称的质子化酮，该质子化酮脱去质子，生成重排产物。反应机理如下：

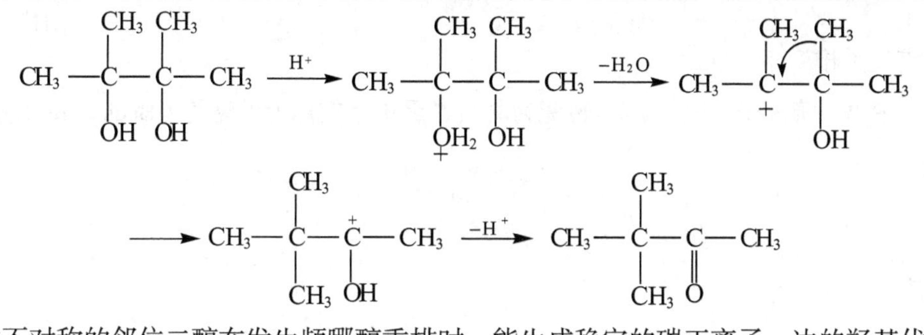

结构不对称的邻位二醇在发生频哪醇重排时，能生成稳定的碳正离子一边的羟基优先离去。例如：

$$\underset{\underset{OH}{|}}{\overset{\overset{C_6H_5}{|}}{C_6H_5-C}}-\underset{\underset{OH}{|}}{\overset{\overset{CH_3}{|}}{C}}-CH_3 \xrightarrow{H^+}$$

$$(C_6H_5)_2\overset{+}{C}-\underset{\underset{OH}{|}}{C(CH_3)_2} \xrightarrow{-H^+} (C_6H_5)_2C-\underset{\underset{O}{\|}}{\overset{\overset{CH_3}{|}}{C}}CH_3 （主要产物）$$

$$(C_6H_5)_2C-\underset{\underset{OH}{|}}{\overset{+}{C}(CH_3)_2} \xrightarrow{-H^+} C_6H_5-\underset{\underset{O}{\|}}{C}-\underset{\underset{C_6H_5}{|}}{C(CH_3)_2} （次要产物）$$

当迁移基团不同时，一般情况下，基团的迁移顺序是芳基 > 烷基 > H。在芳基对位有给电子基时可增大迁移倾向，而邻位上的给电子基则减小迁移倾向，吸电子基在所有位置上都降低迁移能力。基团的迁移能力为：$p\text{-MeOC}_6H_4 > p\text{-MeC}_6H_4 > C_6H_5 > p\text{-ClC}_6H_4 > R$。

$$\underset{\underset{OH}{|}}{\overset{\overset{C_6H_5}{|}}{CH_3-C}}-\underset{\underset{OH}{|}}{\overset{\overset{C_6H_5}{|}}{C}}-CH_3 \xrightarrow{H^+} CH_3-\underset{\underset{O}{\|}}{C}-\underset{\underset{C_6H_5}{|}}{\overset{\overset{C_6H_5}{|}}{C}}-CH_3$$

2. 瓦格涅尔-麦尔外因重排

瓦格涅尔-麦尔外因（Wagner-Meerwein）重排是典型的碳正离子重排反应，其范围很广，最常见的是醇在酸性条件下发生的重排。

$$(CH_3)_3C-\underset{\underset{OH}{|}}{CHCH_3} \xrightarrow{H^+} (CH_3)_3C-\underset{\underset{\overset{+}{O}H_2}{|}}{CHCH_3} \xrightarrow{-H_2O} (CH_3)_3C-\overset{+}{C}HCH_3$$

$$\longrightarrow (CH_3)_2\overset{+}{C}-\underset{\underset{CH_3}{|}}{CHCH_3} \xrightarrow{-H^+} \underset{CH_3}{\overset{CH_3}{>}}C=C\underset{CH_3}{\overset{CH_3}{<}}$$

3. 捷米扬诺夫重排

脂肪族重氮盐非常不稳定，容易分解，生成的碳正离子经重排得到醇，这一重排反应称为捷米扬诺夫（Demjanov）重排。例如，丙胺在亚硝酸作用下，经过重氮化，分解放出氮气，再与水反应得到丙醇和异丙醇的混合物：

$$CH_3CH_2CH_2NH_2 \xrightarrow{HNO_2} CH_3CH_2CH_2\overset{+}{N}_2 \xrightarrow{-N_2} CH_3CH_2\overset{+}{C}H_2 \xrightarrow[-H^+]{H_2O} CH_3CH_2CH_2OH$$

$$\downarrow$$

$$CH_3\overset{+}{C}HCH_2 \xrightarrow[-H^+]{H_2O} \underset{\underset{OH}{|}}{CH_3CHCH_3}$$

4. 贝克曼重排

在催化剂的作用下，酮肟转变为酰胺的重排反应称为贝克曼（Beckmann）重排。

$$\underset{R'}{\overset{R}{>}}C=N-OH \xrightarrow{H^+} R-\underset{\underset{O}{\|}}{C}-NHR'$$

其反应机理为

在重排过程中，迁移基团只能从羟基的背面进攻缺电子的氮原子，也就是说贝克曼重排为反式重排。如果迁移基团为手性碳原子，其构型在迁移前后保持不变。

5. 霍夫曼重排

在碱性溶液中，氯或溴与酰伯胺作用生成少一个碳的伯胺，这个反应称为霍夫曼（Hofmann）重排。

$$RCONH_2 \xrightarrow{NaOBr} RNH_2 + CO_2$$

霍夫曼重排又称霍夫曼降级反应，从羧酸出发经霍夫曼重排可以合成比羧酸少一个碳原子的伯胺。其反应机理如下：

若酰胺的 α-碳原子是手性碳原子，反应后手性碳原子的构型保持不变。

6. 氢过氧化物重排

烃类化合物和空气中的氧气作用或者被过氧化氢氧化，可以形成氢过氧化物（ROOH）。氢过氧化物在质子酸或路易斯酸作用下，发生重排断裂反应，生成一分子酮和一分子醇。

重排过程中基团的迁移能力的顺序一般为

芳基 > 叔烷基 > 仲烷基 > 正丙基 ≈ H > 乙基 > 甲基

7. 拜尔-维林格重排

酮与过氧酸作用，在分子中插入氧生成酯的反应称为拜尔-维林格（Baeyer-Villiger）重排。常用的过氧酸有 $C_6H_5CO_3H$、CH_3CO_3H、CF_3CO_3H，其中三氟过氧乙酸性能最好。过氧酸与羰基化合物的加成产物中 O—O 键的异裂是整个反应中的关键步骤。反应机理如下：

在不对称酮中，亲核性越大的基团，其迁移的倾向性也越大。基团迁移的一般顺序为

$$叔烷基 > 仲烷基 > 苯基 > 伯烷基 > 甲基$$

Ⅱ. 例 题 解 析

【例 14-1】 把下列各组化合物的碱性由强到弱排列成序。

（1）（A）$CH_3CH_2CH_2NH_2$　　（B）$CH_3CHCH_2NH_2$　　（C）$CH_2CH_2CH_2NH_2$
　　　　　　　　　　　　　　　　　　　 |　　　　　　　　　　　　 |
　　　　　　　　　　　　　　　　　　 OH　　　　　　　　　　　 OH

（2）（A）$CH_3CH_2CH_2NH_2$　　（B）$CH_3SCH_2CH_2NH_2$

　　　（C）$CH_3OCH_2CH_2NH_2$　　（D）$NC—CH_2CH_2NH_2$

（3）（A）⬡—NHCOCH₃　　（B）⬡—NHSO₂CH₃

　　　（C）⬡—NHCH₃　　（D）⬡N—CH₃

分析：—NH_2 与吸电子基团相连时碱性会减弱，与给电子基团相连时碱性会增强。第二组吸电子作用—CN> —O> —S。第三组脂肪胺的碱性大于芳香胺，—CH_3 是给电子基团，—SO_2CH_3、—$COCH_3$ 是吸电子基团，且吸电子作用—SO_2CH_3> —$COCH_3$。

答　（1）（A）>（C）>（B）；（2）（A）>（B）>（C）>（D）；（3）（D）>（C）>（A）>（B）。

【例 14-2】 用化学方法区别下列化合物。

（A）![benzene]—CH₂CH₂NH₂　　（B）![benzene]—CH₂NHCH₃

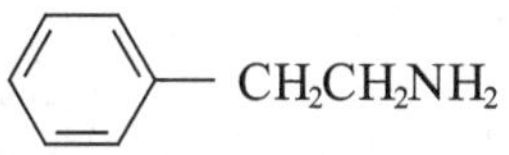

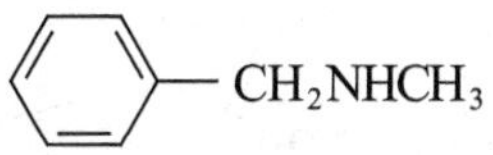

（C）![benzene]—CH₂N(CH₃)₂　　（D）对甲基苯胺　　（E）N,N-二甲苯胺

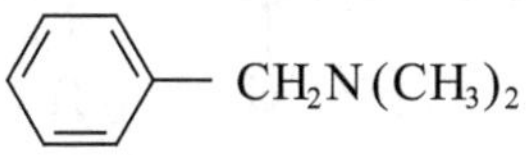

分析：用 Hinsberg 反应区分伯、仲、叔胺。

答

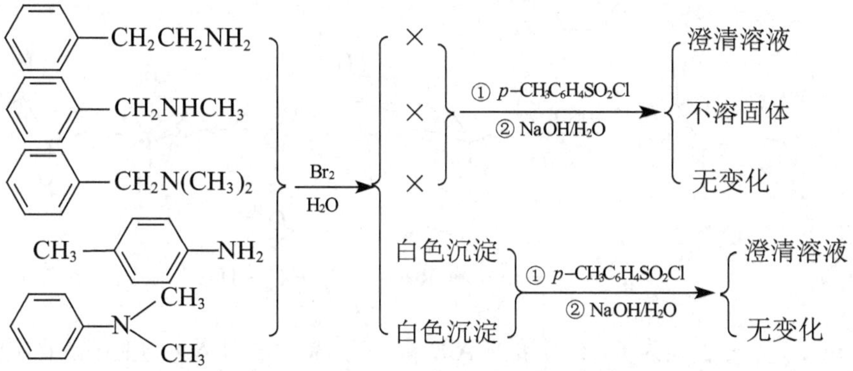

【例14-3】　由苯胺开始合成Br![benzene]Br。

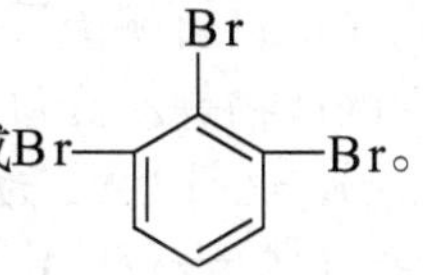

分析：利用磺酸基的占位作用先合成2,6-二溴苯胺，再利用重氮盐的溴代合成目标分子。

答

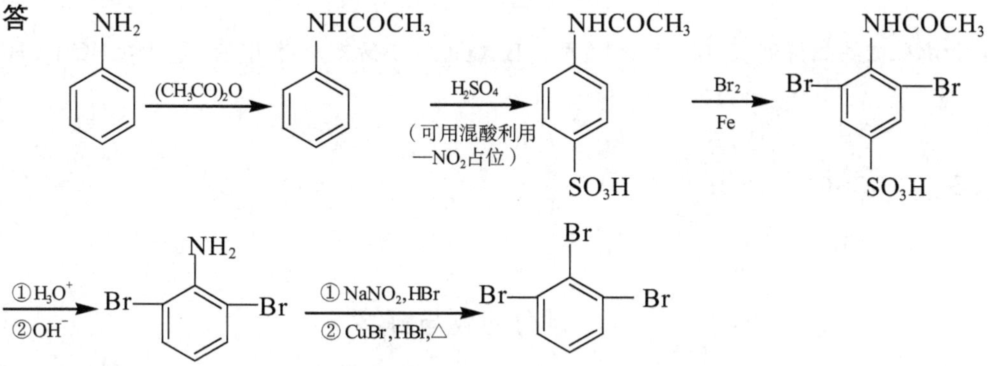

【例14-4】　给出下列反应的反应机理。

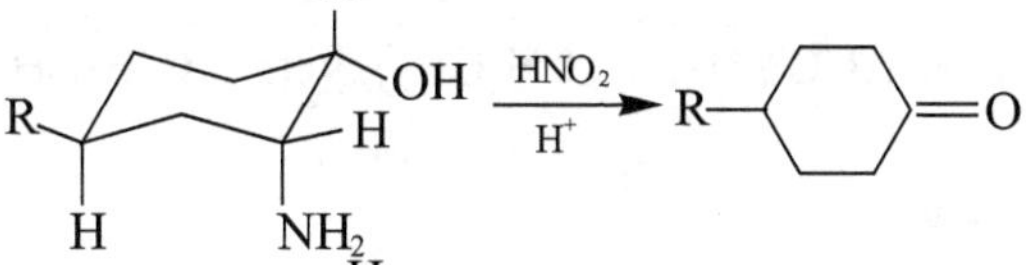

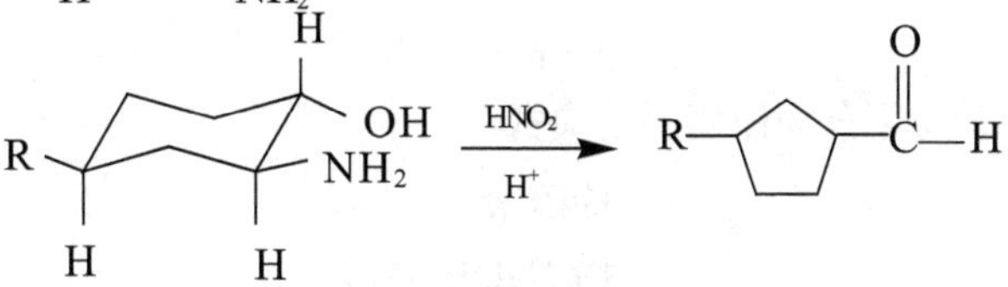

分析：此过程类似频哪醇重排，重排过程中，迁移基团和离去基团处于反式。

答（1）R— ... $\xrightarrow{\text{HNO}_2 \atop \text{H}^+}$ ... $\xrightarrow{-\text{N}_2}$ ...

$\xrightarrow{-\text{H}^+}$ R—环己酮（O）

（2）R— ... $\xrightarrow{\text{HNO}_2 \atop \text{H}^+}$ ... $\xrightarrow{-\text{N}_2}$ ...

$\xrightarrow{-\text{H}^+}$ R—环戊基—C—H（O）

【例 14-5】　分子式为 $C_6H_{15}N$ 的（A），能溶于稀盐酸。（A）与亚硝酸在室温下作用放出氮气，并得到几种有机物，其中一种（B）能进行碘仿反应。（B）和浓硫酸共热得到（C）（C_6H_{12}），（C）能使高锰酸钾褪色，且反应后的产物是乙酸和 2-甲基丙酸。推测（A）的结构式。

分析：$C_6H_{15}N$ 不饱和度$=1+6-(1-15)/2=0$，说明（A）为饱和胺；（A）与亚硝酸在室温下作用放出氮气说明（A）是伯胺；（C）（C_6H_{12}）不饱和度$=1$，（C）能使高锰酸钾褪色说明（C）是烯烃；（C）被高锰酸钾氧化，产物是乙酸和 2-甲基丙酸说明（C）是 $CH_3CH\!=\!CHCH(CH_3)_2$；

（B）和浓硫酸共热得到（C）说明（B）是醇；（B）能进行碘仿反应说明（B）是 $CH_3\underset{\underset{OH}{|}}{CH}CH_2\underset{\underset{CH_3}{|}}{CH}CH_3$。

答　$CH_3\underset{\underset{NH_2}{|}}{CH}CH_2\underset{\overset{CH_3}{|}}{CH}CH_3$

Ⅲ. 部分习题与解答

1. 把下列化合物按碱性增强的顺序排列。

（1）a. CH_3CONH_2；b. $CH_3CH_2NH_2$；c. H_2NCONH_2；d. $(CH_3CH_2)_2NH$；e. $(CH_3CH_2)_4N^+OH$。

（2）a. 甲胺；b. 氨气；c. 乙酰胺。

（3）a. 苯胺；b. 对硝基苯胺；c. 对甲苯胺。

答　（1）$e>d>b>c>a$　　　　　（2）$a>b>c$　　　　　（3）$c>a>b$

2. 试着分别写出正丁胺、苯胺与下列化合物作用的反应式。

（1）稀盐酸　　　　　　　　　　　（2）稀硫酸

（3）乙酸　　　　　　　　　　　　（4）稀 NaOH 溶液

（5）乙酸酐　　　　　　　　　　　（6）异丁酰氯

（7）苯磺酰氯+KOH（水溶液）　　（8）溴乙烷

（9）过量的CH_3I，然后加湿Ag_2O　　　（10）（9）的产物加强热

（11）CH_3COCH_3 + H_2 + Ni　　　（12）HONO（$NaNO_2$+HCl），0℃

（13）邻苯二甲酸酐　　　（14）氯乙酸钠

答　与正丁胺的反应产物：

（1）$CH_3CH_2CH_2CH_2\overset{+}{N}H_3 \cdot \overset{-}{C}l$　　　（2）$CH_3CH_2CH_2CH_2\overset{+}{N}H_3HSO_4^-$

（3）$CH_3CO\overset{-}{O}\overset{+}{N}H_3CH_2CH_2CH_2CH_3$　　　（4）×

（5）$CH_3CH_2CH_2CH_2NH\overset{O}{\overset{\|}{C}}CH_3$　　　（6）$CH_3CH_2CH_2CH_2NH\overset{O}{\overset{\|}{C}}CH(CH_3)_2$

（7）$CH_3CH_2CH_2CH_2\overset{-}{N}—\overset{O}{\underset{O}{\overset{\|}{\underset{\|}{S}}}}—PhK^+$　　　（8）$CH_3CH_2CH_2CH_2NHC_2H_5$

（9）$CH_3CH_2CH_2CH_2\overset{+}{N}(CH_3)_3\overset{-}{O}H$　　　（10）$CH_3CH_2CH=CH_2$ + $(CH_3)_3N$

（11）$CH_3CH_2CH_2CH_2NHCH(CH_3)_2$

（12）$CH_3CH_2CH_2CH_2OH$ + $CH_3CH_2CH=CH_2$　等混合物

（13）

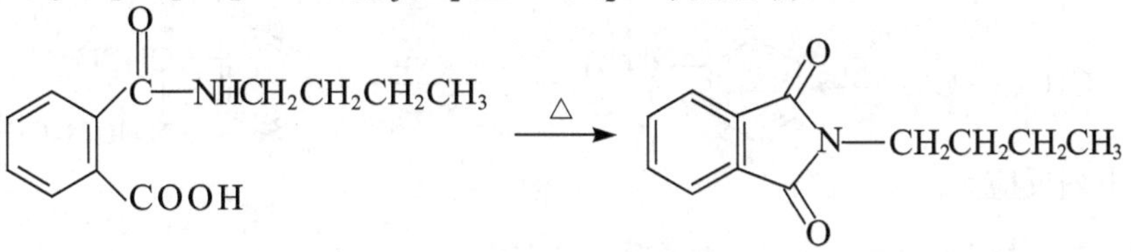

（14）$CH_3CH_2CH_2CH_2NHCH_2COONa$

与苯胺的反应产物：

（1）$PhNH_3^+Cl^-$　　　（2）$PhNH_3^+HSO_4^-$　　　（3）$CH_3COO^-\overset{+}{N}H_3Ph$

（4）×　　　（5）$PhNH\overset{O}{\overset{\|}{C}}CH_3$　　　（6）$PhNH\overset{O}{\overset{\|}{C}}CH(CH_3)_2$

（7）$Ph\overset{-}{N}—\overset{O}{\underset{O}{\overset{\|}{\underset{\|}{S}}}}—PhK^+$　　　（8）$PhNHC_2H_5$　　　（9）$Ph\overset{+}{N}(CH_3)_3\overset{-}{O}H$

（10）$PhN(CH_3)_2$ + CH_3OH　　　（11）$PhNHCH(CH_3)_2$　　　（12）$Ph\overset{+}{N}_2Cl^-$

（13） 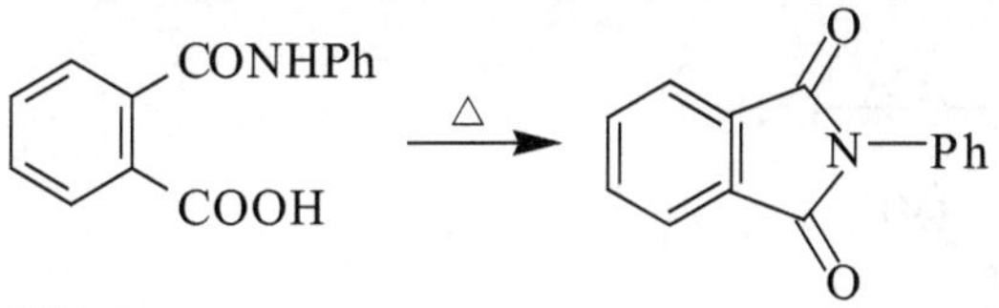　　　（14）$PhNHCH_2COONa$

5. 完成下列转变。

（1）丙烯 —→ 异丙胺　　　（2）正丁醇 —→ 正戊胺和正丙胺

（3）3,5-二溴苯甲酸 —→ 3,5-二溴苯胺　　　（4）乙烯 —→ 1,4-丁二胺

（5）乙醇，异丙醇 —→ 乙基异丙基胺　　　（6）苯，乙醇 —→ α-乙氨基乙苯

答　（1）$CH_3CH=CH_2 \xrightarrow{HBr} CH_3\overset{Br}{\overset{|}{C}}HCH_3 \xrightarrow{NH_3} CH_3\overset{NH_2}{\overset{|}{C}}HCH_3$

（2）$CH_3CH_2CH_2CH_2OH \xrightarrow{PBr_3} CH_3CH_2CH_2CH_2Br$

$$\xrightarrow{\text{NaCN}} CH_3CH_2CH_2CH_2CN \xrightarrow[\text{Ni}]{H_2} CH_3CH_2CH_2CH_2CH_2NH_2 \text{（正戊胺）}$$

$$CH_3CH_2CH_2CH_2OH \xrightarrow{\text{NaCr}_2\text{O}_7} CH_3CH_2CH_2COOH \xrightarrow[\triangle]{\text{NH}_3}$$

$$CH_3CH_2CH_2CONH_2 \xrightarrow{\text{NaOBr, OH}^-} CH_3CH_2CH_2NH_2 \text{（正丙胺）}$$

（3）

$$\xrightarrow[\triangle]{\text{NH}_3}$$

$$\xrightarrow{\text{NaOBr, OH}^-}$$

（4）$CH_2{=}CH_2 \xrightarrow[\text{CCl}_4]{\text{Cl}_2} \underset{\underset{Cl}{|}}{CH_2}{-}\underset{\underset{Cl}{|}}{CH_2} \xrightarrow{\text{NaCN}} \underset{\underset{CN}{|}}{CH_2}{-}\underset{\underset{CN}{|}}{CH_2} \xrightarrow[\text{Ni}]{2H_2} H_2NCH_2(CH_2)_2CH_2NH_2$

（5）$CH_3CH_2OH \xrightarrow{\text{PBr}_3} CH_3CH_2Br \xrightarrow{\text{NH}_3} CH_3CH_2NH_2$

$(CH_3)_2CHOH \xrightarrow[\text{吡啶}]{\text{CrO}_3} (CH_3)_2C{=}O \xrightarrow[H_2, \text{Ni}]{CH_3CH_2NH_2} CH_3CH_2NHCH(CH_3)_2$

（6）$CH_3CH_2OH \xrightarrow{\text{PBr}_3} CH_3CH_2Br \xrightarrow{\text{NH}_3} CH_3CH_2NH_2$

$CH_3CH_2OH \xrightarrow[H^+]{\text{KMnO}_4} \xrightarrow{\text{SOCl}_2} CH_3COCl$

$$\bigcirc + CH_3\overset{O}{\overset{\|}{C}}{-}Cl \xrightarrow{\text{AlCl}_3} \text{（苯基）}\overset{}{\underset{O}{\overset{\|}{C}}}CH_3 \xrightarrow[H_2, \text{Ni}]{CH_3CH_2NH_2} \text{（苯基）}\underset{\underset{NHCH_2CH_3}{|}}{\overset{}{C}HCH_3}$$

6. 如何完成下列反应。

（1）$CH_3CH_2CH_2Br \longrightarrow CH_3CH_2CH_2CH_2NH_2$

（2）$\bigcirc{-}COOH \longrightarrow \bigcirc{-}NH_2$

（3）$(CH_3)_3CCH_2Br \longrightarrow (CH_3)_3CCH_2NH_2$

（4）$\bigcirc{=}O \longrightarrow \bigcirc{-}NH_2$

（5）$(CH_3)_3C\overset{O}{\overset{\|}{C}}Cl \longrightarrow (CH_3)_3C\overset{O}{\overset{\|}{C}}CH_2Cl$

（6）$\underset{COOH}{\overset{COOH}{\sqsubset}} \longrightarrow \bigcirc{N}{-}CH_3$

（7）$CH_3CH_2NO_2 \longrightarrow H_2N\underset{\underset{}{\overset{CH_3}{\overset{|}{C}}H}}{C}{-}\underset{\underset{OH}{|}}{C}H{-}CH_2CH_3$

（8）$\underset{\overset{\|}{O}}{\overset{CH_3}{\bigcirc}} \longrightarrow \overset{CH_3}{\underset{N\,H}{\bigcirc}}$

（9）$\underset{O}{\bigcirc} \longrightarrow \underset{O}{\bigcirc}{-}CH_2CH_2COOH$

　答　（1）$CH_3CH_2CH_2Br \xrightarrow{\text{NaCN}} CH_3CH_2CH_2CN \xrightarrow[\text{Ni}]{H_2} CH_3CH_2CH_2CH_2NH_2$

（2）C₆H₅—COOH $\xrightarrow[\triangle]{NH_3}$ C₆H₅—CONH₂ $\xrightarrow{Br_2\text{-}NaOH}$ C₆H₅—NH₂

（3）$(CH_3)_3CCH_2Br$ $\xrightarrow{\text{邻苯二甲酰亚胺钾}}$ 邻苯二甲酰亚胺-NCH₂C(CH₃)₃ $\xrightarrow{NaOH}$ $(CH_3)_3CCH_2NH_2$

（4）环戊酮=O $\xrightarrow{H_2NOH}$ 环戊酮=NOH $\xrightarrow{LiAlH_4}$ 环戊基-NH₂

（5）$(CH_3)_3CCOCl$ $\xrightarrow{CH_2N_2(1mol)}$ $(CH_3)_3CCOCH_2Cl$

（6）$\begin{array}{l}—COOH\\—COOH\end{array}$ $\xrightarrow{\triangle}$ 琥珀酸酐 $\xrightarrow[\triangle]{CH_3NH_2}$ N-甲基琥珀酰亚胺 $\xrightarrow{LiAlH_4}$ N-CH₃

（7）$CH_3CH_2NO_2$ + CH_3CH_2CHO $\xrightarrow{OH^-}$ $O_2N\overset{CH_3}{\underset{}{CH}}—\overset{}{\underset{OH}{CH}}—C_2H_5$

$\xrightarrow{H_2/Pt}$ $H_2N\overset{CH_3}{\underset{}{CH}}—\overset{}{\underset{OH}{CH}}—C_2H_5$

（8）2-甲基环己酮 + $CH_2\!=\!CH—CN$ $\xrightarrow[t\text{-BuOH}]{KOH}$ （含CH₃和CN的环己酮）

$\xrightarrow[-H_2O]{H_2/Pt}$ （含CH₃的双环N化合物） $\xrightarrow{H_2/Pt}$ （含CH₃的双环NH化合物）

（9）环戊酮=O + 吡咯烷NH $\longrightarrow$ 烯胺 $\xrightarrow{CH_2\!=\!CHCN}$ 季铵盐-CH₂CH₂CN

$\xrightarrow{H_3O^+}$ 2-(CH₂CH₂COOH)-环戊酮

10. 写出下列重排反应的产物。

（1）  —CH₂OH $\xrightarrow{HBr}$

（2） OTs $\xrightarrow{HOAc}$

（3） $\xrightarrow{H^+}$

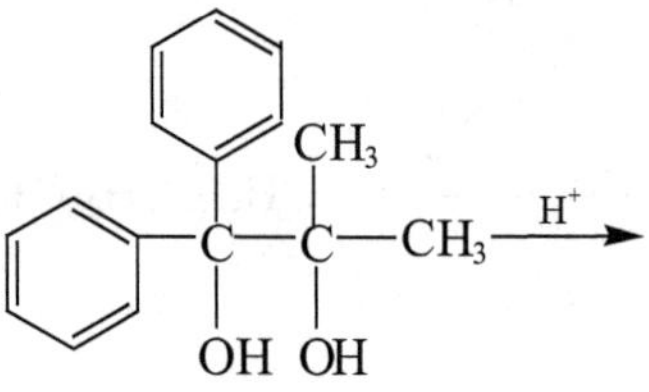

（4） $\xrightarrow{H^+}$

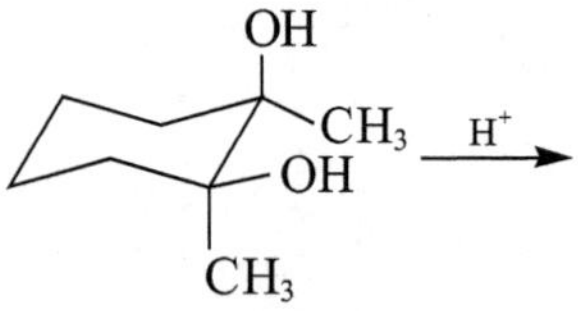

（5） $\xrightarrow{H^+}$

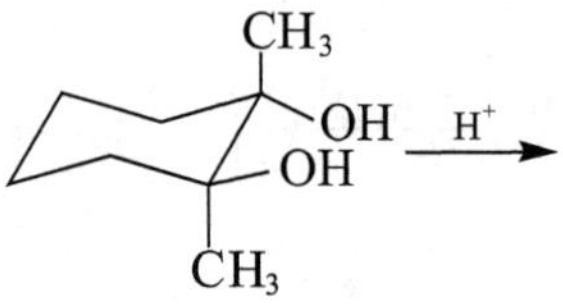

（6） $\xrightarrow{SOCl_2}$ $\xrightarrow[Et_2O,\ 25℃]{CH_2N_2}$ $\xrightarrow[H_2O,50\sim60℃]{Ag_2O}$

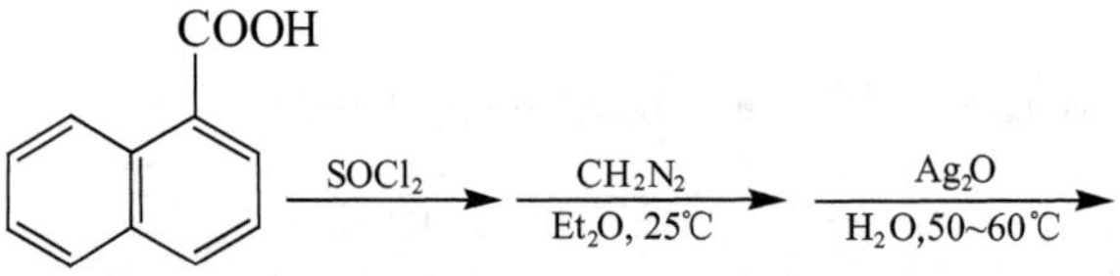

（7） $\xrightarrow{NH_2OH}$ $\xrightarrow[HOAc]{HCl}$

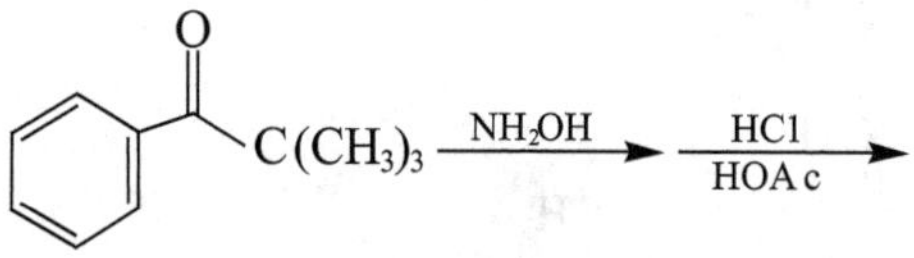

（8）$C_6H_5COCH_3 \xrightarrow{CH_3CO_3H}$

答（1）碳正离子的形成及其重排：

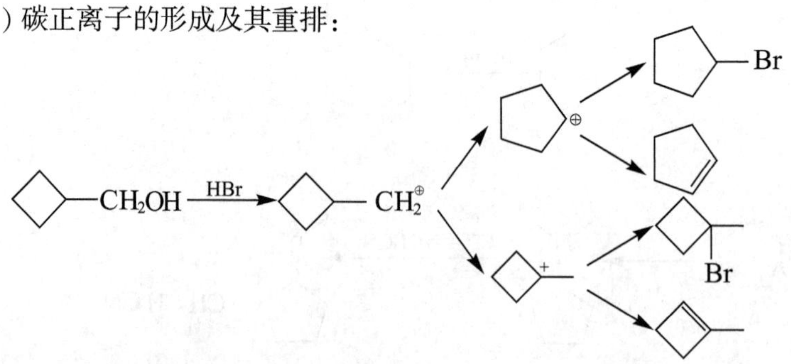

（2）碳正离子的形成及其重排：

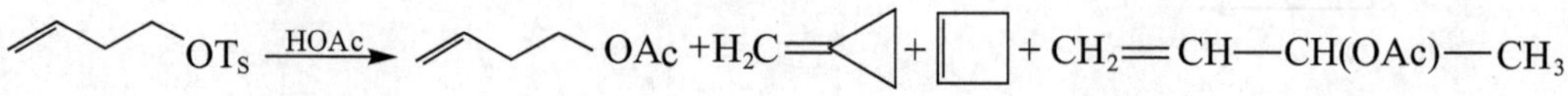

（3）碳正离子的形成及其重排：频哪醇重排反应。

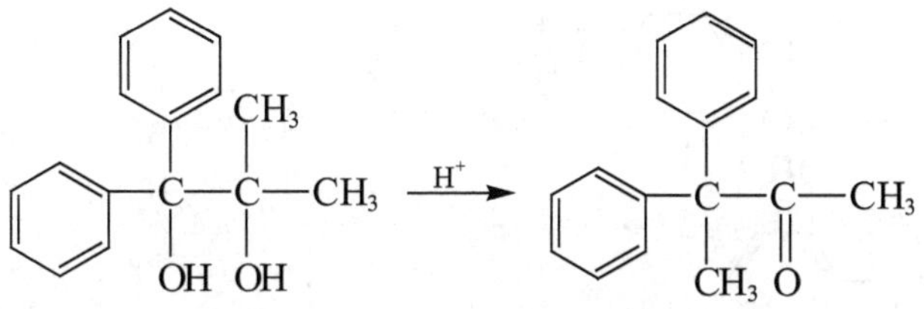

（4）碳正离子的形成及其重排：频哪醇重排反应。

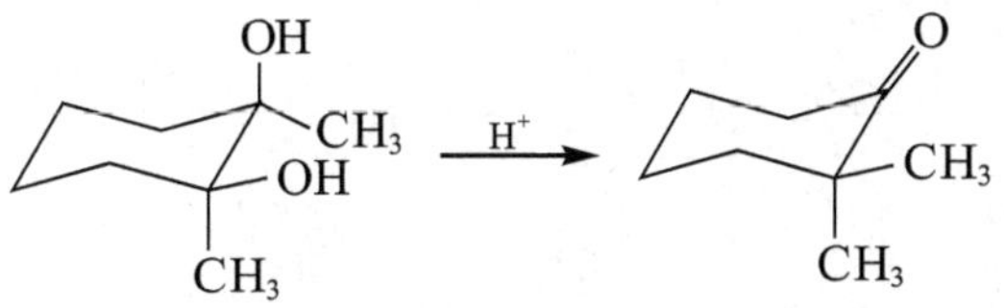

（5）碳正离子的形成及其重排：频哪醇重排反应。

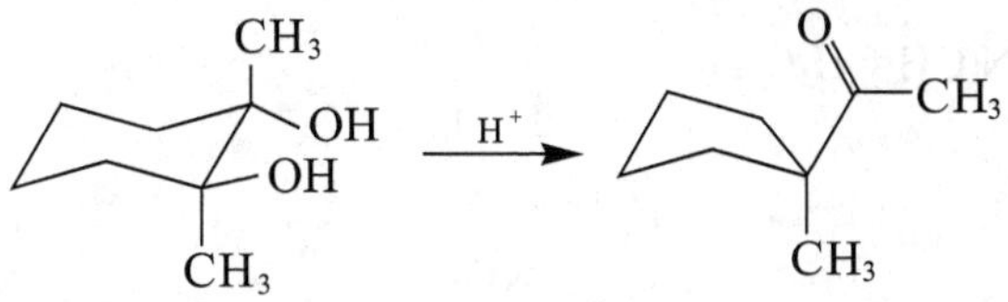

（6）Wolff重排：

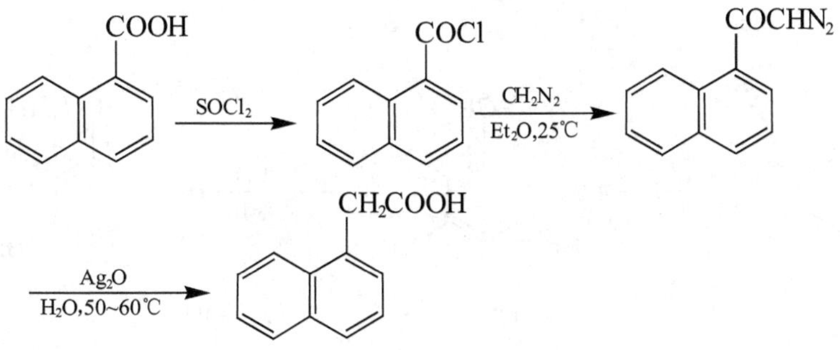

（7）贝克曼重排：

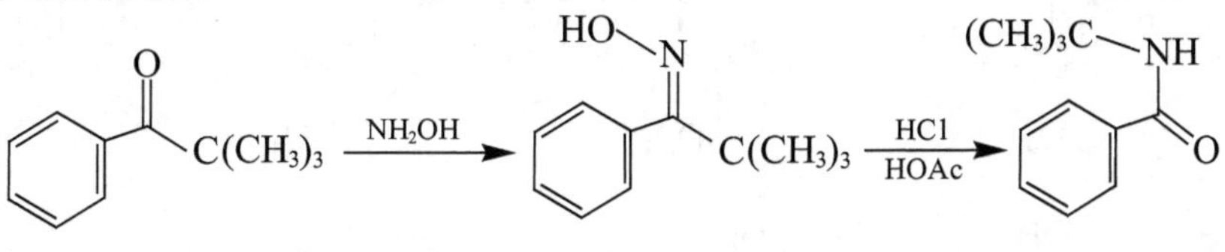

（8）拜尔-维林格重排：

$$C_6H_5COCH_3 \xrightarrow{CH_3CO_3H} C_6H_5OCOCH_3$$

12. 由苯、甲苯或萘合成下列化合物（其他试剂任选）。

（1）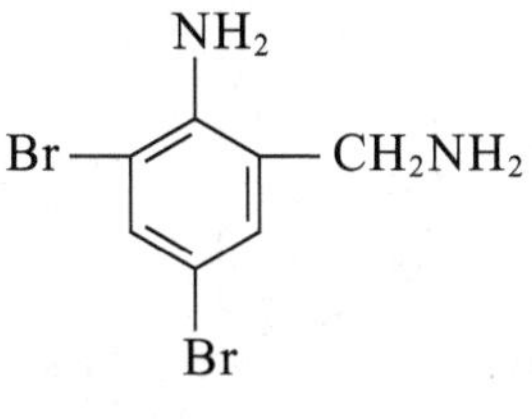　（2）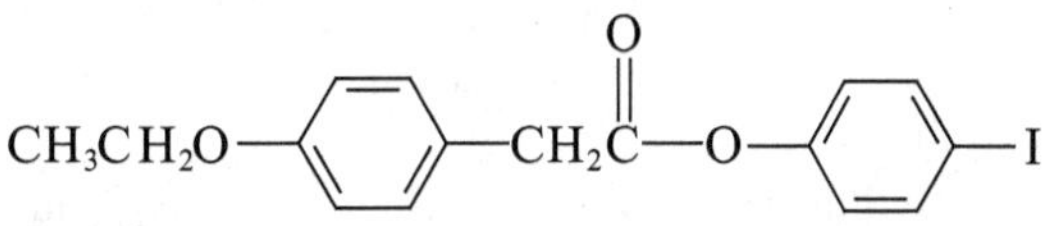

（3）

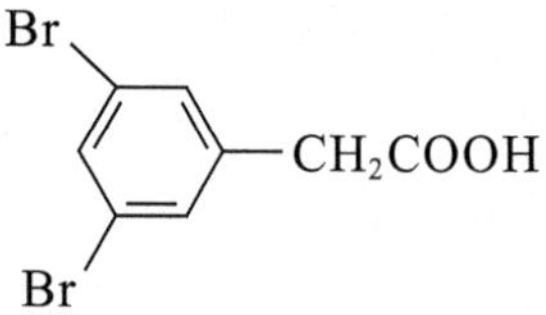

（4）

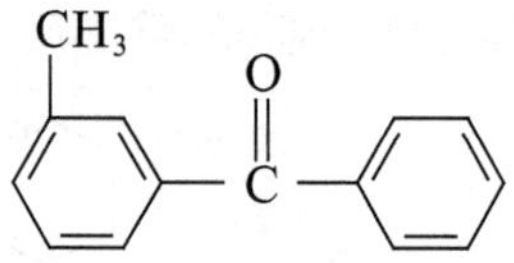

（5）CH₃CH₂

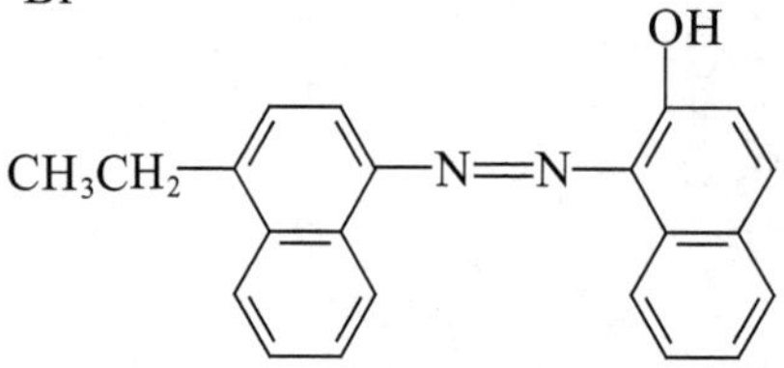

（6）H₂N

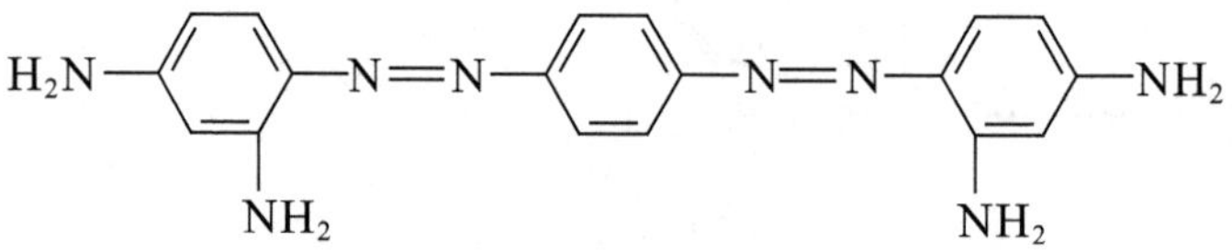

（7）O₂N

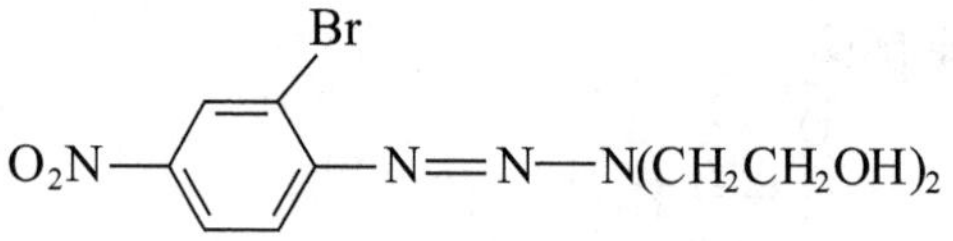

答 （1）

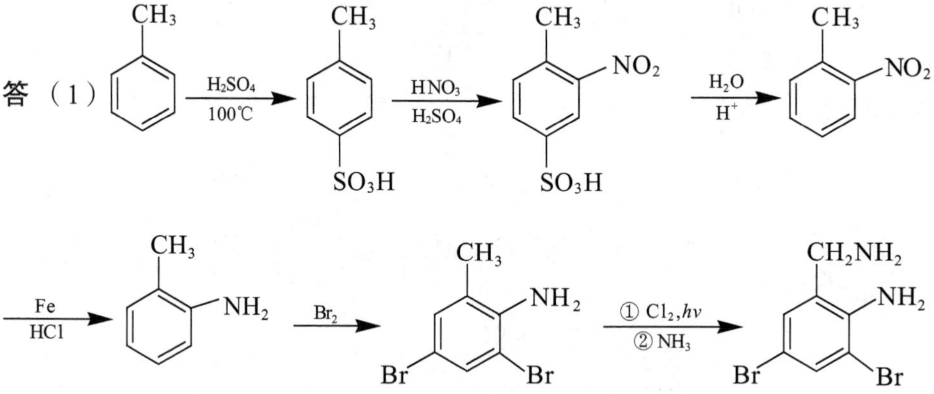

（2）

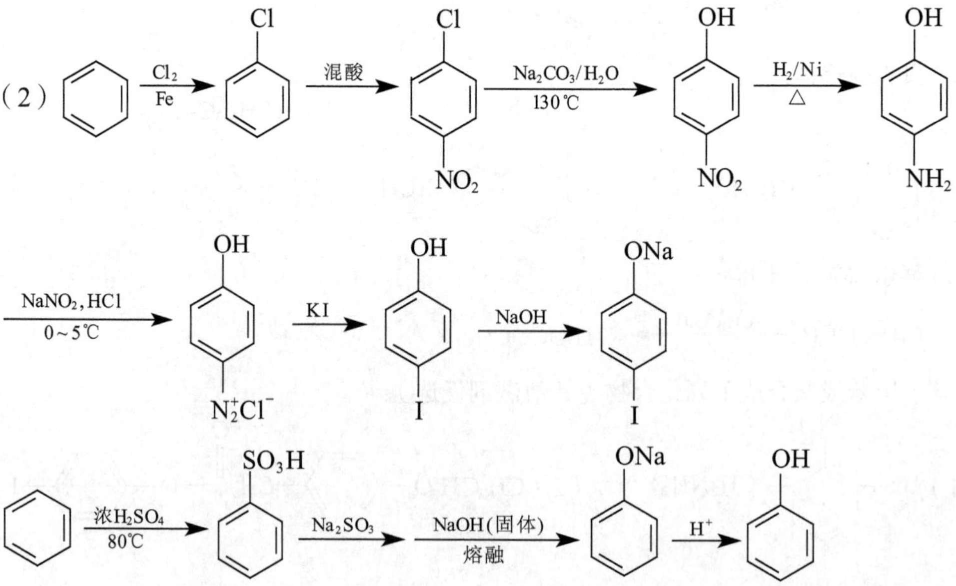

$$\xrightarrow[\text{NaOH}]{\text{CH}_3\text{CH}_2\text{Cl}}$$ (OC$_2$H$_5$苯) $$\xrightarrow[\text{无水ZnCl}_2]{\text{HCHO,HCl}}$$ (OC$_2$H$_5$，CH$_2$Cl) $$\xrightarrow{\text{NaCN}}$$ (OC$_2$H$_5$，CH$_2$CN) $$\xrightarrow[\text{H}^+\text{或OH}^-]{\text{H}_2\text{O}}$$ (OC$_2$H$_5$，CH$_2$COOH)

$$\xrightarrow{\text{SOCl}_2}$$ (OC$_2$H$_5$，CH$_2$COCl) $$\xrightarrow[\text{NaOH}]{\text{NaO——I}}$$ CH$_3$CH$_2$O——CH$_2$C(=O)—O——I

（3） 甲苯 $$\xrightarrow{\text{混酸}}$$ (CH$_3$，NO$_2$) $$\xrightarrow[\text{HCl}]{\text{Fe}}$$ (CH$_3$，NH$_2$) $$\xrightarrow{\text{Br}_2/\text{H}_2\text{O}}$$ (CH$_3$，Br，Br，NH$_2$) $$\xrightarrow[0\sim5\,^\circ\!\text{C}]{\text{NaNO}_2,\text{HCl}}$$

$$\xrightarrow{\text{H}_3\text{PO}_2+\text{H}_2\text{O}}$$ (CH$_3$，Br，Br) $$\xrightarrow[hv]{\text{Cl}_2}$$ (CH$_2$Cl，Br，Br) $$\xrightarrow{\text{NaCN}}$$ $$\xrightarrow[\text{H}^+]{\text{H}_2\text{O}}$$ (CH$_2$COOH，Br，Br)

（4） 甲苯 $$\xrightarrow{\text{混酸}}$$ (CH$_3$，NO$_2$) $$\xrightarrow[\text{HCl}]{\text{Fe}}$$ (CH$_3$，NH$_2$) $$\xrightarrow{\text{CH}_3\text{COCl}}$$ (CH$_3$，NHCOCH$_3$) $$\xrightarrow{\text{混酸}}$$ (CH$_3$，NO$_2$，NHCOCH$_3$) $$\xrightarrow{\text{H}_2\text{O/OH}^-}$$

$$\xrightarrow[0\sim5\,^\circ\!\text{C}]{\text{NaNO}_2,\text{HCl}}$$ (CH$_3$，NO$_2$，N$_2^+$Cl$^-$) $$\xrightarrow{\text{H}_3\text{PO}_2+\text{H}_2\text{O}}$$ (CH$_3$，NO$_2$) $$\xrightarrow[\text{HCl}]{\text{Fe}}$$ $$\xrightarrow[0\sim5\,^\circ\!\text{C}]{\text{NaNO}_2,\text{HCl}}$$ (CH$_3$，N$_2^+$Cl$^-$)

$$\xrightarrow[\text{KCN}]{\text{CuCN}}$$ (CH$_3$，CN) $$\xrightarrow{\text{H}_3\text{O}^+}$$ (CH$_3$，COOH) $$\xrightarrow{\text{SOCl}_2}$$ (CH$_3$，COCl) $$\xrightarrow[\text{AlCl}_3]{\text{C}_6\text{H}_6}$$ (CH$_3$，C(=O)—苯基)

（5） 萘 $$\xrightarrow[\text{AlCl}_3]{\text{CH}_3\text{CH}_2\text{Br}}$$ (CH$_2$CH$_3$—萘) $$\xrightarrow{\text{混酸}}$$ (CH$_2$CH$_3$，NO$_2$—萘) $$\xrightarrow[\text{HCl}]{\text{Fe}}$$ (CH$_2$CH$_3$，NH$_2$—萘)

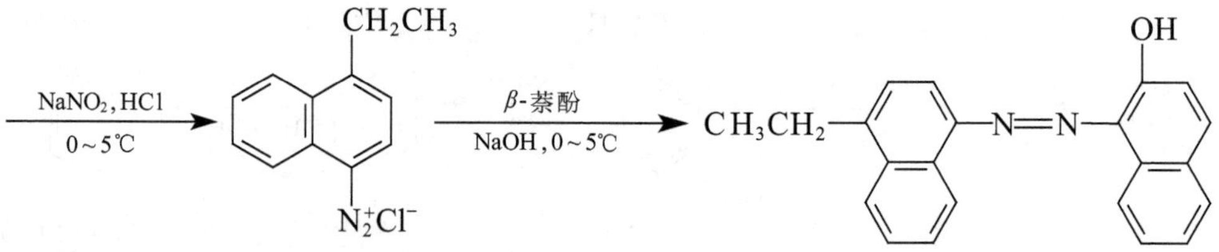

β-萘酚的制法：

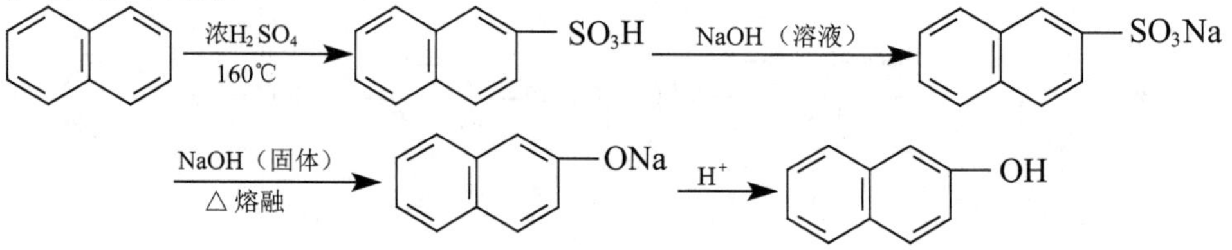

（6）

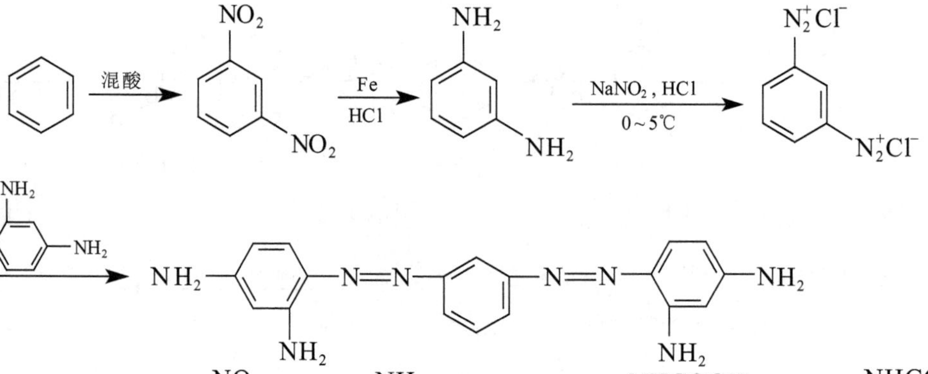

（7）

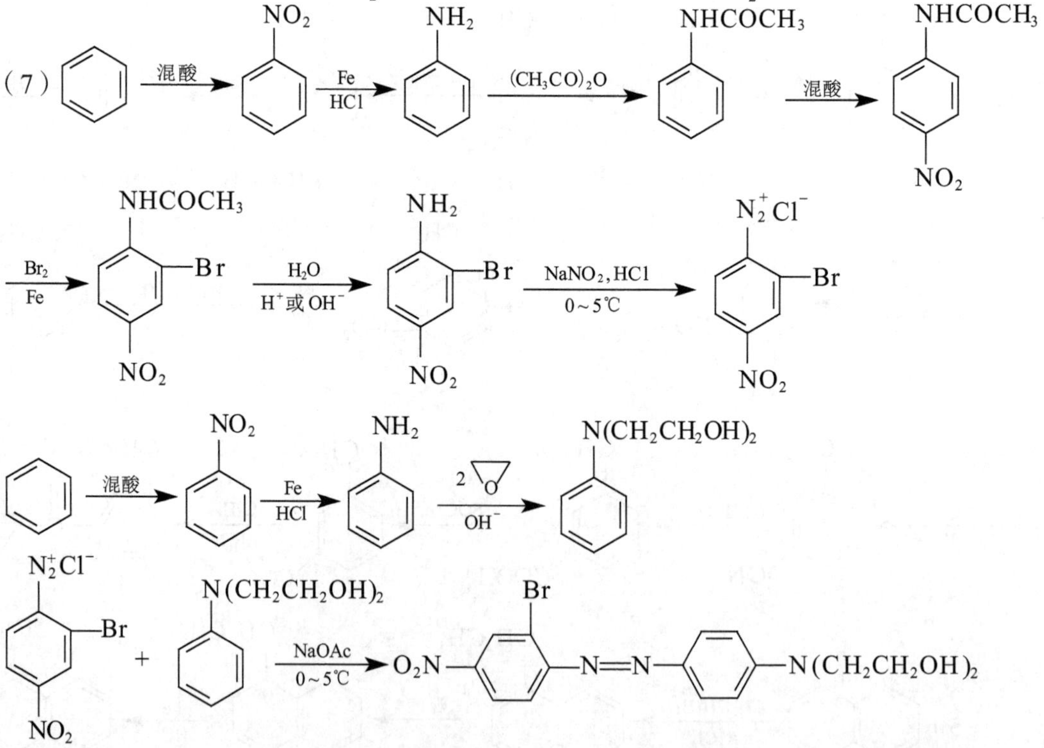

13. 化合物（A）是一个胺，分子式为 C_7H_9N。（A）与对甲苯磺酰氯在 KOH 溶液中作用，生成清亮的液体，酸化后得白色沉淀。当（A）用 $NaNO_2$ 和 HCl 在 0～5℃处理后再与 α-

萘酚作用，生成一种深颜色的化合物（B）。（A）的 IR 谱表明在 815cm^{-1} 处有一强的单峰。试推测（A）、（B）的构造式并写出各步反应式。

答　（A）的构造式为

（B）的构造式为

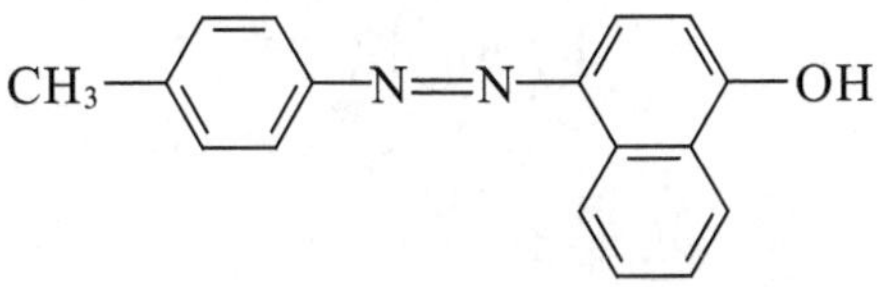

相关的反应式如下：

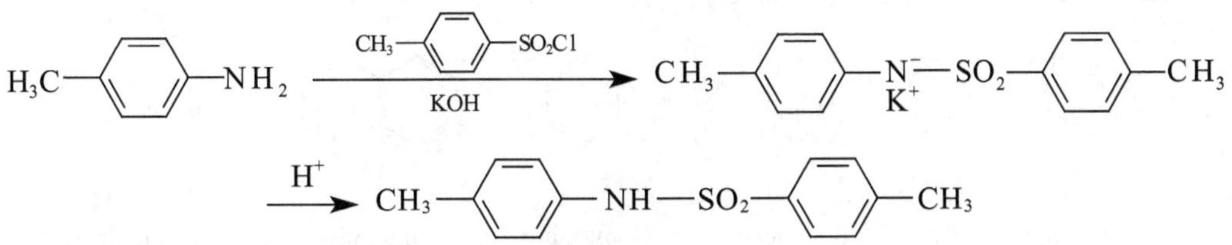

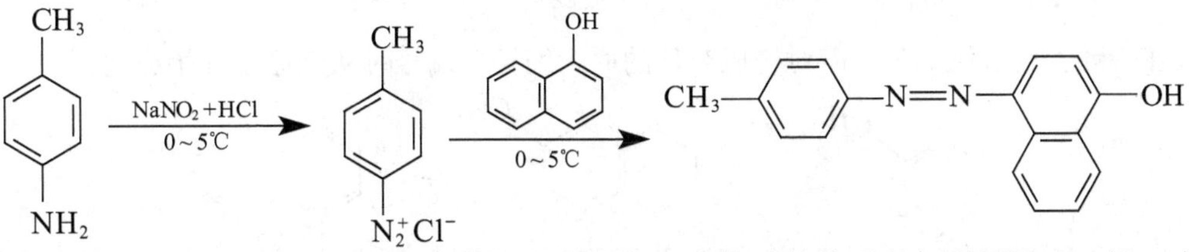

15. 毒芹碱（coniine，$C_8H_{17}N$）是毒芹的有毒成分，毒芹碱的核磁共振谱图没有双峰。毒芹碱与 2mol CH_3I 反应，再与湿 Ag_2O 反应，热解产生中间体 $C_{10}H_{21}N$，后者进一步甲基化转变为氢氧化物，再热解生成三甲胺、1,5-辛二烯和1,4-辛二烯。试推测毒芹碱和中间体的结构。

分析：中间体 $C_{10}H_{21}N$ 完全甲基化变为氢氧化物，热解生成三甲胺、1,5-辛二烯和1,4-辛

二烯推出中间体为 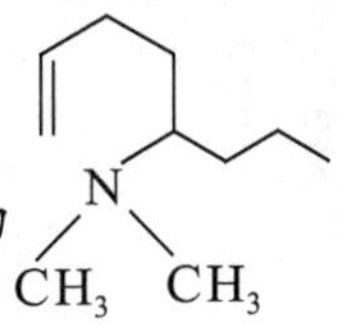 ；毒芹碱与 2mol CH_3I 反应推出毒芹碱为仲胺，则毒芹碱

为 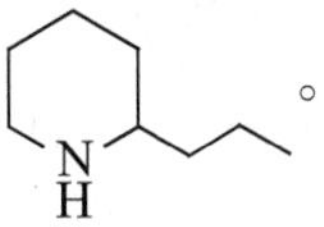 。

答

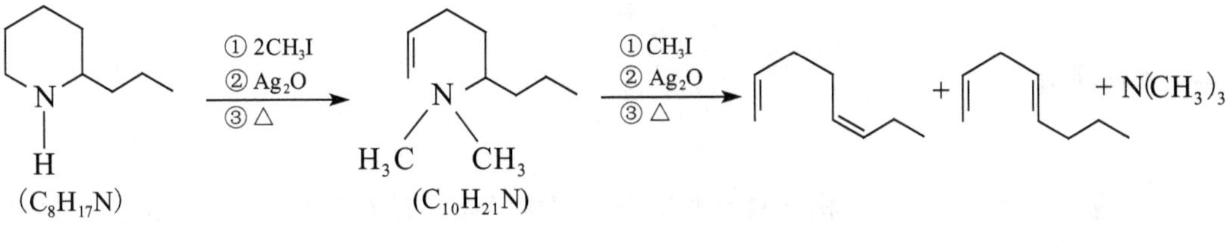

第十五章　杂环化合物

Ⅰ.知 识 要 点

一、杂环化合物命名

杂环化合物的命名主要用音译法，对应英语音的汉字加"口"字。

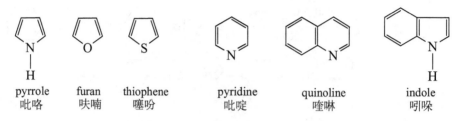

| pyrrole 吡咯 | furan 呋喃 | thiophene 噻吩 | pyridine 吡啶 | quinoline 喹啉 | indole 吲哚 |

在杂环上有取代基时，需对构成杂环的原子编号，编号时从杂原子开始编起：

3-甲基吡啶　　　　3,8-二甲基喹啉　　　　8-羟基喹啉

如环内含有不止一种杂原子时，编号的先后顺序是 O、S、N、C，编号时杂原子的位次数字之和应最小。

4-甲基-5-乙基噻吩

有时候杂环也作为取代基，如：

β-吲哚乙酸

二、五元芳杂环

1. 结构

　　呋喃、噻吩、吡咯在结构上具有共同点，即构成环的五个原子都为 sp² 杂化，故成环的五个原子处在同一平面，杂原子上的孤对电子参与共轭形成共轭体系，其 π 电子数符合休克

尔规则（π 电子数 = 4n+2），所以它们都具有芳香性。与苯环不同，由于组成芳环的原子只有五个，但 π 电子数有六个，所以三种芳杂环都是五中心六电子体系，芳环上的电子云密度比苯环大。另外由于杂原子的电负性比碳原子大，因此杂环上的电子云分布也不均匀，杂原子的邻位电子云密度比间位大。

芳香性由大到小：苯 > 噻吩 > 吡咯 > 呋喃。

2. 吡咯、呋喃和噻吩的化学性质

容易发生亲电取代反应，主要发生在 α-位，反应的活性为吡咯 > 呋喃 > 噻吩 > 苯。由于这些五元杂环容易被破坏，稳定性差，因此对试剂及反应条件应有所控制。

1）卤化

反应强烈，易得多卤取代物。为了得一卤代（Cl，Br）产物，采用低温、溶剂稀释等温和条件。

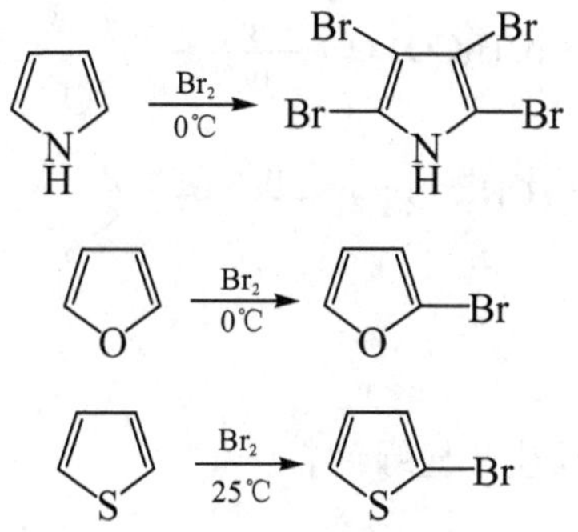

2）硝化

呋喃、噻吩和吡咯易氧化，一般不用硝酸直接硝化，通常在较低的温度下，使用温和的非质子硝化试剂乙酰硝酸酯。

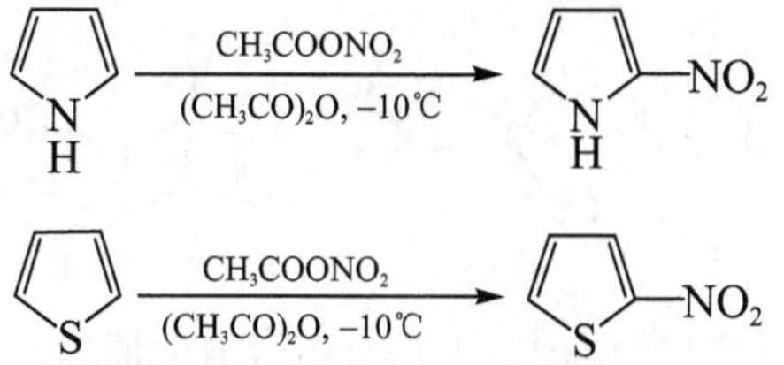

呋喃比较特殊，先生成稳定的或不稳定的 2,5 加成产物，然后加热或用吡啶除去乙酸，得到硝化产物。

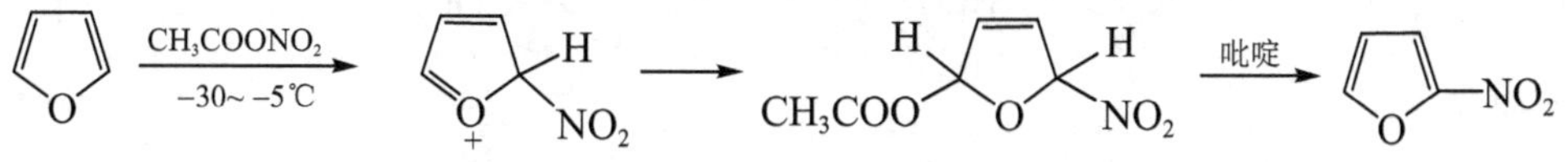

3）磺化

吡咯、呋喃不太稳定，所以须用温和的磺化试剂磺化。常用的温和的非质子的磺化试剂有：吡啶与三氧化硫的加合化合物。

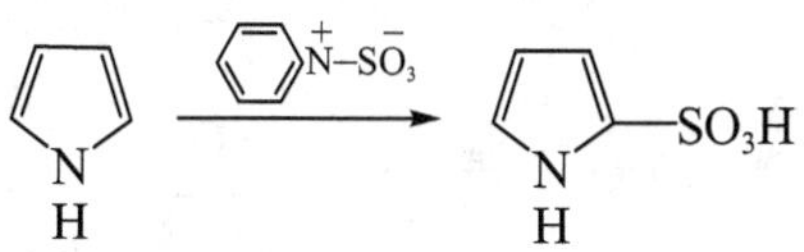

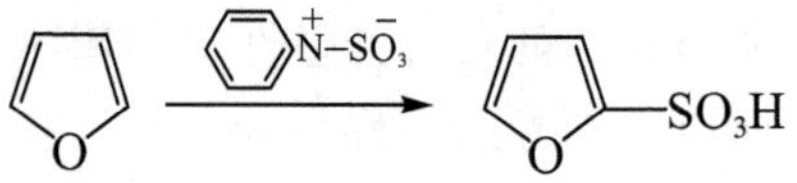

噻吩比较稳定，既可以直接磺化，也可以用温和的磺化试剂磺化。

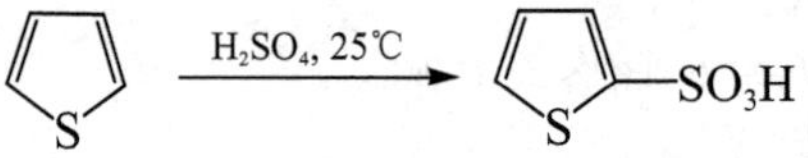

噻吩比苯易磺化且溶于硫酸，利用这一性质可除去苯或汽油中的噻吩。

4）Friedel-Crafts 酰基化

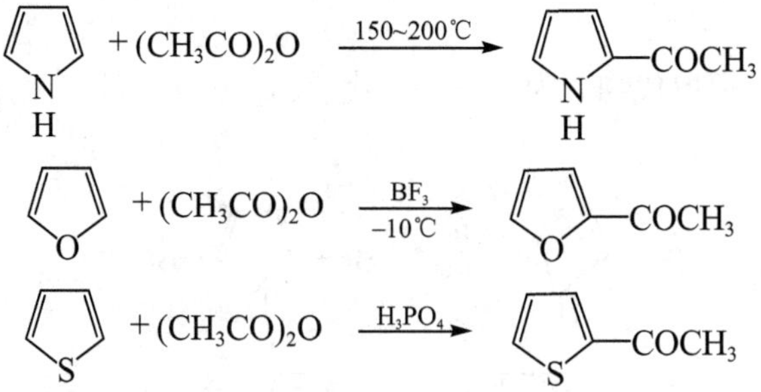

3. 常见的五元杂环化合物

1）呋喃

呋喃与盐酸浸过的松木片反应，显绿色。

呋喃的催化加氢：

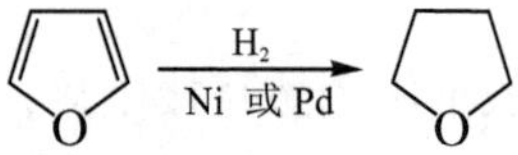

呋喃的双烯合成：

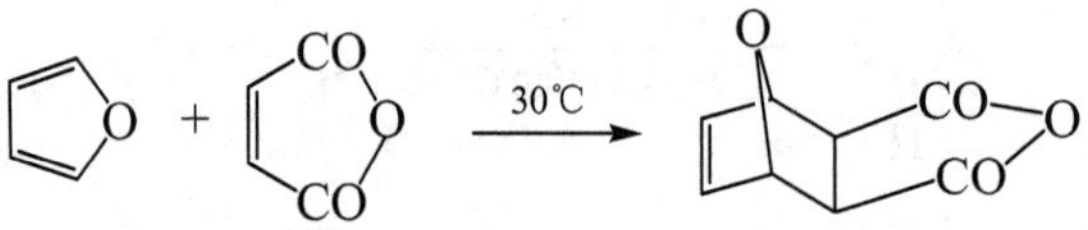

2）糠醛

糠醛又称呋喃甲醛，是良好的溶剂，也是有机合成的原料。

氧化反应：

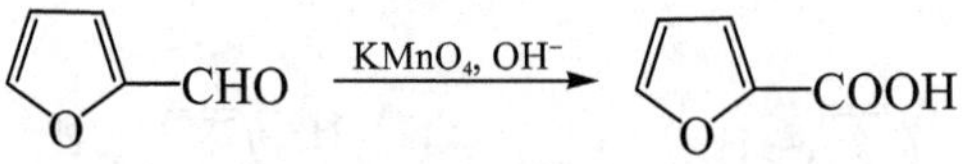

还原反应：

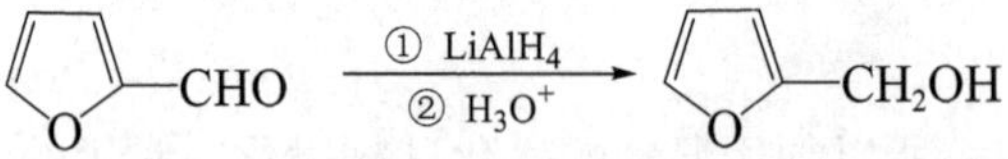

歧化反应：

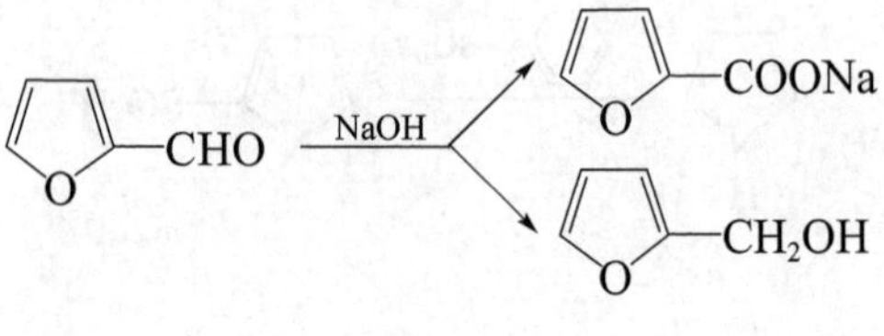

3）吡咯

吡咯与盐酸浸过的松木片反应，显红色。

碱性：极弱，苯胺>吡咯。

酸性：具有弱酸性，苯酚>吡咯>醇 。

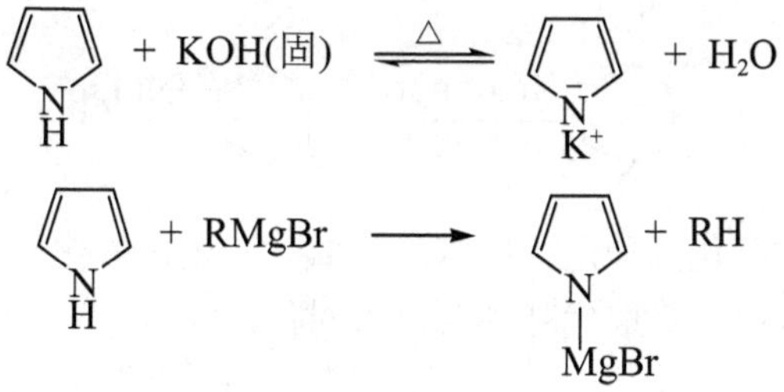

吡咯的钾盐和吡咯卤化镁，都可以用来合成吡咯的衍生物。

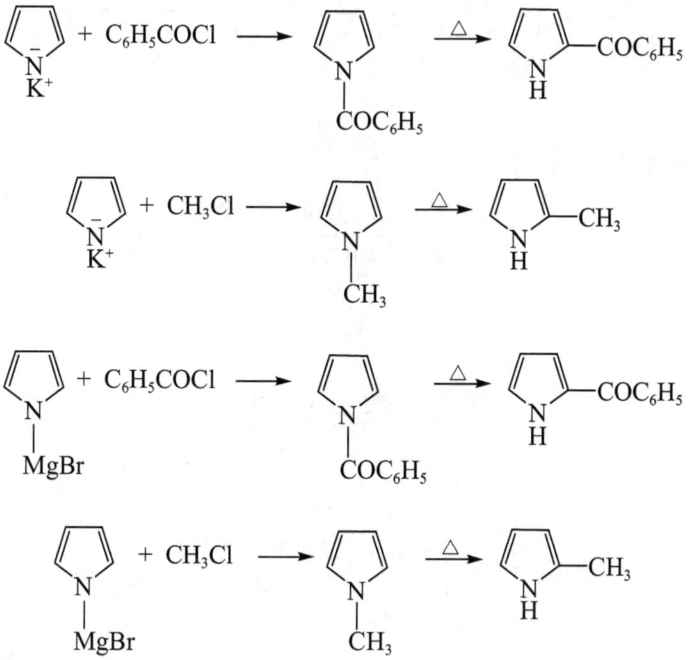

三、六元芳杂环的结构

1. 吡啶的结构

　　杂原子的共轭效应和诱导效应都是吸电子的。未成键电子对在 sp^2 杂化轨道上，不参与共轭。形成 π_6^6 共轭体系，具有芳香性。由于 N 原子的吸电子作用，环的电子云密度降低，亲电反应活性比苯低，类似硝基苯。

2. 化学性质

　　反应特点：碱性较强；环不易发生亲电取代反应但易发生亲核取代反应；发生亲电取代反应时，环上 N 起间位定位基的作用。

　　（1）亲电取代反应：反应比苯难，不能发生傅氏烷基化、酰基化反应；硝化、磺化、卤化反应必须在强烈条件下才能发生。

（2）氧化：吡啶环对氧化剂稳定，比苯环难氧化。用过氧化氢氧化，可得 *N*-氧化吡啶，*N*-氧化吡啶较易发生亲电取代，取代基主要进入对位。

（3）还原：吡啶比苯易还原。

（4）亲核取代。

（5）弱碱性。

四、稠杂环

1. 喹啉

（1）亲电取代：反应发生在电子云密度较大的苯环上，取代基主要进入 5-或 8-位。

（2）亲核取代：喹啉发生在吡啶环的 2-位；异喹啉发生在吡啶环的 1-位。

（3）氧化反应：发生在苯环。

（4）还原反应：发生在吡啶环。

2. 吲哚

吲哚的性质与吡咯相似，可发生亲电取代反应，取代基进入 β-位。

Ⅱ. 例 题 解 析

【例 15-1】　如果按亲电取代反应的活性来比较，吡咯>吡啶；但如果按碱性强弱来比较，吡咯<吡啶，试从结构理论上说明。

答　从结构上可以看出，吡咯氮原子上的孤对电子参与共轭，使吡咯环上碳原子的电荷密度增加，亲电取代反应变得容易，但同时氮原子与质子结合的能力减弱了，从而导致其碱性较弱；而吡啶氮原子上的孤对电子没有参与共轭，而且由于氮原子的强电负性，吡啶环上碳原子的电荷密度减少，亲电取代反应变得困难，而氮原子上的电荷密度却增加了，它与质子结合的能力增强，碱性较强。所以，如果按亲电取代反应的活泼性来比较，吡咯大于吡啶；

但如果按碱性强弱来比较则是吡啶大于吡咯。

【例 15-2】　试解释为什么呋喃、噻吩及吡咯容易进行亲电取代反应。

答　呋喃、噻吩和吡咯是环状闭合共轭体系，同时在杂原子的 p 轨道上有一对电子参加共轭，形成 π_5^6 共轭体系，属富电子芳环，所以环的 π 电子密度比苯大，因此它们比苯容易进行亲电取代反应。

【例 15-3】　指出下列化合物碱性由大到小的顺序：

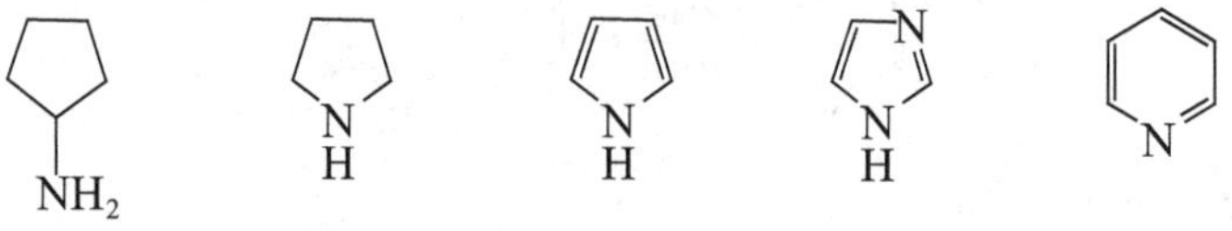

分析：（A）是伯胺，（B）是仲胺，（C）中 N 上的成对电子参与共轭体系的形成，碱性极弱，（D）中 3-位上的 N 原子表现出碱性，1-位上的 N 有给电子作用，所以碱性强于（E）。

答　（B）>（A）>（D）>（E）>（C）。

【例 15-4】　古液碱 $C_8H_{15}NO$（A）是一种生物碱，存在于古柯植物中。它不溶于氢氧化钠水溶液，但溶于盐酸。它不与苯磺酰氯作用，但与苯肼作用生成相应的苯腙。（A）与 NaOI 作用生成黄色沉淀和一个羧酸 $C_7H_{13}NO_2$（B）。（B）与 CrO_3 强烈氧化，转变成古液酸 $C_6H_{11}NO_2$，即 N-甲基-2-吡咯烷甲酸。写出（A）和（B）的结构式。

分析：

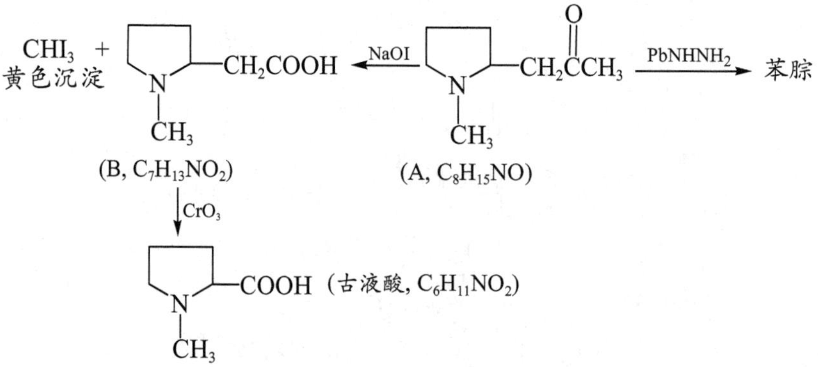

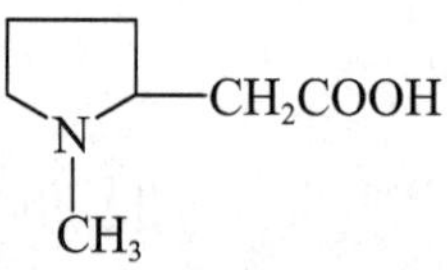

Ⅲ. 部分习题与解答

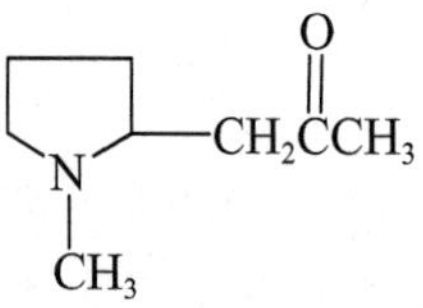

1. 写出下列化合物的构造式。

　　（1）α-呋喃甲醇　　　　　　　　　　（2）α,β′-二甲基噻吩

　　（3）溴化 N,N-二甲基四氢吡咯　　　　（4）2-甲基-5-乙烯基吡啶

　　（5）2,5-二氢噻吩　　　　　　　　　　（6）N-甲基-2-乙基吡咯

答　（1）

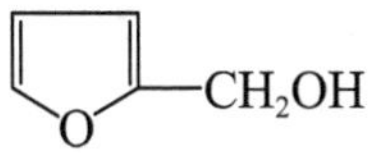

（2）H_3C—[噻吩环]—CH_3

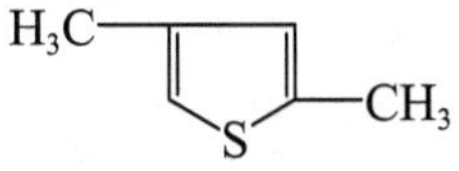

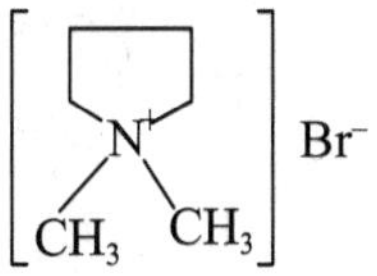

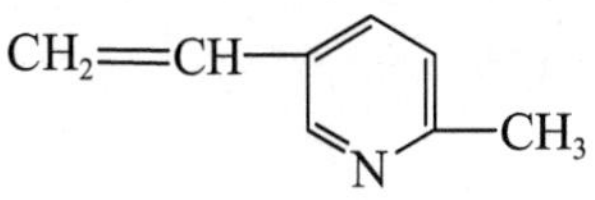

（3）
Br^-

（4）CH_2=CH—[吡啶环]—CH_3

（5）H—[噻吩环]—H

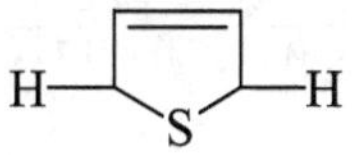

（6）

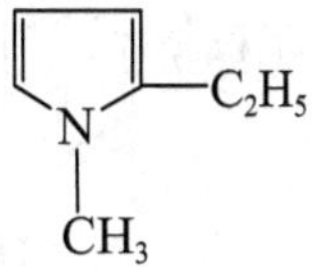

3. 用化学方法区别下列各组化合物。

　　（1）苯、噻吩和苯酚　　　　　　（2）吡咯和四氢吡咯　　　（3）苯甲醛和糠醛

　　答　（1）加入三氯化铁水溶液，有显色反应的是苯酚。在浓硫酸存在下，与靛红一同加热显示蓝色的是噻吩。

　　（2）吡咯的醇溶液使浸过浓盐酸的松木片变成红色，而四氢吡咯不能。

　　（3）糠醛在乙酸存在下与苯胺作用显红色。

6. 写出下列反应的主要产物。

（1）H_3CO—[噻吩环]　$\xrightarrow[H_2SO_4]{HNO_3}$　?

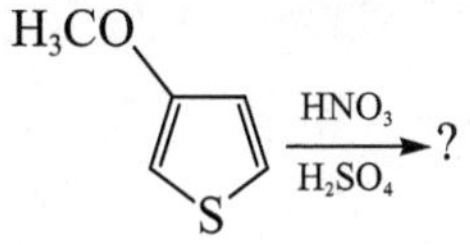

（2）H_3CO—[噻吩环]　$\xrightarrow[H_2SO_4]{HNO_3}$　?

（3）H_3CO—[噻吩环]—CH_3　$\xrightarrow[H_2SO_4]{HNO_3}$　?

（4）[噻吩环, NO_2]　$\xrightarrow[AcOH]{Br_2}$　?

（5）[3-甲基吲哚]　$\xrightarrow[AcOH]{Br_2}$　?

（6）[噻唑环]　$\xrightarrow[H_2SO_4,\triangle]{HgSO_4}$　?

（7）[呋喃]—CHO　$\xrightarrow[Ac_2O]{AcONa}$　?

（8）[吡咯]　$\xrightarrow[60℃]{CH_3I}$　?

（9）[噻吩]—$\underset{\underset{OH}{N}}{C}$—$CH_3$　$\xrightarrow[H_5C_2OC_2H_5]{PCl_3}$　?

（10）[二甲基嘧啶环，CH_3，H_3C，CH_3]　+ C_6H_5CHO　$\xrightarrow[DMF]{KOH}$　?

（11）[呋喃]　+ $\begin{matrix}CCOOCH_3\\ \| \\ CCOOCH_3\end{matrix}$　$\longrightarrow$　?

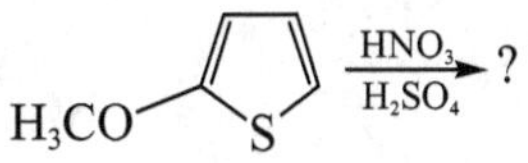

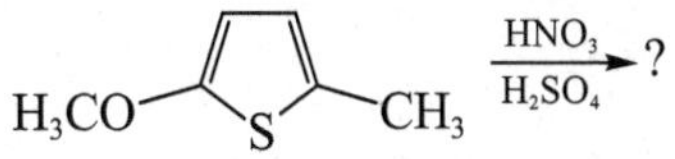

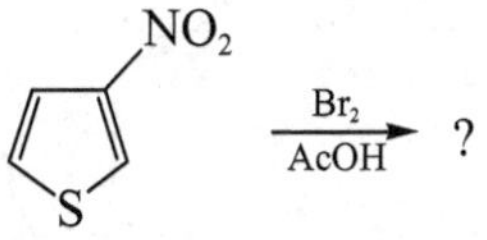

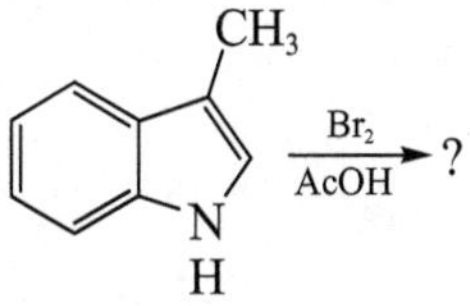

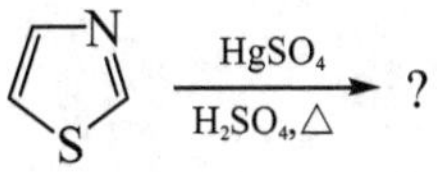

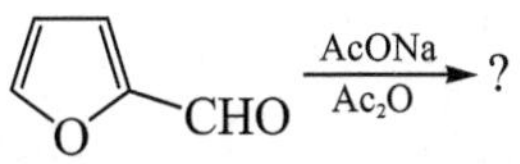

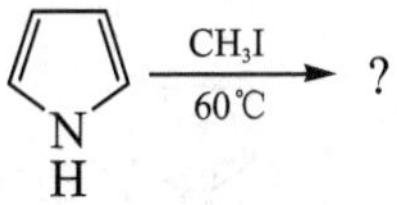

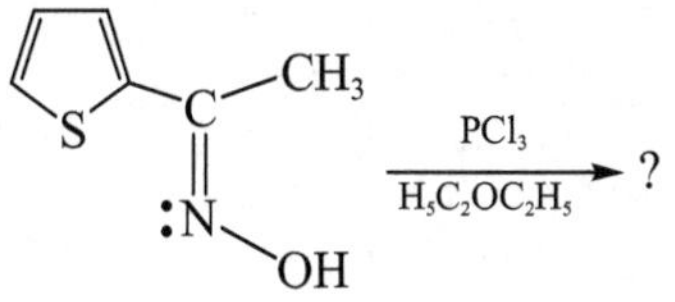

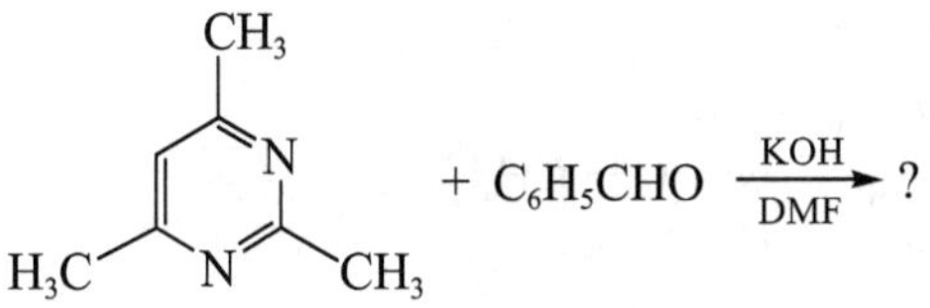

（12） 2-甲基吡啶 $\xrightarrow[\text{KMnO}_4]{\text{H}^+}$? $\xrightarrow{\text{PCl}_5}$? $\xrightarrow{\text{NH}_3}$? $\xrightarrow{\text{Cl}_2/\text{NaOH}}$?

（13）4-甲基吡啶 $\xrightarrow{\text{CH}_3\text{I}}$? $\xrightarrow[\text{(C}_2\text{H}_5)_3\text{N,C}_2\text{H}_5\text{OH,75℃}]{\text{H}_2\text{C}=\text{CHCN}}$?

答　（1） 3-甲氧基噻吩 $\xrightarrow[\text{H}_2\text{SO}_4]{\text{HNO}_3}$ 2-硝基-3-甲氧基噻吩

（2） 2-甲氧基噻吩 $\xrightarrow[\text{H}_2\text{SO}_4]{\text{HNO}_3}$ 2-甲氧基-5-硝基噻吩

（3） 2-甲氧基-5-甲基噻吩 $\xrightarrow[\text{H}_2\text{SO}_4]{\text{HNO}_3}$ 2-甲氧基-3-硝基-5-甲基噻吩

（4） 3-硝基噻吩 $\xrightarrow[\text{AcOH}]{\text{Br}_2}$ 2-溴-4-硝基噻吩

（5） 3-甲基吲哚 $\xrightarrow[\text{AcOH}]{\text{Br}_2}$ 2-溴-3-甲基吲哚

（6） 噻唑 $\xrightarrow[\text{H}_2\text{SO}_4,\triangle]{\text{HgSO}_4}$ 5-磺酸基噻唑（HO$_3$S—噻唑）

（7） 糠醛（呋喃-2-甲醛） $\xrightarrow[\text{Ac}_2\text{O}]{\text{AcONa}}$ 呋喃-CH=CHCOOH

（8） 吡咯 $\xrightarrow{\text{CH}_3\text{I}}_{60℃}$ N-甲基吡咯

（9） 噻吩基-C(CH$_3$)=N-OH $\xrightarrow[\text{H}_5\text{C}_2\text{OC}_2\text{H}_5]{\text{PCl}_3}$ 噻吩基-NH-C(=O)-CH$_3$

（10）

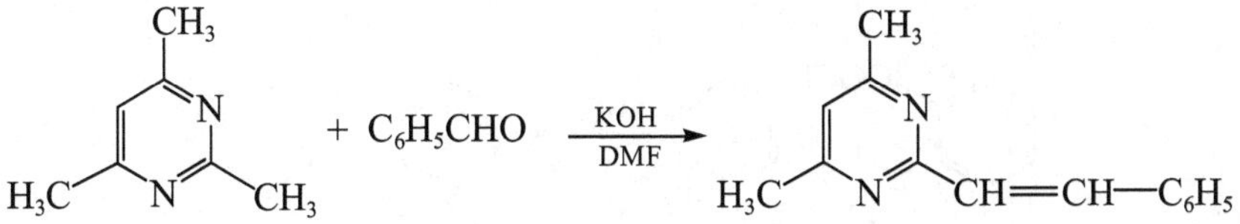

（11）

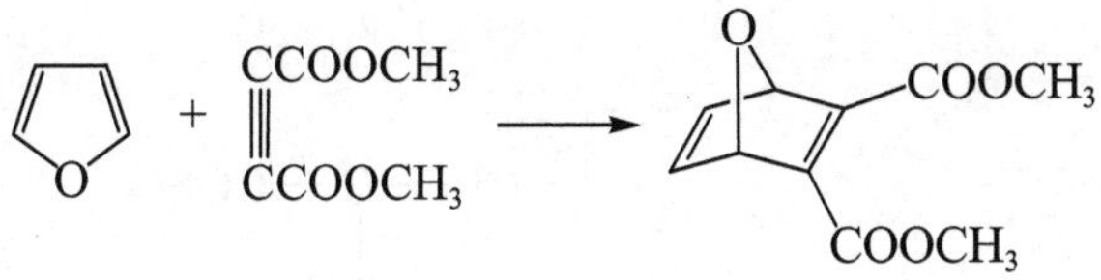

（12）

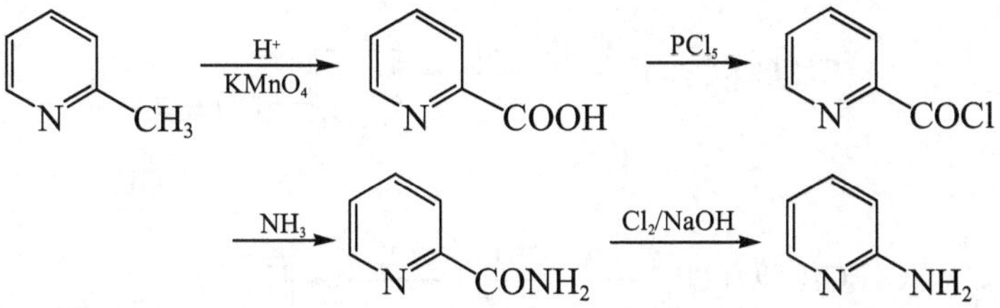

（13）

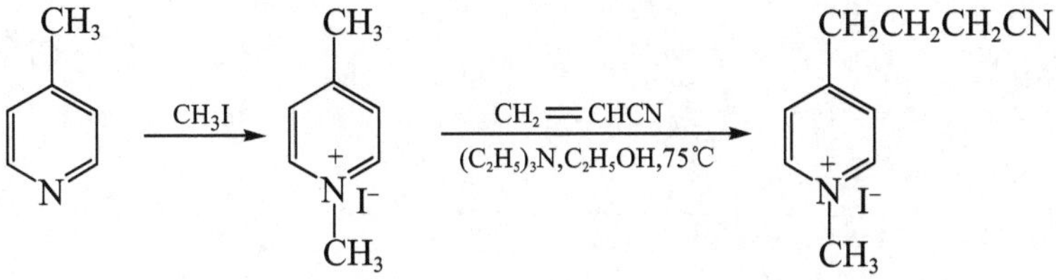

7. 由苯胺、吡啶为原料合成磺胺吡啶 H_2N—〈 〉—SO_2NH—〈 〉。

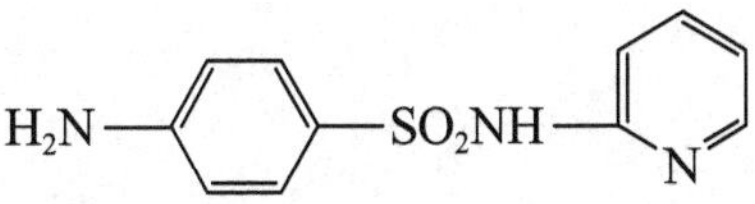

分析： H_2N—〈 〉—SO_2┆NH—〈 〉，所以分别合成 2-氨基吡啶和对氨基苯磺酰氯。

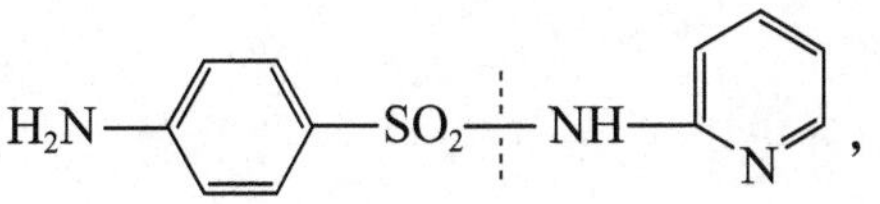

答

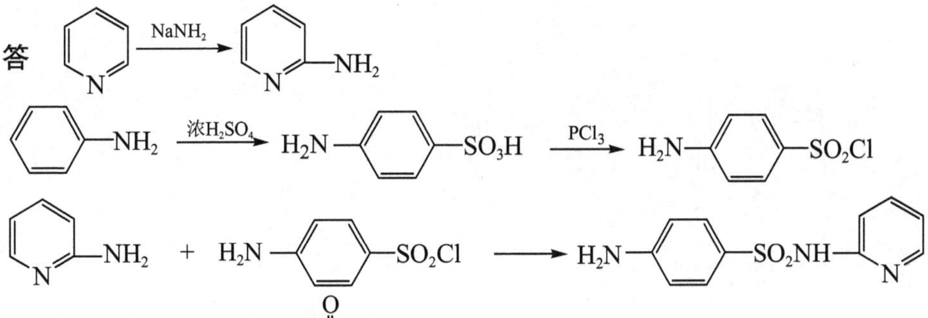

8. 合成

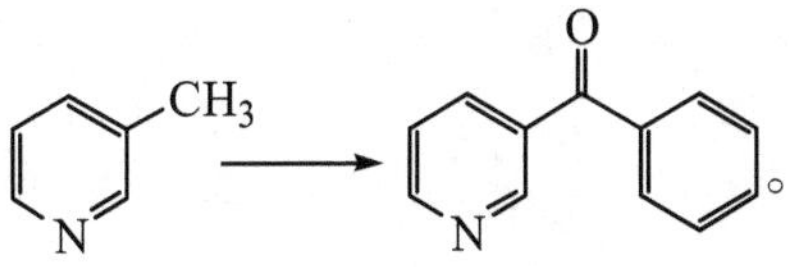

答

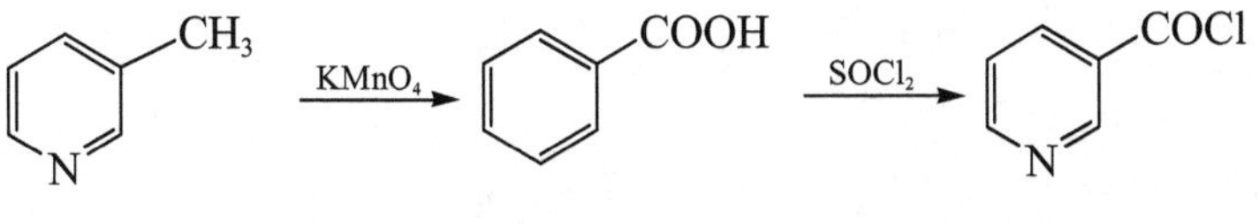

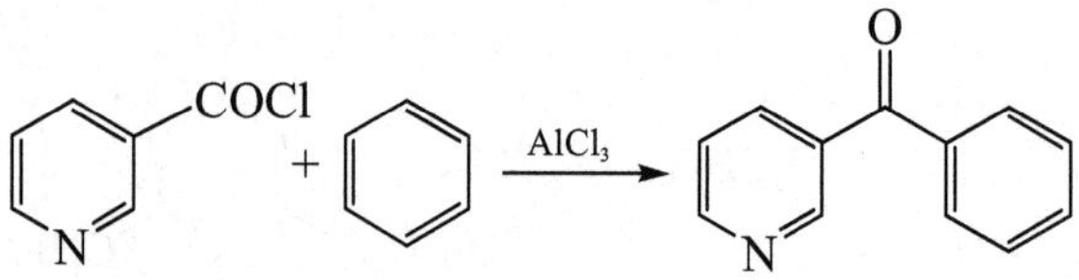

$$\text{（吡啶-3-COCl）} + \text{（苯）} \xrightarrow{AlCl_3} \text{（吡啶-3-CO-苯基）}$$

9. 怎样从糠醛制备下列化合物?

（1）$\text{（呋喃）}-CH=C-CHO$
　　　　　　　　　　　|
　　　　　　　　　　　CH_3

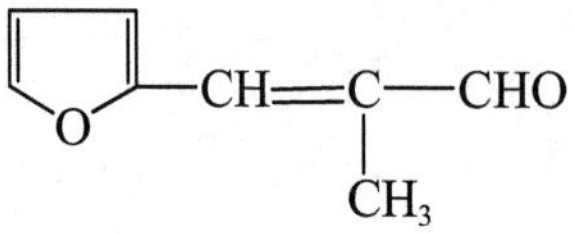

（2）$\text{（呋喃）}-CH=C-COOH$
　　　　　　　　　　　　|
　　　　　　　　　　　　CH_3

答　（1）$\text{（呋喃）}-CHO + CH_3CH_2CHO \xrightarrow[\triangle]{稀NaOH} \text{（呋喃）}-CH=C-CHO$
　　　　　　　　　　　　　　　　　　　　　　　　　　　　　　　　　　　　　|
　　　　　　　　　　　　　　　　　　　　　　　　　　　　　　　　　　　　　CH_3

（2）$\text{（呋喃）}-CHO + (CH_3CH_2CO)_2O \xrightarrow[\triangle]{无水 CH_3CH_2COOK} \text{（呋喃）}-CH=C-COOH$
　　　　　　　　　　　　　　　　　　　　　　　　　　　　　　　　　　　　　　|
　　　　　　　　　　　　　　　　　　　　　　　　　　　　　　　　　　　　　　CH_3

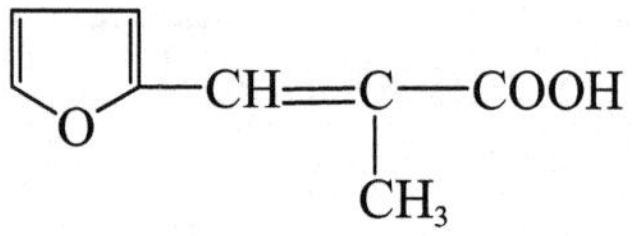

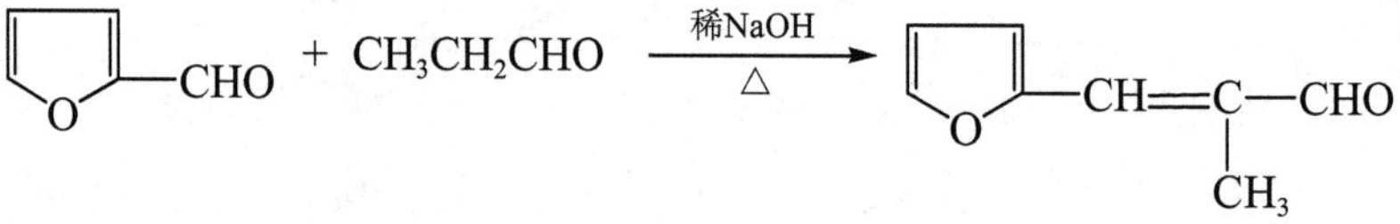

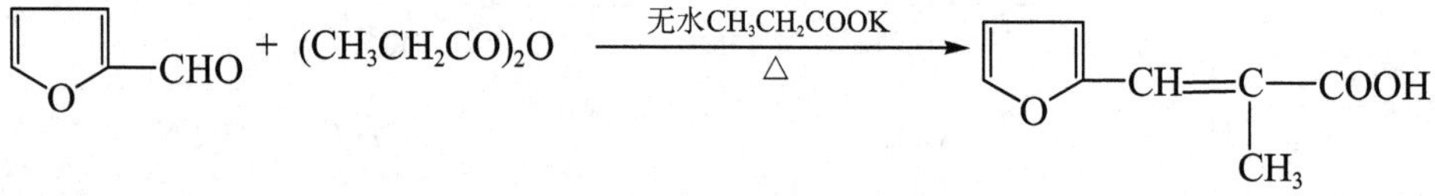

第十六章　周　环　反　应

Ⅰ. 知 识 要 点

周环反应的特点是经过环状过渡态一步完成，并具有高度的区域选择性和立体专一性。

前线轨道理论（FMO 理论）：占有电子的能量最高的分子轨道即最高占据轨道（highest occupied molecular orbital，HOMO）；未被电子占据的，能量最低的分子轨道即最低空轨道（lowest unoccupied molecular orbital，LUMO）。HOMO 和 LUMO 就是前线轨道。HOMO 和 LUMO 是决定一个体系发生化学反应的关键，其他能量的分子轨道对于化学反应虽然有影响但是影响很小，可以暂时忽略。

对分子内反应来说反应主要取决于反应物的 HOMO。对分子间反应来说必然是一种物质的分子提供 HOMO，另一种物质的分子提供 LUMO，电子由 HOMO 流向 LUMO，二者对称性匹配则易于反应，对称性不匹配则难于反应。也就是说前线轨道对称性匹配的可以成键，对称性不匹配的不能成键。对于热反应，提供能量的是热，反应只与分子基态有关，为基态反应；对于光反应，提供能量的是光，反应与分子激发态有关，为激发态反应。

一、电环化加成

电环化是共轭多烯烃的两端环化成环烯烃及其逆反应。反应的成键过程取决于反应物中开链物的 HOMO 的对称性。

热反应只与基态有关，在反应中起关键作用的是 HOMO；光照情况下分子发生跃迁，处于激发态，此时分子的 HOMO 是基态时的 LUMO。电环化反应规律如下所示。

共轭π电子数	反应实例	热反应	光照反应
$4n$		顺旋　允许	对旋　允许
$4n+2$		对旋　允许	顺旋　允许

二、环加成反应

环加成反应是指在光或热的作用下，两个带有双键、共轭双键或孤对电子的分子相互作用，经过环状过渡态形成一个稳定的环状化合物的反应。

环加成反应具有以下特点：①环加成反应是分子间的加成环化反应；②由一个分子的 HOMO 和另一个分子的 LUMO 重叠而成。

FMO 理论认为：环加成反应能否进行，主要取决于反应物分子的 HOMO 与另一反应物分子的 LUMO 的对称性是否匹配，如果两者的对称性是匹配的，环加成反应允许；反之则禁阻。从 FMO 观点来分析：反应物中的一个反应物分子的 HOMO 中已经充满电子，与另一分子的轨道重叠成键时，要求另一轨道是空的，而且能量要与该分子的 HOMO 比较接近，所以，另一个分子提供的轨道必然是能量最低的空轨道 LUMO。

1. [4+2] 环加成反应即第尔斯-阿尔德反应

共轭二烯烃和单烯烃在加热条件下生成环烯烃的反应称为第尔斯-阿尔德反应。

其中共轭二烯烃称为双烯体，而单烯烃称为亲双烯体。

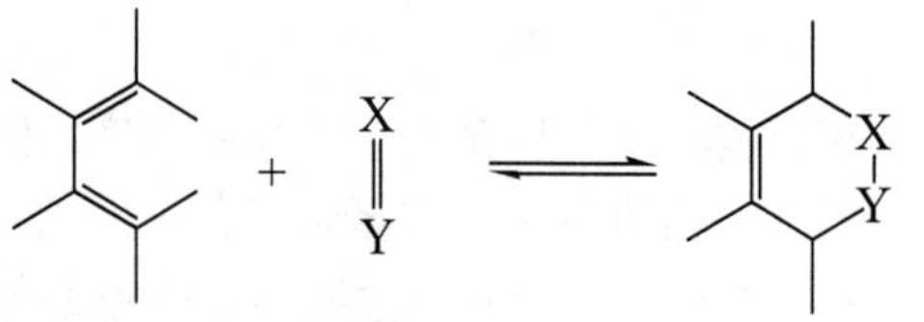

双烯体　　　亲双烯体

[4+2] 环加成反应在加热条件下容易进行，而在光照条件下不易进行。例如：

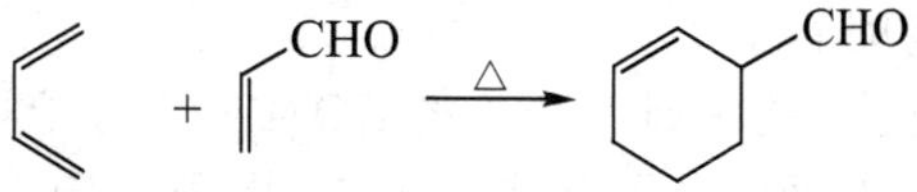

2. 第尔斯-阿尔德反应特点

（1）反应可逆，其中正反应是二级反应，反应速率与双烯体和亲双烯体的浓度成正比。逆反应是一级反应，反应速率只与加和物浓度成正比。

（2）双烯体上含给电子取代基，亲双烯体上含吸电子取代基时，有利于反应的发生。例如：

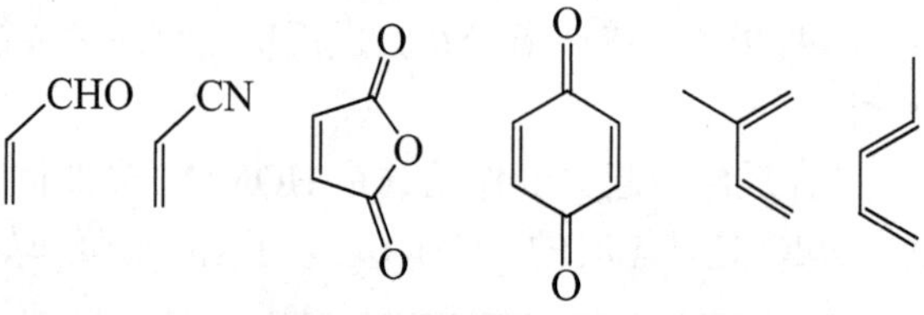

但当双烯体上含有强吸电子基团时，亲双烯体上含有供电子基团反而利于反应发生。例如：

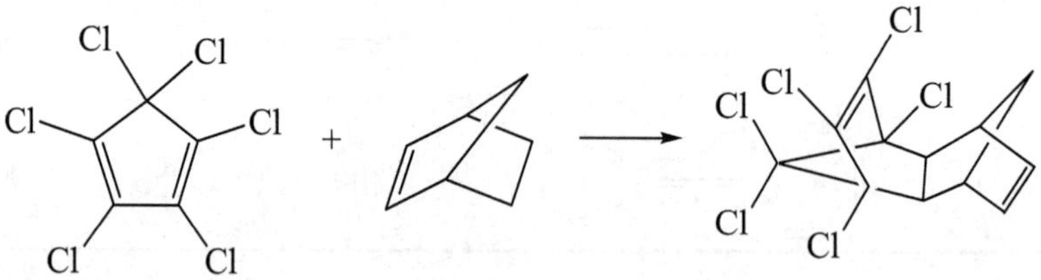

3. 第尔斯-阿尔德反应的定向作用

当反应既可以生成邻位产物又可以生成间位产物时以邻位产物为主，既可生成对位产物又可生成间位产物时以对位为主。例如：

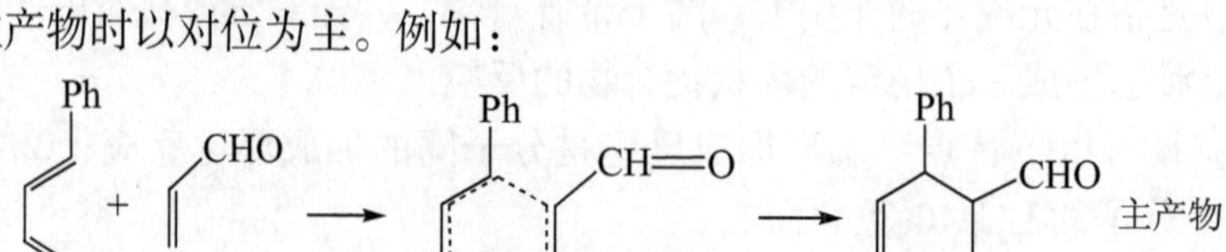

主产物

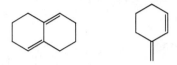

4. 双烯体活性

对双烯体系而言，s-顺式构象是反应先决条件，所有能稳定 s-顺式构象的因素都能加速反应；反之则对反应不利。例如，下列二烯烃都不能进行第尔斯-阿尔德反应：

下面的烯烃由于顺式构象比例不同，反应速率有很大的差异：

顺式构象较稳定   顺式构象不稳定（甲基导致的空间位阻）

反应速率：1000   :   1

5. 第尔斯-阿尔德反应的立体化学：顺式同面加成

第尔斯-阿尔德反应实质上是两分子烯烃的顺式加成，即双烯分子与单烯烃的同面-同面加成，且加成以生成内向加成产物为主。

同面-同面加成：

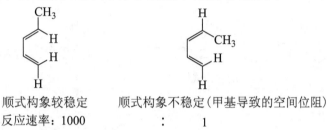

内向加成（endo-addition）规则：

主(>70%)   少量

三、克莱森重排和柯普重排

克莱森重排和柯普重排均属于[3,3]迁移反应。

特点：在加热条件下进行，形成六元环状过渡态。

1. 柯普重排

由碳碳 σ 键发生的[3,3]迁移称为柯普（Cope）重排。例如：

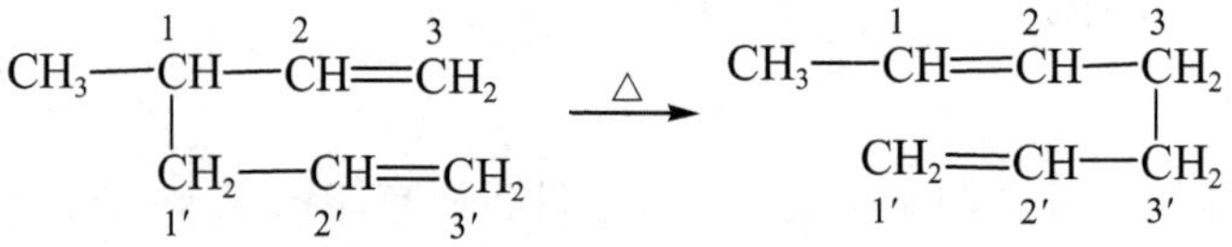

$$CH_3—\overset{1}{CH}—\overset{2}{CH}=\overset{3}{CH_2} \quad \overset{\triangle}{\longrightarrow} \quad CH_3—\overset{1}{CH}=\overset{2}{CH}—\overset{3}{CH_2}$$
$$\underset{1'}{CH_2}—\underset{2'}{CH}=\underset{3'}{CH_2} \qquad\qquad\qquad \underset{1'}{CH_2}=\underset{2'}{CH}—\underset{3'}{CH_2}$$

和其他的周环反应一样，柯普重排也具有高度的立体选择性，通常认为反应是通过了六元环状过渡态：

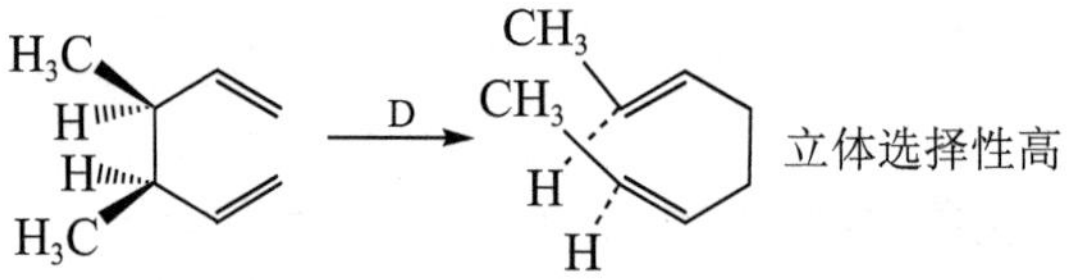

立体选择性高

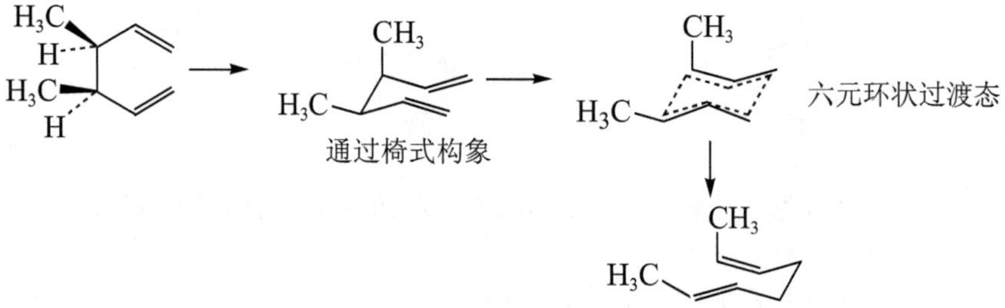

通过椅式构象   六元环状过渡态

2. 克莱森重排

克莱森（Claisen）重排是由苯基烯丙基型醚类的碳氧键参加的 σ 键[3,3]迁移反应。

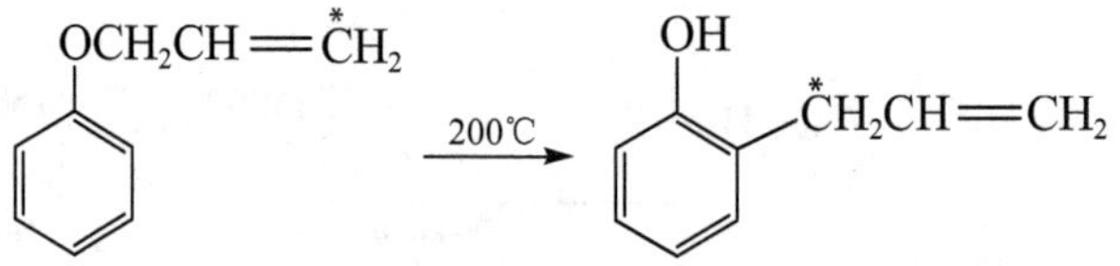

$$\xrightarrow{200℃}$$

克莱森重排是协同机理的分子内重排，重排反应经过了六元环状过渡态，重排的过程是 σ 键的[3,3]迁移反应。

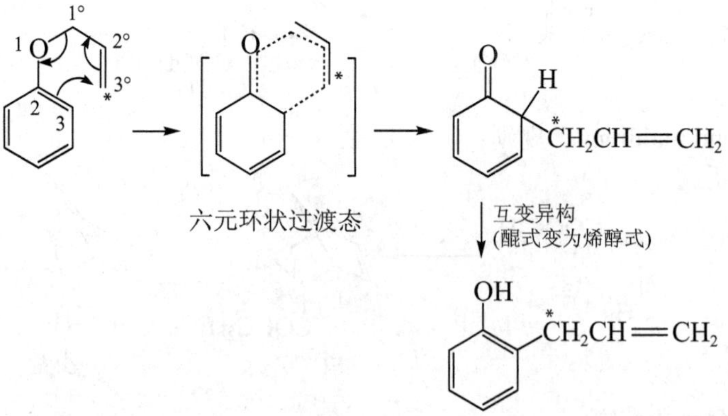

六元环状过渡态

互变异构
（酮式变为烯醇式）

当芳环上邻位有取代基时，酮式结构不能异构化为稳定的芳香环，重排反应可以再次发生，取代基转移到对位上。

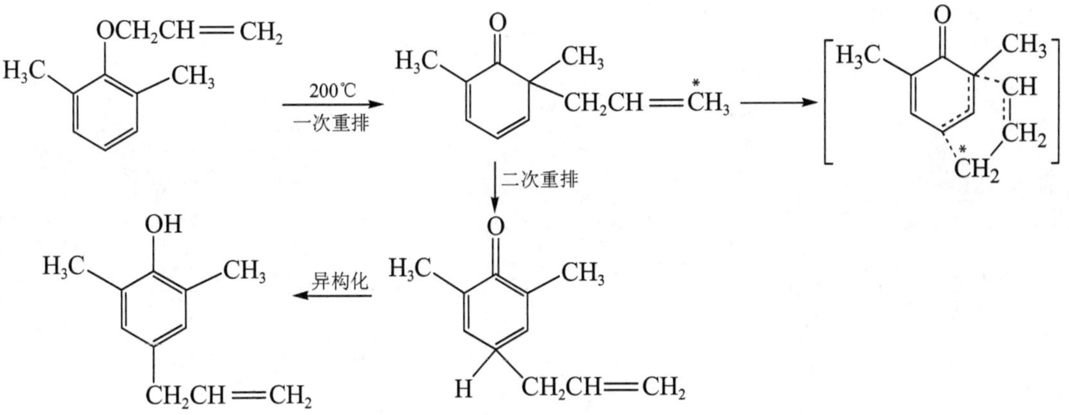

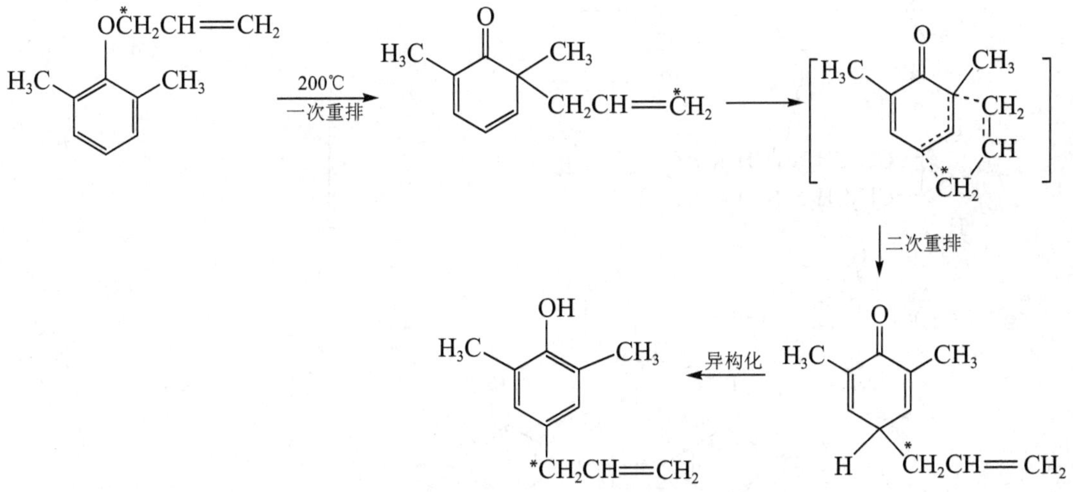

Ⅱ. 例 题 解 析

【例 16-1】 完成下列反应。

（1）

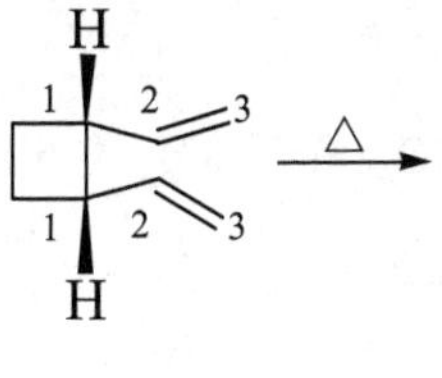

（2）

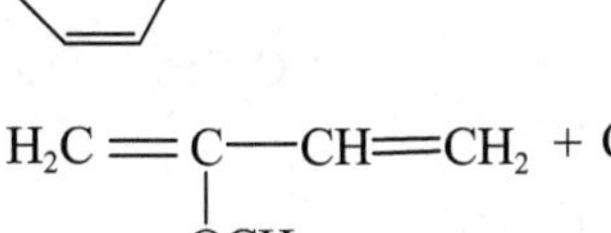

（3） $H_2C = C-CH=CH_2 + CH_2=CHCHO \xrightarrow{\triangle}$
$\qquad\quad |$
$\qquad OCH_3$

（4）

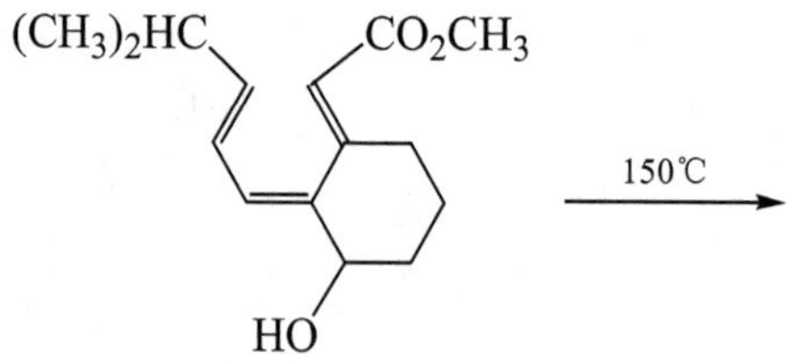

$$\xrightarrow{150℃}$$

（5）

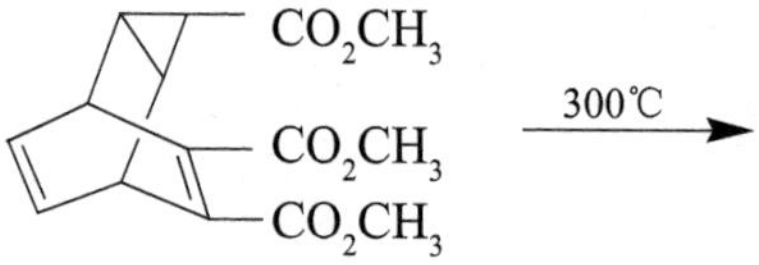

$$\xrightarrow{300℃}$$

（6）

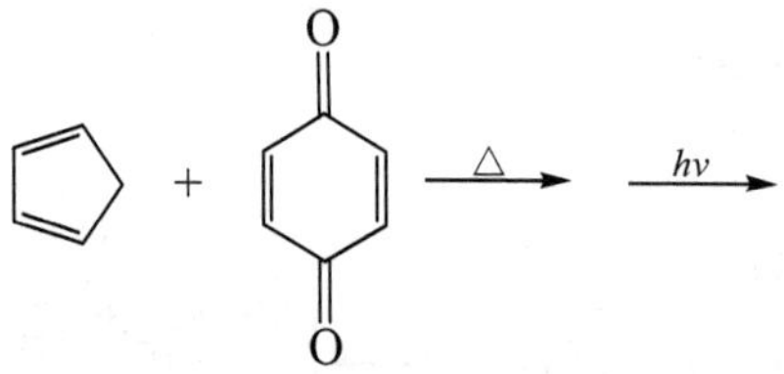

$+$ $\xrightarrow{\triangle}\xrightarrow{hv}$

（7）

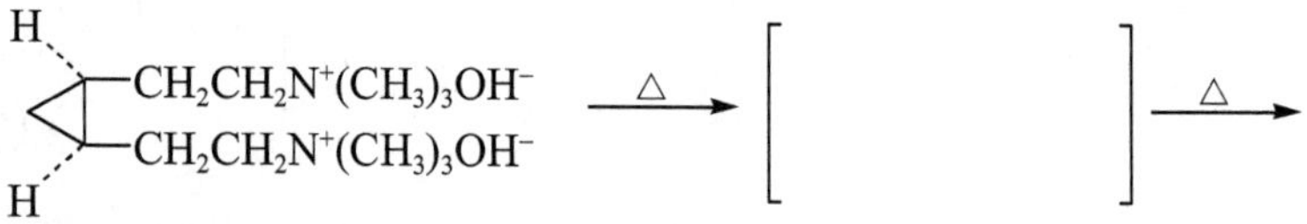

$\xrightarrow{\triangle}$ [ ] $\xrightarrow{\triangle}$

答 （1）

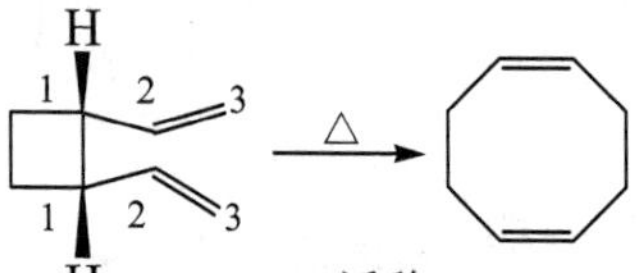

[3,3]迁移

（2）

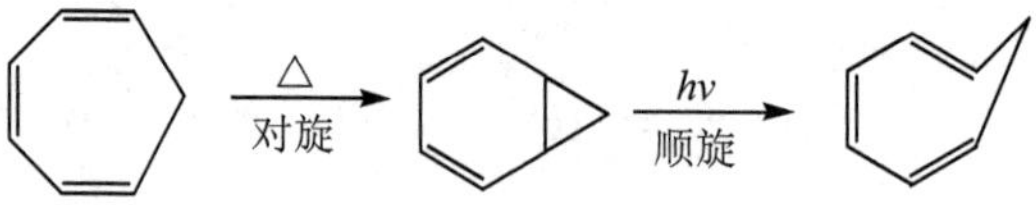

$\xrightarrow[\text{对旋}]{\triangle}$ $\xrightarrow[\text{顺旋}]{hv}$

4n+2体系的电环化

（3） 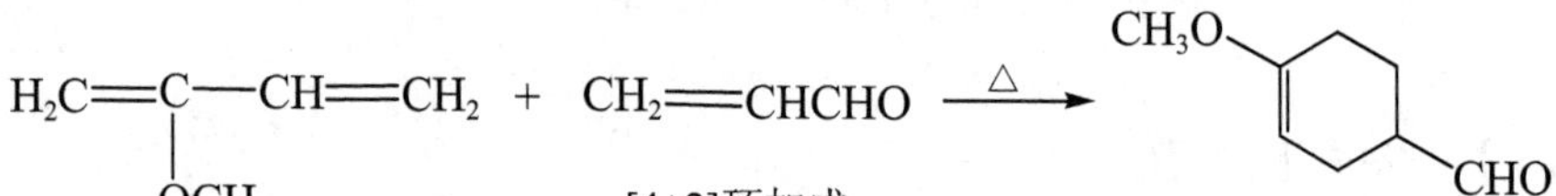 $H_2C=C—CH=CH_2$ $+$ $CH_2=CHCHO$ $\xrightarrow{\triangle}$
　　　　　　$\underset{OCH_3}{|}$

[4+2]环加成

（4）

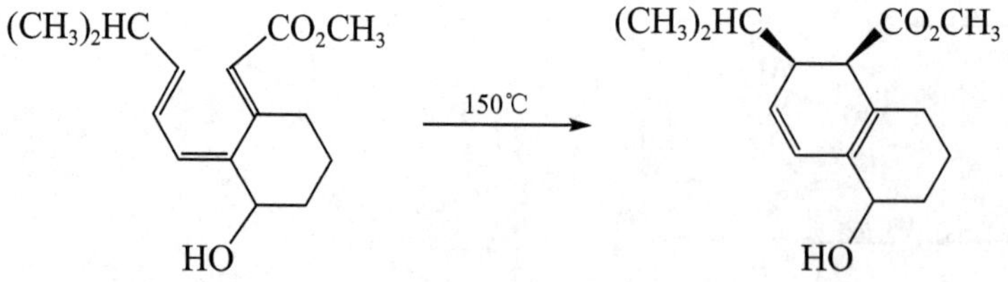

$\xrightarrow{150℃}$

（5）

$\xrightarrow[\text{[4+2]逆反应}]{300℃}$

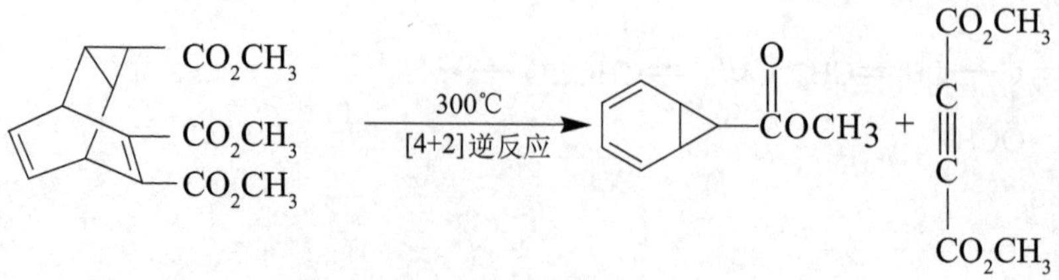

（6）

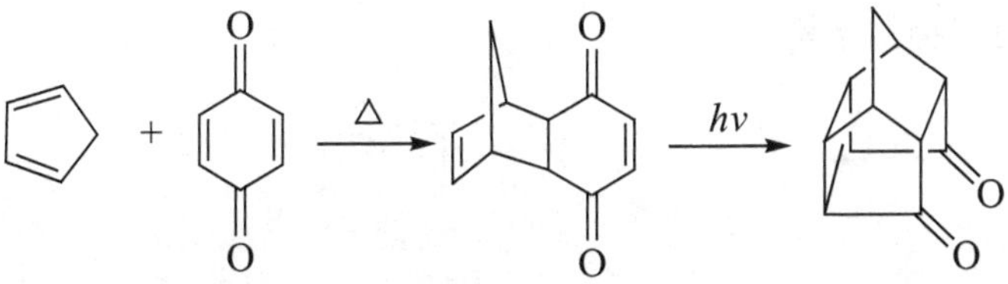

第一步[4+2]环加成；第二步[2+2]环加成。

（7）

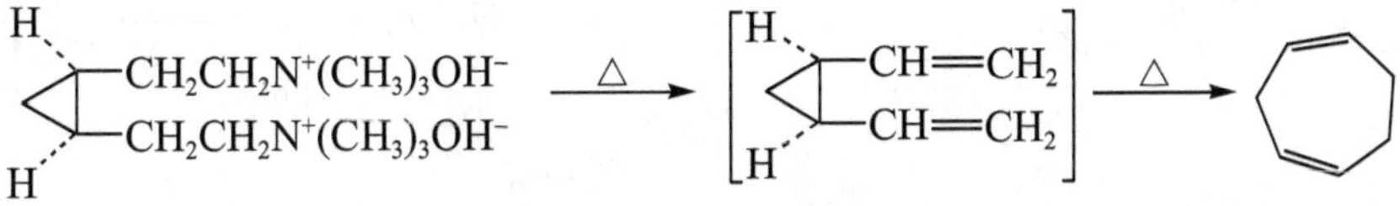

第一步季铵碱的消除；第二步[3,3]迁移（柯普重排）。

Ⅲ. 部分习题与解答

1. 推测下列化合物电环化时产物的结构。

（1） 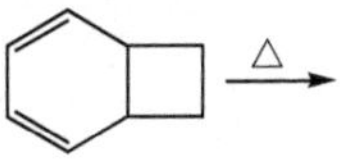　（2） 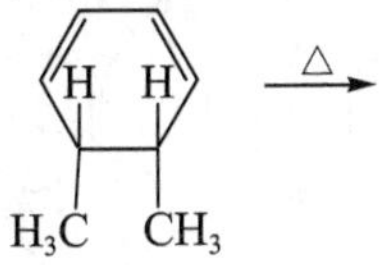　（3）

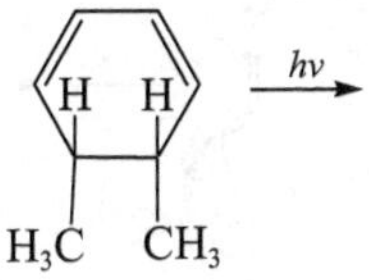

（4） 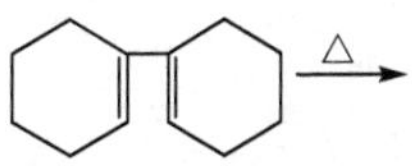　（5）

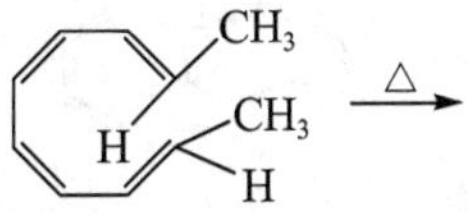

答 （1） 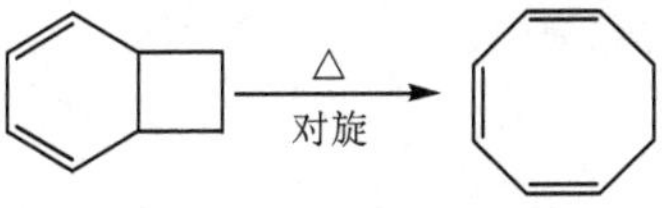　（2）

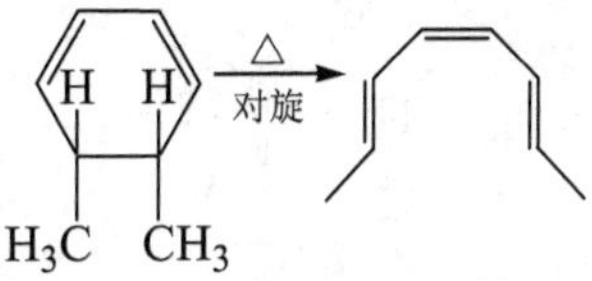

（3） 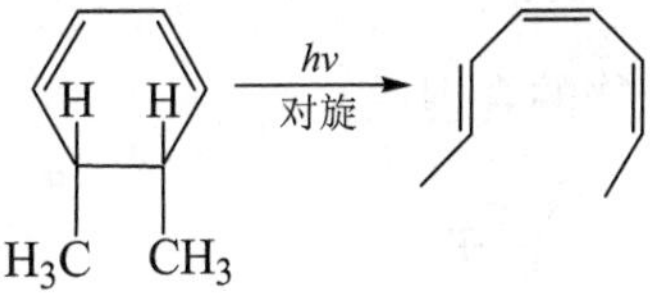　（4）

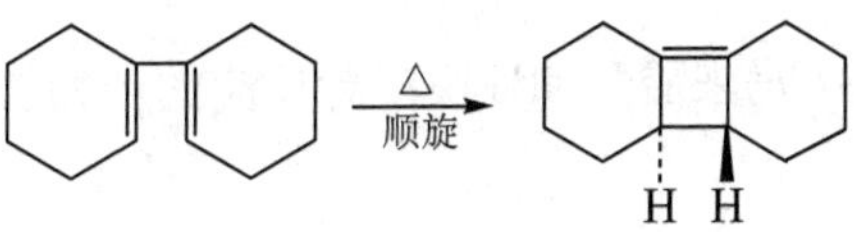

（5）

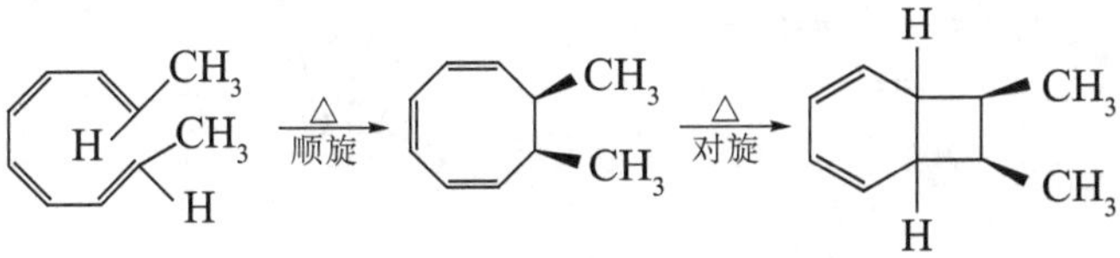

2. 推测下列化合物环加成时产物的结构。

（1）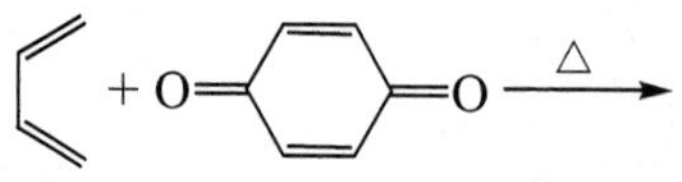

（2）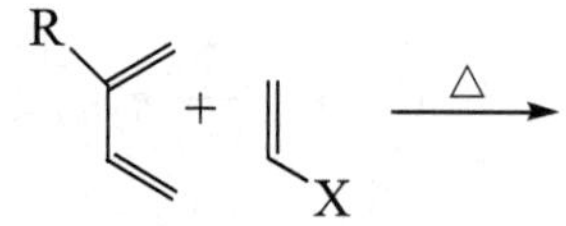

（3）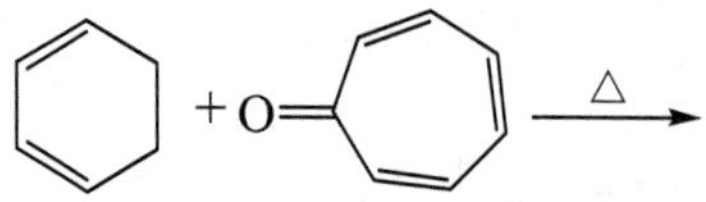

（4）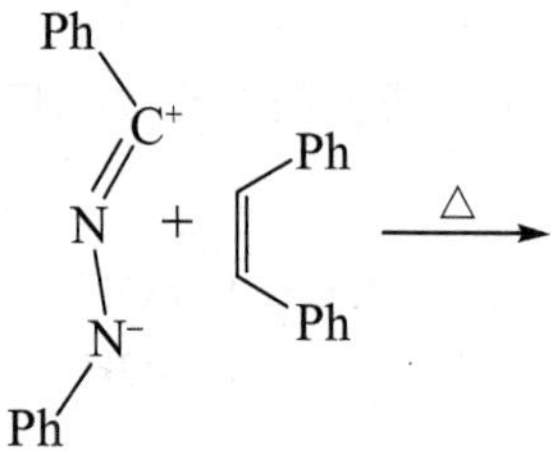

答　（1）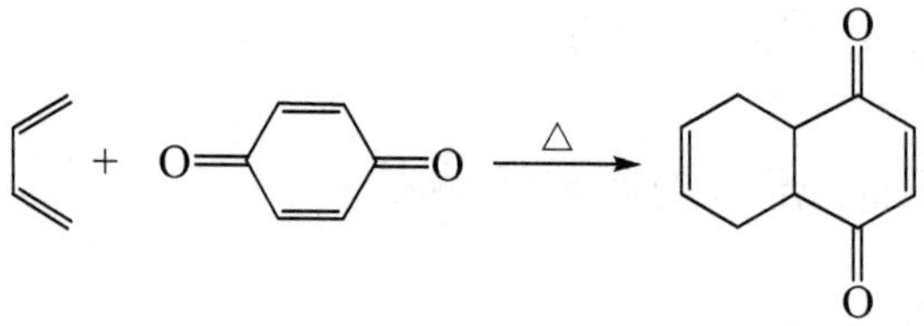

（2）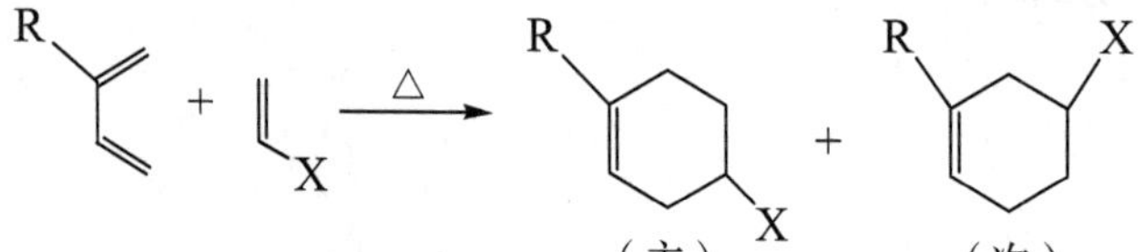

（主）　　（次）

（3）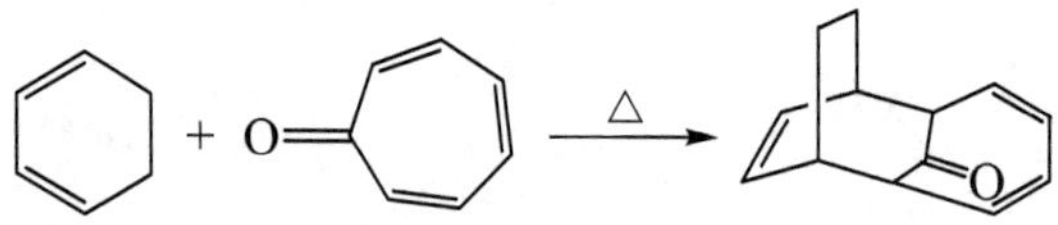

（4）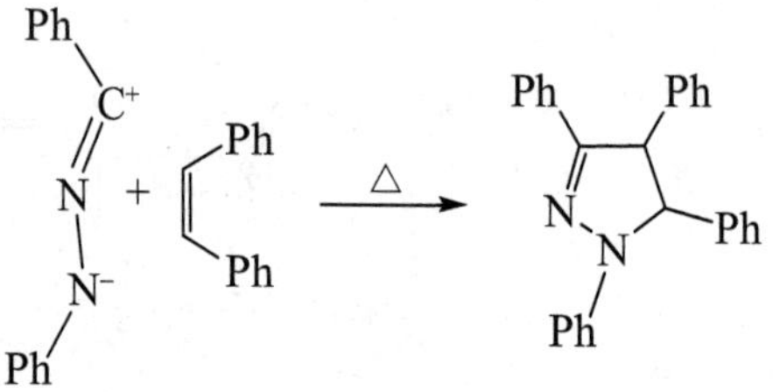

3. 马来酸酐和环庚三烯反应的产物如下，请说明这个产物的合理性。

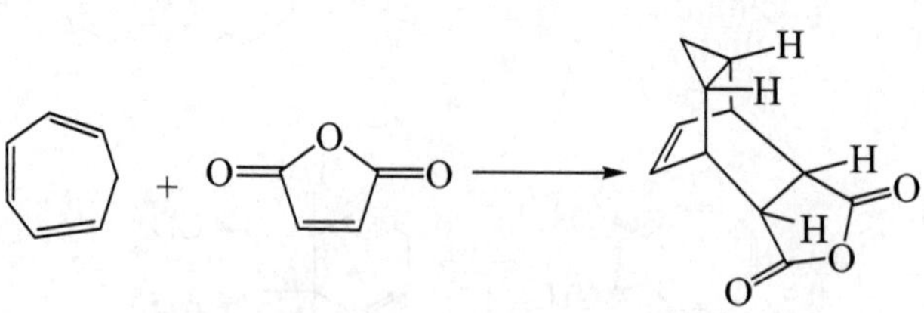

答　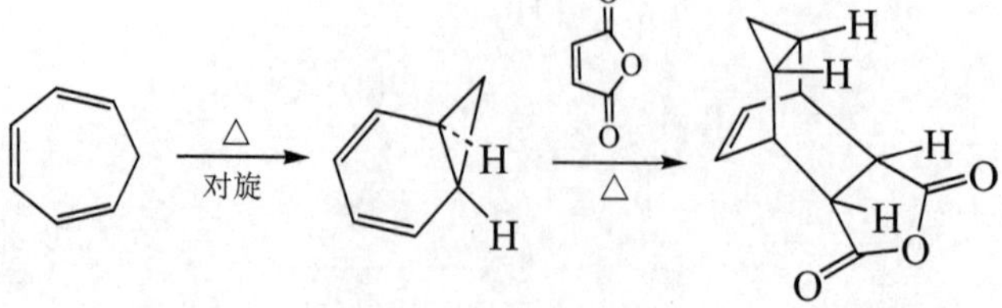

4. 说明下列反应过程所需的条件。

（1）

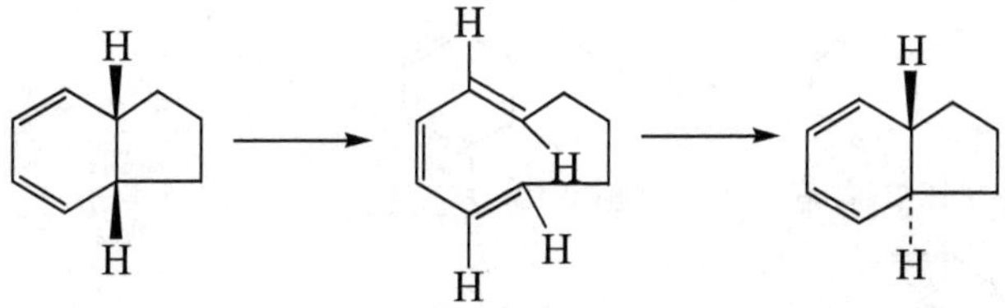

（2）

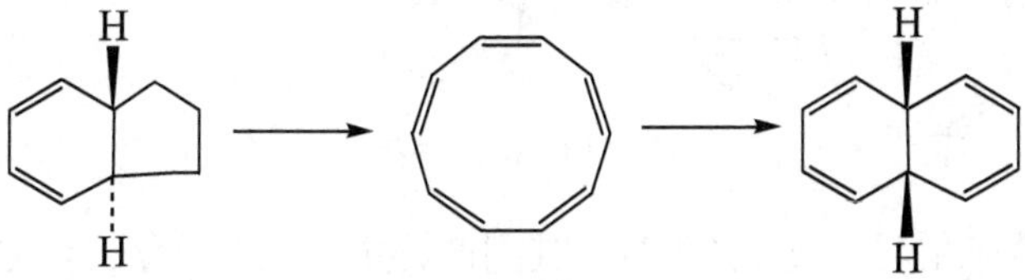

答 （1）

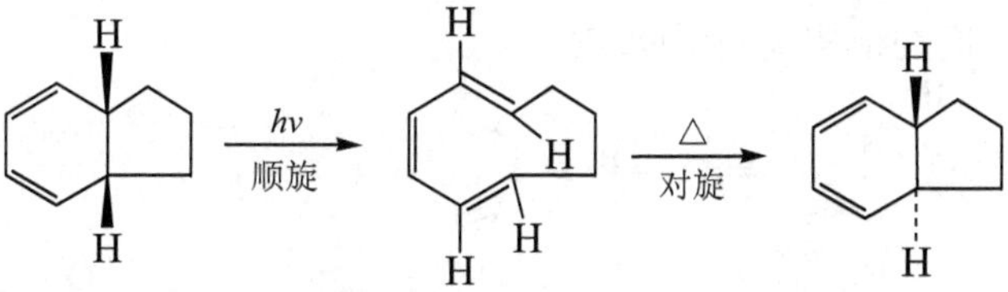

（2）

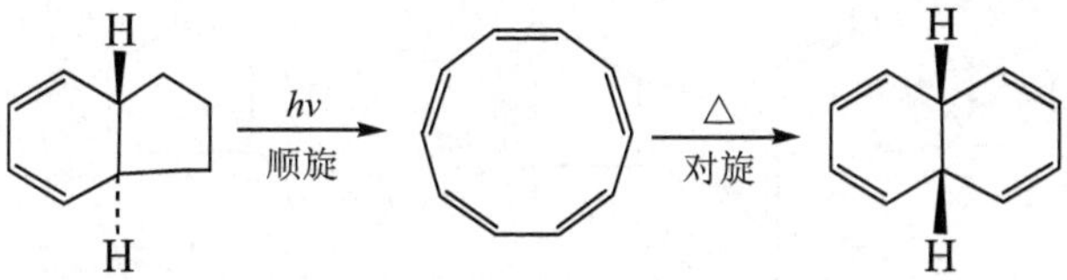

5. 加热下列化合物会发生什么样的变化?

（1）

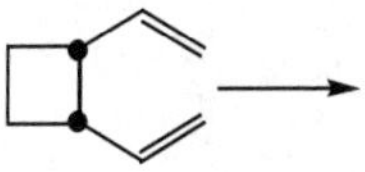

（2）

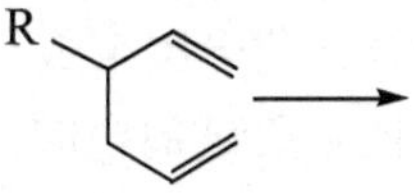

答 （1）

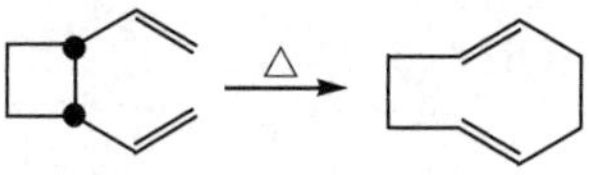

（2）

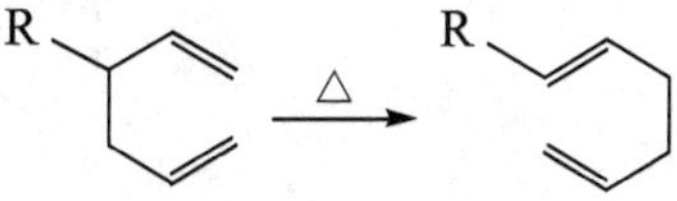

6. 通过怎样的过程和条件，下列反应能得到给出的结果。

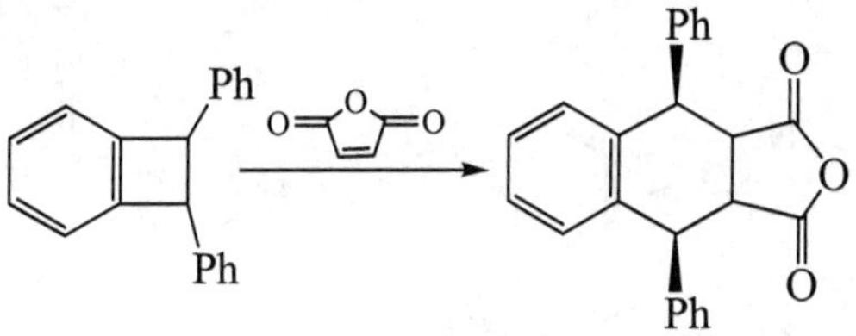

答

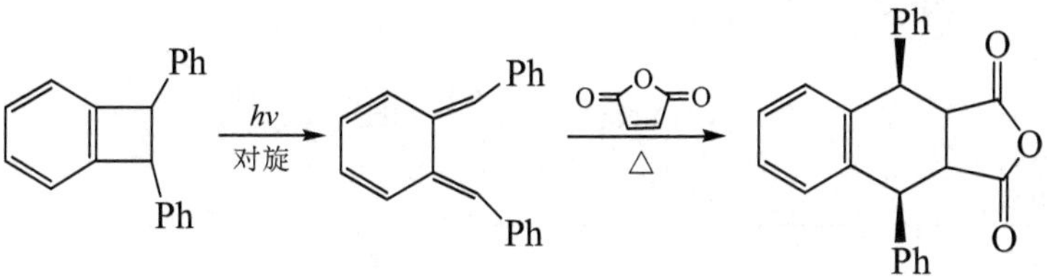

7. 通过什么办法把反-9,10-二氢萘转化为顺-9,10-二氢萘。

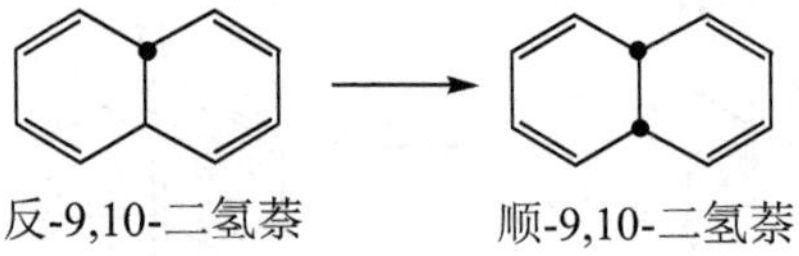

反-9,10-二氢萘　　　　　顺-9,10-二氢萘

答

反-9,10-二氢萘　　　　　　　　　　顺-9,10-二氢萘

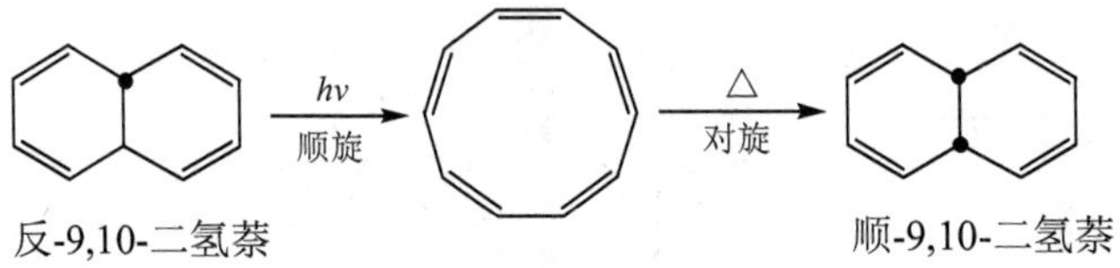

8. 4-溴-2-环戊烯酮在环戊二烯存在下与碱加热反应，其副产物中有两个分子式为 $C_{10}H_{10}O$ 的化合物 A 和 B，写出它们的结构式并用反应式说明。

答

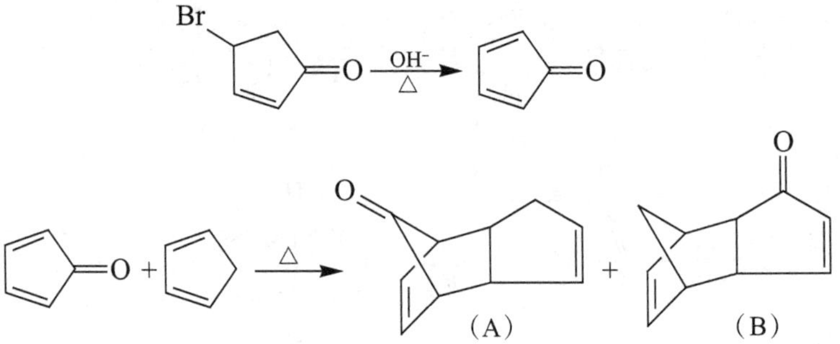

10. 由指定原料合成下列化合物。

（1）由丙烯腈和其他开链化合物合成环己胺。

（2）由苯、丙烯和其他必要试剂合成：

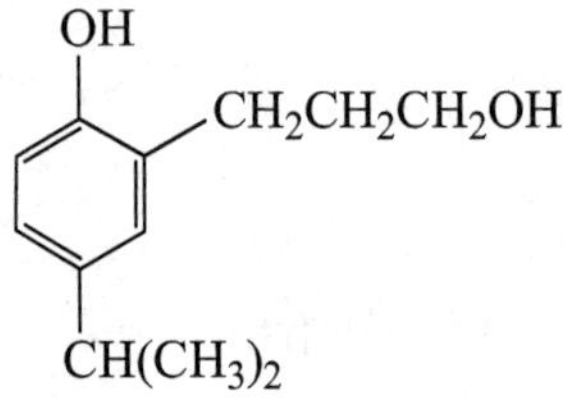

答　（1）

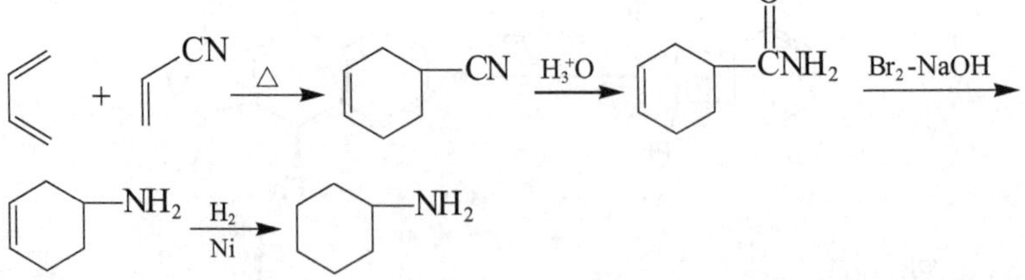

（2）

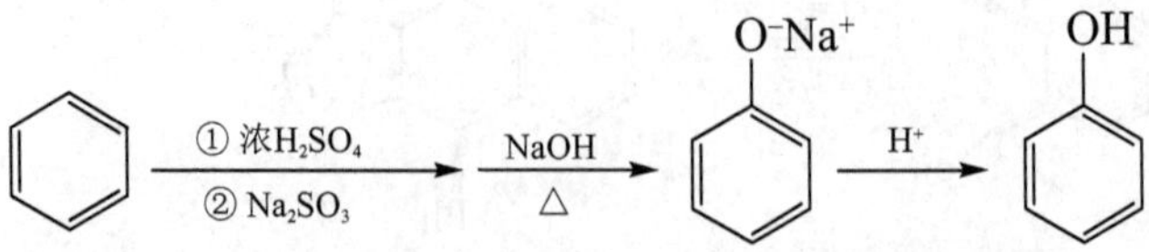

$$\text{苯酚} \xrightarrow[\text{H}_3\text{PO}_4]{\text{CH}_3\text{CH}=\text{CH}_2} \text{对异丙基苯酚} \xrightarrow{\text{NaOH}} \text{对异丙基苯酚钠}$$

$$\xrightarrow{\text{CH}_2=\text{CHCH}_2\text{Cl}} \text{烯丙基醚} \xrightarrow{\triangle} \text{重排产物}$$

$$\xrightarrow[\text{② H}_2\text{O}_2/\text{OH}^-]{\text{① B}_2\text{H}_6} \text{产物}$$

第十七章 糖类化合物

I. 知识要点

碳水化合物指多羟基醛或多羟基酮，以及它们的脱水缩合物和衍生物。

一、单糖

单糖是最重要的糖，也是其他糖的基本结构单位。

根据分子中碳原子数目分为：丙糖、丁糖、戊糖、己糖等。

根据羰基的位置不同分为：醛糖、酮糖。

1. 单糖的构型和标记法

相对构型：规定了以甘油醛为标准，其他的单糖与甘油醛比较，如编号最大的手性碳原子的构型与 D-甘油醛相同，就属 D 型，反之为 L 型。

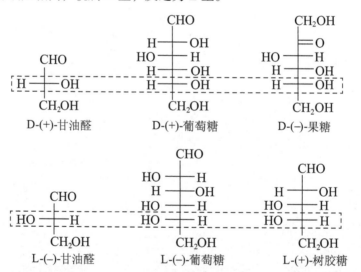

注意：（1）D、L 只表示单糖的相对构型与甘油醛的关系，与旋光方向无关。

（2）自然界中存在的糖都是 D 型，L 型多为人工合成的。

构型的表示：常用费歇尔投影式表示糖的构型，可以做一些简化。

2. 单糖的氧环式结构

单糖溶液存在变旋现象。糖的结构不是开链式的，而是形成环状半缩醛结构，且都是以五元或六元环的形式存在。

用哈沃斯（Haworth）透视式能比较真实的表现糖的氧环式结构。

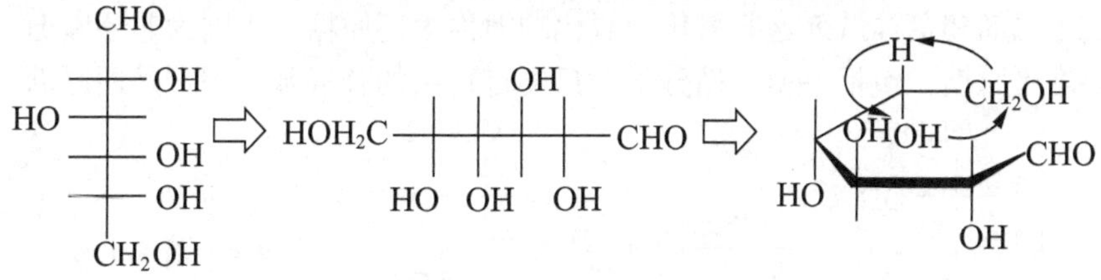

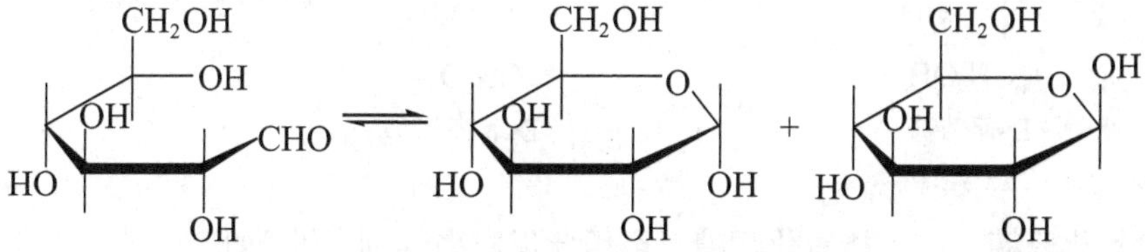

α-型　　β-型

注意：（1）α 型——生成的半缩醛羟基与 C_5 上的羟甲基处于环的两侧；

β 型——生成的半缩醛羟基与 C_5 上的羟甲基处于环的同侧。

（2）α-型与 β-型是一对非对映体，两者的不同在 C_1 构型上，称为端基异构体或异头物。

（3）六元环的称为吡喃糖，五元环的称为呋喃糖。

3. 单糖的构象

吡喃型葡萄糖的半缩醛环具有椅式构象。在溶液中 α-型和 β-型可通过开链式相互转化。β-葡萄糖构象中，所有大基团都处于 e 键，更稳定。

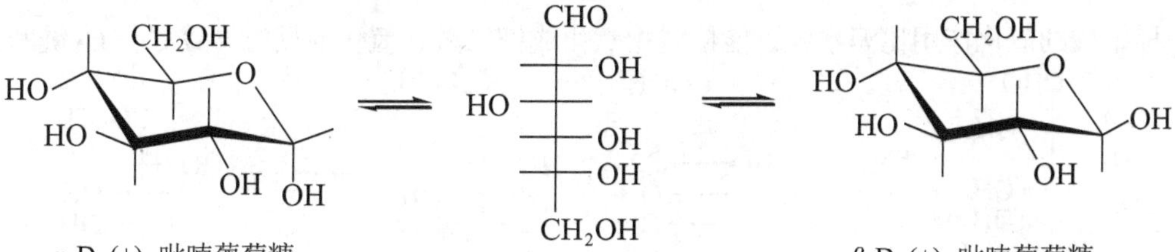

α-D-(+)-吡喃葡萄糖		β-D-(+)-吡喃葡萄糖
37%	~0.1%	63%
[α] = +112°		[α] = +19°

4. 单糖的化学性质

1）与苯肼的反应——糖脎的生成

一分子糖和三分子苯肼反应，在糖的 1,2-位形成二苯腙（称为脎）的反应称为成脎反应。

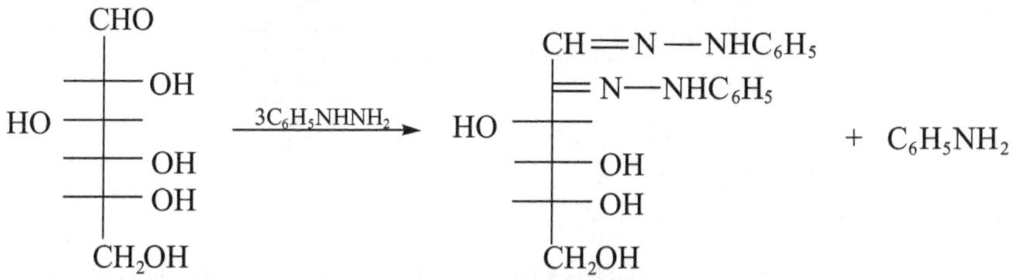

D-葡萄糖　　D-葡萄糖脎

注意：生成糖脎的反应是发生在 C_1 和 C_2 上，不涉及其他碳原子，对于差向异构体，则生成同一个脎。例如，D-葡萄糖、D-甘露糖、D-果糖的 C_3、C_4、C_5 的构型都相同，它们生成同一个糖脎。

2）土伦试剂和费林试剂——碱性氧化

能被土伦试剂和费林试剂这些氧化剂氧化的糖称为还原糖，否则为非还原糖。

单糖都是还原糖，包括果糖。糖分子中只要有自由的苷羟基，一定是还原糖。

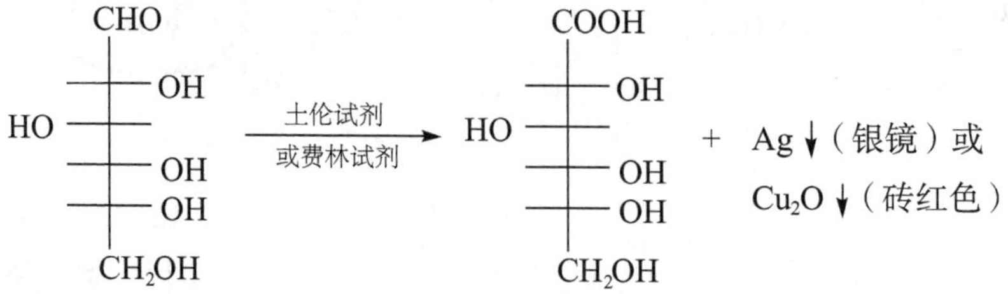
土伦试剂
或费林试剂
+ Ag↓（银镜）或
Cu₂O↓（砖红色）

D-葡萄糖　　D-葡萄糖酸

3）溴水氧化——酸性氧化

溴水能氧化醛糖，但不能氧化酮糖，可用此反应来区别醛糖和酮糖。

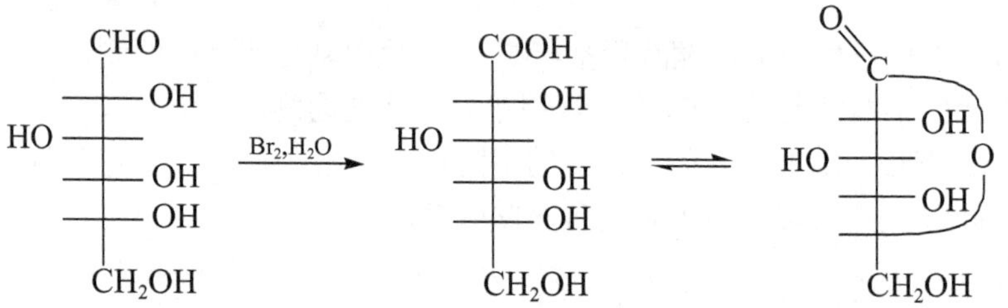
Br₂,H₂O

D-葡萄糖　　D-葡萄糖酸　　D-葡萄糖酸-δ-内酯

4）硝酸氧化

稀硝酸的氧化作用比溴水强，能使醛糖氧化成糖二酸，氧化酮糖时导致 C_1—C_2 键断裂。

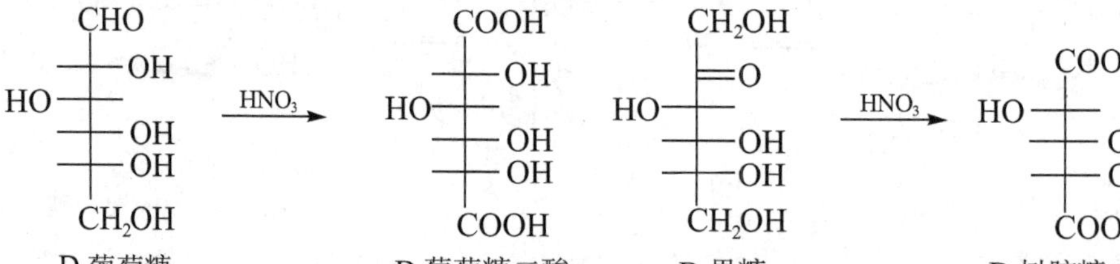
HNO₃
HNO₃

D-葡萄糖　　D-葡萄糖二酸　　D-果糖　　D-树胶糖二酸

5）高碘酸氧化

高碘酸氧化，碳碳键发生断裂。反应是定量的，每破裂一个碳碳键消耗一摩尔高碘酸。因此，此反应是研究糖类结构的重要手段之一。

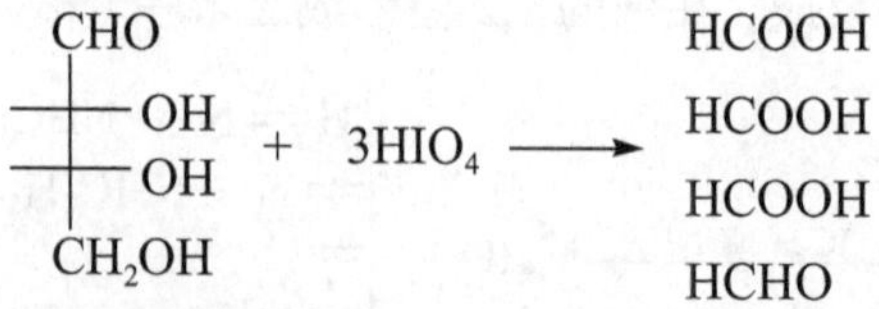
+ 3HIO₄
HCOOH
HCOOH
HCOOH
HCHO

D-赤藓糖

6）还原反应

糖的羰基可以被常见的还原剂（如硼氢化钠、氢化锂铝等）还原为糖醇。

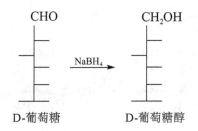

D-葡萄糖　　　　　　　　　D-葡萄糖醇

二、二糖

水解后产生两分子单糖的低聚糖称为双糖。双糖中两个单糖分子有两种可能的连接方式：一分子单糖以半缩醛羟基和另一分子单糖的其他羟基缩合。该糖有半缩醛羟基，具有还原性、变旋现象等。

两个半缩醛羟基相互结合生成缩醛。该糖没有半缩醛羟基，不具有还原性、变旋现象等。

（1）蔗糖：非还原性双糖。

D-葡萄糖　　　　　　　　　　　　　　　　D-果糖

α-1,2-苷键　　　　　　β-2,1-苷键

（2）麦芽糖：还原性双糖。

D-葡萄糖

α-1,4-苷键

（3）纤维二糖：还原性双糖。

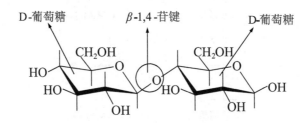

D-葡萄糖 β-1,4-苷键   D-葡萄糖

Ⅱ. 例 题 解 析

【例 17-1】 （1）下列糖类物质不能发生银镜反应的是（   ）。

（A）D-葡萄糖   （B）D-果糖   （C）麦芽糖   （D）蔗糖

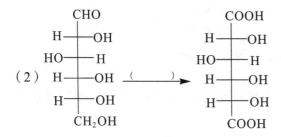

分析：（1）只有蔗糖是非还原性糖。（2）硝酸可把醛糖氧化成二酸。

答 （1）（D）   （2）HNO₃

【例 17-2】 写出 D-（+）-甘露糖与下列物质的反应。

（1）羟胺   （2）苯肼   （3）溴水

（4）HNO₃   （5）HIO₄   （6）NaBH₄

（7）CH₃OH/HCl，然后(CH₃)₂SO₄/NaOH   （8）苯甲酰氯/吡啶

答 （1）

$$\begin{array}{c} \text{CHO} \\ \text{HO}\!-\!\!-\!\text{H} \\ \text{HO}\!-\!\!-\!\text{H} \\ \text{H}\!-\!\!-\!\text{OH} \\ \text{H}\!-\!\!-\!\text{OH} \\ \text{CH}_2\text{OH} \end{array} \xrightarrow{\text{NH}_2\text{OH}} \begin{array}{c} \text{CH}\!=\!\text{NOH} \\ \text{HO}\!-\!\!-\!\text{H} \\ \text{HO}\!-\!\!-\!\text{H} \\ \text{H}\!-\!\!-\!\text{OH} \\ \text{H}\!-\!\!-\!\text{OH} \\ \text{CH}_2\text{OH} \end{array}$$

（2）

$$\begin{array}{c} \text{CHO} \\ \text{HO}\!-\!\!-\!\text{H} \\ \text{HO}\!-\!\!-\!\text{H} \\ \text{H}\!-\!\!-\!\text{OH} \\ \text{H}\!-\!\!-\!\text{OH} \\ \text{CH}_2\text{OH} \end{array} \xrightarrow{\text{PhNHNH}_2} \begin{array}{c} \text{CH}\!=\!\text{NNHPh} \\ \quad\ \ =\!\text{NNHPh} \\ \text{HO}\!-\!\!-\!\text{H} \\ \text{H}\!-\!\!-\!\text{OH} \\ \text{H}\!-\!\!-\!\text{OH} \\ \text{CH}_2\text{OH} \end{array}$$

（3）

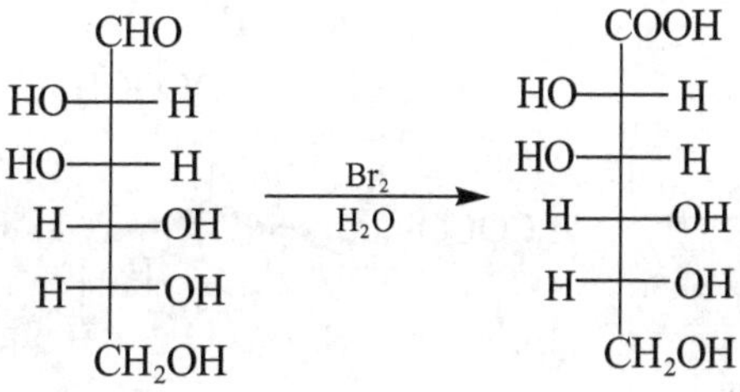

$$\underset{\text{CH}_2\text{OH}}{\overset{\text{CHO}}{|}} \xrightarrow[\text{H}_2\text{O}]{\text{Br}_2} \underset{\text{CH}_2\text{OH}}{\overset{\text{COOH}}{|}}$$

（4）

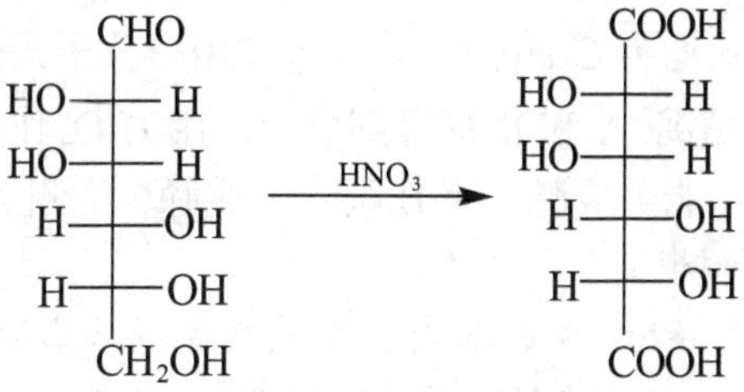

$$\xrightarrow{\text{HNO}_3}$$

（5）

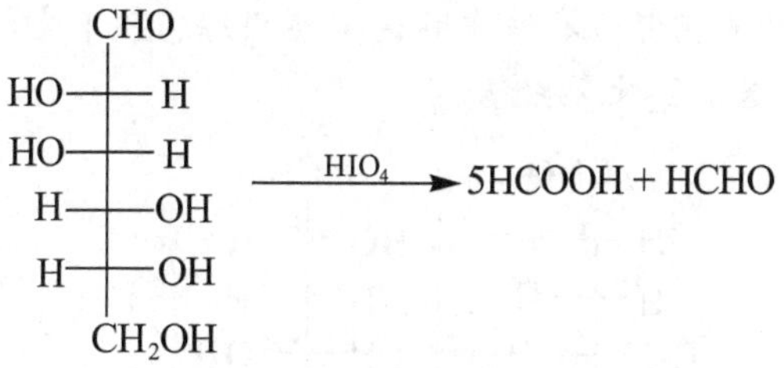

$$\xrightarrow{\text{HIO}_4} 5\text{HCOOH} + \text{HCHO}$$

（6）

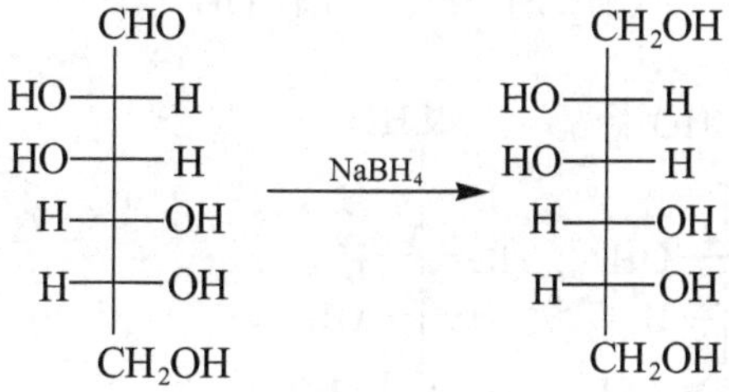

$$\xrightarrow{\text{NaBH}_4}$$

（7）HO

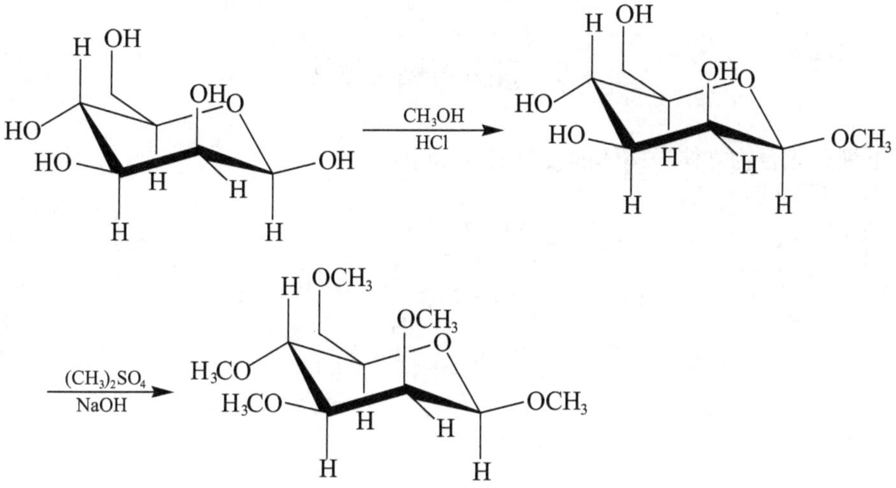

$$\xrightarrow[\text{HCl}]{\text{CH}_3\text{OH}}$$

OCH$_3$

$$\xrightarrow[\text{NaOH}]{(\text{CH}_3)_2\text{SO}_4}$$

OCH$_3$

（8）

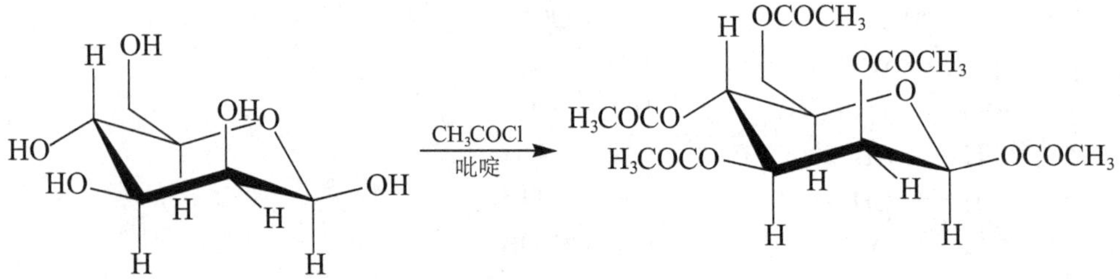

【例 17-3】　有两种化合物 A 和 B，分子式均为 $C_5H_{10}O_4$，与 Br_2 作用得分子式相同的酸 $C_5H_{10}O_5$，与乙酐反应均生成三乙酸酯，用 HI 还原 A 和 B 都得到戊烷，用 HIO_4 作用都得到一分子 H_2CO 和一分子 HCO_2H，与苯肼作用 A 能生成脎，而 B 则不生成脎，推测 A 和 B 的结构。找出 A 和 B 的手性碳原子，写出对映异构体。

分析：A 和 B 与 Br_2 作用得酸⟹A 和 B 是醛糖；A 和 B 与乙酐反应生成三乙酸酯⟹分子中含三个羟基；用 HI 还原得到戊烷⟹A 和 B 是碳直链结构；用 HIO_4 作用得一分子 H_2CO 和一分子 HCO_2H⟹A 和 B 中只有一对羟基相邻；苯肼作用 A 能生成脎，B 不生成脎⟹A 的 C_1 是醛基，C_2 上有羟基，B 的 C_1 是醛基，C_2 上无羟基。

答　A

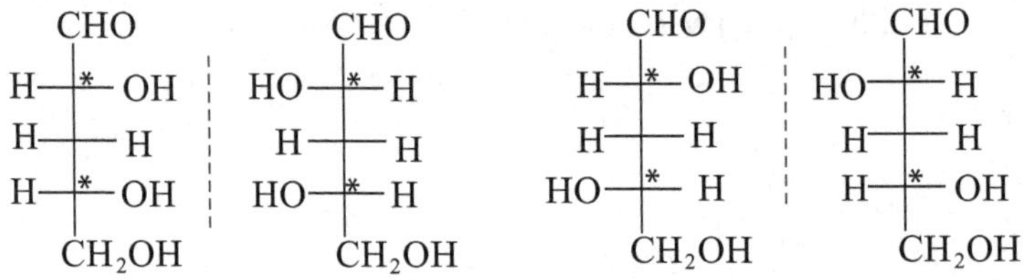

B

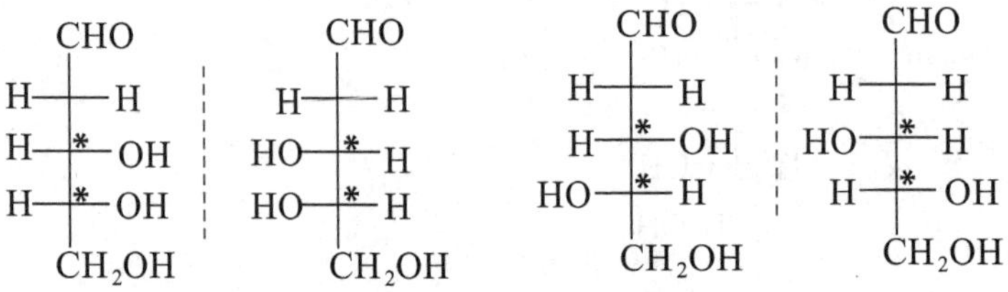

Ⅲ. 部分习题与解答

2. 写出下列各化合物立体异构体的投影式(开链式)。

（1） 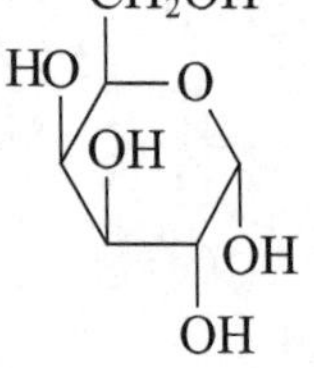　　　　　　（2） 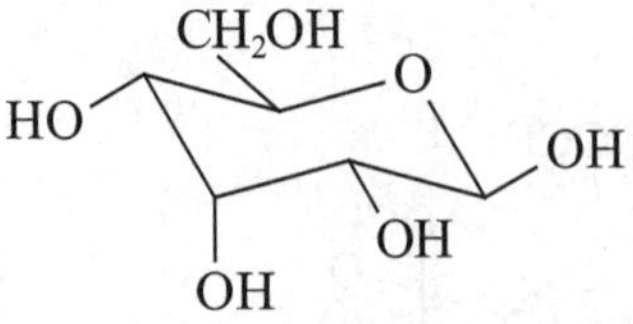　　　　　　（3）

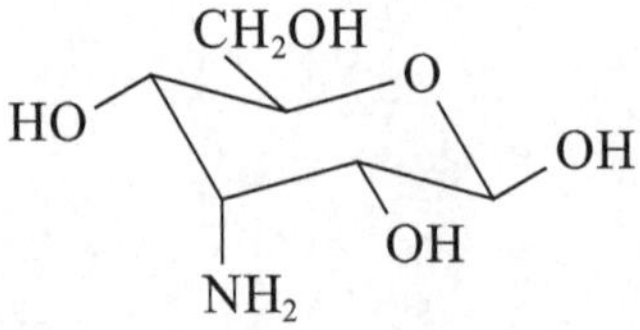

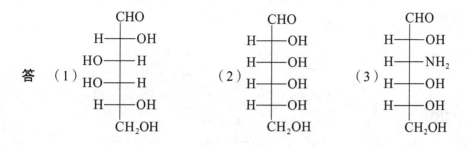

答　（1）　（2）　（3）

3. 怎样能证明 D-葡萄糖、D-甘露糖、D-果糖这三种糖的 C_3、C_4 和 C_5 具有相同的构型？

　　答　成脎反应发生在 C_1 和 C_2 上，这三种糖都能生成同一种脎 D-葡萄糖脎，则可证明它们的 C_3、C_4、C_5 具有相同的构型。

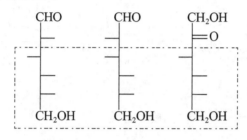

D-(+)-葡萄糖　　D-(+)-甘露糖　　D-(−)-果糖

4. 完成下列反应式。

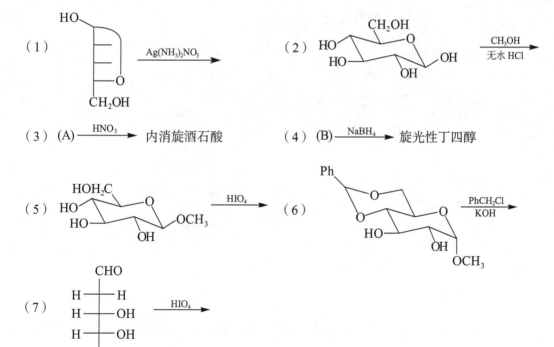

（1）　$\xrightarrow{Ag(NH_3)_2NO_3}$

（2）　$\xrightarrow[\text{无水 HCl}]{CH_3OH}$

（3）　(A) $\xrightarrow{HNO_3}$ 内消旋酒石酸

（4）　(B) $\xrightarrow{NaBH_4}$ 旋光性丁四醇

（5）　$\xrightarrow{HIO_4}$

（6）　$\xrightarrow[KOH]{PhCH_2Cl}$

（7）　$\xrightarrow{HIO_4}$

（8）

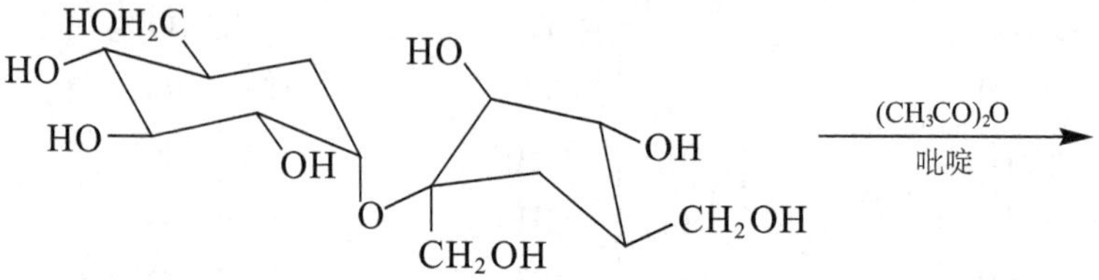

$\xrightarrow[\text{吡啶}]{(CH_3CO)_2O}$

答　（1）

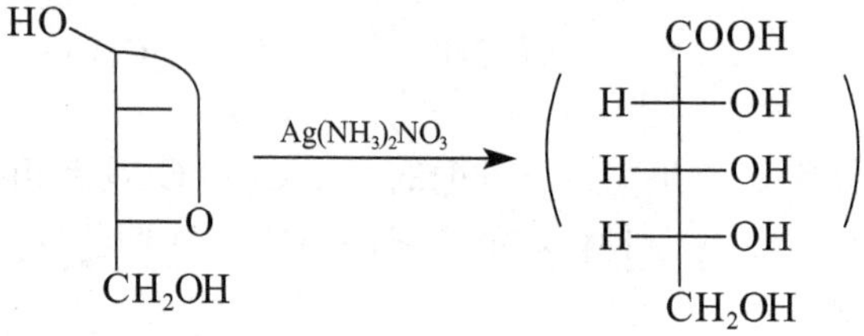

$\xrightarrow{Ag(NH_3)_2NO_3}$

$\begin{pmatrix} COOH \\ H—OH \\ H—OH \\ H—OH \\ CH_2OH \end{pmatrix}$

（2）

$\xrightarrow[\text{无水 HCl}]{CH_3OH}$

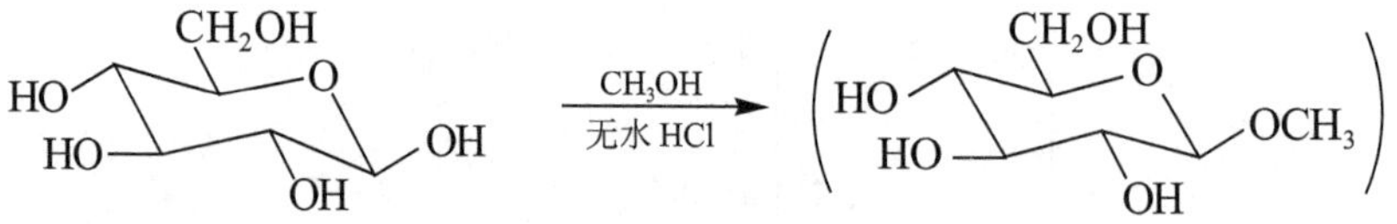

（3）$\begin{pmatrix} CHO \\ H—OH \\ H—OH \\ CH_2OH \end{pmatrix}$ $\xrightarrow{HNO_3}$ 内消旋酒石酸

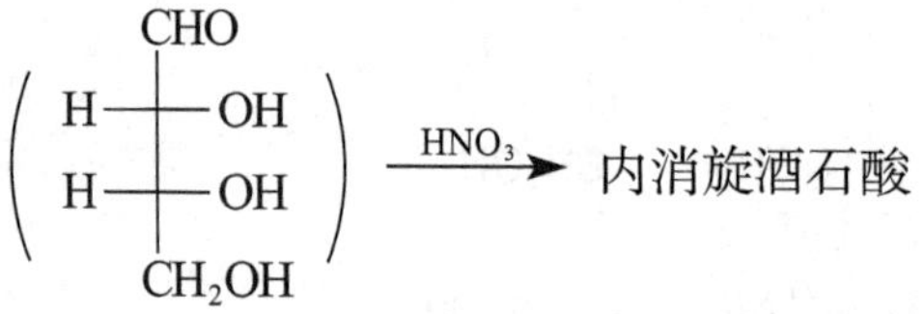

（4）$\begin{pmatrix} CHO \\ HO—H \\ H—OH \\ CH_2OH \end{pmatrix}$ $\xrightarrow{NaBH_4}$ 旋光性丁四醇

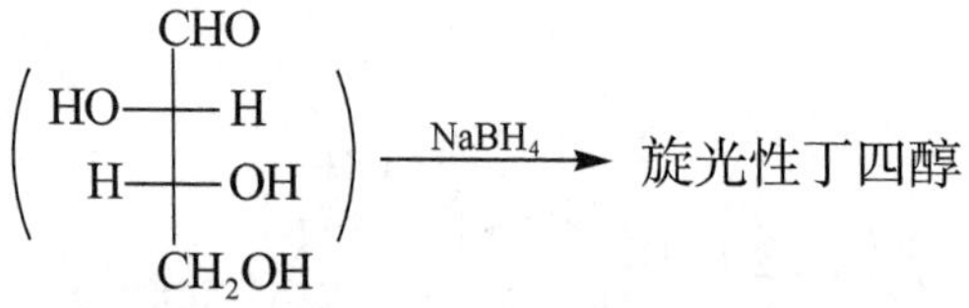

（5）

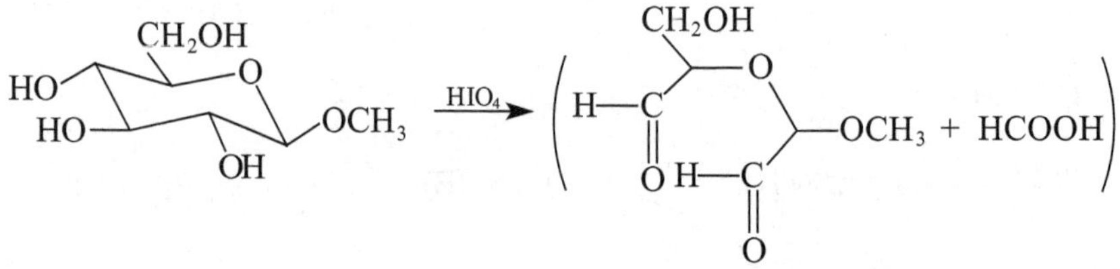

$\xrightarrow{HIO_4}$

（6）

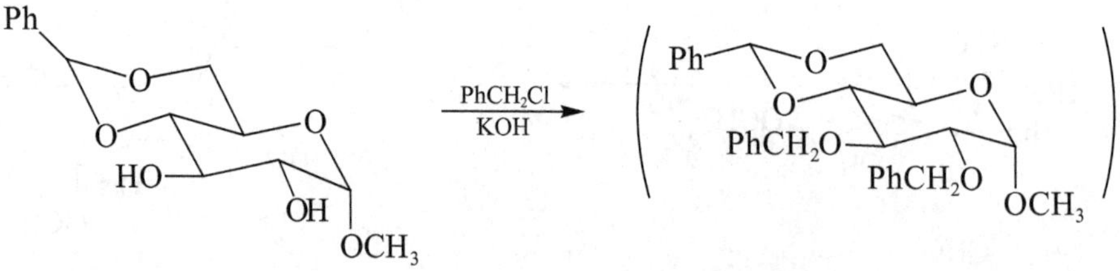

$\xrightarrow[\text{KOH}]{PhCH_2Cl}$

（7）$\begin{pmatrix} CHO \\ H—H \\ H—OH \\ H—OH \\ CH_2OH \end{pmatrix}$ $\xrightarrow{HIO_4}$ $\begin{pmatrix} CHO \\ H—H + HCOOH + HCHO \\ CHO \end{pmatrix}$

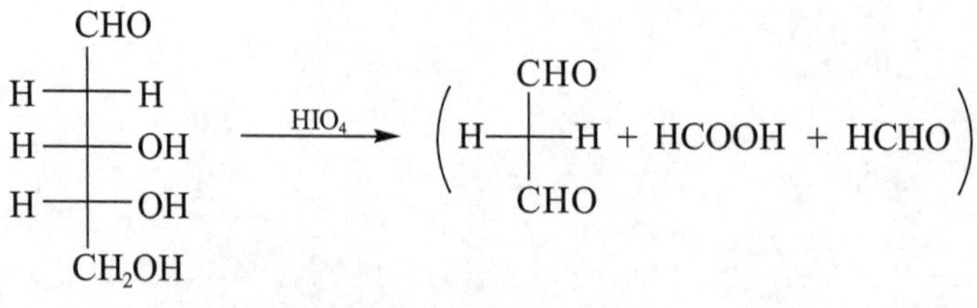

（8）

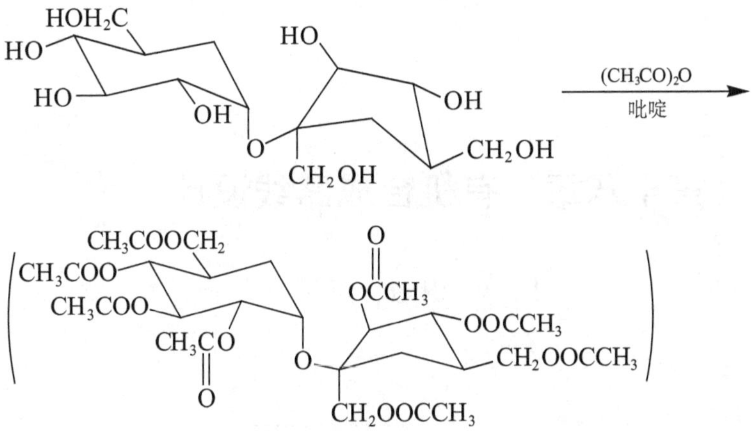

$$\xrightarrow[\text{吡啶}]{(CH_3CO)_2O}$$

蔗糖八乙酸酯

7. 化合物 $C_5H_{10}O_5$(A)，与乙酐作用给出四乙酸酯，(A)用溴水氧化得到一个酸 $C_5H_{10}O_6$，(A)用碘化氢还原给出异戊烷。写出(A)可能的结构式(提示：碘化氢能还原羟基或羰基成为烃基)。

分析：乙酐作用给出四乙酸酯$\Longrightarrow$含四个羟基；用溴水氧化得酸 $C_5H_{10}O_6\Longrightarrow$含醛基；用碘化氢还原给出异戊烷$\Longrightarrow$碳骨架应是异戊烷结构。

答 (A)可能的结构式有：

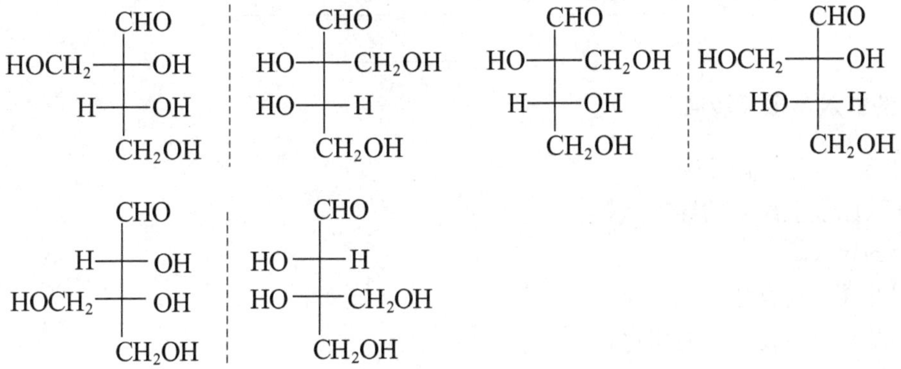

第十八章　有机合成路线设计

Ⅰ. 知 识 要 点

一、碳胳的形成

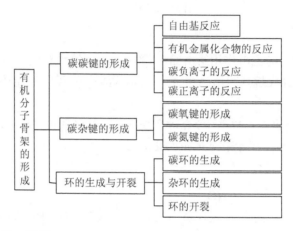

二、官能团的引入及相互转换

1. 官能团的导入、除去及互变
   （1）饱和碳原子上卤素的导入。
   （2）烯键的导入。
   （3）炔键的导入与官能团化。
   （4）芳烃及其衍生物的官能团化。
2. 官能团的转换
   （1）羟基的转换。
   （2）氨基的转换。
   （3）含卤化合物。
   （4）硝基及氰基化合物。
   （5）醛酮及羰基化合物。
   （6）羧酸及其衍生物。
3. 官能团的保护。
   （1）羟基的保护——羟基的保护基分为醚、混合缩醛（或缩酮）及酯类衍生物。
   （2）羰基的保护——常用羰基的保护基为缩醛（或缩酮）衍生物。
   （3）氨基的保护——氨基的保护基分为 *N*-酰基型、*N*-烷基型。
   （4）碳氢键的保护。

三、逆合成分析法

（1）常用的转变方法：切断法、结合法、重排法和官能团转变等。

（2）官能团变化法：官能团互变（FGI）、官能团增加（FGA）和官能团除去（FGR）。

Ⅱ. 例 题 解 析

【例 18-1】 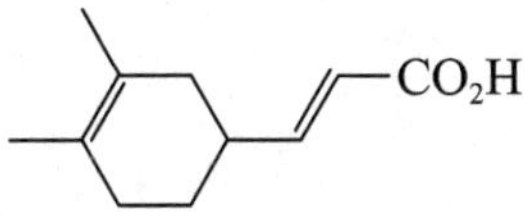 的合成。

分析：

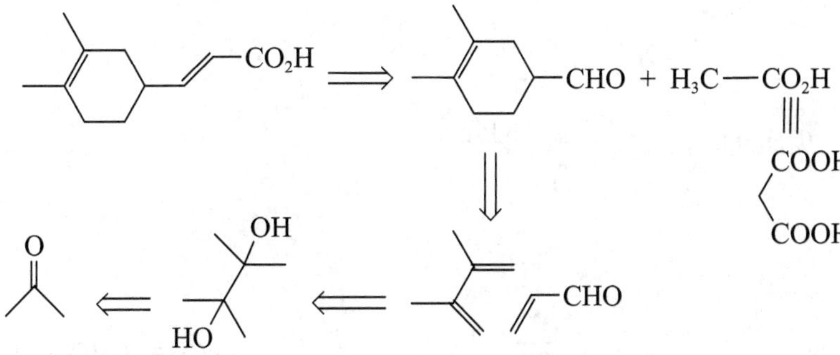

答

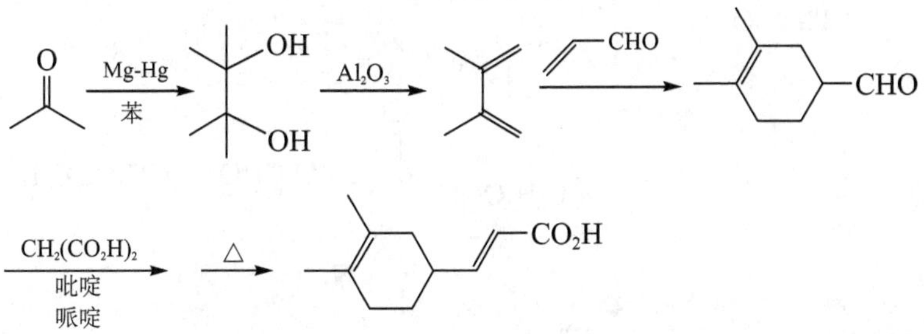

【例 18-2】 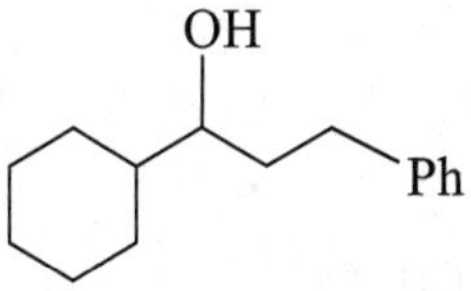 的合成。

分析：

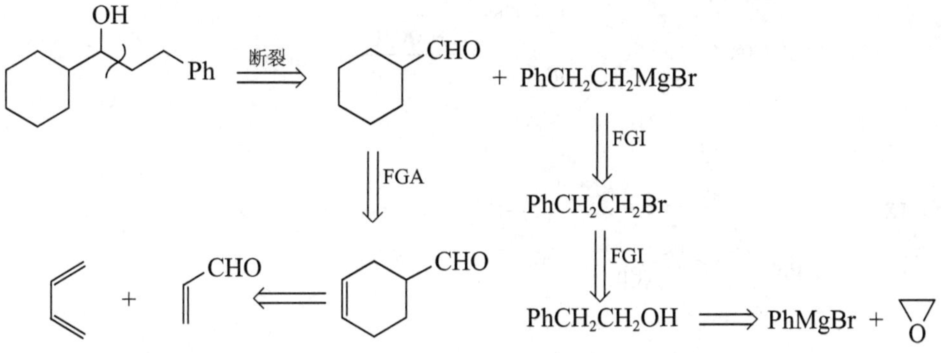

答

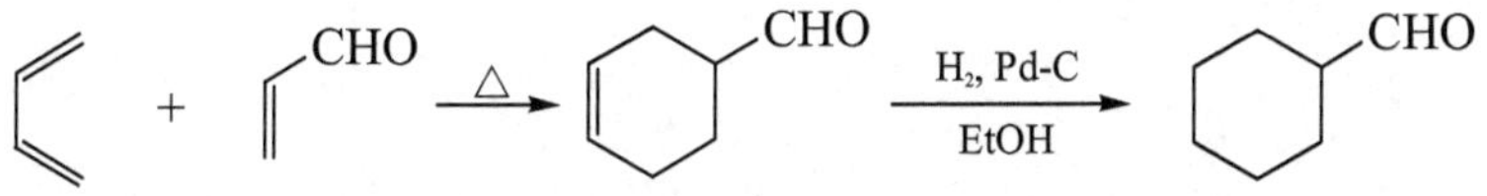

【例 18-3】 合成
$$C_2H_5O_2C\text{—CH(CN)—CH(Ph)—CH}_2\text{—COCH}_3$$
的合成。

分析：

答

$$PhCHO \xrightarrow[\substack{① NaOH(aq) / EtOH \\ ② CH_3COCH_3 \\ ③ \triangle}]{} PhCH=CHCOCH_3$$

【例 18-4】 合成
的合成。

分析：

答　PhCHO $\xrightarrow[\substack{②PhCOCH_3 \\ ③\triangle}]{① NaOH(aq)/EtOH}$

【例 18-5】

的合成。

分析：

$\xrightarrow{FGI}$ $\xrightarrow{断裂}$ C_2H_5CHO + $n\text{-}C_3H_7MgBr$

答　C_2H_5CHO $\xrightarrow[\substack{② H_3O^+}]{① n\text{-}C_3H_7MgBr}$ $\xrightarrow[\substack{干 Et_2O}]{PBr_3}$

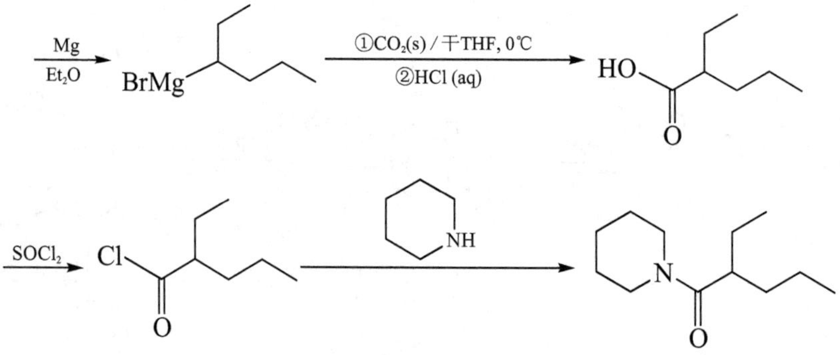

Ⅲ. 部分习题与解答

1. 用不超过 3 个碳的原料合成

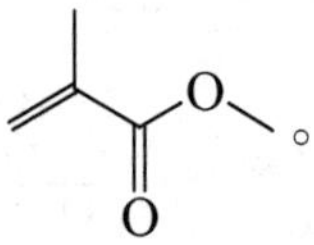

答

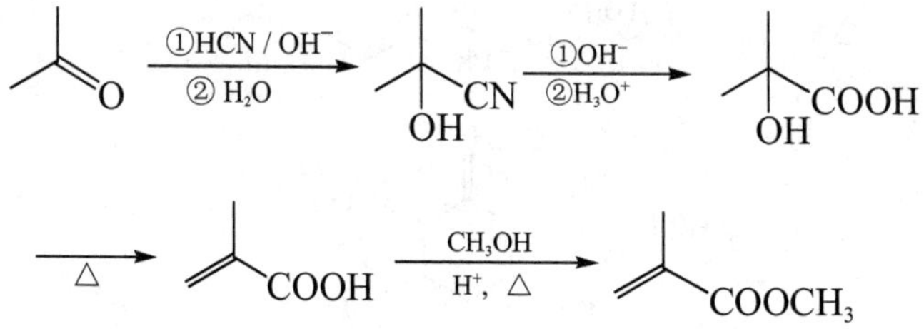

2.

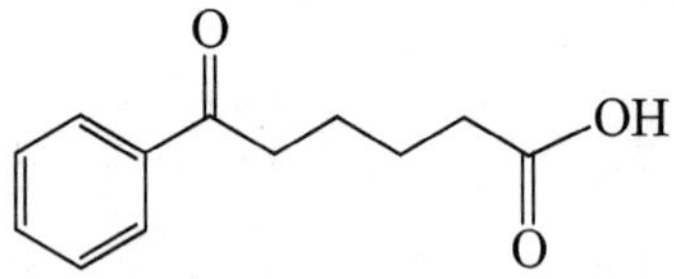

的合成。

答

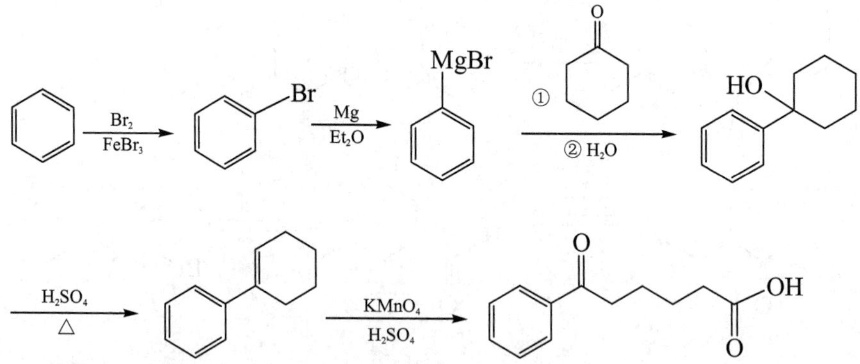

3.

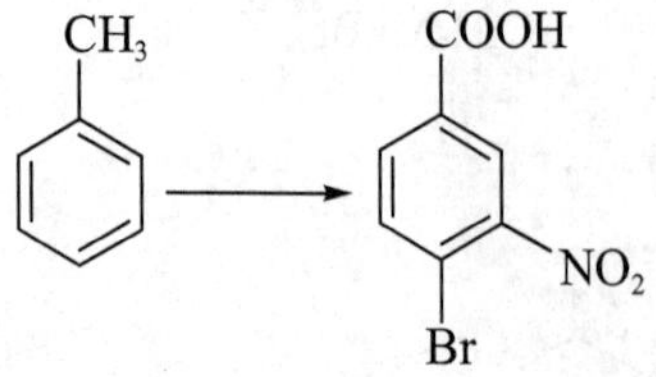

答 （分离取对位产物）

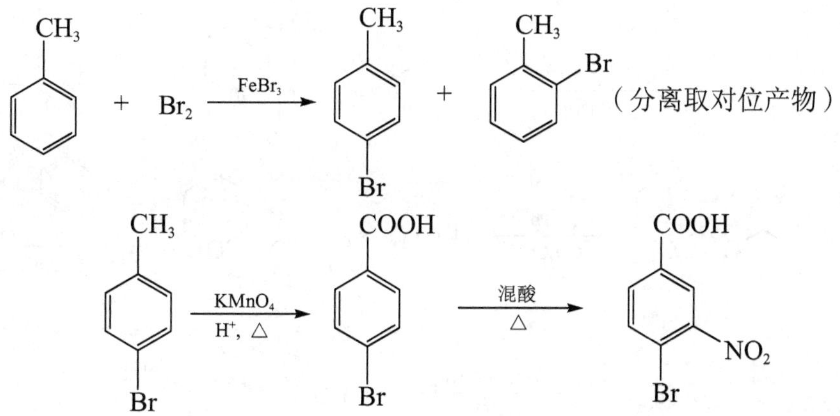

4. $CH_3CH{=}CH_2 \longrightarrow$

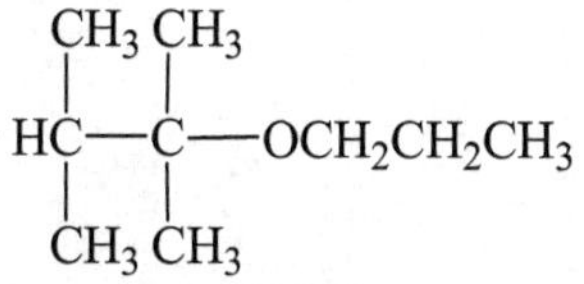

答 $CH_3CH{=}CH_2 + HBr \xrightarrow{\text{ROOR}} CH_3CH_2CH_2Br$

$CH_3CH{=}CH_2 + O_2 \xrightarrow{\text{CuCl}_2\text{—PdCl}_2}$

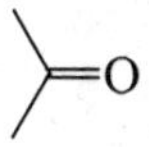

$CH_3CH{=}CH_2 + HBr \longrightarrow CH_3CHBrCH_3 \xrightarrow[\text{Et}_2\text{O}]{\text{Mg}} CH_3CHMgBrCH_3$

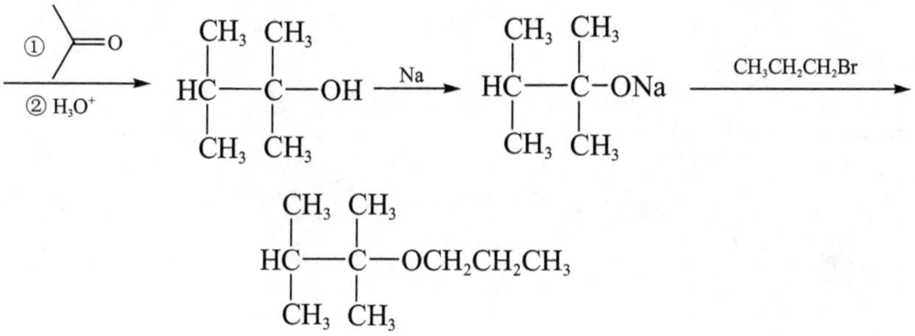

5. 用不超过 4 个碳的原料合成 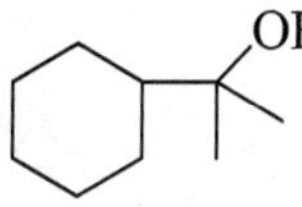 。

答

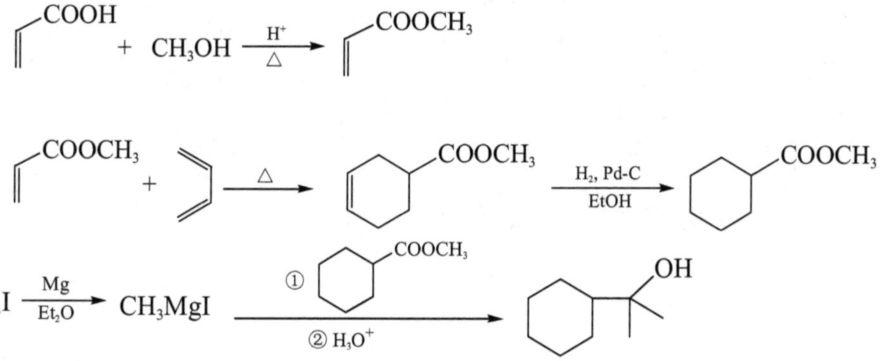

$CH_3I \xrightarrow[\text{Et}_2\text{O}]{\text{Mg}} CH_3MgI$

6.

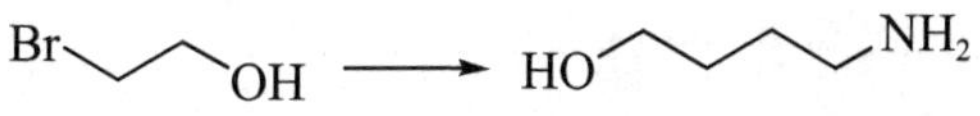

答 $Br\diagup\diagdown OH$ $\xrightarrow[\text{干 CHCl}_3]{\text{, 催化剂，对甲苯磺酸}}$ $Br\diagup\diagdown O\diagup\diagup O$ $\xrightarrow[\text{③ H}_2\text{O}]{\substack{\text{① Mg / 干 THF} \\ \text{② } \triangle\text{O} \text{, 0℃}}}$

$HO\diagup\diagdown\diagup\diagdown O\diagup\diagup O$ $\xrightarrow[\text{干 CH}_2\text{Cl}_2]{\text{CBr}_4,\ \text{PPh}_3}$ $Br\diagup\diagdown\diagup\diagdown O\diagup\diagup O$ $\xrightarrow[\text{② KOH, }\triangle]{①}$

$H_2N\diagup\diagdown\diagup\diagdown O\diagup\diagup O$ $\xrightarrow[\text{② KOH}]{\text{① H}_3\text{O}^+/\text{THF}}$ $HO\diagup\diagdown\diagup\diagdown NH_2$